普通高等教育“十二五”规划教材

现代与智能控制技术

THE TECHNOLOGY OF MODERN AND INTELLIGENT CONTROL

主　编　杨　婕　王　鲁
主　审　王致杰

内容提要

本书是将现代控制理论与智能控制理论两部分相关内容进行整合编写而成的，从工程应用角度介绍了现代控制与智能控制的理论与方法，并结合实例和MATLAB仿真实现，引导学生应用理论知识解决实际问题。全书共有9章。1~6章为控制系统的状态空间控制理论，包括数学模型建立、状态方程求解、能控性和能观性分析、控制系统稳定性分析、状态反馈与状态观测器的设计；7~9章介绍了工程中应用比较成熟的控制理论与技术，分别是线性二次型最优控制、模糊控制、神经网络及专家系统。

本书可作为高等学校自动化、电气自动化、机电一体化等专业及成人高等教育、高等职业教育等相关专业的教材，也可作为工程技术人员的参考用书。

图书在版编目(CIP)数据

现代与智能控制技术/杨婕，王鲁主编. —天津：天津大学出版社，2012.10

普通高等教育"十二五"规划教材

ISBN 978-7-5618-4527-1

Ⅰ.①现… Ⅱ.①杨…②王… Ⅲ.①现代控制理论－高等学校－教材②智能控制－高等学校－教材 Ⅳ.①O231②TP273

中国版本图书馆CIP数据核字(2012)第247619号

出版发行 天津大学出版社
出版人 杨欢
地址 天津市卫津路92号天津大学内(邮编:300072)
电话 发行部:022-27403647
网址 publish.tju.edu.cn
印刷 河间市新诚印刷有限公司
经销 全国各地新华书店
开本 185 mm×260 mm
印张 15.75
字数 393千
版次 2013年1月第1版
印次 2013年1月第1次
印数 1－3 000
定价 35.00元

前　言

随着现代科学技术的迅速发展，对自动控制的程度、精度、速度、范围及其适应能力的要求越来越高，从而推动了自动控制理论和技术的迅速发展，现已形成了现代控制理论、智能控制理论两大分支。目前，许多现代控制与智能控制技术已经在工程实际中得到了广泛应用。因此，本书在状态空间控制理论与分析方法的基础上，选取智能控制理论中已经成功应用的先进技术与方法。

本书主要内容包括数学模型建立、状态方程求解、能控性和能观性分析、控制系统稳定性分析、状态反馈与状态观测器的设计、线性二次型最优控制、模糊控制、神经网络及专家系统。

本书的特点如下。

1. 内容先进，注重应用

对自动化、电气自动化、机电一体化等应用型本科生和专业学位研究生，正确选用先进成熟的控制理论与方法构建控制系统，是该类专业学生应具备的工程应用能力。基于此，本书弱化了公式推导和理论论证部分，注重理论的应用，侧重于培养学生用理论知识解决实际问题的能力。同时，将两种不同思想的控制理论及策略进行融合编入一本教材进行讲授，有利于活跃学生的思维，通过对比分析学习以加深理解，并拓宽了学生处理工程实际问题的手段和方法。

2. 基于 MATLAB 开展项目教学

将倒立摆这个复杂的控制系统作为案例贯穿到教材的各章节，并以项目学习的方式（即做中学）来介绍深奥的理论与技术。从而将理论与控制方法形象化、具体化，以取得较好的教学效果。实施过程如下：

(1) 采用机理方法建立倒立摆系统的非线性数学模型；

(2) 通过线性化处理，列写系统的状态空间表达式；

(3) 判断系统的能控性与能观性；

(4) 判断系统的稳定性；

(5) 设计状态反馈与观测器，实现极点配置；

(6) 设计二次型最优控制器，使倒立摆获得稳定控制；

(7) 设计模糊控制器，控制倒立摆系统。

书中用 MATLAB 编程语言及 Simulink 工具箱对实验结果进行仿真研究，培养学生控制系统的综合分析和设计能力。在倒立摆这个实例中，特别注重其物理实现过程，由于状态变量的系统内部属性决定了状态一般不能直接测量，从而限制了状态反馈的物理实现，让学生掌握在工程上采用状态观测器重构状态或估计状态解决该问题的方法。通过这个循序渐进的项目，达到理论联系实际的目的。在每章都专列一节用 MATLAB 交互式程序按相应的方法、原理进行控制系统分析和设计，这样有利于培养学生应用计算机辅助分析和设计控制系统的综合能力。

本书由杨婕（山东科技大学）、王鲁（山东农业大学）任主编，王以忠（山东科技大学）、叶华（湖南文理学院）、孙霞（山东科技大学）、张序萍（山东科技大学）、郑锋（山东科技大学）、赵协广（山东科技大学）任副主编，王致杰（上海电机学院）教授主审。全书共分9章由主编统稿，并负责教材的体系结构设计和统编工作。其中杨婕、王鲁编写第1章、第2章；郑锋编写第3章；赵协广编写第4章；叶华、王以忠编写第5章、第6章；张序萍编写第7章；孙霞编写第8章、第9章；研究生林成瑛完成了书中部分章节仿真程序的调试工作。

本书在编写过程中，山东科技大学程丽平、胡新颜、李丽娜、朱蕾、袁照平、刘晶等老师提出了许多宝贵意见和建议，还得到了有关部门领导和同志们的支持和帮助。同时在编写过程中参阅了许多专家、学者的著作和教材，在此一并向他们表示衷心的感谢。

由于编者水平有限，书中难免存在错误和不足之处，恳请广大读者批评指正。

编　者

2012 年 10 月

目　录

1 绪 论

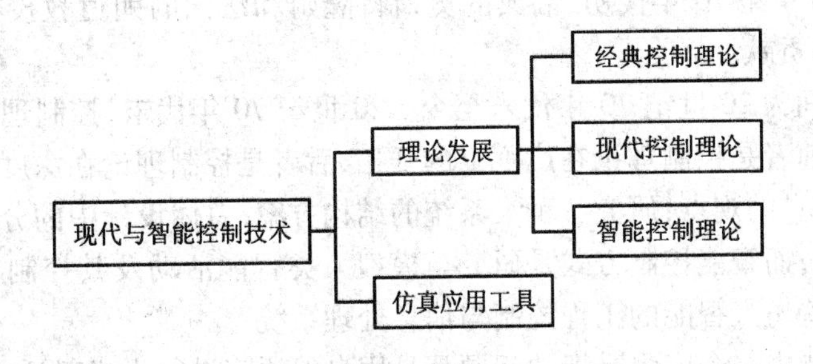

教学目的与要求

了解控制理论发展史,理解经典控制理论、现代控制理论、智能控制理论各自的特点,熟悉MATLAB软件。

掌握矩阵计算和绘制基本图形的MATLAB编程方法。

导入案例

高速电子计算机、控制理论与自动化技术的迅速发展,不但在尖端技术领域使人造地球卫星上了天,使宇宙飞船载人登月、遨游太空,使洲际导弹能精确命中数千里以外的敌方目标,而且在其他诸如航空、航海、科研设施、生产过程(如冶金、化工、水泥、电力、造纸等)各个领域达到了高度现代化的先进水平。以轧钢生产为例,近十余年来由于自动化水平的提高,已使原来每秒只能轧制几米钢材的生产能力提高到每秒几十米的水平,这样就出现了年产数百万吨钢材的轧钢车间。自动化也可以成为改善工人劳动条件的重要途径。特别对于那些高温、高压、有毒、噪声严重的生产环境,实现生产过程自动化,意义就更为重大。

1.1 控制理论发展史

随着生产的发展,控制技术也在不断地发展。尤其是计算机的更新换代,更加推动了控制理论不断地向前发展。控制理论的发展过程一般可分为下述3个阶段。

第一阶段:时间为20世纪40—60年代,称为古典控制理论时期。古典控制理论主要是解决单输入单输出问题,主要采用传递函数、频率特性、根轨迹为基础的频域分析方法,所研究的系统多半是线性定常系统,对非线性系统,分析时采用的相平面法一般也不超过两个变量。古典控制理论能够较好地解决生产过程中的单输入单输出问题。这一时期的主要代表人物有伯德和伊文思,伯德于1945年提出了简便而又实用的伯德图法,伊文思于1948年提出了直观而又形象的根轨迹法。

第二阶段:时间为20世纪60—70年代,称为现代控制理论时期。这个时期,由于计算机的飞速发展,推动了空间技术的发展。古典控制理论中的高阶微分方程可转化为一阶微分方程组,用以描述系统的动态过程,即所谓的状态空间法。这种方法可以解决多输入多输出问题。系统既可以是线性的、定常的,也可以是非线性的、时变的。这一时期的主要代表人物有庞特里亚金、贝尔曼及卡尔曼等人。庞特里亚金于1961年发表了极大值原理;贝尔曼于1957年提出了动态规则;卡尔曼和布西于1959年发表了关于线性滤波器和估计器的论文,即著名的卡尔曼滤波。20世纪70年代初,瑞典的奥斯特隆姆和法国的朗道教授在自适应控制理论和应用方面作出了贡献。

第三阶段:时间为20世纪70年代末至今。20世纪70年代末,控制理论向着大系统理论和智能控制发展,前者是控制理论在广度上的开拓,后者是控制理论在深度上的挖掘。大系统理论是用控制和信息的观点,研究各种大系统的结构方案、总体设计中的分解方法和谐调等问题的技术基础理论;而智能控制方式是研究与模拟人类智能活动及其控制与信息传递过程的规律,研制具有某些仿人智能的工程控制与信息处理系统。

目前,人工智能中一个广为重视的问题就是用自然语言进行人机对话,而初步应用的典型智能控制系统就是智能机器人。随着社会和生产的发展,控制理论也在不断发展和完善,随着自动控制技术和计算机技术的迅速发展,人们不仅从繁重的体力劳动中解放出来,而且也不断地从复杂的脑力劳动中解脱出来。已经深入到家庭生活中的机器人的出现,就是一个有力的说明。

回顾控制理论的发展历程可以看出,它的发展过程反映了人类由机械化时代进入电气化时代,并走向自动化、信息化时代的步伐。

1.1.1 经典控制理论特点及主要内容

在20世纪30—40年代,奈奎斯特、伯德、维纳等人的著作为自动控制理论的初步形成奠定了基础;第二次世界大战以后,又经过众多学者的努力,在总结了以往的实践和关于反馈理论、频率响应理论并加以发展的基础上,形成了较为完整的自动控制系统设计的频率法理论,1948年又提出了根轨迹法。至此,自动控制理论发展的第一阶段基本完成。

这种建立在频率法和根轨迹法基础上的理论,通常被称为经典控制理论。

经典控制理论以拉氏变换为数学工具,以单输入单输出的线性定常系统为主要的研究对象,将描述系统的微分方程或差分方程变换到复数域中,得到系统的传递函数,并以此作为基础,在频率域中对系统进行分析和设计,确定控制器的结构和参数,通常采用反馈控制构成所谓的闭环控制系统。经典控制理论具有明显的局限性,突出的是难以有效地应用于时变系统、多变量系统,也难以揭示系统更为深刻的特性。当把这种理论推广到更为复杂的系统时,经典控制理论就显得无能为力了,这是由它的以下几个特点所决定的。

(1)经典控制理论只限于研究线性定常系统,即使对最简单的非线性系统也是无法处理的，也不能处理输入和输出皆大于1的系统。实际上，大多数工程对象都是多输入多输出系统，尽管人们作了很多尝试，但是用经典控制理论设计这类系统都没有得到满意的结果。

(2)经典控制理论采用试探法设计系统，即根据经验选用合适的、简单的、工程上易于实现的控制器，然后对系统进行分析，直至找到满意的结果为止。虽然这种设计方法具有实用等很多优点，但是在推理上却不能令人满意，效果也不是最佳的。人们自然提出这样一个问题，即对一个特定的应用课题，能否找到最佳的设计。

综上所述，经典控制理论的最主要的特点是：研究具有单输入单输出的线性定常对象，而且即便对这些极简单的对象，理论上也尚不完整，从而促使更为精确化、数学化及理论化的现代控制理论得以发展。

1.1.2 现代控制理论特点及主要内容

现代控制理论中首先得到透彻研究的是多输入多输出线性系统，其中特别重要的是对刻画控制系统本质的基本理论的建立，如可控性、可观性、实现理论等，使控制由一类工程设计方法提高为一门新的学科。同时为满足从理论到应用，在高水平上解决很多实际中所提出的控制问题的需要，促使非线性系统、最优控制、自适应控制、辨识与估计理论、卡尔曼滤波、鲁棒控制等发展为成果丰富的独立学科分支。

在20世纪50年代蓬勃兴起的航空航天技术的推动和计算机技术飞速发展的支持下，控制理论在1960年前后有了重大的突破和创新。其间，贝尔曼提出寻求最优控制的动态规划法；庞特里亚金证明了极大值原理，使得最优控制理论得到了极大的发展；卡尔曼系统地把状态空间法引入到系统与控制理论中，并提出了能控性、能观性的概念和新的滤波理论。这些后来被称为现代控制理论的发展起点和基础。

现代控制理论以线性代数和微分方程为主要的数学工具，以状态空间法为基础，分析与设计控制系统。状态空间法本质上是一种时域的方法，它不仅描述了系统的外部特性，而且描述和揭示了系统的内部状态和性能。它在揭示系统内在规律的基础上，实现系统在一定意义下的最优化。它的构成带有更高的仿生特点，即不限于单纯的闭环，而扩展为适应环、学习环等。较之经典控制理论，现代控制理论的研究对象要广泛得多，原则上讲，它既可以是单变量的、线性的、定常的、连续的，也可以是多变量的、非线性的、时变的、离散的。

现代控制理论具有以下特点。

1. 控制对象结构的转变

控制对象结构由简单的单回路模式向多回路模式转变，即从单输入单输出向多输入多输出转变。它必须处理极为复杂的工业生产过程的优化和控制问题。

2. 研究工具的转变

(1)积分变换法向矩阵理论、几何方法转变，由频率法转向状态空间的研究；

(2)随着计算机技术的发展，由手工计算转向计算机计算。

3. 建模手段的转变

由机理建模向统计建模转变，开始采用参数估计和系统辨识的统计建模方法。

控制理论的发展同其他学科一样，依赖于工业、科学、技术提出的越来越高的要求。现代控制理论这一名称是在1960年卡尔曼的著名文章发表后出现的。而在此之前，钱学森教授在20世纪50年代就已发表了《工程控制论》的专著，并被当时大部分论文以突出形式加以引用。从广义上看，工程控制论是控制学科最具远见卓识的科学预见与理论，现代控制理论只是其一个分支。

随着科学技术的突飞猛进,对工业过程控制的要求越来越高,不仅要求控制的精确性,更注重控制的鲁棒性、实时性、容错性以及对控制参数的自适应和学习能力。另外,需要控制的工业过程日趋复杂,工业过程严重的非线性和不确定性使许多系统无法用数学模型精确描述。这样建立在数学模型基础上的经典和现代控制方法面临空前的挑战,同时也给新控制方法的发展带来了良好的机遇。

近几年来,控制界非常热衷于复杂系统及智能控制的提倡、计划及研究,也有一些见解与成果被发表。从已发表的文献来看,对于复杂系统和智能控制的理解有很大差别。

复杂系统的特征可概括为以下三个方面。

(1)复杂对象(Complex Plant):难于用常规数学工具建模并研究的对象,如多机械组成的系统、大型工业生产过程、自动化工厂等。

(2)复杂任务(Complex Task):镇定问题所不能包括的任务。

(3)复杂环境(Complex Environment):控制理论通常假设对象是孤立的、自由的,但实际却常是开放的、受到外部环境制约的,如自动车在种种环境中的行驶与躲避、煤矿采掘面的多变工作环境、人对高度开放系统的干预等,这时环境对控制有巨大影响。

具有以上特征的系统称为复杂系统,或称3C系统。复杂系统在对象、环境及任务这三个方面中至少有一个是复杂的。解决这类系统的控制问题,必须跳出建立在简化的理想数学模型基础上的现代控制理论框架,真正面对系统的复杂性,提出新的概念和模型,探索新的方法和手段,这类3C系统的控制即构成智能控制。

1.1.3　智能控制特点及主要内容

智能控制是一个很大的研究领域。经过20世纪80年代的孕育发展,特别是近几年的研究和实践,国际上已认识到采用智能控制是解决复杂系统控制问题的主要途径,目前有很多智能控制方法已投入使用。

在目前发表的工程类文献中,从现代控制理论向智能化发展的研究越来越多,如带有智能功能的传统控制(自适应控制、鲁棒控制等),基于传感器或行为的智能反馈控制,学习控制和循环控制,故障诊断及容错控制,以生产调度管理控制为背景的离散事件系统研究,机器人班组自组织协调控制、自主控制以及控制系统的智能化设计等。另外,用人工智能方法解决控制问题的研究也越来越多,如决策论,带有专家系统的监控、预警及调度系统,用神经网络实现控制的系统,基于符号表示、模糊逻辑等设计的控制系统,模式识别与特征提取,智能机的应用等。

当前在许多专业化学科与工程中,针对特定对象的具体复杂性,综合应用各种智能控制策略,力求实现具体3C系统的智能控制,如机器人研究中的智能机器人、航空航天工程中空间机器人的自主控制、以智能材料为基础的智能工程等。另一方面,更为抽象的一般智能原理的研究,如"拟人"与"拟社会"原理、分解集结原理、递阶控制(层次控制)也正在展开。

总体来说,自动控制理论就是一门研究自动控制系统稳定性的科学,是控制理论与控制工程学科的主要内容。控制理论与控制工程作为一门学科,研究并且提出有关自动控制系统设计与分析的理论与方法,用于指导工程实践。

1.2 MATLAB 基础知识

1.2.1 MATLAB 桌面操作环境

MATLAB 为用户提供了全新的桌面操作环境，了解并熟悉这些桌面操作环境是使用 MATLAB 的基础。下面简单介绍 MATLAB 的桌面操作环境。

1.2.1.1 MATLAB 启动和退出

以 Windows 操作系统为例，进入 Windows 后，选择"开始"→"程序" →"Matlab 7.0"，便可进入如图 1.1 所示的 MATLAB 主窗口；如果安装时选择在桌面上生成快捷方式，也可以左键双击快捷方式直接启动 MATLAB。

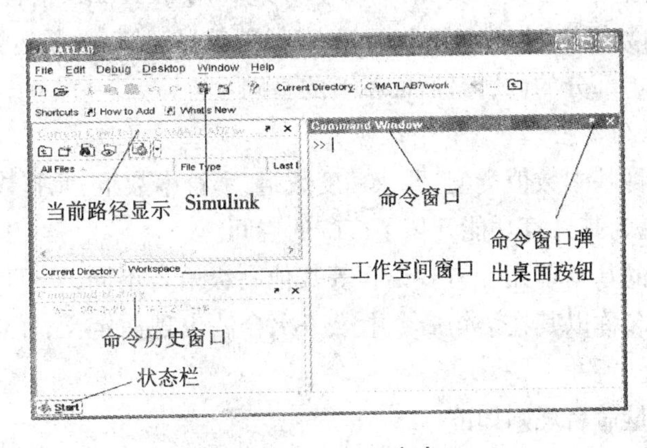

图 1.1 MATLAB 主窗口

退出 MATLAB 系统的方式有两种：

(1)在"文件"(File)菜单中选择"Exit"或"Quit"；

(2)用鼠标单击窗口右上角的关闭图标。

1.2.1.2 MATLAB 命令窗口

MATLAB 的命令窗口(如图 1.2 所示)，用于 MATLAB 命令的交互操作，它具有两大主要功能：

(1)提供用户输入命令的操作平台，用户通过该窗口输入命令和数据；

(2)提供命令执行结果的显示平台，该窗口显示命令执行的结果。

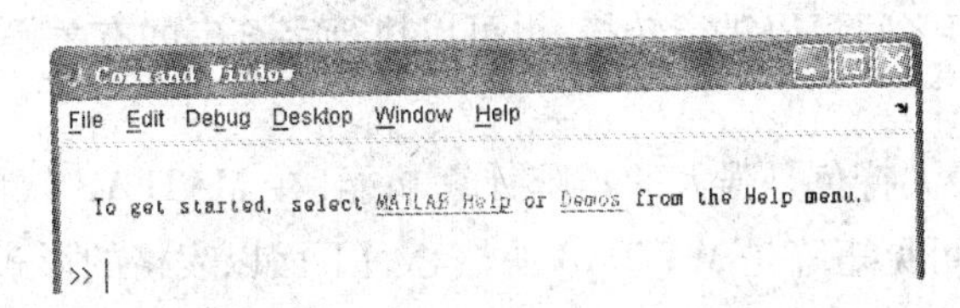

图 1.2 MATLAB 的命令窗口

计算机中安装好 MATLAB 之后，双击 MATLAB 图标，就可以进入命令窗口，此时意味着系统处于准备接收命令的状态，可以在命令窗口直接输入命令语句。

MATLAB 语句形式为

变量 = 表达式

通过等号将表达式的值赋予变量。当按【回车】键时，该语句被执行。语句执行之后，窗口自动显示出语句执行的结果。如果希望结果不被显示，则只要在语句之后加上一个分号即可。此时尽管结果没有显示，但变量依然被赋值并在 MATLAB 工作空间中分配了内存。

使用方向键和控制键可以编辑、修改已输入的命令，【↑】键用于回调上一个命令，【↓】键用于回调下一个命令。

1.2.2　MATLAB 数值计算

MATLAB 是一门计算语言，它的运算指令和语法基于一系列基本的矩阵运算以及它们的扩展运算，它支持的数值元素是复数，这也是 MATLAB 区别于其他语言的最大特点之一，它给许多领域的计算带来了极大方便。因此，为了更好地利用 MATLAB 语言的优越性和简捷性，首先要对 MATLAB 的数据类型、数组矩阵的基本运算、符号运算、关系运算和逻辑运算进行介绍，并给出应用实例，本部分的内容是后面章节的基础。

1.2.2.1　MATLAB 数值类型

MATLAB 包括 4 种基本数值类型，即双精度数组、字符串数组、元胞数组、构架数组。数值之间可以相互转化，这为其计算功能开拓了广阔的空间。

变量是数值计算的基本单元。与 C 语言等其他高级语言不同，MATLAB 语言中的变量无须事先定义。变量的名称以其在语句命令中第一次合法出现而定义，MATLAB 会自动根据变量的操作确定其类型。

MATLAB 中的变量命名规则如下：

(1)变量名区分大小写，因此“A”与“a”表示的是不同的变量；

(2)变量名以英文字母开始，第 1 个字母后可以使用字母、数字、下划线，但不能使用空格和标点符号；

(3)变量名长度不得超过 31 位，超过的部分将被忽略；

(4)某些常量也可以作为变量使用，如 i 在 MATLAB 中表示虚数单位，但也可以作为变量使用。

用 clear 命令可从工作空间中清除现存的变量。

字符是 MATLAB 中符号运算的基本元素，也是文字等表达方式的基本元素。在 MATLAB 中，字符串作为字符数组用单引号引用到程序中，还可以通过字符串运算组成复杂的字符串。字符串数值和数字数值之间可以进行转换，也可以执行字符串的有关操作。

1.2.2.2　矩阵运算

MATLAB 软件的最大特色是强大的矩阵计算功能，在 MATLAB 软件中，所有的计算都是以矩阵为单元进行的，可见矩阵是 MATLAB 的核心。下面以表格的形式列出 MATLAB 提供的每类矩阵运算的函数，并各举一个实例进行说明，同类函数的用法基本类似，详细的用法及函数内容说明可参考 MATLAB 软件的联机帮助。

1. 矩阵建立与访问

矩阵的表现形式和数组相似，以左方括号“[”开始，以右方括号“]”结束，每一行元素结束用行结束符号(分号“;”)或回车符分隔，每个元素之间用元素分隔符号(空格或逗号“,”)分隔。建立矩阵的方法有：直接输入矩阵元素，在现有矩阵中添加或删除元素，读取数据文件，采用现有矩阵组合、矩阵转向、矩阵位移及直接建立特殊矩阵等。

【例1.1】 创建矩阵举例。

解 MATLAB程序代码如下：

```
a=[1,2,3;4,5,6]
```

运行结果是创建了一个2×3的矩阵 ***a***，***a*** 的第1行由1、2、3这3个元素组成，第2行由4、5、6这3个元素组成，程序运行结果如下：

```
a =
    1  2  3
    4  5  6
```

接着输入

```
b=[a;11,12,13]
```

运行结果是创建了一个3×3的矩阵 ***b***，***b*** 矩阵是在 ***a*** 矩阵的基础上添加了一行元素11、12、13，组成一个3×3矩阵，程序运行结果如下：

```
b =
     1    2    3
     4    5    6
    11   12   13
```

接着输入

```
c=[a',b]
```

运行结果是创建了一个3×5矩阵 ***c***，***c*** 矩阵是由 ***a*** 的转置矩阵和矩阵 ***b*** 组合生成的，程序运行结果如下：

```
c =
    1  4   1   2   3
    2  5   4   5   6
    3  6  11  12  13
```

矩阵元素的访问如下所示。

单个元素的访问：c(3,5)，即13，访问了第3行和第5列交叉的元素。

整列元素的访问：c(:,5)，即[3,6,13]'，访问了第5列中的所有元素。

整行元素的访问：c(1,:)，即[1,4,1,2,3]，访问了第1行中的所有元素。

整块元素的访问：c(2:3,3:5)，即[4,5,6;11,12,13]，访问了一个2×3的子块矩阵。

2. 矩阵基本运算

矩阵与矩阵之间可以进行的基本运算见表1.1。

注意：在进行左除“/”和右除“\”时，两矩阵的维数必须相等。

表 1.1 矩阵基本运算

操作符号	功能说明
+	矩阵加法
-	矩阵减法
*	矩阵乘法
^	矩阵的幂
\	矩阵的右除
/	矩阵的左除
'	矩阵转置
logm( )	矩阵对数运算
expm( )	矩阵指数运算
inv( )	矩阵求逆

【例 1.2】 矩阵基本运算举例。

解 MATLAB 程序代码如下：

```
a = [1,2;3,4];
b = [3,5;2,9];
div1 = a/b
div2 = b\a
```

两矩阵 $\boldsymbol{a}$ 和 $\boldsymbol{b}$ 进行了左除和右除运算，程序运行结果如下：

```
div1 =
        0.2941      0.0588
        1.1176     -0.1765
div2 =
       -0.3529     -0.1176
        0.4118      0.4706
```

3. 矩阵函数运算

MATLAB 提供了多种关于矩阵的函数，表 1.2 列出了一些常用的矩阵函数运算。

表 1.2 常用矩阵函数运算

函数名	功能说明
rot90( )	矩阵逆时针旋转 90°
flipud( )	矩阵上下翻转
fliplr( )	矩阵左右翻转
flipdim( )	矩阵的元素移位
rank( )	计算矩阵的秩
trace( )	计算矩阵的迹
norm( )	计算矩阵的范数

续表

函数名	功能说明
poly( )	计算矩阵的特征方程的根

【例 1.3】 矩阵函数运算举例。

解　MATLAB 程序代码如下：

```
a=[2,1,0;-2,5,-1;3,4,6];
b=rot90(a)
```

通过函数 rot90( )将矩阵 $\boldsymbol{a}$ 逆时针转 90°，程序运行结果如下：

```
b =
  0  -1  6
  1   5  4
  2  -2  3
```

4. 矩阵分解运算

矩阵分解常用于方程求根，表 1.3 列出了一些常用的矩阵分解运算。

表 1.3　常用矩阵分解运算

函数名	功能说明
eig( )	矩阵的特征值分解
qr( )	矩阵的 QR 分解
schur( )	矩阵的 Schur 分解
svd( )	矩阵的奇异值分解
chol( )	矩阵的 Cholesky 分解
lu( )	矩阵的 LU 分解

【例 1.4】 矩阵分解运算举例。

解　MATLAB 程序代码如下：

```
a=[6,2,1;2,3,1;1,1,1];
[L,U,P]=lu(a)
```

通过函数 lu( )对矩阵 $\boldsymbol{a}$ 进行 LU 分解，得到上三角阵 $\boldsymbol{U}$、下三角阵 $\boldsymbol{L}$、置换矩阵 $\boldsymbol{P}$，程序运行结果如下：

```
L =
    1.0000         0         0
    0.3333    1.0000         0
    0.1667    0.2857    1.0000
U =
    6.0000    2.0000    1.0000
         0    2.3333    0.6667
         0         0    0.6429
```

```
P =
     1     0     0
     0     1     0
     0     0     1
```

1.2.3 MATLAB 常用绘图命令

MATLAB 提供了强大的图形用户界面,在许多应用中,常常要用绘图功能来实现数据的显示和分析,包括二维图形和三维图形。在控制系统仿真中,也常常用到绘图,如绘制系统的相应曲线、根轨迹或频率响应曲线等。

1. 基本的绘图命令

```
plot(x1,y1,option1,x2,y2,option2,…)
```

其中 x1,y1 给出的数据分别为 x,y 轴坐标值,option1 为选项参数,以逐点连折线的方式绘制一个二维图形;同时类似地绘制第 2 个二维图形。这是 plot 命令的完全格式,在实际应用中可以根据需要进行简化。比如 plot(x,y),plot(x,y,option),选项参数 option 定义了图形曲线的颜色、线型及标示符号,它由一对单引号括起来。

2. 选择图像命令

```
figure(1);figure(2);…; figure(n)
```

它用来打开不同的图形窗口,以便绘制不同的图形。

3. 在图形上添加或删除栅格命令

```
grid on
```

在所画出的图形坐标中加入栅格。

```
grid off
```

除去图形坐标中的栅格。

4. 图形保持或覆盖命令

```
hold on
```

把当前图形保持在屏幕上不变,同时允许在这个坐标系内绘制另外一个图形。

```
hold off
```

使新图覆盖旧图。

【例 1.5】 plot 绘图命令举例。

解 MATLAB 程序代码如下:

```
close all                %关闭打开了的所有图形窗口
clc                      %清屏命令
clear                    %清除工作空间中所有变量
t=[0:pi/20:8*pi];        %定义时间范围
y=cos(t);
plot(t,y,'b:+')          %b 表示线的颜色为蓝色,+表示线型为正号线
grid
```

程序运行后,输出结果如图 1.3 所示。

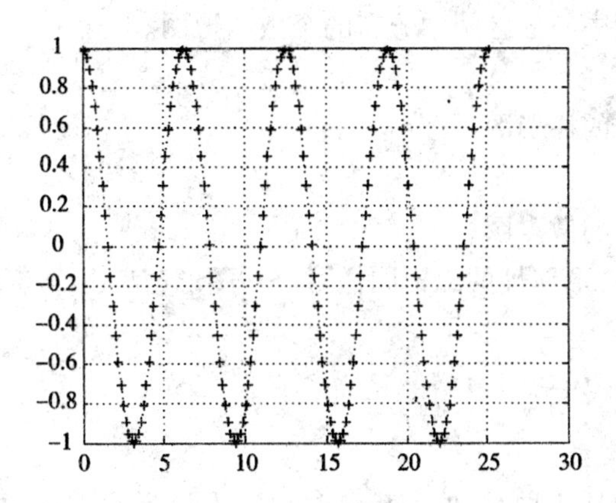

图 1.3　例 1.5 的输出图

5. 图像绘制命令

1)设定轴范围命令

axis([xmin xmax ymin ymax]),aixs('equal')

将 x 坐标轴和 y 坐标轴的单位刻度调整为一样。

2)文字标示命令

text(x,y,'字符串')

在图形的指定坐标位置(x,y)处标示单引号括起来的字符串。

gtext('字符串')

利用鼠标在图形的某一位置标示字符串。

title('字符串')

在所画图形的最上端显示说明该图形标题的字符串。

xlabel('字符串'),ylabel('字符串')

设置 x,y 坐标轴的名称。输入特殊的文字需要用反斜杠"\"开头。

legend('字符串 1','字符串 2',…,'字符串 n')

在屏幕上开启一个小视窗,然后依据绘图命令的先后次序,用对应的字符串区分图形上的线。

3)分割图形显示窗口命令

subplot(m,n,k)

其中 m 表示上下分割个数,n 表示左右分割个数,k 表示子图编号。

4)半对数坐标绘制命令

semilogx

绘制以 x 轴为对数坐标(以 10 为底)、y 轴为线性坐标的半对数坐标图形。

semilogy

绘制以 y 轴为对数坐标(以 10 为底)、x 轴为线性坐标的半对数坐标图形。

5)常用的应用型绘图指令(可用于数值统计分析或离散数据处理)

bar(x,y)

绘制对应于输入 x 和输出 y 的高度条形图。

hist(y,x)

绘制输入 x 在以输出 y 为中心的区间中分布的个数条形图。

    stairs(x,y)

绘制输出 y 对应于输入 x 的梯形图。

    stem(x,y)

绘制输出 y 对应于输入 x 的散点图。

需要注意的是:对于图形属性的编辑同样可以在图形窗口上直接进行,但图形窗口关闭之后编辑结果不会保存。

1.2.4 MATLAB 程序设计

1.2.4.1 MATLAB 程序类型

MATLAB 程序类型包括 3 种:一种是在命令窗口下执行的脚本 M 文件;另一种是可以存取的 M 文件,即程序文件;最后一种是函数(function)文件。脚本 M 文件和程序文件中的变量都将保存在工作区中,这一点与函数文件是截然不同的。

1. 脚本 M 文件

脚本 M 文件也称命令文件,它在命令窗口中输入并执行;没有输入参数,也不返回输出参数,只是一些命令行的组合。脚本 M 文件可对工作空间中的变量进行操作,也可生成新的变量。脚本 M 文件运行结束后,脚本 M 文件产生的变量仍将保留在工作空间中,直到关闭 MATLAB 或用相关命令删除。

2. 程序文件

程序文件以".m"格式进行存取,包含一连串的 MATLAB 指令和必要的注解。需要在工作空间中创建并获取变量,也就是说处理的数据为命令窗口中的数据,没有输入参数,也不会返回参数。程序运行时只需在工作空间中键入其名称即可。

在 MATLAB 命令窗口中选定"File"菜单→"New"选项→"M-file"即可建立 M 文件。也可选定"Edit"菜单建立 M 文件,选定"Save"选项即可保存文件。

选定 MATLAB 命令窗口中的"Edit"菜单可利用键盘编辑键对 M 文件进行全屏幕编辑。M 文件以 ASCII 编码形式存储,在命令窗口中直接键入文件名就可执行 M 文件。

3. 函数文件

与在命令窗口中输入命令一样,函数接收输入参数后执行并输出结果。用 help 命令可以显示它的注释说明。函数文件具有标准的基本结构。

(1)函数定义行,关键字 function,格式如下:

    function[out1,out2,…] = filename(in1,in2,…)

输入和输出(返回)的参数个数分别由 nargin 和 nargout 两个 MATLAB 保留的变量给出。

(2)第 1 行帮助行,即 H1 行,以%开头,作为 lookfor 指令搜索的行。

(3)函数体说明及有关注解以%开头,用以说明函数的作用及有关内容,作为 M 文件的帮助信息。如果不希望显示某段信息,可在它的前面加空行。

(4)函数体语句,除返回和输入变量这些在 function 语句中直接引用的变量以外,函数体内使用的所有变量都是局部变量,即在该函数返回之后,这些变量会自动在 MATLAB 的工作空间中清除。如果希望这些中间变量成为在整个程序中都起作用的变量,则可以将它们设置为全局变量。

1.2.4.2 MATLAB 程序流程控制

MATLAB 程序有顺序、分支、循环等程序结构以及子程序结构。

1. 顺序程序结构

顺序程序结构的程序从程序的首行开始,逐行顺序往下执行,直到程序最后一行。大多数简单的 MATLAB 程序采用这种程序结构。

2. 分支程序结构

分支程序结构的程序根据执行条件满足与否,确定执行方向。在 MATLAB 中,通过 if-else-end 结构、while 结构、switch-case-otherwise 结构来实现。

1) if,else,elseif 语句

if 条件语句用于选择结构,其格式如下。

(1)
```
if  逻辑表达式
    执行语句
end
```

(2)
```
if  逻辑表达式
    执行语句 1
    else
        执行语句 2
end
```

如果逻辑表达式的值为真,则执行语句 1,然后跳过语句 2,向下执行;如果为假,则执行语句 2,然后向下执行。

(3)
```
if  逻辑表达式 1
    执行语句 1
    elseif  逻辑表达式 2
            执行语句 2
end
```

如果逻辑表达式 1 的值为真,则执行语句 1;如果为假,则判断逻辑表达式 2,如果为真,则执行语句 2,否则向下执行。

if 条件语句可以嵌套使用,但是必须注意 if 语句和 end 语句成对出现。

【例 1.6】 if 条件语句使用举例。

解 MATLAB 程序代码如下:

```
n = input('n = ')                    % 判断输入数的正负性
if n <=0
A = 'negative'                       % 判断输入是否为空
elseif isempty(n) ==1                % 除 2 取余数,判断奇偶性
        A = 'empty'
elseif rem(n,2) ==0
        A = 'even'
else
        A = 'odd'
```

```
end
```

程序运行结果如下:

```
n =
    [ ]
A =
    empty
n =
    4
A =
    even
n =
    -4
A =
    negative
```

2)switch 语句

基本格式:

```
switch  表达式                          % 可以是标量或字符串
    case  值 1
          语句 1
    case  值 2
          语句 2
          …
    otherwise
          语句 3
end
```

表达式的值和哪种情况(case)的值相同,就执行哪种情况中的语句,如果不同,则执行 otherwise 中的语句。格式中也可以不包括 otherwise,这时如果表达式的值与列出的各种情况都不相同,则继续向下执行。

3. 循环程序结构

循环程序结构包括一个循环变量,循环变量从初始值开始计数,每循环一次就执行一次循环体内的语句,执行后循环变量以一定的规律变化,然后再执行循环体内语句,直到循环变量大于循环变量的终止值为止。

常用的循环有 while 和 for 循环。while 循环和 for 循环的区别在于:while 结构的循环体被执行的次数是不确定的,而 for 结构中循环体的执行次数是确定的。

1)for 循环语句

for 语句使用较为灵活,一般用于循环次数已经确定的情况,其格式为

```
for  循环变量 = 起始值:步长:终止值
     循环体
end
```

步长默认值为1,可以在正实数和负实数范围内任意指定。对于正数,循环变量的值大于终止值时,循环结束;对于负数,循环变量的值小于终止值时,循环结束。循环结构可以嵌套使用。书写格式不必过于拘泥,编辑器中会自动进行处理。

for语句允许嵌套。在程序里,每一个for关键字必须和一个end关键字配对,否则程序执行时出错。

【例1.7】 for循环语句使用举例。

解 MATLAB程序代码如下:

```
%计算出1~4的乘法表
for n=1:4
for m=1:n
    r(n,m)=m*n
    end
end
```

程序运行结果如下:

```
r =
    1    0    0    0
    2    4    0    0
    3    6    9    0
    4    8    12   16
```

2)while循环语句

while语句一般用于事先不能确定循环次数的情况,其基本格式为

```
while  表达式
       循环体
end
```

若表达式为真,则执行循环体的内容,执行后再判断表达式是否为真;若不为真,则跳出循环体,向下继续执行。在while语句的循环中,可用break语句退出循环。

【例1.8】 while循环语句使用举例。

解 MATLAB程序代码如下:

```
%计算2 000以内的fibnacci数
f(1)=1
f(2)=1
i=1
while f(i)+f(i+1)<2000
        f(i+2)=f(i)+f(i+1)
        i=i+1
end
f
```

程序运行结果如下:

```
i =
```

```
    16
f =
    Columns 1 through 8
    1   1   2   3   5   8   13   21
    Columns 9 through 16
    34   55   89   144   233   377   610   987
    Columns 17
    1597
```

1.2.4.3 MATLAB 程序基本设计原则

MATLAB 程序的基本设计原则如下。

(1)"%"后面的内容是程序的注解,要善于运用注解使程序更具可读性。

(2)养成在主程序开头用 clear 指令清除变量的习惯,以消除工作空间中其他变量对程序运行的影响,但要注意,在子程序中不要用 clear。

(3)参数值要集中放在程序的开始部分,以便维护。要充分利用 MATLAB 工具箱提供的指令来执行所要进行的运算,在语句行之后输入分号使其及中间结果不在屏幕上显示,以提高执行速度。

(4)input 指令可以用来输入一些临时的数据;对于大量参数,则通过建立一个存储参数的子程序,在主程序中通过子程序的名称来调用。

(5)程序尽量模块化,即采用主程序调用子程序的方法,将所有子程序合并在一起来执行全部的操作。

(6)充分利用 debug 来进行程序的调试(设置断点、单步执行、连续执行),并利用其他工具箱或图形用户界面(GUI)的设计技巧,将设计结果集成到一起。

(7)设置好 MATLAB 的工作路径,以便程序运行。

(8)MATLAB 程序的基本组成结构如下:

```
%说明
清除命令:清除 workspace 中的变量和图形(clear,close)
定义变量:包括全局变量的声明及参数值的设定
逐行执行命令:指 MATLAB 提供的运算指令或工具箱提供的专用命令
⋮
控制循环:包含 for,if then,switch,while 等语句
逐行执行命令
⋮
end
绘图命令:将运算结果绘制出来
```

当然,更复杂的程序还需要调用子程序或者与 Simulink 及其他应用程序相结合。

本章小结

本章介绍了自动控制理论的发展历程。随着时代的发展,现代工业控制要求达到越来越高的设计目标,并在越来越复杂的环境下进行控制,以 PID 为核心的经典控制理论和传统控制

手段已经难以适应。因此控制理论发展到如今的现代与智能控制理论时代,虽然有些方法仍然需要进行理论研究,但是许多现代控制方法已经在工程中得到广泛应用。MATLAB 软件作为当今广泛为人们所采用的控制系统仿真工具应该熟练掌握并加以运用。

推荐阅读资料

[1]张晓华. 控制系统数字仿真与 CAD[M]. 北京:机械工业出版社,2005.
[2]王万良. 现代控制工程[M]. 北京:高等教育出版社,2011.
[3]黄辉先. 现代控制理论基础[M]. 长沙:湖南大学出版社,2006.
[4]薛定宇. 反馈控制系统设计与分析——MATLAB 语言应用[M]. 北京:清华大学出版社,2000.
[5]郑阿奇. MATLAB 实用教程[M]. 北京:电子工业出版社,2004.

习　题

1.1　简述自动控制理论发展史及各个阶段理论的特点。

1.2　求两个矩阵 $\boldsymbol{A}$ 和 $\boldsymbol{B}$ 的乘积,其中 $\boldsymbol{A}=\begin{bmatrix}1&2&3\\4&5&6\\7&8&9\end{bmatrix}$,$\boldsymbol{B}=\begin{bmatrix}1&0&0\\0&1&0\\0&0&1\end{bmatrix}$。

1.3　建立矩阵的方法有几种,各有什么优点?

2

线性控制系统的数学模型

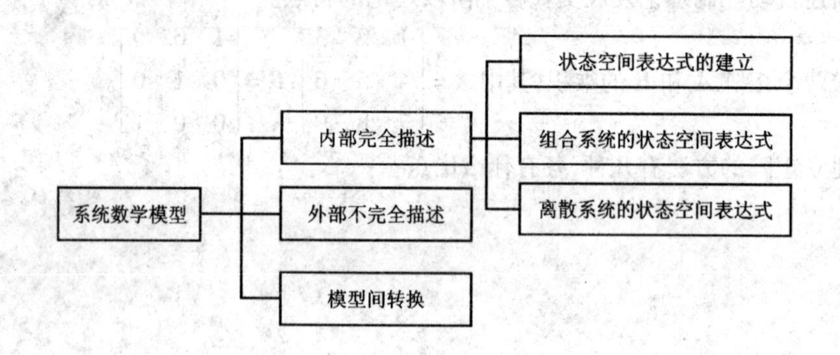

教学目的与要求

理解状态空间表达式的定义,理解并掌握求解系统状态空间表达式的方法,掌握数学模型间的转换,掌握系统状态空间表达式特征标准形的求解方法,了解系统组合后的状态空间表达式和传递函数矩阵,了解离散系统状态空间表达式的求法。

掌握数学模型转换的 MATLAB 计算与程序设计。

导入案例

杂技顶杆表演之所以为人们所熟悉,不仅是其精湛的技艺引人入胜,更重要的是其物理本质与控制系统的稳定性密切相关。它深刻揭示了自然界的一种基本规律,即一个自然不稳定的被控对象,通过控制手段可以使之具有良好的稳定性。不难看出,杂技演员顶杆的物理机制可以简化为一个倒置的倒立摆,人们常称之为倒立摆系统。

倒立摆系统是非线性、强耦合、多变量和自然不稳定的系统,是检验各种控制理论的理想模型。该系统的典型性在于:作为一个装置,它比较简单而且成本低廉;作为控制对象,它又相当复杂,只有采取有效的控制方法才能使之成为一个稳定的系统。倒立摆系统通常用来检验控制策略的效果,是控制理论研究中较为理想的实验装置。迄今,人们已经利用经典控制理论、现代控制理论以及各种智能控制理论实现了多种倒立摆系统的稳定控制。其控制方法在军工航天、机器人领域和一般工业过程中都有着广泛的用途,如机器人行走过程中的平衡控制,火箭发射中的垂直度控制和卫星飞行中的姿态控制等均涉及倒立摆控制问题。而且,在控制理论发展的过程中,某一理论的正确性及在实际应用中的可行性需要一个按其理论设计的控制器去控制一个典型对象来验证这一理论,倒立摆就是这样一个被控对象。其本身是一个自然不稳定体,在控制过程中能够有效地反映控制中的许多问题,对倒立摆系统进行控制,其控制效果一目了然,可以通过摆动角度、位移和稳定时间直接度量。

理论是工程的先导,对倒立摆的研究不仅有深刻的理论意义,还有重要的工程背景,从日常生活中所见到的任何重心在上、支点在下的控制问题,到空间飞行器和各类伺服平台的稳定,都和倒立摆的控制有很大的相似性,故对倒立摆的稳定控制在实际中有很多用处,例如海上钻井平台稳定控制、卫星发射架的稳定控制、火箭姿态控制、飞机安全着陆控制、化工过程控制等都属于这类问题。

多年来,人们对倒立摆的研究越来越感兴趣,倒立摆的种类也由简单的单级倒立摆发展成为多种形式的倒立摆,这其中的原因不仅在于倒立摆系统在高科技领域的广泛应用,而且新的控制方法不断出现,人们试图通过倒立摆这样一个严格的控制对象,检验新的控制方法是否有较强的处理多变量、非线性和绝对不稳定系统的能力。因此,倒立摆系统作为控制理论研究中的一种较为理想的实验手段通常用来检验控制策略的效果。对倒立摆机理的研究具有重要的理论和实际意义,因此成为控制理论中经久不衰的研究课题。

与经典控制理论中的数学模型(传递函数)不同,现代控制理论研究的对象是多输入多输出系统,在研究分析这类系统时,首先应将系统的运动状态用一个一阶微分方程组或一阶矩阵微分方程来描述,这个微分方程组通常被称为系统的状态方程,能对系统的内部变量进行完全描述。

经典控制理论的数学基础是拉普拉斯变换,系统的数学模型为传递函数,主要的分析和综合方法是频率响应法。而状态空间法是反映输入变量、状态变量和输出变量间关系的一种时域方法。它既适用于单输入单输出系统又适用于多输入多输出系统,既可处理定常系统又可处理时变系统。状态空间法主要的数学基础是线性代数,在系统分析和综合中所涉及的计算主要是矩阵运算和矩阵变换,并且这些计算适合在计算机上进行。不管是系统分析还是系统综合,状态空间法都已建立了一整套完整、成熟的理论和方法。本章中,首先讨论建立系统的状态空间描述问题,包括状态和状态空间的概念、状态空间描述的组成和形式以及状态空间描述的线性变换特性等。在以后各章中,将在状态空间描述的基础上逐步讨论系统的结构特性以及采用状态空间法分析和综合线性系统时要解决的各种问题。

2.1 控制系统的数学描述

典型控制系统如图 2.1 所示,由控制器、执行器、被控对象和传感器组成,被控过程具有若干输入端和输出端。系统的数学描述通常可分为两种类型:一种是系统的外部描述,也称为输入、输出描述,它将系统看成为“黑箱”,只是反映输入与输出间的关系,而不去表征系统的内部结构和内部变量,如经典控制理论里的传递函数;另一种是内部描述,即状态空间描述,它是基于系统内部结构的一种数学模型,由两个方程组成。状态空间描述的两个方程:一个反映系统内部变量 x 和输入量 u 间的关系,具有一阶微分方程组或一阶差分方程组的形式;另一个表

征系统输出量 y 与内部变量 x 及输入量 u 间的关系,具有代数方程的形式。外部描述虽能反映系统的外部特性,却不能反映系统内部的结构与运行过程,内部结构不同的两个系统也可能具有相同的外部特性,因此外部描述通常是不完整的;内部描述则能全面完整地反映出系统的动力学特征,是系统的完全描述。

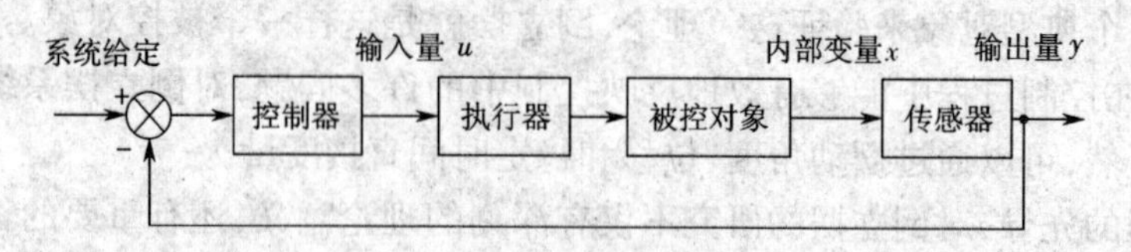

图 2.1 典型控制系统框图

下面以一个简单的机械位移系统为例,讨论系统的两种基本描述方法:传递函数(外部描述)和状态空间表达式(内部描述)。

【例 2.1】 图 2.2 所示为一个简单的机械位移系统的物理模型,模型由质量块、弹簧、阻尼器组成,B_p 为黏性阻尼系数,k 为弹簧刚度,m 为运动物体的质量。

(1)确定系统的外部描述,写出传递函数;

(2)确定系统的内部描述,写出状态空间表达式。

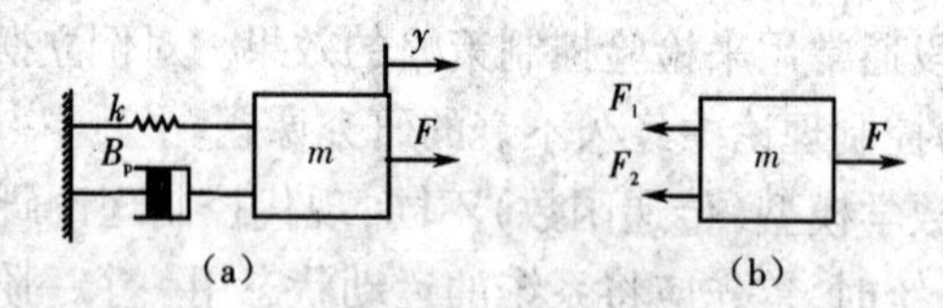

图 2.2 机械位移系统物理模型

(a)原理图 (b)受力图

解 (1)当外力 F 作用于系统时,物体产生平移运动,质量块 m 的位移为 y,系统的输入量为外力 F,输出量为质量块位移 y,根据牛顿第二定律,写出系统运动方程:

$$F - F_1 - F_2 = m\frac{d^2y}{dt^2} \tag{2.1}$$

式中,F_1为弹簧力,F_2为阻尼器摩擦力。且有

$$F_1 = ky \tag{2.2}$$

$$F_2 = B_p\frac{dy}{dt} \tag{2.3}$$

将式(2.2)、式(2.3)代入式(2.1)并整理,得到只含输入、输出变量的微分方程形式:

$$m\frac{d^2y}{dt^2} + B_p\frac{dy}{dt} + ky = F \tag{2.4}$$

若式(2.4)中 m, B_p, k 都是常数,则该式称为线性常系数二阶微分方程,该系统则为线性定常系统。对式(2.4)的微分方程进行拉普拉斯变换(简称拉氏变换)得到机械位移系统的传递函数:

$$G(s) = \frac{Y(s)}{F(s)} = \frac{1}{ms^2 + B_p s + k}$$

(2)引入状态变量 $\boldsymbol{X} = [x_1, x_2]^T$,令状态变量

$$x_1 = y$$

$$x_2 = \frac{\mathrm{d}y}{\mathrm{d}t} = \frac{\mathrm{d}x_1}{\mathrm{d}t} = \dot{x}_1$$

则系统微分方程可写成

$$\frac{\mathrm{d}^2 y}{\mathrm{d}t^2} = \frac{\mathrm{d}x_2}{\mathrm{d}t} = \dot{x}_2 = \frac{F}{m} - \frac{B_\mathrm{p}}{m}x_2 - \frac{k}{M}x_1$$

把一阶导数项放在方程的左边,整理得

$$\dot{x}_1 = x_2$$

$$\dot{x}_2 = \frac{F}{m} - \frac{B_\mathrm{p}}{m}x_2 - \frac{k}{m}x_1$$

以上两式就是图 2.2 所示系统的状态方程,写成矩阵形式,有

$$\begin{bmatrix} \dot{x}_1 \\ \dot{x}_2 \end{bmatrix} = \begin{bmatrix} 0 & 1 \\ -\frac{k}{m} & -\frac{B_\mathrm{p}}{m} \end{bmatrix} \begin{bmatrix} x_1 \\ x_2 \end{bmatrix} + \begin{bmatrix} 0 \\ \frac{1}{m} \end{bmatrix} F \tag{2.5}$$

如令 $\dot{\boldsymbol{X}} = \begin{bmatrix} \dot{x}_1 \\ \dot{x}_2 \end{bmatrix}$,$\boldsymbol{X} = \begin{bmatrix} x_1 \\ x_2 \end{bmatrix}$,$\boldsymbol{A} = \begin{bmatrix} 0 & 1 \\ -\frac{k}{m} & -\frac{B_\mathrm{p}}{m} \end{bmatrix}$,$\boldsymbol{B} = \begin{bmatrix} 0 \\ \frac{1}{m} \end{bmatrix}$,输入量为外力 F,即 $u = F$,则式(2.5)可转化为

$$\dot{\boldsymbol{X}} = \boldsymbol{AX} + \boldsymbol{B}u \tag{2.6}$$

在指定系统输出的情况下,输出量与状态变量之间的函数关系式称为系统的输出方程。在图 2.2 所示的系统中,输出量 y 与状态变量 x_1 间的函数关系为

$$y = x_1$$

写成矩阵的形式,有

$$y = \begin{bmatrix} 1 & 0 \end{bmatrix} \begin{bmatrix} x_1 \\ x_2 \end{bmatrix}$$

如令 $\boldsymbol{C} = [1 \quad 0]$,则输出方程为

$$\boldsymbol{y} = \boldsymbol{CX} \tag{2.7}$$

状态方程(2.6)与输出方程(2.7)一起,构成对系统动态的完整描述,称为系统的状态空间表达式或系统的动态方程。

例 2.1 说明了状态方程的求法,并且可以看出,列写状态方程的一般步骤是:

①根据实际系统各变量所遵循的运动规律写出它的运动微分方程;

②选择适当的状态变量,把运动方程化为关于状态变量的一阶微分方程组。

2.1.1 系统状态空间表达式的建立

建立系统的状态空间表达式常用的方法是物理机理法。例 2.1 就是对一个机械位移系统根据牛顿定律和选定的状态变量建立状态空间表达式。下面再介绍两个其他类型的系统,根据物理机理法建立系统状态空间表达式。

【例 2.2】 试列写如图 2.3 所示的 *RLC* 电路方程,选择几组状态变量并建立相应的状态空间表达式,然后就所选状态变量间的关系进行讨论。

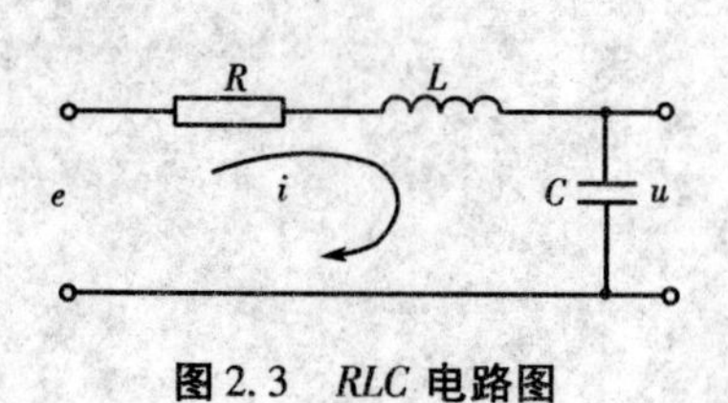

图 2.3 RLC 电路图

解 有明确物理意义的常用变量主要有电流、电阻电压、电容电压与电荷、电感电压与磁通。

根据回路电压定律

$$Ri + L\frac{\mathrm{d}i}{\mathrm{d}t} + \frac{1}{C}\int i\mathrm{d}t = e$$

输出量为

$$y = u = \frac{1}{C}\int i\mathrm{d}t$$

(1)设状态变量为电感电流和电容电压,即 $x_1 = i, x_2 = \frac{1}{C}\int i\mathrm{d}t$,则状态方程为

$$\dot{x}_1 = -\frac{R}{L}x_1 - \frac{1}{L}x_2 + \frac{1}{L}e$$

$$\dot{x}_2 = \frac{1}{C}x_1$$

输出方程为

$$y = x_2$$

写成矩阵形式,有

$$\begin{bmatrix}\dot{x}_1\\ \dot{x}_2\end{bmatrix} = \begin{bmatrix}-\frac{R}{L} & -\frac{1}{L}\\ \frac{1}{C} & 0\end{bmatrix}\begin{bmatrix}x_1\\ x_2\end{bmatrix} + \begin{bmatrix}\frac{1}{L}\\ 0\end{bmatrix}e$$

$$y = \begin{bmatrix}0 & 1\end{bmatrix}\begin{bmatrix}x_1\\ x_2\end{bmatrix}$$

简记为

$$\dot{\boldsymbol{X}} = \boldsymbol{AX} + \boldsymbol{b}u$$

$$\boldsymbol{y} = \boldsymbol{cX}$$

式中

$$\dot{\boldsymbol{X}} = \begin{bmatrix}\dot{x}_1\\ \dot{x}_2\end{bmatrix}, \boldsymbol{X} = \begin{bmatrix}x_1\\ x_2\end{bmatrix}, \boldsymbol{A} = \begin{bmatrix}-\frac{R}{L} & -\frac{1}{L}\\ \frac{1}{C} & 0\end{bmatrix}, \boldsymbol{b} = \begin{bmatrix}\frac{1}{L}\\ 0\end{bmatrix}, \boldsymbol{c} = \begin{bmatrix}0 & 1\end{bmatrix}, u = e$$

(2)设状态变量为电容电流和电荷,即 $x_1 = i, x_2 = \int i\mathrm{d}t$,则有

$$\begin{bmatrix}\dot{x}_1\\ \dot{x}_2\end{bmatrix} = \begin{bmatrix}-\frac{R}{L} & -\frac{1}{LC}\\ 1 & 0\end{bmatrix}\begin{bmatrix}x_1\\ x_2\end{bmatrix} + \begin{bmatrix}\frac{1}{L}\\ 0\end{bmatrix}e$$

$$\boldsymbol{y} = \begin{bmatrix}0 & \frac{1}{C}\end{bmatrix}\begin{bmatrix}x_1\\ x_2\end{bmatrix}$$

(3)设状态变量 $x_1 = \frac{1}{C}\int i\mathrm{d}t + Ri, x_2 = \frac{1}{C}\int i\mathrm{d}t$,其中 x_1 是无明确意义的物理量,可以推出

$$\dot{x}_1 = \dot{x}_2 + R\frac{\mathrm{d}i}{\mathrm{d}t} = \frac{1}{RC}(x_1 - x_2) + \frac{R}{L}(-x_1 + e)$$

$$\dot{x}_2 = \frac{1}{C}i = \frac{1}{RC}(x_1 - x_2)$$

$$y = x_2$$

写成矩阵形式,有

$$\begin{bmatrix} \dot{x}_1 \\ \dot{x}_2 \end{bmatrix} = \begin{bmatrix} \frac{1}{RC} - \frac{R}{L} & -\frac{1}{RC} \\ \frac{1}{RC} & -\frac{1}{RC} \end{bmatrix} \begin{bmatrix} x_1 \\ x_2 \end{bmatrix} + \begin{bmatrix} \frac{R}{L} \\ 0 \end{bmatrix} e$$

$$y = \begin{bmatrix} 0 & 1 \end{bmatrix} \begin{bmatrix} x_1 \\ x_2 \end{bmatrix}$$

可见对同一系统,状态变量的选择不具有唯一性,状态空间表达式也不是唯一的。

【例2.3】　在导入案例中,提到了倒立摆系统,在本例中讨论如何建立单级倒立摆系统的数学模型。倒立摆实验装置如图2.4所示,小车可以沿着光滑的导轨往复运动,小车由交流伺服电机控制。为了检测小车的位置,与电机同轴连接一个光电编码器。在导轨两侧设置了限位开关,防止小车与导轨两侧护板相撞。摆杆通过转轴固定在小车上,利用安装在转轴上的另一个光电编码器检测摆杆的偏角。

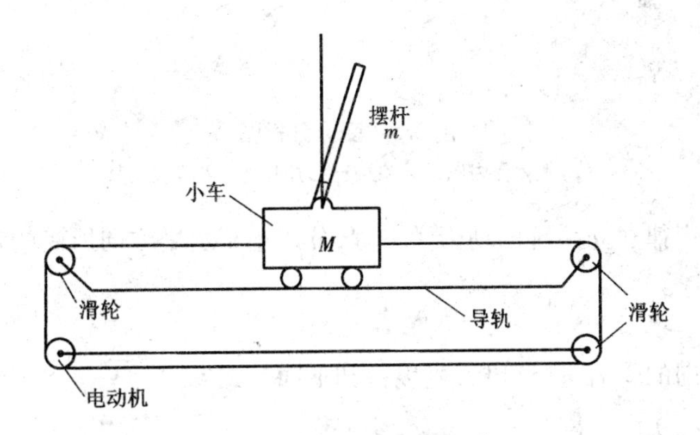

图2.4　单级倒立摆系统

通过对单级倒立摆系统的研究,采用牛顿定律对其进行建模。在建模前,先提出几点假设:①将摆杆视为质量分布均匀的刚体细杆;②施加在小车上的驱动力与加在功率放大器上的输入电压成正比;③滑轮与皮带之间无滑动;④摩擦力与相对速度成正比;⑤除小车与导轨之间的摩擦外,其他摩擦的影响很小,可以忽略。综上假设,将倒立摆系统抽象成小车和匀质杆组成,如图2.5所示,其中 N 和 P 分别为小车和摆杆相互作用力的水平和垂直方向的分量,图中字母的意义和实际数值见表2.1。要求摆角的摆动不超过0.35 rad。

表2.1　单级倒立摆系统参数

符号	意　义	实际数值
M	小车质量	2.0 kg
m	摆杆质量	0.1 kg
b	小车的摩擦系数	0.1

续表

符号	意　义	实际数值
$2l$	摆杆长度	1 m
I	摆杆惯量	$I=\frac{1}{3}ml^2=\frac{0.025}{3}$
f	加在小车上的力	
x	小车位置	
θ	摆杆与垂直向上方向的夹角	

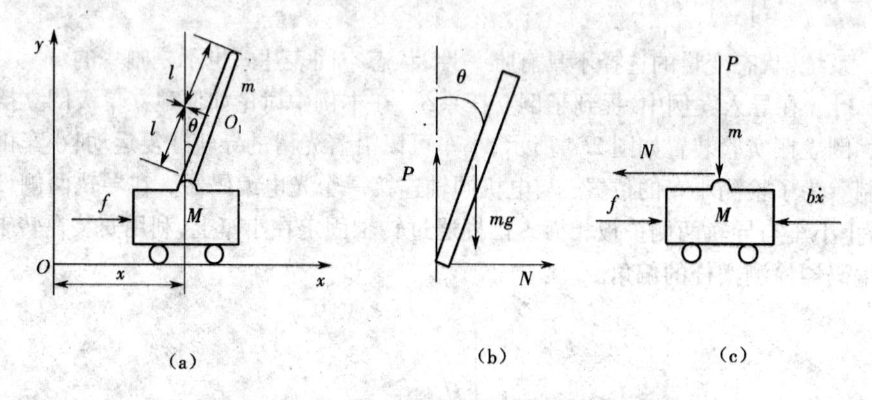

图 2.5　受力分析图

(a)整体受力图　(b)摆杆受力图　(c)小车受力图

解　应用牛顿定律建立系统的动力学方程，分析小车水平方向所受的合力，可以得到以下方程：

$$M\ddot{x}=f-b\dot{x}-N \tag{2.8}$$

由摆杆水平方向的受力进行分析，可以得到下面等式：

$$N=m\frac{\mathrm{d}^2}{\mathrm{d}t^2}(x+l\sin\theta)$$

即

$$N=m\ddot{x}+ml\ddot{\theta}\cos\theta-ml\dot{\theta}^2\sin\theta \tag{2.9}$$

把式(2.9)代入式(2.8)中，就得到系统的第1个运动方程：

$$(M+m)\ddot{x}+b\dot{x}+ml\ddot{\theta}\cos\theta-ml\dot{\theta}^2\sin\theta=f$$

为了推出系统的第2个运动方程，对摆杆垂直方向上的合力进行分析，可以得到下面方程：

$$P-mg=m\frac{\mathrm{d}^2}{\mathrm{d}t^2}(l\cos\theta)$$

即

$$P-mg=-ml\ddot{\theta}\sin\theta-ml\dot{\theta}^2\cos\theta \tag{2.10}$$

摆杆绕其重心的力矩平衡方程如下：

$$Pl\sin\theta-Nl\cos\theta=I\ddot{\theta} \tag{2.11}$$

将式(2.9)和式(2.10)代入式(2.11)，约去 P 和 N，得到第2个运动方程：

$$(I+ml^2)\ddot{\theta}-mgl\sin\theta=-ml\ddot{x}\cos\theta$$

由于 θ 是摆杆与垂直向上方向之间的夹角，并且 θ 与 1 rad 相比很小，即 $\theta \ll 1$，则可以进行近似处理：$\cos\theta\approx1,\sin\theta\approx\theta,\dot{\theta}^2\approx0$。用 u 来代表被控对象的输入力 f，线性化后两个运动方程如下：

$$\left.\begin{aligned}&(I+ml^2)\ddot{\theta}-mgl\theta=-ml\ddot{x}\\&(M+m)\ddot{x}+b\dot{x}+ml\ddot{\theta}=u\end{aligned}\right\}\tag{2.12}$$

方程组(2.12)对 $\ddot{x},\ddot{\theta}$ 解代数方程，得到如下解：

$$\begin{cases}\dot{x}=\dot{x}\\ \ddot{x}=\dfrac{-(I+ml^2)b}{I(M+m)+Mml^2}\dot{x}-\dfrac{m^2gl^2}{I(M+m)+Mml^2}\theta+\dfrac{I+ml^2}{I(M+m)+Mml^2}u\\ \dot{\theta}=\dot{\theta}\\ \ddot{\theta}=\dfrac{mlb}{I(M+m)+Mml^2}\dot{x}+\dfrac{mgl(M+m)}{I(M+m)+Mml^2}\theta-\dfrac{ml}{I(M+m)+Mml^2}u\end{cases}$$

整理成矩阵形式，得到系统状态空间表达式：

$$\begin{bmatrix}\dot{x}\\ \ddot{x}\\ \dot{\theta}\\ \ddot{\theta}\end{bmatrix}=\begin{bmatrix}0&1&0&0\\0&\dfrac{-(I+ml^2)b}{I(M+m)+Mml^2}&-\dfrac{m^2gl^2}{I(M+m)+Mml^2}&0\\0&0&0&1\\0&\dfrac{mlb}{I(M+m)+Mml^2}&\dfrac{mgl(M+m)}{I(M+m)+Mml^2}&0\end{bmatrix}\begin{bmatrix}x\\ \dot{x}\\ \theta\\ \dot{\theta}\end{bmatrix}+\begin{bmatrix}0\\ \dfrac{I+ml^2}{I(M+m)+Mml^2}\\ 0\\ -\dfrac{ml}{I(M+m)+Mml^2}\end{bmatrix}u$$

$$\boldsymbol{y}=\begin{bmatrix}x\\ \theta\end{bmatrix}=\begin{bmatrix}1&0&0&0\\0&0&1&0\end{bmatrix}\begin{bmatrix}x\\ \dot{x}\\ \theta\\ \dot{\theta}\end{bmatrix}+\begin{bmatrix}0\\0\end{bmatrix}u$$

其中摆杆转动惯量 $I=\dfrac{1}{3}ml^2$。

在后续章节中，将围绕倒立摆这个复杂的控制系统展开讨论。对于复杂的控制系统往往借助 MATLAB 这个强大的软件来进行分析计算。

状态空间法可以进行单输入多输出系统设计，因此尝试同时对摆杆角度和小车位置进行控制。为了更具挑战性，给小车一个阶跃输入信号。

下面，利用 MATLAB 程序求出系统的状态空间表达式中的系数矩阵，及仿真系统的开环阶跃响应。程序代码如下：

```
% 求状态空间表达式中系数矩阵的程序
M = 2;
```

```
m = 0.1;
b = 0.1;
l = 0.5;
I = 0.025/3;
g = 9.8;
p = I * (M + m) + M * m * l^2;          % denominator for the A and B matricies
A = [0              1                  0               0;
     0   -(I + m * l^2) * b/p   -(m^2 * g * l^2)/p    0;
     0              0                  0               1;
     0       (m * l * b)/p     m * g * l * (M + m)/p   0]
B = [0; (I + m * l^2)/p;0; -m * l/p]
C = [1 0 0 0;0 0 1 0]
D = [0; 0]
T = 0:0.05:10;
U = 0.2 * ones(size(T));
[Y,X] = lsim(A,B,C,D,U,T);
plot(T,Y)
axis([0 2 0 100])
```

求得系统状态空间表达式的 $\boldsymbol{A}$,$\boldsymbol{B}$,$\boldsymbol{C}$ 和 $\boldsymbol{D}$ 矩阵如下:

$$\boldsymbol{A}=\begin{bmatrix}0 & 1 & 0 & 0\\ 0 & -0.0499 & -0.4734 & 0\\ 0 & 0 & 0 & 1\\ 0 & 0.0966 & 19.8841 & 0\end{bmatrix}\quad \boldsymbol{B}=\begin{bmatrix}0\\ 0.4992\\ 0\\ -0.9662\end{bmatrix}$$

$$\boldsymbol{C}=\begin{bmatrix}1 & 0 & 0 & 0\\ 0 & 0 & 1 & 0\end{bmatrix}\quad \boldsymbol{D}=\begin{bmatrix}0\\ 0\end{bmatrix}$$

给定输入为一个 0.2 N 的阶跃信号时,开环系统的阶跃响应曲线如图 2.6 所示。

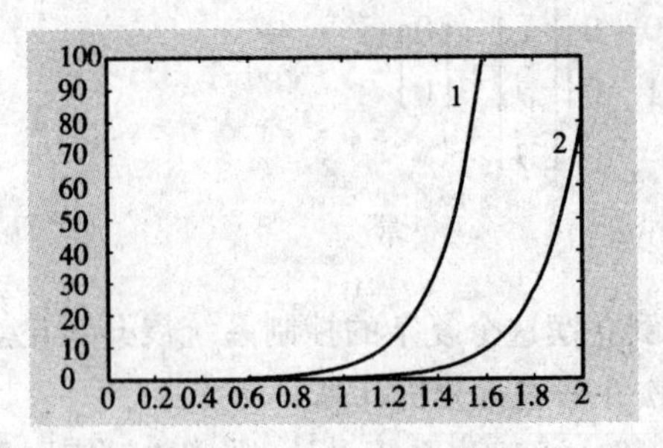

图 2.6 系统响应曲线

1—摆杆角度响应曲线;2—小车位置响应曲线

由图 2.6 的响应曲线可知此系统是不稳定的,应选择合适的控制方法使之稳定,这也是将在后续内容讨论的主要问题之一。

2.1.2　状态空间表达式的一般形式

状态空间表达式是一种采用状态变量描述系统动态行为的时域数学模型。它包含状态方程和输出方程,状态方程是一个一阶向量微分方程,输出方程是一个代数方程。

设描述某一动态系统的状态向量为 $\boldsymbol{x}(t)=[x_1\quad x_2\quad x_3\quad \cdots\quad x_n]^{\mathrm{T}}$,系统描述如图 2.7 所示。

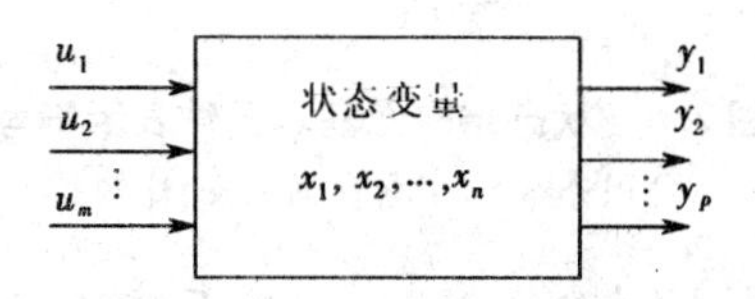

图 2.7　动态系统

显然,该系统是 n 阶系统,若系统有 m 个输入 $u_1, u_2, \cdots, u_m$,有 p 个输出 $y_1, y_2, \cdots, y_p$,且分别记为 $\boldsymbol{u}(t)=[u_1\quad u_2\quad \cdots\quad u_m]^{\mathrm{T}}$ 和 $\boldsymbol{y}(t)=[y_1\quad y_2\quad \cdots\quad y_p]^{\mathrm{T}}$,则系统的状态空间模型的一般形式为

$$\dot{\boldsymbol{x}}(t)=\boldsymbol{f}(\boldsymbol{x}(t),\boldsymbol{u}(t),t) \tag{2.13}$$

$$\boldsymbol{y}(t)=\boldsymbol{\psi}(\boldsymbol{x}(t),\boldsymbol{u}(t),t) \tag{2.14}$$

式中,$f(\cdot)=[f_1\quad f_2\quad f_3\quad \cdots\quad f_n]^{\mathrm{T}}$ 是 n 维向量函数;$\psi(\cdot)$是 p 维向量函数。式(2.13)是一阶向量微分方程,也可以看作由 n 个一阶微分方程所构成的方程组,称其为系统的状态方程;式(2.14)是一个代数方程,表示系统的输出量和输入量以及状态变量之间的关系,称其为系统的输出方程,或称为观测方程。这两个方程总称为系统的状态空间表达式。

如果状态空间表达式所描述的系统是线性的,则式(2.13)和式(2.14)可以写成

$$\dot{\boldsymbol{x}}(t)=\boldsymbol{A}(t)\boldsymbol{x}(t)+\boldsymbol{B}(t)\boldsymbol{u}(t) \tag{2.15}$$

$$\boldsymbol{y}(t)=\boldsymbol{C}(t)\boldsymbol{x}(t)+\boldsymbol{D}(t)\boldsymbol{u}(t) \tag{2.16}$$

式中,$\boldsymbol{u}\in\mathbf{R}^m$,$\boldsymbol{x}\in\mathbf{R}^n$,$\boldsymbol{y}\in\mathbf{R}^p$, $\boldsymbol{A}(t)$、$\boldsymbol{B}(t)$、$\boldsymbol{C}(t)$、$\boldsymbol{D}(t)$分别为 $n\times n$ 维状态矩阵、$n\times m$ 维输入(控制)矩阵、$p\times n$ 维输出矩阵和 $p\times m$ 维传递矩阵,其元素都是时间 t 的函数。因此,式(2.15)和式(2.16)所描述的系统是线性时变系统。如果这些矩阵的所有元素都是与 t 无关的常数,则称为时不变或线性定常系统。线性定常系统的状态空间模型如下:

$$\dot{\boldsymbol{x}}(t)=\boldsymbol{A}\boldsymbol{x}(t)+\boldsymbol{B}\boldsymbol{u}(t) \tag{2.17}$$

$$\boldsymbol{y}(t)=\boldsymbol{C}\boldsymbol{x}(t)+\boldsymbol{D}\boldsymbol{u}(t) \tag{2.18}$$

在实际中,通常 $n>m$,传递矩阵 $\boldsymbol{D}$ 通常为零矩阵;时间变量 $\boldsymbol{u}(t)$、$\boldsymbol{x}(t)$ 和 $\boldsymbol{y}(t)$ 可以简写成 $\boldsymbol{u}$、$\boldsymbol{x}$ 和 $\boldsymbol{y}$,因此线性定常系统可用$(\boldsymbol{A},\boldsymbol{B},\boldsymbol{C})$表示。因此线性定常系统的状态空间模型可简写成如下形式:

$$\begin{cases}\dot{\boldsymbol{x}}=\boldsymbol{A}\boldsymbol{x}+\boldsymbol{B}\boldsymbol{u}\\ \boldsymbol{y}=\boldsymbol{C}\boldsymbol{x}\end{cases} \tag{2.19}$$

如果是单输入单输出(SISO)线性定常系统,可以用$(\boldsymbol{A},\boldsymbol{b},\boldsymbol{c})$表示,$\boldsymbol{b}$ 为 $n\times 1$ 维输入矩阵,$\boldsymbol{c}$ 为 $1\times n$ 维输出矩阵。

2.1.3　状态空间表达式的图形表示法

在状态空间分析中,可以用状态结构图或采用模拟机的模拟结构图来表示系统各个状态

变量之间的信息传递关系，如同在经典控制理论中的传递函数可以用方框图表示一样，具有清晰、直观的特点。这里先给出状态结构图的基本元件表示符号，如图 2.8 所示。

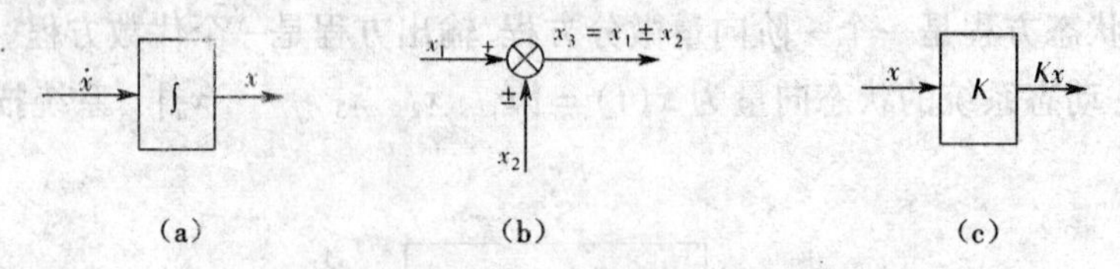

图 2.8　状态结构图基本元件表示符号

(a)积分器　(b)加法器　(c)比例器

系统状态空间表达式的结构图绘制方法是：先按系统状态变量的个数绘出积分器（积分器的数目应是系统状态变量的个数），并将这些积分器放在适当的位置；每个积分器的输出表示相应的一个状态变量，应标明该状态变量的编号；然后根据所给定的状态方程和输出方程绘出加法器和比例器；最后将各个环节连接起来，便构成该系统的状态结构图。

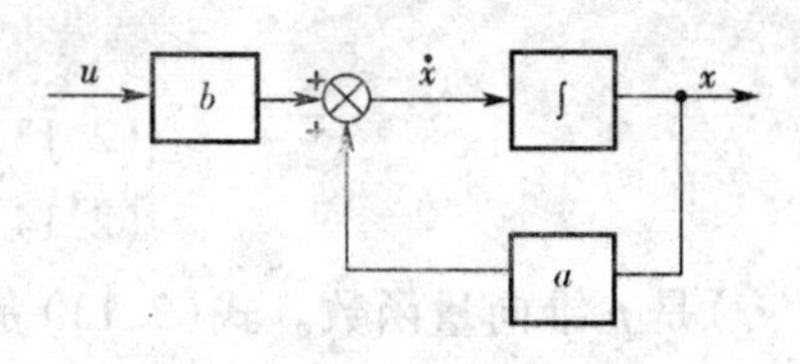

图 2.9　SISO 一阶系统状态结构图

图 2.9 是一阶标量微分方程的一阶系统状态结构图，其状态空间表达式为

$$\dot{x} = ax + bu$$

显然，图 2.9 所示状态结构图表示单输入单输出且只有一个状态变量的一阶系统。同理，对于式(2.17)和式(2.18)所描述的多输入多输出(MIMO)及多变量的系统，对应的状态结构图如图 2.10 所示。

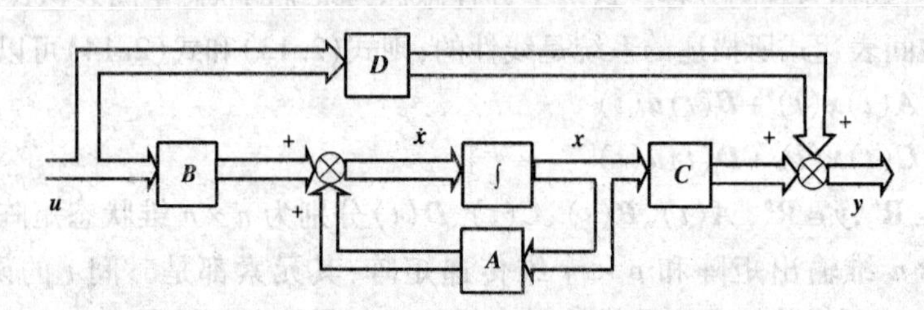

图 2.10　多输入多输出系统状态结构图

图中带箭头的双线表示向量信号的传递通道，显然图 2.9 的 SISO 一阶系统状态结构图是图 2.10 的 MIMO 系统状态结构图的一种特殊形式。

2.2　数学模型间的转换

经典控制理论中常用的数学模型为微分方程和传递函数，这里先讨论已知系统外部描述如何建立内部描述的问题。

2.2.1　由系统的微分方程建立状态空间表达式

n 阶常系数微分方程(SISO)为

$$y^{(n)} + a_{n-1}y^{(n-1)} + \cdots + a_1\dot{y} + a_0 y = b_m u^{(m)} + b_{m-1}u^{(m-1)} + \cdots + b_1\dot{u} + b_0 u \qquad (m \leqslant n)$$

相应的传递函数为

$$W(s)=\frac{b_m s^{(m)}+b_{m-1}s^{(m-1)}+\cdots+b_1 s+b_0}{s^{(n)}+a_{n-1}s^{(n-1)}+\cdots+a_1 s+a_0} \tag{2.20}$$

已知微分方程,建立状态空间表达式有如下几种情况。

1. 传递函数中没有零点

单输入单输出系统(SISO)的微分方程为

$$y^{(n)}+a_{n-1}y^{(n-1)}+\cdots+a_1\dot{y}+a_0 y=b_0 u$$

式中,u 为输入,y 为输出。相应的传递函数为

$$W(s)=\frac{b_0}{s^{(n)}+a_{n-1}s^{(n-1)}+\cdots+a_1 s+a_0}$$

选取状态变量,建立方程:

$$x_1=y,x_2=\dot{y},\cdots,x_n=y^{(n-1)}$$

$$\dot{x}_1=x_2,\dot{x}_2=x_3,\cdots,\dot{x}_{n-1}=x_n,\dot{x}_n=y^{(n)}$$

$$y^{(n)}=-a_0 y-a_1\dot{y}-\cdots-a_{n-1}y^{(n-1)}+b_0 u=-a_0 x_1-a_1 x_2-\cdots-a_{n-1}x_n+b_0 u$$

写成向量形式,有

$$\begin{bmatrix}\dot{x}_1\\\dot{x}_2\\\vdots\\\dot{x}_{n-1}\\\dot{x}_n\end{bmatrix}=\begin{bmatrix}0&1&0&\cdots&0\\0&0&1&\cdots&0\\\vdots&\vdots&\vdots&&\vdots\\0&0&0&\cdots&1\\-a_0&-a_1&-a_2&\cdots&-a_{n-1}\end{bmatrix}\begin{bmatrix}x_1\\x_2\\\vdots\\x_{n-1}\\x_n\end{bmatrix}+\begin{bmatrix}0\\0\\\vdots\\0\\b_0\end{bmatrix}u$$

$$\dot{\boldsymbol{x}}=\boldsymbol{A}\boldsymbol{x}+\boldsymbol{B}u$$

系统输出方程

$$y=[1\quad 0\quad\cdots\quad 0]\begin{bmatrix}x_1\\x_2\\\vdots\\x_n\end{bmatrix}=\boldsymbol{C}\boldsymbol{x}$$

式中,$\boldsymbol{C}=[1\quad 0\quad\cdots\quad 0]$。

系统模拟结构图如图 2.11 所示。

【例 2.4】 系统微分方程为 $\dddot{y}+6\ddot{y}+11\dot{y}+16y=6u$,求系统的状态空间表达式。

解 选取 $x_1=y,x_2=\dot{y},x_3=\ddot{y}$,由

$$\dddot{y}=-16y-11\dot{y}-6\ddot{y}+6u$$

得到一阶微分方程组

$$\begin{cases}\dot{x}_1=x_2\\\dot{x}_2=x_3\\\dot{x}_3=-16x_1-11x_2-6x_3+6u\end{cases}$$

写成矩阵形式,有

$$\begin{bmatrix}\dot{x}_1\\\dot{x}_2\\\dot{x}_3\end{bmatrix}=\begin{bmatrix}0&1&0\\0&0&1\\-16&-11&-6\end{bmatrix}\begin{bmatrix}x_1\\x_2\\x_3\end{bmatrix}+\begin{bmatrix}0\\0\\6\end{bmatrix}u$$

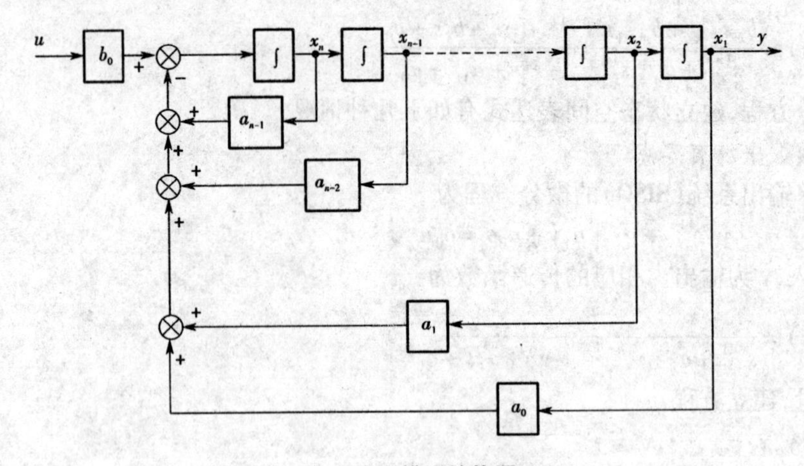

图 2.11　模拟结构图

$$y = x_1 = \begin{bmatrix} 1 & 0 & 0 \end{bmatrix} \begin{bmatrix} x_1 \\ x_2 \\ x_3 \end{bmatrix}$$

系统模拟结构图如图 2.12 所示。

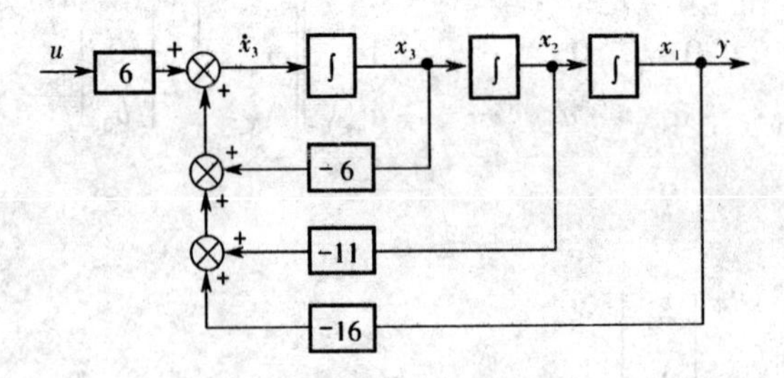

图 2.12　例 2.4 模拟结构图

注意:状态变量的选择不唯一,选择不同的状态变量,状态空间表达式也不同。

【例 2.5】　求系统 $\dddot{y} + 6\ddot{y} + 11\dot{y} + 16y = 6u$ 的状态空间表达式。

解　设状态变量

$$x_1 = \ddot{y} + 6\dot{y} + 11y$$

$$x_2 = \dot{y} + 6y$$

$$x_3 = y$$

状态方程为

$$\dot{x}_1 = \dddot{y} + 6\ddot{y} + 11\dot{y} = 6u - 16y = 6u - 16x_3$$

$$\dot{x}_2 = \ddot{y} + 6\dot{y} = x_1 - 11y = x_1 - 11x_3$$

$$\dot{x}_3 = \dot{y} = x_2 - 6y = x_2 - 6x_3$$

输出方程为

$$y = x_3$$

矩阵形式为

$$\begin{bmatrix}\dot{x}_1\\\dot{x}_2\\\dot{x}_3\end{bmatrix}=\begin{bmatrix}0&0&-16\\1&0&-11\\0&1&-6\end{bmatrix}\begin{bmatrix}x_1\\x_2\\x_3\end{bmatrix}+\begin{bmatrix}6\\0\\0\end{bmatrix}u$$

$$y=[0\quad 0\quad 1]\begin{bmatrix}x_1\\x_2\\x_3\end{bmatrix}$$

系统模拟结构图如图 2. 13 所示。

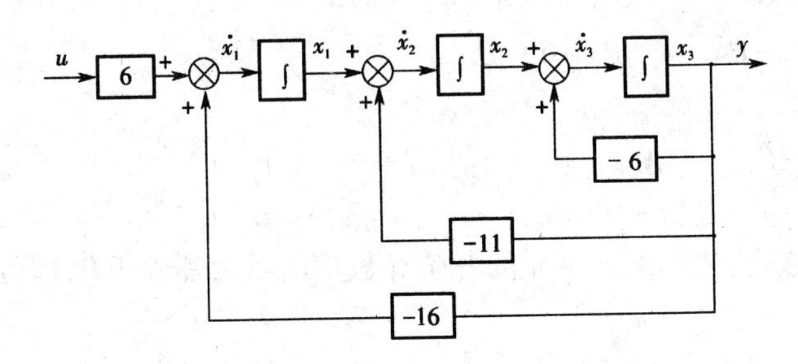

图 2. 13 例 2. 5 模拟结构图

2. 传递函数中有零点

如果单输入单输出系统(SISO)的微分方程为

$$y^{(n)}+a_{n-1}y^{(n-1)}+\cdots+a_1\dot{y}+a_0y=b_nu^{(n)}+b_{n-1}u^{(n-1)}+\cdots+b_1\dot{u}+b_0u$$

一般输入量中导数项的次数小于或等于系统的次数 n。为了避免在状态方程中出现 u 的导数项,可以选择如下的一组状态变量:

$$\begin{aligned}x_1&=y-\beta_0u\\x_2&=\dot{x}_1-\beta_1u\\&\vdots\\x_i&=\dot{x}_{i-1}-\beta_{i-1}u\\&\vdots\\x_{n-1}&=\dot{x}_{n-2}-\beta_{n-2}u\\x_n&=\dot{x}_{n-1}-\beta_{n-1}u\end{aligned}$$

即

$$\begin{aligned}&x_1=y-\beta_0u\rightarrow y=x_1+\beta_0u\\&x_2=\dot{y}-\beta_0\dot{u}-\beta_1u\rightarrow\dot{y}=x_2+\beta_0\dot{u}+\beta_1u\\&x_3=\ddot{y}-\beta_0\ddot{u}-\beta_1\dot{u}-\beta_2u\rightarrow\ddot{y}=x_3+\beta_0\ddot{u}+\beta_1\dot{u}+\beta_2u\\&\vdots\\&x_n=y^{(n-1)}-\beta_0u^{(n-1)}-\beta_1u^{(n-2)}-\cdots-\beta_{n-1}u\rightarrow y^{(n-1)}=x_n+\beta_0u^{(n-1)}+\beta_1u^{(n-2)}+\cdots+\beta_{n-1}u\end{aligned}$$

对上面的 x_n 式两边求导,可得

$$\dot{x}_n=y^{(n)}-\beta_0u^{(n)}-\beta_1u^{(n-1)}-\cdots-\beta_{n-1}\dot{u}$$

将上面的 $\dot{y},\ddot{y},\cdots,y^{(n-1)}$ 代入

$$y^{(n)}=-a_{n-1}y^{(n-1)}-a_{n-2}y^{(n-2)}-\cdots-a_1\dot{y}-a_0y+b_nu^{(n)}+b_{n-1}u^{(n-1)}+\cdots+b_1\dot{u}+b_0u$$

得

$$y^{(n)}=-a_{n-1}x_n-a_{n-2}x_{n-1}-\cdots-a_1x_2-a_0x_1$$

$$
\begin{aligned}
&-a_{n-1}(\beta_0u^{(n-1)}+\beta_1u^{(n-2)}+\cdots+\beta_{n-1}u)\\
&-a_{n-2}(\beta_0u^{(n-2)}+\beta_1u^{(n-3)}+\cdots+\beta_{n-2}u)\\
&\vdots\\
&-a_1(\beta_0\dot{u}+\beta_1u)-a_0\beta_0u+b_nu^{(n)}+b_{n-1}u^{(n-1)}+\cdots+b_1\dot{u}+b_0u
\end{aligned}
$$

将 $y^{(n)}$ 代入

$$\dot{x}_n=y^{(n)}-\beta_0u^{(n)}-\beta_1u^{(n-1)}-\cdots-\beta_{n-1}\dot{u}$$

得

$$
\begin{aligned}
\dot{x}_n=&-a_0x_1-a_1x_2-\cdots-a_{n-2}x_{n-1}-a_{n-1}x_n\\
&+(b_n-\beta_0)u^{(n)}+(b_{n-1}-\beta_1-a_{n-1}\beta_0)u^{(n-1)}\\
&+(b_{n-2}-\beta_2-a_{n-1}\beta_1-a_{n-2}\beta_0)u^{(n-2)}\\
&\vdots\\
&+(b_1-\beta_{n-1}-a_{n-1}\beta_{n-2}-a_{n-2}\beta_{n-3}-\cdots-a_1\beta_0)\dot{u}\\
&+(b_0-a_{n-1}\beta_{n-1}-a_{n-2}\beta_{n-2}-\cdots-a_1\beta_1-a_0\beta_0)u
\end{aligned}
$$

选择 $\beta_0,\beta_1,\cdots,\beta_{n-1}$，使得上式中 u 的各阶导数项的系数都等于0，即可解得

$$
\begin{aligned}
&\beta_0=b_n\\
&\beta_1=b_{n-1}-a_{n-1}\beta_0\\
&\beta_2=b_{n-2}-a_{n-2}\beta_0-a_{n-1}\beta_1\\
&\beta_3=b_{n-3}-a_{n-3}\beta_0-a_{n-2}\beta_1-a_{n-1}\beta_2\\
&\vdots\\
&\beta_{n-1}=b_1-a_1\beta_0-a_{n-1}\beta_{n-2}-a_{n-2}\beta_{n-3}-\cdots
\end{aligned}
$$

令 u 的系数为 β_n，则

$$\beta_n=b_0-a_{n-1}\beta_{n-1}-a_{n-2}\beta_{n-2}-\cdots-a_1\beta_1-a_0\beta_0$$

最后可得系统的状态方程为

$$
\begin{cases}
\dot{x}_1=x_2+\beta_1u\\
\dot{x}_2=x_3+\beta_2u\\
\quad\vdots\\
\dot{x}_{n-1}=x_n+\beta_{n-1}u\\
\dot{x}_n=-a_0x_1-a_1x_2-\cdots-a_{n-2}x_{n-1}-a_{n-1}x_n+\beta_nu
\end{cases}
$$

$$y=x_1+\beta_0u$$

写成矩阵形式，有

$$
\begin{cases}
\dot{\boldsymbol{x}}=\boldsymbol{A}\boldsymbol{x}+\boldsymbol{B}u\\
y=\boldsymbol{C}\boldsymbol{x}+\boldsymbol{D}u
\end{cases}
$$

即

$$
\begin{bmatrix}\dot{x}_1\\ \dot{x}_2\\ \vdots\\ \dot{x}_{n-1}\\ \dot{x}_n\end{bmatrix}=
\begin{bmatrix}0&1&0&\cdots&0\\0&0&1&\cdots&0\\ \vdots&\vdots&\vdots&&\vdots\\0&0&0&\cdots&1\\-a_0&-a_1&-a_2&\cdots&-a_{n-1}\end{bmatrix}
\begin{bmatrix}x_1\\x_2\\ \vdots\\x_{n-1}\\x_n\end{bmatrix}+
\begin{bmatrix}\beta_1\\ \beta_2\\ \vdots\\ \beta_{n-1}\\ \beta_n\end{bmatrix}u
$$

$$y=\begin{bmatrix}1 & 0 & \cdots & 0\end{bmatrix}\begin{bmatrix}x_1\\x_2\\\vdots\\x_n\end{bmatrix}+\beta_0 u$$

【例 2.6】 试写出系统 $\dddot{y}+4\ddot{y}+2\dot{y}+y=\ddot{u}+\dot{u}+3u$ 的状态空间表达式。

解 由于 $n=3,b_3=0,b_2=1,b_1=1,b_0=3,a_0=1,a_1=2,a_2=4$,则

$$\beta_0=b_3=0$$

$$\beta_1=b_2-a_2\beta_0=1$$

$$\beta_2=b_1-a_2\beta_1-a_1\beta_0=-3$$

$$\beta_3=b_0-a_2\beta_2-a_1\beta_1-a_0\beta_0=13$$

状态空间表达式为

$$\begin{bmatrix}\dot{x}_1\\\dot{x}_2\\\dot{x}_3\end{bmatrix}=\begin{bmatrix}0 & 1 & 0\\0 & 0 & 1\\-1 & -2 & -4\end{bmatrix}\begin{bmatrix}x_1\\x_2\\x_3\end{bmatrix}+\begin{bmatrix}1\\-3\\13\end{bmatrix}u$$

$$y=\begin{bmatrix}1 & 0 & 0\end{bmatrix}\begin{bmatrix}x_1\\x_2\\x_3\end{bmatrix}$$

2.2.2 由系统的传递函数建立状态空间表达式

可以将传递函数转化为微分方程后,用 2.2.1 节的内容建立状态空间表达式,也可以直接由传递函数求状态空间表达式,也就是所谓的实现问题。

已知系统传递函数(阵)可以建立多种形式的状态空间表达式,其中包括能控标准形实现、能观标准形实现、对角标准形和约旦标准形实现等。能控、能观标准形的实现将在第 4 章中介绍,这里先讨论对角标准形和约旦标准形的实现。

1. 对角标准形的实现

当系统的极点互异时,系统传递函数分子、分母写成因式相乘形式,即

$$W(s)=\frac{Y(s)}{U(s)}=\frac{K(s-z_1)(s-z_2)\cdots(s-z_m)}{(s-\lambda_1)(s-\lambda_2)\cdots(s-\lambda_n)} \tag{2.21}$$

式中,$z_1,z_2,\cdots,z_m$ 为系统 $W(s)$ 的零点;$\lambda_1,\lambda_2,\cdots,\lambda_n$ 为系统 $W(s)$ 的互异极点。

将式(2.21)写成部分分式

$$W(s)=\frac{Y(s)}{U(s)}=\frac{c_1}{s-\lambda_1}+\frac{c_2}{s-\lambda_2}+\cdots+\frac{c_n}{s-\lambda_n}=\sum_{i=1}^{n}\frac{c_i}{s-\lambda_i} \tag{2.22}$$

式中,$c_i(i=1,2,\cdots,n)$ 为待定系数,其值为

$$c_i=\lim_{s\to\lambda_i}W(s)(s-\lambda_i) \tag{2.23}$$

选择状态变量

$$X_i(s)=\frac{U(s)}{s-\lambda_i} \tag{2.24}$$

即

$$sX_i(s)-\lambda_i X_i(s)=U(s) \tag{2.25}$$

对式(2.25)进行拉氏反变换，得

$$\dot{x}_i - \lambda_i x_i = u$$

即
$$\begin{cases} \dot{x}_1 = \lambda_1 x_1 + u \\ \dot{x}_2 = \lambda_2 x_2 + u \\ \vdots \\ \dot{x}_n = \lambda_n x_n + u \end{cases}$$

写成矩阵形式，得对角标准形实现的状态方程如下：

$$\begin{bmatrix} \dot{x}_1 \\ \dot{x}_2 \\ \vdots \\ \dot{x}_n \end{bmatrix} = \begin{bmatrix} \lambda_1 & & & \\ & \lambda_2 & & \\ & & \ddots & \\ & & & \lambda_n \end{bmatrix} \begin{bmatrix} x_1 \\ x_2 \\ \vdots \\ x_n \end{bmatrix} + \begin{bmatrix} 1 \\ 1 \\ \vdots \\ 1 \end{bmatrix} u \tag{2.26}$$

即 $\dot{\boldsymbol{x}} = \boldsymbol{A}\boldsymbol{x} + \boldsymbol{b}u$

式中，系数矩阵 $\boldsymbol{A}$ 为对角阵，对角线上的元素是传递函数 $W(s)$ 的极点，即系统的特征值；b 是元素全为 1 的 $n \times 1$ 矩阵。

求对角标准形模型的输出方程中 $\boldsymbol{c}$ 的结构，由式(2.22)有

$$Y(s) = \sum_{i=1}^{n} \frac{c_i}{s - \lambda_i} U(s) \tag{2.27}$$

再由式(2.24)有

$$U(s) = (s - \lambda_i) X_i(s) \tag{2.28}$$

将式(2.28)代入(2.27)，有

$$Y(s) = \sum_{i=1}^{n} c_i X_i(s) \tag{2.29}$$

对式(2.29)进行拉氏反变换，得

$$y = \sum c_i x_i = [c_1 \quad c_2 \quad \cdots \quad c_n][x_1 \quad x_2 \quad \cdots \quad x_n]^{\mathrm{T}} \tag{2.30}$$

$\boldsymbol{c}$ 矩阵的结构应是

$$\boldsymbol{c} = [c_1 \quad c_2 \quad \cdots \quad c_n]$$

【例 2.7】 设系统的传递函数为

$$W(s) = \frac{Y(s)}{U(s)} = \frac{6s+8}{s^3 + 6s^2 + 11s + 6}$$

试求系统对角标准形的状态空间模型。

解 将 $W(s)$ 用部分分式展开，得

$$W(s) = \frac{6s+8}{(s+1)(s+2)(s+3)} = \frac{c_1}{s+1} + \frac{c_2}{s+2} + \frac{c_3}{s+3}$$

从而可得 $W(s)$ 的极点 $\lambda_1 = -1, \lambda_2 = -2, \lambda_3 = -3$ 是互异的，根据式(2.23)求待定系数 c_i，得

$$c_1 = \lim_{s \to \lambda_1} W(s)(s + \lambda_1) = \lim_{s \to -1} \frac{6s+8}{(s+2)(s+3)} = 1$$

$$c_2 = \lim_{s \to \lambda_2} W(s)(s + \lambda_2) = \lim_{s \to -2} \frac{6s+8}{(s+1)(s+3)} = 4$$

$$c_3=\lim_{s\to\lambda_3}W(s)(s+\lambda_3)=\lim_{s\to-3}\frac{6s+8}{(s+1)(s+2)}=-5$$

把求得的 $W(s)$ 的极点和待定系数 c_i 代入式(2.26)和式(2.30)，可得到对角标准形为

$$\begin{bmatrix}\dot{x}_1\\\dot{x}_2\\\dot{x}_3\end{bmatrix}=\begin{bmatrix}-1&0&0\\0&-2&0\\0&0&-3\end{bmatrix}\begin{bmatrix}x_1\\x_2\\x_3\end{bmatrix}+\begin{bmatrix}1\\1\\1\end{bmatrix}u$$

$$y=[1\quad 4\quad -5][x_1\quad x_2\quad x_3]^{\mathrm{T}}$$

2. 约旦标准形的实现

对 SISO 系统，当其特征值有重根时，可以得到约旦标准形的状态空间模型。此时模型的系数矩阵 $\boldsymbol{A}$ 中与重特征值对应的那些子块都是与这些特征值相对应的约旦块，即

$$\boldsymbol{J}_i=\begin{bmatrix}\lambda_i&1&&\\&\lambda_i&\ddots&\\&&\ddots&1\\&&&\lambda_i\end{bmatrix}$$

下面讨论约旦标准形的转换方法。设系统的传递函数如式(2.20)。系统具有一个重特征值 λ_1，其重数为 j，而其余不重(互异)的特征值为 $\lambda_{j+1},\cdots,\lambda_n$，则传递函数可以用部分分式展开成

$$W(s)=\frac{c_{11}}{(s-\lambda_1)^j}+\frac{c_{12}}{(s-\lambda_1)^{j-1}}+\cdots+\frac{c_{1j}}{(s-\lambda_1)}+\cdots+\frac{c_{j+1}}{(s-\lambda_{j+1})}+\cdots+\frac{c_i}{(s-\lambda_i)}+\cdots+\frac{c_n}{(s-\lambda_n)}\tag{2.31}$$

式中，待定系数 $c_{11},c_{12},\cdots,c_{1j}$ 对应的是重极点的待定系数，其值为

$$c_{1i}=\frac{1}{(i-1)!}\lim_{s\to\lambda_1}\frac{\mathrm{d}^{(i-1)}}{\mathrm{d}s^{(i-1)}}[W(s)(s-\lambda_1)^j]\tag{2.32}$$

其余互异的待定系数 $c_i(i=j+1,j+2,\cdots,n)$ 仍用特征值互异时的公式计算，即

$$c_i=\lim_{s\to\lambda_i}W(s)(s-\lambda_i)$$

则其状态空间表达式可以写成约旦标准形，即

$$\begin{bmatrix}\dot{x}_1\\\dot{x}_2\\\vdots\\\dot{x}_j\\\hline\dot{x}_{j+1}\\\vdots\\\dot{x}_n\end{bmatrix}=\left[\begin{array}{cccc|ccc}\lambda_1&1&&0&&&\\&\lambda_1&\ddots&&&0&\\&&\ddots&1&&&\\&0&&\lambda_1&&&\\\hline&&&&\lambda_{j+1}&&0\\&0&&&&\ddots&\\&&&&0&&\lambda_n\end{array}\right]\begin{bmatrix}x_1\\x_2\\\vdots\\x_j\\\hline x_{j+1}\\\vdots\\x_n\end{bmatrix}+\begin{bmatrix}0\\0\\\vdots\\1\\\hline 1\\\vdots\\1\end{bmatrix}u\tag{2.33}$$

$$y = [c_{11} \quad c_{12} \quad \cdots \quad c_{1j} \quad \vdots \quad c_{j+1} \quad \cdots \quad c_n] \begin{bmatrix} x_1 \\ x_2 \\ \vdots \\ x_j \\ \hdashline x_{j+1} \\ \vdots \\ x_n \end{bmatrix} \tag{2.34}$$

【例 2.8】 设系统的闭环传递函数为

$$W(s) = \frac{Y(s)}{U(s)} = \frac{3(s+5)}{(s+3)^2(s+2)(s+1)}$$

试求系统约旦标准形的状态空间模型。

解 从系统的传递函数可知，该系统为四阶，有一个重极点，重数 $j=2$，有两个互异的极点，即 $\lambda_1 = \lambda_2 = -3, \lambda_3 = -2, \lambda_4 = -1$，根据式(2.31)，将 $W(s)$ 按部分分式展开成

$$W(s) = \frac{c_{11}}{(s+3)^2} + \frac{c_{12}}{(s+3)} + \frac{c_3}{s+2} + \frac{c_4}{s+1}$$

根据式(2.32)求重极点对应的待定系数 c_{1i}，得

$$c_{11} = \frac{1}{(1-1)!}\lim_{s\to\lambda_1}\frac{\mathrm{d}^{(1-1)}}{\mathrm{d}s^{(1-1)}}[W(s)(s+3)^2] = \lim_{s\to -3}\frac{3(s+5)}{(s+2)(s+1)} = 3$$

$$c_{12} = \frac{1}{(2-1)!}\lim_{s\to\lambda_1}\frac{\mathrm{d}^{(2-1)}}{\mathrm{d}s^{(2-1)}}[W(s)(s+3)^2] = \lim_{s\to -3}\frac{\mathrm{d}}{\mathrm{d}s}\left[\frac{3(s+5)}{(s+2)(s+1)}\right]$$

$$= \lim_{s\to -3}\frac{3(s^2+3s+2) - 3(s+5)(2s+3)}{(s^2+3s+2)^2} = 6$$

根据式(2.23)求互异极点对应的待定系数 c_3, c_4，得

$$c_3 = \lim_{s\to\lambda_3} W(s)(s+2) = \lim_{s\to -2}\frac{3(s+5)}{(s+3)^2(s+1)} = -9$$

$$c_4 = \lim_{s\to\lambda_4} W(s)(s+1) = \lim_{s\to -1}\frac{3(s+5)}{(s+3)^2(s+2)} = 3$$

把求得的 $W(s)$ 的极点和待定系数代入式(2.33)和式(2.34)，可得约旦标准形的模型为

$$\begin{bmatrix} \dot{x}_1 \\ \dot{x}_2 \\ \hdashline \dot{x}_3 \\ \dot{x}_4 \end{bmatrix} = \left[\begin{array}{cc:cc} -3 & 1 & 0 & 0 \\ 0 & -3 & 0 & 0 \\ \hdashline 0 & 0 & -2 & 0 \\ 0 & 0 & 0 & -1 \end{array}\right] \begin{bmatrix} x_1 \\ x_2 \\ \hdashline x_3 \\ x_4 \end{bmatrix} + \begin{bmatrix} 0 \\ 1 \\ \hdashline 1 \\ 1 \end{bmatrix} u$$

$$y = [3 \quad 6 \ \vdots \ -9 \quad 3][x_1 \quad x_2 \ \vdots \ x_3 \quad x_4]^{\mathrm{T}}$$

式中的虚线把系统的重极点和互异的极点所对应的状态和矩阵划分开来，其中重极点 $\lambda_1 = \lambda_2 = -3$ 对应的约旦块为系统 $\boldsymbol{A}$ 阵主对角线上方的子矩阵，即

$$\boldsymbol{A}_j = \begin{bmatrix} -3 & 1 \\ 0 & -3 \end{bmatrix}$$

在工程实际中，一般的系统类似于例 2.8，既有重极点又有互异的极点。若系统含有两个

以上不同的重极点,对于其他重极点所对应的约旦块的求法与例2.8相同。但也有特殊情况,可能系统的所有极点均是重极点,对这种情况,问题就简单了,只要根据式(2.32)求重极点对应的待定系数 c_{1i},便可直接按约旦块的形式得到约旦标准形模型。

【例2.9】 设系统的闭环传递函数为

$$W(s)=\frac{Y(s)}{U(s)}=\frac{2s^2+5s+1}{s^3-6s^2+12s-8}$$

试求系统的约旦标准形的状态空间模型。

解 将 $W(s)$ 用部分分式展开成

$$W(s)=\frac{2s^2+5s+1}{(s-2)^3}=\frac{c_{11}}{(s-2)^3}+\frac{c_{12}}{(s-2)^2}+\frac{c_{13}}{s-2}$$

显然 $W(s)$ 是三阶系统且具有三重极点,即 $\lambda_1=\lambda_2=\lambda_3=2$,根据式(2.32)求重极点对应的待定系数 $c_{1i}(i=1,2,3)$,得

$$c_{11}=\frac{1}{(1-1)!}\lim_{s\to 2}\frac{\mathrm{d}^{(1-1)}}{\mathrm{d}s^{(1-1)}}\left[\frac{2s^2+5s+1}{(s-2)^3}(s-2)^3\right]=\lim_{s\to 2}(2s^2+5s+1)=19$$

$$c_{12}=\frac{1}{(2-1)!}\lim_{s\to 2}\frac{\mathrm{d}^{(2-1)}}{\mathrm{d}s^{(2-1)}}\left[\frac{2s^2+5s+1}{(s-2)^3}(s-2)^3\right]=\lim_{s\to 2}(4s+5)=13$$

$$c_{13}=\frac{1}{(3-1)!}\lim_{s\to 2}\frac{\mathrm{d}^{(3-1)}}{\mathrm{d}s^{(3-1)}}\left[\frac{2s^2+5s+1}{(s-2)^3}(s-2)^3\right]=\frac{1}{2}\lim_{s\to 2}\frac{\mathrm{d}}{\mathrm{d}s}(4s+5)=2$$

故系统的约旦标准形模型为

$$\begin{bmatrix}\dot{x}_1\\ \dot{x}_2\\ \dot{x}_3\end{bmatrix}=\begin{bmatrix}2&1&0\\0&2&1\\0&0&2\end{bmatrix}\begin{bmatrix}x_1\\x_2\\x_3\end{bmatrix}+\begin{bmatrix}0\\0\\1\end{bmatrix}u$$

$$y=\begin{bmatrix}19&13&2\end{bmatrix}\begin{bmatrix}x_1\\x_2\\x_3\end{bmatrix}$$

2.2.3 由状态空间表达式求传递函数矩阵

设初始条件为零,对线性定常系统的状态空间表达式进行拉氏变换,可以得到

$$\boldsymbol{X}(s)=(s\boldsymbol{I}-\boldsymbol{A})^{-1}\boldsymbol{B}\boldsymbol{U}(s)$$

$$\boldsymbol{Y}(s)=[\boldsymbol{C}(s\boldsymbol{I}-\boldsymbol{A})^{-1}\boldsymbol{B}+\boldsymbol{D}]\boldsymbol{U}(s)$$

系统的传递函数矩阵(简称传递矩阵)定义为

$$\boldsymbol{W}(s)=\boldsymbol{C}(s\boldsymbol{I}-\boldsymbol{A})^{-1}\boldsymbol{B}+\boldsymbol{D}$$

传递函数的不变性:对于同一个系统,尽管其状态空间表达式可以作各种非奇异变换且不是唯一的,但它的传递函数矩阵是不变的。

假设有一个变换后变量 z,且有

$$\boldsymbol{x}=\boldsymbol{T}\boldsymbol{z}$$

式中,$\boldsymbol{T}$ 为非奇异矩阵,则原状态空间表达式可转换成

$$\dot{\boldsymbol{z}}=\boldsymbol{T}^{-1}\boldsymbol{A}\boldsymbol{T}\boldsymbol{z}+\boldsymbol{T}^{-1}\boldsymbol{B}\boldsymbol{u}$$

$$\boldsymbol{y}=\boldsymbol{C}\boldsymbol{T}\boldsymbol{z}+\boldsymbol{D}\boldsymbol{u}$$

则对应的传递函数矩阵为

$$\begin{aligned}\overline{W}(s) &= CT(sI - T^{-1}AT)^{-1}T^{-1}B + D \\ &= CT(sT^{-1}T - T^{-1}AT)^{-1}T^{-1}B + D \\ &= C(sT^{-1}T - T^{-1}AT)^{-1}B + D \\ &= C(sI - A)^{-1}B + D \\ &= W(s)\end{aligned}$$

即同一系统其传递函数矩阵是唯一的。

【例 2.10】 已知系统状态空间表达式为

$$\begin{bmatrix}\dot{x}_1 \\ \dot{x}_2\end{bmatrix} = \begin{bmatrix}0 & 1 \\ 0 & -2\end{bmatrix}\begin{bmatrix}x_1 \\ x_2\end{bmatrix} + \begin{bmatrix}1 & 0 \\ 0 & 1\end{bmatrix}\begin{bmatrix}u_1 \\ u_2\end{bmatrix}$$

$$\begin{bmatrix}y_1 \\ y_2\end{bmatrix} = \begin{bmatrix}1 & 0 \\ 0 & 1\end{bmatrix}\begin{bmatrix}x_1 \\ x_2\end{bmatrix}$$

试求系统的传递函数矩阵。

解 已知 $A = \begin{bmatrix}0 & 1 \\ 0 & -2\end{bmatrix}, B = \begin{bmatrix}1 & 0 \\ 0 & 1\end{bmatrix}, C = \begin{bmatrix}1 & 0 \\ 0 & 1\end{bmatrix}, D = O$,故

$$(sI - A)^{-1} = \begin{bmatrix}s & -1 \\ 0 & s+2\end{bmatrix}^{-1} = \begin{bmatrix}\frac{1}{s} & \frac{1}{s(s+2)} \\ 0 & \frac{1}{s+2}\end{bmatrix}$$

$$W(s) = C(sI - A)^{-1}B = \begin{bmatrix}1 & 0 \\ 0 & 1\end{bmatrix}\begin{bmatrix}\frac{1}{s} & \frac{1}{s(s+2)} \\ 0 & \frac{1}{s+2}\end{bmatrix}\begin{bmatrix}1 & 0 \\ 0 & 1\end{bmatrix} = \begin{bmatrix}\frac{1}{s} & \frac{1}{s(s+2)} \\ 0 & \frac{1}{s+2}\end{bmatrix}$$

2.3 状态矢量的线性变换

对于一个给定的线性定常系统,可以选取许多种状态变量,相应地有许多种状态空间表达式描述同一系统,也就是说系统可以有多种结构形式。所选取的状态矢量之间,实际上是一种矢量的线性变换(或称坐标变换)。

2.3.1 非奇异线性变换

设线性定常系统的状态空间表达式为

$$\dot{x} = Ax + Bu$$

$$y = Cx + Du$$

其中,$x(0) = x_0$。

取线性非奇异变换,令 $x = Tz$(即 $z = T^{-1}x$)。T 为线性变换矩阵(矩阵 T 非奇异),将 $x = Tz$ 代入上面线性定常系统的状态空间表达式,并整理得

$$\dot{z} = T^{-1}ATz + T^{-1}Bu = \overline{A}z + \overline{B}u$$

$$y = CTz + Du = \overline{C}z + \overline{D}u$$

其中,$z(0) = T^{-1}x(0)$,且有

$$\overline{A} = T^{-1}AT$$

$$\bar{B}=T^{-1}B$$
$$\bar{C}=CT$$
$$\bar{D}=D$$

显然，由于 T 为任意非奇异矩阵，所以状态空间表达式不唯一，即一组状态变量是另一组状态变量的线性组合，且这种组合具有唯一的对应关系，均能完全描述同一系统的行为。状态矢量的这种变换称为状态的线性变换或等价变换。

【例 2.11】　设系统状态空间表达式为

$$\dot{x}=\begin{bmatrix}0 & 1\\ -2 & -3\end{bmatrix}x+\begin{bmatrix}1\\ 2\end{bmatrix}u$$
$$y=\begin{bmatrix}3 & 0\end{bmatrix}x$$

求出一种状态空间表达式的等价变换。

解　取线性变换矩阵

$$T=\begin{bmatrix}1 & 1\\ 1 & -1\end{bmatrix}$$
$$T^{-1}=\frac{1}{2}\begin{bmatrix}1 & 1\\ 1 & -1\end{bmatrix}$$

设新状态变量为

$$\begin{bmatrix}z_1\\ z_2\end{bmatrix}=T^{-1}x=\begin{bmatrix}\frac{1}{2} & \frac{1}{2}\\ \frac{1}{2} & -\frac{1}{2}\end{bmatrix}\begin{bmatrix}x_1\\ x_2\end{bmatrix}=\begin{bmatrix}\frac{1}{2}x_1+\frac{1}{2}x_2\\ \frac{1}{2}x_1-\frac{1}{2}x_2\end{bmatrix}$$

则在新状态变量下，系统状态空间表达式为

$$\dot{z}=T^{-1}ATz+T^{-1}Bu$$
$$=\begin{bmatrix}\frac{1}{2} & \frac{1}{2}\\ \frac{1}{2} & -\frac{1}{2}\end{bmatrix}\begin{bmatrix}0 & 1\\ -2 & -3\end{bmatrix}\begin{bmatrix}1 & 1\\ 1 & -1\end{bmatrix}z+\begin{bmatrix}\frac{1}{2} & \frac{1}{2}\\ \frac{1}{2} & -\frac{1}{2}\end{bmatrix}\begin{bmatrix}1\\ 2\end{bmatrix}u$$
$$=\begin{bmatrix}-2 & 0\\ 3 & -1\end{bmatrix}z+\begin{bmatrix}\frac{3}{2}\\ -\frac{1}{2}\end{bmatrix}u$$

$$y=CTz=\begin{bmatrix}3 & 0\end{bmatrix}\begin{bmatrix}1 & 1\\ 1 & -1\end{bmatrix}z=\begin{bmatrix}3 & 3\end{bmatrix}z$$

2.3.2　特征值不变性与系统的不变量

1. 系统特征值

系统

$$\dot{x}=Ax+Bu$$
$$y=Cx+Du$$

的特征值就是系统矩阵 A 的特征值，即特征方程 $|\lambda I-A|=0$ 的根。

2. 系统的不变量和特征值的不变性

对上面的系统进行变换,令 $\boldsymbol{x}=\boldsymbol{Tz}$,即 $\boldsymbol{z}=\boldsymbol{T}^{-1}\boldsymbol{x}$,得

$$\dot{\boldsymbol{z}}=\boldsymbol{T}^{-1}\boldsymbol{ATz}+\boldsymbol{T}^{-1}\boldsymbol{Bu}$$

$$\boldsymbol{y}=\boldsymbol{CTz}+\boldsymbol{Du}$$

其特征方程为 $|\lambda\boldsymbol{I}-\boldsymbol{T}^{-1}\boldsymbol{AT}|=0$,其中

$$|\lambda\boldsymbol{I}-\boldsymbol{T}^{-1}\boldsymbol{AT}|=|\lambda\boldsymbol{T}^{-1}\boldsymbol{T}-\boldsymbol{T}^{-1}\boldsymbol{AT}|=|\boldsymbol{T}^{-1}\lambda\boldsymbol{T}-\boldsymbol{T}^{-1}\boldsymbol{AT}|$$
$$=|\boldsymbol{T}^{-1}||\lambda\boldsymbol{I}-\boldsymbol{A}||\boldsymbol{T}|=|\boldsymbol{T}^{-1}\boldsymbol{T}||\lambda\boldsymbol{I}-\boldsymbol{A}|=|\lambda\boldsymbol{I}-\boldsymbol{A}|$$

将特征方程写成多项式

$$|\lambda\boldsymbol{I}-\boldsymbol{A}|=\lambda^n+a_{n-1}\lambda^{n-1}+\cdots+a_1\lambda+a_0=0$$

经过非奇异变换后,系统的特征值不变,系统的特征方程系数也不变。特征多项式的系数称为系统的不变量。

3. 特征矢量

一个 n 维矢量 $\boldsymbol{P}_i$,经过 $\boldsymbol{A}$ 作为变换矩阵的变换,得到一个新的矢量 $\tilde{\boldsymbol{P}}_i$,即

$$\tilde{\boldsymbol{P}}_i=\boldsymbol{AP}_i\quad(i=1,\cdots,n)$$

如果 $\tilde{\boldsymbol{P}}_i=\lambda_i\boldsymbol{P}_i$,即矢量 $\boldsymbol{P}_i$ 经 $\boldsymbol{A}$ 变换后,方向不变,仅长度变化 λ_i 倍,则称 $\boldsymbol{P}_i$ 为 $\boldsymbol{A}$ 的对应于 λ_i 的特征向量,此时有 $\boldsymbol{AP}_i=\lambda_i\boldsymbol{P}_i$,即$(\boldsymbol{A}-\lambda_i\boldsymbol{I})\boldsymbol{P}_i=0$。

2.3.3 状态空间表达式的特征标准形

将系统

$$\dot{\boldsymbol{x}}=\boldsymbol{Ax}+\boldsymbol{Bu}$$

$$\boldsymbol{y}=\boldsymbol{Cx}+\boldsymbol{Du}$$

转换成

$$\dot{\boldsymbol{z}}=\boldsymbol{Jz}+\boldsymbol{T}^{-1}\boldsymbol{Bu}$$

$$\boldsymbol{y}=\boldsymbol{CTz}+\boldsymbol{Du}$$

根据系统矩阵 $\boldsymbol{A}$,求其特征值,可以直接写出系统的特征标准形矩阵 $\boldsymbol{J}$。

当特征值无重根时,有

$$\boldsymbol{J}=\bar{\boldsymbol{A}}=\begin{bmatrix}\lambda_1 & 0 & \cdots & 0\\ 0 & \lambda_2 & \cdots & 0\\ \vdots & \vdots & & \vdots\\ 0 & 0 & \cdots & \lambda_n\end{bmatrix}$$

当特征值有 $q(1<q<n)$ 个重根 λ_1 时,有

$$\boldsymbol{J}=\begin{bmatrix}\begin{matrix}\lambda_1 & 1 & \cdots & 0\\ 0 & \lambda_1 & \cdots & 0\\ \vdots & \vdots & & 1\\ 0 & 0 & \cdots & \lambda_1\end{matrix} & \boldsymbol{0}\\ \boldsymbol{0} & \begin{matrix}\lambda_{q+1} & \cdots & 0\\ \vdots & & \vdots\\ 0 & \cdots & \lambda_n\end{matrix}\end{bmatrix}$$

下面介绍几种求 $\boldsymbol{T}$ 的方法。

1. 矩阵 $\boldsymbol{A}$ 为任意形式

1）矩阵 $\boldsymbol{A}$ 的特征值无重根

对线性定常系统，若系统的特征值两两相异，则必存在非奇异变换可将状态方程化为对角线标准形。实际上

$$\boldsymbol{T}=[\boldsymbol{P}_1 \quad \boldsymbol{P}_2 \quad \cdots \quad \boldsymbol{P}_n]$$

$$\boldsymbol{A}\boldsymbol{P}_i=\lambda_i\boldsymbol{P}_i$$

$$\boldsymbol{A}\boldsymbol{T}=[\boldsymbol{A}\boldsymbol{P}_1 \quad \boldsymbol{A}\boldsymbol{P}_2 \quad \cdots \quad \boldsymbol{A}\boldsymbol{P}_n]=[\lambda_1\boldsymbol{P}_1 \quad \lambda_2\boldsymbol{P}_2 \quad \cdots \quad \lambda_n\boldsymbol{P}_n]$$

$$=[\boldsymbol{P}_1 \quad \boldsymbol{P}_2 \quad \cdots \quad \boldsymbol{P}_n]\begin{bmatrix}\lambda_1 & 0 & \cdots & 0\\ 0 & \lambda_2 & \cdots & 0\\ \vdots & \vdots & & \vdots\\ 0 & 0 & \cdots & \lambda_n\end{bmatrix}$$

$$\Rightarrow \boldsymbol{T}^{-1}\boldsymbol{A}\boldsymbol{T}=\bar{\boldsymbol{A}}=\begin{bmatrix}\lambda_1 & 0 & \cdots & 0\\ 0 & \lambda_2 & \cdots & 0\\ \vdots & \vdots & & \vdots\\ 0 & 0 & \cdots & \lambda_n\end{bmatrix}$$

【例 2.12】 设系统状态空间表达式为

$$\dot{\boldsymbol{x}}=\begin{bmatrix}0 & 1\\ -2 & -3\end{bmatrix}\boldsymbol{x}+\begin{bmatrix}1\\ 2\end{bmatrix}u$$

$$\boldsymbol{y}=[3 \quad 0]\boldsymbol{x}$$

将系统转换成约旦标准形状态空间表达式。

解 由线性代数知识求出

$$\lambda_1=-1, \lambda_2=-2$$

$$\boldsymbol{T}=[\boldsymbol{P}_1 \quad \boldsymbol{P}_2]=\begin{bmatrix}1 & 1\\ -1 & -2\end{bmatrix}\Rightarrow \boldsymbol{T}^{-1}=\begin{bmatrix}2 & 1\\ -1 & -1\end{bmatrix}$$

$$\Rightarrow \bar{\boldsymbol{A}}=\boldsymbol{T}^{-1}\boldsymbol{A}\boldsymbol{T}=\begin{bmatrix}-1 & 0\\ 0 & -2\end{bmatrix}, \bar{\boldsymbol{B}}=\boldsymbol{T}^{-1}\boldsymbol{B}=\begin{bmatrix}4\\ -3\end{bmatrix}$$

$$\bar{\boldsymbol{C}}=\boldsymbol{C}\boldsymbol{T}=[3 \quad 3]$$

$$\dot{z}=\begin{bmatrix}-1 & 0\\ 0 & -2\end{bmatrix}z+\begin{bmatrix}4\\ -3\end{bmatrix}u, \boldsymbol{y}=[3 \quad 3]z$$

2）矩阵 $\boldsymbol{A}$ 的特征值有重根

如果系统矩阵 $\boldsymbol{A}$ 有重根，且 $\boldsymbol{A}$ 的线性独立的特征向量数等于系统的阶数 n，则可将其化为对角线标准形。

当 $\boldsymbol{A}$ 有重根时，经线性变换一般可将 $\boldsymbol{A}$ 化为约旦标准形 $\boldsymbol{J}$，矩阵 $\boldsymbol{J}$ 是主对角线上均为约旦块的准对角型矩阵，即

$$\boldsymbol{T}^{-1}\boldsymbol{A}\boldsymbol{T}=\boldsymbol{J}=\mathrm{diag}(\boldsymbol{J}_1, \boldsymbol{J}_2, \cdots, \boldsymbol{J}_M)$$

式中，$\boldsymbol{J}_i \in \mathbf{R}^{\alpha_i \times \alpha_i}$，$\alpha_1+\alpha_2+\cdots+\alpha_M=n$，$\alpha_i$ 为 λ_i 的代数重数。

$$\boldsymbol{J}_i=\begin{bmatrix} J_{i1} & & \\ & \ddots & \\ & & J_{i\sigma_i}\end{bmatrix}$$

式中，$\boldsymbol{J}_{ij}\in\mathbf{R}^{n_{ij}\times n_{ij}}, n_{i1}+\cdots+n_{i\sigma_i}=\alpha_i, \sigma_i$ 为 λ_i 的几何重数。

若约旦块具有形式为

$$\boldsymbol{J}_{ij}=\begin{bmatrix} \lambda_i & 1 & & & \\ & \lambda_i & 1 & & \\ & & \ddots & \ddots & \\ & & & \lambda_i & 1 \\ & & & & \lambda_i\end{bmatrix}$$

将 $\boldsymbol{A}$ 化为约旦标准形的变换矩阵为

$$\boldsymbol{T}=[\boldsymbol{P}_1 \quad \boldsymbol{P}_2 \quad \cdots \quad \boldsymbol{P}_M]$$

$$\boldsymbol{P}_i=[P_{i1} \quad P_{i2} \quad \cdots \quad P_{i\sigma_i}]$$

$$\boldsymbol{T}^{-1}\boldsymbol{AT}=\boldsymbol{J}\Rightarrow \boldsymbol{AT}=\boldsymbol{TJ}\Rightarrow \boldsymbol{AP}_i=\boldsymbol{P}_i\boldsymbol{J}_i\Rightarrow \boldsymbol{AP}_{ij}=\boldsymbol{P}_{ij}\boldsymbol{J}_{ij}$$

令 $\quad \boldsymbol{P}_{ij}=[\boldsymbol{P}_{ij}^{(1)} \quad \boldsymbol{P}_{ij}^{(2)} \quad \cdots \quad \boldsymbol{P}_{ij}^{(n_{ij})}]$

$$\boldsymbol{J}_{ij}=\begin{bmatrix} \lambda_i & 1 & \cdots & 0 & 0 \\ 0 & \lambda_i & \cdots & 0 & 0 \\ \vdots & \vdots & & \vdots & \vdots \\ 0 & 0 & \cdots & \lambda_i & 1 \\ 0 & 0 & \cdots & 0 & \lambda_i\end{bmatrix}$$

由此 $\quad \boldsymbol{AP}_{ij}=\boldsymbol{P}_{ij}\boldsymbol{J}_{ij}\Leftrightarrow [\boldsymbol{AP}_{ij}^{(1)} \quad \boldsymbol{AP}_{ij}^{(2)} \quad \cdots \quad \boldsymbol{AP}_{ij}^{(n_{ij})}]=[P_{ij}^{(1)} \quad \cdots \quad P_{ij}^{(n_{ij})}]\begin{bmatrix} \lambda_i & 1 & & \\ & \lambda_i & \ddots & \\ & & \ddots & 1 \\ & & & \lambda_i\end{bmatrix}$

$$\Rightarrow\begin{cases} \boldsymbol{AP}_{ij}^{(1)}=\lambda_i\boldsymbol{P}_{ij}^{(1)} \\ \boldsymbol{AP}_{ij}^{(2)}=\boldsymbol{P}_{ij}^{(1)}+\lambda_i\boldsymbol{P}_{ij}^{(2)} \\ \quad\vdots \\ \boldsymbol{AP}_{ij}^{(n_{ij})}=\boldsymbol{P}_{ij}^{(n_{ij}-1)}+\lambda_i\boldsymbol{P}_{ij}^{(n_{ij})}\end{cases} \Leftrightarrow \begin{cases} (\boldsymbol{A}-\lambda_i\boldsymbol{I})\boldsymbol{P}_{ij}^{(1)}=0 \\ (\boldsymbol{A}-\lambda_i\boldsymbol{I})\boldsymbol{P}_{ij}^{(2)}=\boldsymbol{P}_{ij}^{(1)} \\ \quad\vdots \\ (\boldsymbol{A}-\lambda_i\boldsymbol{I})\boldsymbol{P}_{ij}^{(n_{ij})}=\boldsymbol{P}_{ij}^{(n_{ij}-1)}\end{cases}$$

λ_i 对应的广义特征向量为

$$[P_{ij}^{(1)} \quad P_{ij}^{(2)} \quad \cdots \quad P_{ij}^{(n_{ij})}]$$

其第 1 个向量是 λ_i 对应的特征向量，为

$$\begin{cases} (\boldsymbol{A}-\lambda_i\boldsymbol{I})P_{ij}^{(1)}=0 \\ (\boldsymbol{A}-\lambda_i\boldsymbol{I})P_{ij}^{(2)}=P_{ij}^{(1)} \\ \quad\vdots \\ (\boldsymbol{A}-\lambda_i\boldsymbol{I})P_{ij}^{(n_{ij})}=P_{ij}^{(n_{ij}-1)}\end{cases}$$

式中，$j=1,2,\cdots,\sigma_i; n_{i1}+\cdots+n_{i\sigma_i}=\alpha_i; \alpha_1+\cdots+\alpha_M=n$。

【例 2.13】 设系统状态方程为

$$\dot{x}=\begin{bmatrix}0 & 1 & 0\\0 & 0 & 1\\2 & -5 & 4\end{bmatrix}x+\begin{bmatrix}0\\1\\0\end{bmatrix}u$$

将其转化成约旦标准形。

解 系统特征方程为

$$|\lambda I-A|=\lambda^3-4\lambda^2+5\lambda-2=(\lambda-1)^2(\lambda-2)=0$$

得 $\lambda_1=1(\alpha_1=2),\ \lambda_2=2(\alpha_2=1)$

(1) λ_1 对应的广义特征向量

$$(A-\lambda_1 I)P_{11}^{(1)}=0\Rightarrow\begin{bmatrix}-1 & 1 & 0\\0 & -1 & 1\\2 & -5 & 3\end{bmatrix}P_{11}^{(1)}=0$$

第 3 个方程不独立，令 $P_{11}=1$，得

$$\sigma_1=1, P_{11}^{(1)}=\begin{bmatrix}1\\1\\1\end{bmatrix}$$

又由第 3 个方程不独立，得

$$(A-\lambda_1 I)P_{11}^{(2)}=P_{11}^{(1)}\Rightarrow\begin{bmatrix}-1 & 1 & 0\\0 & -1 & 1\\2 & -5 & 3\end{bmatrix}P_{11}^{(2)}=\begin{bmatrix}1\\1\\1\end{bmatrix}\Rightarrow P_{11}^{(2)}=\begin{bmatrix}0\\1\\2\end{bmatrix}$$

再由矛盾方程无解，得

$$(A-\lambda_1 I)P_{11}^{(3)}=P_{11}^{(2)}\Rightarrow\begin{bmatrix}-1 & 1 & 0\\0 & -1 & 1\\2 & -5 & 3\end{bmatrix}P_{11}^{(3)}=\begin{bmatrix}0\\1\\2\end{bmatrix}$$

(2) λ_2 对应的广义特征向量

$$(A-\lambda_2 I)P_{21}^{(1)}=0\Rightarrow\begin{bmatrix}-2 & 1 & 0\\0 & -2 & 1\\2 & -5 & 2\end{bmatrix}P_{21}^{(1)}=0$$

第 3 个方程不独立，令 $P_{21}=1$，得

$$\sigma_2=\alpha_2=1, P_{21}^{(1)}=\begin{bmatrix}1\\2\\4\end{bmatrix}$$

由此，可构造出变换矩阵

$$T=[P_{11}^{(1)}\quad P_{11}^{(2)}\quad P_{21}^{(1)}]=\begin{bmatrix}1 & 0 & 1\\1 & 1 & 2\\1 & 2 & 4\end{bmatrix}\Rightarrow J=T^{-1}AT=\begin{bmatrix}1 & 1 & 0\\0 & 1 & 0\\0 & 0 & 2\end{bmatrix}$$

$$T^{-1}B=\begin{bmatrix}0 & 2 & -1\\-2 & 3 & -1\\1 & -2 & 1\end{bmatrix}\begin{bmatrix}0\\1\\0\end{bmatrix}=\begin{bmatrix}2\\3\\-2\end{bmatrix}$$

2. 矩阵 $\boldsymbol{A}$ 为友矩阵形式

$$\boldsymbol{A}=\left[\begin{array}{c:cccc}0 & 1 & & & \\ 0 & & 1 & & \\ \vdots & & & \ddots & \\ 0 & & & & 1 \\ \hdashline -a_0 & -a_1 & -a_2 & \cdots & -a_{n-1}\end{array}\right]$$

1)矩阵 $\boldsymbol{A}$ 的特征值无重根

矩阵 $\boldsymbol{A}$ 的特征值互异,则将矩阵 $\boldsymbol{A}$ 转换为对角线标准形的变换阵 $\boldsymbol{T}$,$\boldsymbol{T}$ 为范德蒙德(Vandermonde)矩阵,即

$$\boldsymbol{T}=\begin{bmatrix}1 & 1 & 1 & \cdots & 1 \\ \lambda_1 & \lambda_2 & \lambda_3 & \cdots & \lambda_n \\ \lambda_1^2 & \lambda_2^2 & \lambda_3^2 & \cdots & \lambda_n^2 \\ \vdots & \vdots & \vdots & & \vdots \\ \lambda_1^{n-1} & \lambda_2^{n-1} & \lambda_3^{n-1} & \cdots & \lambda_n^{n-1}\end{bmatrix}$$

证明 设 λ_i对应的特征向量为

$$\boldsymbol{P}_i=[p_{i1} \quad \cdots \quad p_{in}]^{\mathrm{T}}$$

$$\Rightarrow\begin{bmatrix}\lambda_i & -1 & \cdots & 0 & 0 \\ 0 & \lambda_i & \cdots & 0 & 0 \\ \vdots & \vdots & & \vdots & \vdots \\ 0 & 0 & \cdots & \lambda_i & -1 \\ a_n & a_{n-1} & \cdots & a_2 & \lambda_i+a_1\end{bmatrix}\begin{bmatrix}p_{i1} \\ p_{i2} \\ \vdots \\ p_{i(n-1)} \\ p_{in}\end{bmatrix}=0$$

将其写为

$$\begin{aligned}&\lambda_i p_{i1}-p_{i2}=0 \\ &\lambda_i p_{i2}-p_{i3}=0 \\ &\quad\vdots \\ &\lambda_i p_{i(n-1)}-p_{in}=0 \\ &a_n p_{i1}+a_{n-1}p_{i2}+\cdots+a_2 p_{i(n-1)}+(\lambda_i+a_1)p_{in}=0\end{aligned}$$

令 $p_{i1}=1$,得

$$\begin{aligned}&p_{i2}=\lambda_i p_{i1}=\lambda_i \\ &p_{i3}=\lambda_i p_{i2}=\lambda_i^2 \\ &\quad\vdots \\ &p_{in}=\lambda_i p_{i(n-1)}=\lambda_i^{n-1}\end{aligned} \qquad \Rightarrow \boldsymbol{P}_i=\begin{bmatrix}1 \\ \lambda_i \\ \vdots \\ \lambda_i^{n-1}\end{bmatrix}$$

证明完毕。

2)矩阵 $\boldsymbol{A}$ 的特征值有重根

假设矩阵 $\boldsymbol{A}$ 的 n 个特征值中有 m 个重特征值 λ_1,其余 $n-m$ 个特征值为单根 λ_{m+1},λ_{m+2},$\cdots$,λ_n,则将矩阵 $\boldsymbol{A}$ 转换为约旦标准形的变换矩阵

$$\boldsymbol{T}=[\boldsymbol{P}_1 \quad \boldsymbol{P}_2 \quad \boldsymbol{P}_3 \quad \cdots \quad \boldsymbol{P}_m \quad \boldsymbol{P}_{m+1} \quad \cdots \quad \boldsymbol{P}_n]$$

$$=\left[\boldsymbol{P}_1 \quad \frac{\mathrm{d}\boldsymbol{P}_1}{\mathrm{d}\lambda_1} \quad \frac{1}{2!}\frac{\mathrm{d}^2\boldsymbol{P}_1}{\mathrm{d}\lambda_1^2} \quad \cdots \quad \frac{1}{(m-1)!}\frac{\mathrm{d}^{m-1}\boldsymbol{P}_1}{\mathrm{d}\lambda_1^{m-1}} \quad \boldsymbol{P}_{m+1} \quad \cdots \quad \boldsymbol{P}_n\right]$$

以 λ_1 为三重根为例：

$$\boldsymbol{T}=\begin{bmatrix} 1 & 0 & 0 & 1 & \cdots & 1 \\ \lambda_1 & 1 & 0 & \lambda_4 & \cdots & \lambda_n \\ \lambda_1^2 & 2\lambda_1 & 1 & \lambda_4^2 & \cdots & \lambda_n^2 \\ \vdots & \vdots & \vdots & \vdots & & \vdots \\ \lambda_1^{n-1} & \frac{\mathrm{d}\lambda_1^{n-1}}{\mathrm{d}\lambda_1} & \frac{1}{2!}\frac{\mathrm{d}^2\lambda_1^{n-1}}{\mathrm{d}\lambda_1^2} & \lambda_4^{n-1} & \cdots & \lambda_n^{n-1} \end{bmatrix}$$

2.4 组合系统的数学模型

在控制系统中，往往有多个子系统组成一个系统，其连接方式有并联、串联和反馈连接等。

设已知两个子系统：

$$\begin{cases}\dot{\boldsymbol{x}}_1=\boldsymbol{A}_1\boldsymbol{x}_1+\boldsymbol{B}_1\boldsymbol{u}_1\\ \boldsymbol{y}_1=\boldsymbol{C}_1\boldsymbol{x}_1+\boldsymbol{D}_1\boldsymbol{u}_1\end{cases}$$

简记为 $\Sigma_1(\boldsymbol{A}_1,\boldsymbol{B}_1,\boldsymbol{C}_1,\boldsymbol{D}_1)$ 和

$$\begin{cases}\dot{\boldsymbol{x}}_2=\boldsymbol{A}_2\boldsymbol{x}_2+\boldsymbol{B}_2\boldsymbol{u}_2\\ \boldsymbol{y}_2=\boldsymbol{C}_2\boldsymbol{x}_2+\boldsymbol{D}_2\boldsymbol{u}_2\end{cases}$$

简记为 $\Sigma_2(\boldsymbol{A}_2,\boldsymbol{B}_2,\boldsymbol{C}_2,\boldsymbol{D}_2)$。

1. 并联连接

系统 $\Sigma_1(\boldsymbol{A}_1,\boldsymbol{B}_1,\boldsymbol{C}_1,\boldsymbol{D}_1)$ 和系统 $\Sigma_2(\boldsymbol{A}_2,\boldsymbol{B}_2,\boldsymbol{C}_2,\boldsymbol{D}_2)$ 的并联结构如图 2.14 所示。

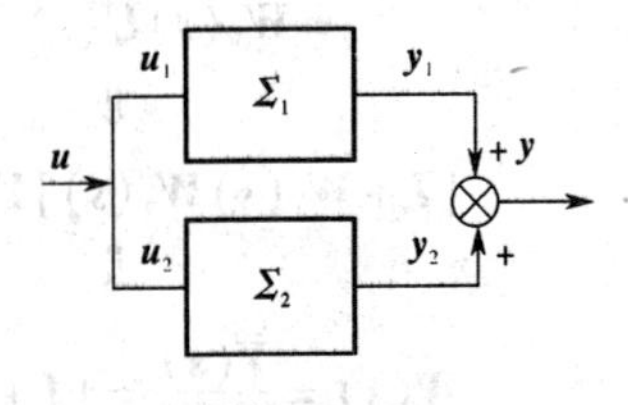

图 2.14　系统并联结构图

由图可知：$\boldsymbol{u}_1=\boldsymbol{u}_2=\boldsymbol{u}$，$\boldsymbol{y}=\boldsymbol{y}_1+\boldsymbol{y}_2$，则系统的状态方程表达式为

$$\begin{bmatrix}\dot{\boldsymbol{x}}_1\\ \dot{\boldsymbol{x}}_2\end{bmatrix}=\begin{bmatrix}\boldsymbol{A}_1 & \boldsymbol{0}\\ \boldsymbol{0} & \boldsymbol{A}_2\end{bmatrix}\begin{bmatrix}\boldsymbol{x}_1\\ \boldsymbol{x}_2\end{bmatrix}+\begin{bmatrix}\boldsymbol{B}_1\\ \boldsymbol{B}_2\end{bmatrix}\boldsymbol{u}$$

$$\boldsymbol{y}=[\boldsymbol{C}_1 \quad \boldsymbol{C}_2]\begin{bmatrix}\boldsymbol{x}_1\\ \boldsymbol{x}_2\end{bmatrix}+[\boldsymbol{D}_1+\boldsymbol{D}_2]\boldsymbol{u}$$

系统的传递函数矩阵为

$$\begin{aligned}\boldsymbol{W}(s)&=[\boldsymbol{C}_1 \quad \boldsymbol{C}_2]\begin{bmatrix}(s\boldsymbol{I}-\boldsymbol{A}_1)^{-1} & \boldsymbol{0}\\ \boldsymbol{0} & (s\boldsymbol{I}-\boldsymbol{A}_2)^{-1}\end{bmatrix}\begin{bmatrix}\boldsymbol{B}_1\\ \boldsymbol{B}_2\end{bmatrix}+\boldsymbol{D}_1+\boldsymbol{D}_2\\ &=[\boldsymbol{C}_1(s\boldsymbol{I}-\boldsymbol{A}_1)^{-1}\boldsymbol{B}_1+\boldsymbol{D}_1]+[\boldsymbol{C}_2(s\boldsymbol{I}-\boldsymbol{A}_2)^{-1}\boldsymbol{B}_2+\boldsymbol{D}_2]\\ &=\boldsymbol{W}_1(s)+\boldsymbol{W}_2(s)\end{aligned}$$

可知子系统并联时，其系统的传递函数矩阵等于传递函数矩阵的代数和。

2. 串联连接

系统 $\Sigma_1(\boldsymbol{A}_1,\boldsymbol{B}_1,\boldsymbol{C}_1,\boldsymbol{D}_1)$ 和系统 $\Sigma_2(\boldsymbol{A}_2,\boldsymbol{B}_2,\boldsymbol{C}_2,\boldsymbol{D}_2)$ 的串联结构如图 2.15 所示。

子系统串联时，其传递函数矩阵为

$$W(s)=W_2(s)W_1(s)$$

3. 反馈连接

系统 $\Sigma_1(A_1,B_1,C_1,D_1)$ 和系统 $\Sigma_2(A_2,B_2,C_2,D_2)$ 的反馈连接结构如图 2.16 所示。

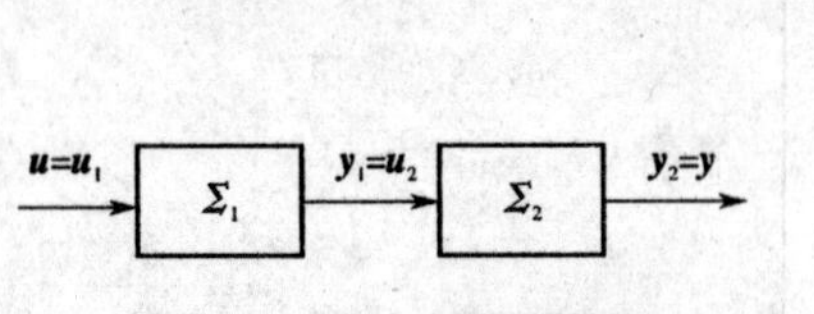

图 2.15 系统串联结构图

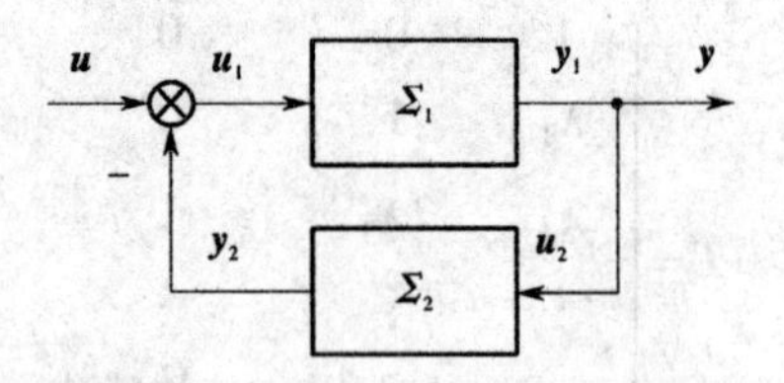

图 2.16 系统反馈连接结构图

由图可知：

$$\dot{x}_1=A_1x_1+B_1u_1=A_1x_1+B_1u-B_1C_2x_2$$
$$\dot{x}_2=A_2x_2+B_2u_2=A_2x_2+B_2C_1x_1$$
$$y=C_1x_1$$

写成向量形式，有

$$\dot{x}=\begin{bmatrix}A_1x_1+B_1u-B_1C_2x_2\\A_2x_2+B_2C_1x_1\end{bmatrix}=\begin{bmatrix}A_1 & -B_1C_2\\B_2C_1 & A_2\end{bmatrix}x+\begin{bmatrix}B_1\\0\end{bmatrix}u$$

$$y=[C_1\quad 0]x$$

传递函数矩阵为

$$\begin{aligned}Y(s)&=Y_1(s)=W_1(s)U_1(s)=W_1(s)[U(s)-Y_2(s)]\\&=W_1(s)U(s)-W_1(s)W_2(s)Y(s)\end{aligned}$$
$$\Downarrow$$
$$[I+W_1(s)W_2(s)]Y(s)=W_1(s)U(s)$$
$$\Downarrow$$
$$W(s)=\frac{Y(s)}{W(s)}=[I+W_1(s)W_2(s)]^{-1}W_1(s)$$

且有

$$W(s)=W_1(s)[I+W_2(s)W_1(s)]^{-1}$$

2.5 离散系统的数学模型

离散系统的数学模型转换包括从差分方程到离散的状态空间模型的转换及离散的状态空间模型到传递函数的转换。

2.5.1 离散系统的状态空间表示式

在经典控制理论中，离散系统用差分方程描述，利用长除法从离散系统的脉冲传递函数可以求得系统的差分方程。离散系统差分方程和连续系统的微分方程有着对应的关系。

与连续系统相似，对 n 阶离散系统的差分方程

$$\begin{aligned}&y[(k+n)T]+a_{n-1}y[(k+n-1)T]+\cdots+a_1y[(k+1)T]+a_0y(kT)\\&=b_mu[(k+m)T]+b_{m-1}u[(k+m-1)T]+\cdots+b_1u[(k+1)T]+b_0u(kT)\end{aligned}\tag{2.35}$$

若选择适当的状态变量就可将其转换成一组一阶差分方程或一阶向量差分方程，从而得到与

其对应的状态空间模型,即

$$\begin{cases}x[(k+1)T]=\boldsymbol{F}x(kT)+\boldsymbol{G}u(kT)\\ y(kT)=\boldsymbol{C}x(kT)+\boldsymbol{D}u(kT)\end{cases}$$

式中,$x\in\mathbf{R}^n$,$u\in\mathbf{R}^m$,$y\in\mathbf{R}^p$,系数矩阵 $\boldsymbol{F}$ 为 $n\times n$ 维,输入矩阵 $\boldsymbol{G}$ 为 $n\times m$ 维,输出矩阵 $\boldsymbol{C}$ 为 $p\times n$ 维,传递矩阵 $\boldsymbol{D}$ 为 $p\times m$ 维。为了书写简便,通常将式(2.35)中的采样时间 T 设为1(但在实际工程中 T 不能随意设定),则式(2.35)简写为

$$\begin{aligned}&y(k+n)+a_{n-1}y(k+n-1)+\cdots+a_1y(k+1)+a_0y(k)\\ &=b_mu(k+m)+b_{m-1}u(k+m-1)+\cdots+b_1u(k+1)+b_0u(k)\end{aligned}\tag{2.36}$$

则对应的状态空间模型可简写成

$$\begin{cases}x(k+1)=\boldsymbol{F}x(k)+\boldsymbol{G}u(k)\\ y(k)=\boldsymbol{C}x(k)+\boldsymbol{D}u(k)\end{cases}\tag{2.37}$$

下面举例说明把差分方程转换为状态空间模型的方法。

【例2.14】 已知某离散系统的差分方程为

$$y(k+3)+3y(k+2)+y(k+1)+2y(k)=u(k)$$

试求其状态空间表达式。

解 与连续的线性定常系统的微分方程转化为状态空间模型的方法相类似,应选择所给系统的输出 y 和 y 的各阶差分为状态变量。因此,选状态变量 $x_1(k)=y(k)$,$x_2(k)=y(k+1)$,$x_3(k)=y(k+2)$,则可直接写出状态空间表达式:

$$\begin{cases}x_1(k+1)=x_2(k)\\ x_2(k+1)=x_3(k)\\ x_3(k+1)=-2x_1(k)-x_2(k)-3x_3(k)+u(k)\end{cases}$$

$$y(k)=x_1(k)$$

写成矩阵形式,有

$$\begin{bmatrix}x_1(k+1)\\x_2(k+1)\\x_3(k+1)\end{bmatrix}=\begin{bmatrix}0&1&0\\0&0&1\\-2&-1&-3\end{bmatrix}\begin{bmatrix}x_1(k)\\x_2(k)\\x_3(k)\end{bmatrix}+\begin{bmatrix}0\\0\\1\end{bmatrix}u(k)$$

$$y(k)=\begin{bmatrix}1&0&0\end{bmatrix}\begin{bmatrix}x_1(k)\\x_2(k)\\x_3(k)\end{bmatrix}$$

若改变选择状态变量的方法,也可以将该离散系统的差分方程转换成另一种形式的状态空间表达式。

2.5.2 离散系统的传递函数矩阵

与连续系统相对应,离散系统也可以用传递函数矩阵作为数学模型来描述,为此对状态空间模型式(2.37)的两边取 Z 变换,有

$$z\boldsymbol{X}(z)-z\boldsymbol{x}_0=\boldsymbol{F}\boldsymbol{X}(z)+\boldsymbol{G}\boldsymbol{U}(z)\tag{2.38}$$

$$\boldsymbol{Y}(z)=\boldsymbol{C}\boldsymbol{X}(z)+\boldsymbol{D}\boldsymbol{U}(z)\tag{2.39}$$

从式(2.38)得

$$X(z)=(zI-F)^{-1}GU(z)+z(zI-F)^{-1}x_0 \tag{2.40}$$

把式(2.40)代入式(2.39),有

$$Y(z)=[C(zI-F)^{-1}G+D]U(z)+zC(zI-F)^{-1}x_0$$

若初值 $x_0=0$,则有

$$Y(z)=[C(zI-F)^{-1}G+D]U(z)$$

所以,离散系统的传递函数阵为

$$W(z)=\frac{Y(z)}{U(z)}=C(zI-F)^{-1}G+D \tag{2.41}$$

当式(2.36)中,系统输出 y 差分的步数 n 大于系统输入 u 差分的步数 m 时,即 $n>m$ 时,传递矩阵 $D=O$,则式(2.41)变为

$$W(z)=\frac{Y(z)}{U(z)}=C(zI-F)^{-1}G \tag{2.42}$$

2.6 MATLAB 实现模型转换

用 MATLAB 软件编程,可以方便地实现状态空间模型与传递函数矩阵之间的相互转换,特别是对 MIMO 系统,只要掌握编程方法,将给定的系统参数按一定格式写在程序中,运行程序,便可获得所要转换的模型参数,可以达到事半功倍的效果。因此采用 MATLAB 软件进行系统的模型转换为系统(特别是 MIMO 系统)的分析与设计提供了极大的方便。

设线性定常系统的模型为

$$\begin{cases}\dot{x}=Ax+Bu\\ y=Cx+Du\end{cases}$$

式中,$x\in\mathbf{R}^n$,$u\in\mathbf{R}^m$,$y\in\mathbf{R}^p$,A 为 $n\times n$ 维系数矩阵,B 为 $n\times m$ 维输入矩阵,C 为 $p\times n$ 维输出矩阵,D 为传递矩阵。系统的传递函数矩阵为

$$W(s)=C(sI-A)^{-1}B+D=\frac{\boldsymbol{num}\,[s^n \quad s^{n-1} \quad \cdots \quad s^0]^{\mathrm{T}}}{\boldsymbol{den}\,[s^n \quad s^{n-1} \quad \cdots \quad s^0]^{\mathrm{T}}}$$

在 MATLAB 仿真时,***num*** 表示传递函数矩阵的分子的系数矩阵;***den*** 表示传递函数矩阵的最小公倍式的系数矩阵,其系数按 s 降幂排列。若在 SISO 系统中,传递函数矩阵 $W(s)$ 退化为传递函数,***num*** 表示传递函数的分子多项式的系数向量,***den*** 表示传递函数的分母多项式的系数向量。

ss2tf 和 tf2ss 是互为逆转换的指令。

(1)ss2tf 功能是将状态空间模型转换成传递函数矩阵,格式为

[num,den] = ss2tf(A,B,C,D,iu)

其中 iu 指系统的输入。

(2)tf2ss 功能是将传递函数矩阵转换成状态空间模型,格式为

[A,B,C,D] = tf2ss(num,den)

下面对传递函数矩阵的分子的系数矩阵 ***num*** 和传递函数矩阵的最小公倍式的系数矩阵 ***den*** 进一步说明。例如,SISO 系统的传递函数

$$W(s)=\frac{Y(s)}{U(s)}=\frac{4s^3+2s^2+5s+1}{s^5+2s^3-6s^2+12s-8}$$

对应的 **num** 向量和 **den** 向量分别为

num = [0 0 4 2 5 1]

den = [1 0 2 −6 12 −8]

注意:**num** 向量和 **den** 向量维数必须相同,在传递函数的分母和分子按 s 降幂排列,缺项处补 0。所给系统为 5 阶系统,即 $n=5$,**num** 向量和 **den** 向量维数为 $n+1=6$。

对于多输出系统,**num** 为 $p\times m$ 矩阵。比如单输入双输出系统的传递函数矩阵

$$\boldsymbol{W}(s)=\frac{1}{2s^4+s^3+2s^2+3s+4}\begin{bmatrix}3s^2+1.5s+2\\4s^3+s^2+5s+3\end{bmatrix}$$

对应的 **num** 和 **den** 分别为

num = [0.0 0.0 3.0 1.5 2.0;0.0 4.0 1.0 5.0 3.0]

den = [2.0 1.0 2.0 3.0 4.0]

【例 2.17】 已知 SISO 系统的状态空间表达式

$$\begin{bmatrix}\dot{x}_1\\\dot{x}_2\\\dot{x}_3\end{bmatrix}=\begin{bmatrix}0&1&0\\0&0&1\\-4&-3&-2\end{bmatrix}\begin{bmatrix}x_1\\x_2\\x_3\end{bmatrix}+\begin{bmatrix}1\\3\\-6\end{bmatrix}u$$

$$y=[1\quad 0\quad 0]\begin{bmatrix}x_1\\x_2\\x_3\end{bmatrix}\tag{2.43}$$

求系统的传递函数。

解 由于系统是 SISO 系统,设将状态空间模型转换成传递函数矩阵的编程格式为 [num,den] = ss2tf(A,B,C,D,iu),其中的输入 iu 为 1。

MATLAB 程序代码如下:

```
A = [0 1 0;0 0 1; -4 -3 -2];   %首先给 A、B、C 阵赋值
B = [1;3; -6];
C = [1 0 0];
D =0;
[num,den] = ss2tf(A,B,C,D,1)   %将状态空间模型转换成传递函数矩阵
```

程序运行结果如下:

```
num =
      0     1.0000     5.0000     3.0000
den =
      1.0000     2.0000     3.0000     4.0000
```

从程序运行结果得到系统的传递函数表达式为

$$\boldsymbol{W}(s)=\frac{s^2+5s+3}{s^3+2s^2+3s+4}\tag{2.44}$$

【例 2.18】 从系统的传递函数表达式(2.44)求其状态空间表达式。

解 由传递函数转换成状态空间模型的编程格式为 [A,B,C,D] = tf2ss(num,den)。

MATLAB 程序代码如下:

```
num = [0 1 5 3];   % 在给 num 赋值时,在系数前补 0,使 num 和 den 赋值的个
                     数相同
den = [1 2 3 4];
[A,B,C,D] = tf2ss(num,den)   % 将传递函数转换成状态空间模型
```

程序运行结果如下:

```
A =
    -2    -3    -4
     1     0     0
     0     1     0
B =
     1
     0
     0
C =
     1     5     3
D =
     0
```

由于一个系统的状态空间表达式并不唯一,例 2.18 的程序运行结果虽然与例 2.17 的式(2.43)中的 $\boldsymbol{A}$、$\boldsymbol{B}$、$\boldsymbol{C}$ 阵不同,但该结果与式(2.43)是等效的,可以对上述结果进行验证。将例 2.18 的结果赋值给 $\boldsymbol{A}$、$\boldsymbol{B}$、$\boldsymbol{C}$、$\boldsymbol{D}$ 阵,MATLAB 程序代码如下:

```
A = [-2 -3 -4;1 0 0; 0 1 0];      % 首先给 A、B、C 阵赋值
B = [1;0;0];
C = [1 5 3];
D = 0;
[num,den] = ss2tf(A,B,C,D,1)       % 将状态空间模型转换成传递函数
```

程序运行结果与例 2.17 的结果式(2.44)完全相同。

【例 2.19】 MIMO 系统的状态空间模型为

$$\begin{bmatrix}\dot{x}_1\\ \dot{x}_2\\ \dot{x}_3\end{bmatrix}=\begin{bmatrix}-2 & -1 & -3\\ 1 & 0 & 0\\ 0 & 1 & 0\end{bmatrix}\begin{bmatrix}x_1\\ x_2\\ x_3\end{bmatrix}+\begin{bmatrix}1\\ 0\\ 0\end{bmatrix}u$$

$$y=\begin{bmatrix}2 & 3 & 1\\ 1.6 & 1 & 1.2\end{bmatrix}\begin{bmatrix}x_1\\ x_2\\ x_3\end{bmatrix}\tag{2.45}$$

试编程求系统的传递函数矩阵。

解 在 MIMO 系统的状态空间模型转换成传递函数矩阵时,传递矩阵 $\boldsymbol{D}$ 与输入矩阵 $\boldsymbol{B}$ 必须维数相同。

MATLAB 程序代码如下:

```
A = [-2 -1 -3;1 0 0;0 1 0];      % 首先给 MIMO 系统 A、B、C 阵赋值
```

```
B = [1; 0; 0];
C = [2 3 1;1.6 1 1.2];
D = [0; 0; 0];
[num,den] = ss2tf(A, B, C, D, 1)   %将状态空间模型转换成传递函数矩阵
```

程序运行结果如下：

```
num =
     0    2.0000    3.0000    1.0000
     0    1.6000    1.0000    1.2000
     0    0         0         0
den =
     1.0000    2.0000    1.0000    3.0000
```

所以系统的传递函数为

$$G(s) = \frac{1}{s^3 + 2s^2 + s + 3}\begin{bmatrix} 2s^2 + 3s + 1 \\ 1.6s^2 + s + 1.2 \end{bmatrix} \tag{2.46}$$

【例 2.20】 求例 2.19 的逆运算，将式(2.46)传递函数矩阵转换成状态空间模型。

解 式(2.46)为单输入双输出系统，在传递函数阵的 ***num***(s)中，两个 s 的多项式是同阶，***num*** = [2 3 1;1.6 1 1.2]的两行长度相同。

MATLAB 程序代码如下：

```
num = [2 3 1;1.6 1 1.2];          %赋值
den = [1 2 1 3];
[A,B,C,D] = tf2ss(num,den)       %将 MIMO 系统的传递函数矩阵转换成状态空间
                                  模型
```

程序运行结果所得到状态空间模型的 $\boldsymbol{A}$、$\boldsymbol{B}$、$\boldsymbol{C}$、$\boldsymbol{D}$ 与式(2.45)完全相同。必须注意，当传递函数矩阵的 ***num***(s)中 s 的多项式不同阶时，在写 ***num*** 阵时，在各行的元素前补 0，使各行长度相同。

本 章 小 结

现代控制理论是以线性代数和微分方程为主要数学工具，以状态空间法为基础来分析和设计系统的。

本章讨论了控制系统的数学模型问题，主要介绍了除微分方程和传递函数这两种经典控制常用的模型以外的内部数学模型——状态空间表达式。状态空间表达式是由状态方程和输出方程组成的，状态方程是一个一阶微分方程组，主要描述系统输入与系统状态变量的关系；输出方程是一个代数方程，主要描述系统状态变量和输出量的关系。由于多了状态变量，因此状态空间表达式是一种对系统进行了完全描述的数学模型。首先，用 3 个由浅入深的实例引出了建立状态空间表达式的方法，给出了状态空间表达式的一般形式和图形表达法——系统结构图；然后，讲述各个数学模型间的转换，即微分方程、传递函数和状态空间表达式的相互转换。在文中还重点讨论了线性代数里的一个知识点——线性变换，给出了状态空间表达式的约旦标准形；接着，简单介绍了系统的串并联及反馈连接后的数学模型，并用对比的方法介绍了离散系统的状态空间表达式求法。最后，介绍了对各种数学模型进行转换的 MATLAB 程序

编制和计算方法。

推荐阅读资料

[1]谢克明. 现代控制理论基础[M]. 北京:北京工业大学出版社,2005.
[2]罗抟翼. 信号、系统与自动控制原理[M]. 北京:机械工业出版社,2000.
[3]黄辉先. 现代控制理论基础[M]. 长沙:湖南大学出版社,2006.
[4]薛定宇. 反馈控制系统设计与分析——MATLAB 语言应用[M]. 北京:清华大学出版社,2000.
[5]钟秋海. 现代控制理论[M]. 武汉:华中科技大学出版社,2007.
[6]刘豹. 现代控制理论[M]. 北京:机械工业出版社,1997.
[7]邱德润,陈日新,黄辉先,等. 信号、系统与控制理论[M]. 北京:北京大学出版社,2010.

习　题

2.1　*RLC* 电路如图 2.17 所示,以电压 u_i 为输入量,u_o 为输出量,求以电感内的电流和电容上的电压作为状态变量的系统状态空间表达式。

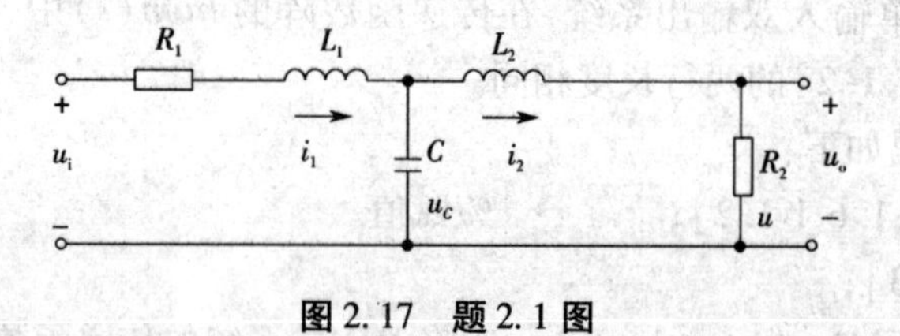

图 2.17　题 2.1 图

2.2　已知系统状态空间表达式,试画出系统模拟结构图。

$$\begin{cases}\dot{x}_1 = x_2\\ \dot{x}_2 = x_3\\ \dot{x}_3 = -a_1x_1 - a_2x_2 - a_3x_3 + u\end{cases}$$

$$y = x_1 + x_2$$

2.3　已知系统微分方程,试列写状态空间表达式:

(1) $\dddot{y} + 5\ddot{y} + 18\dot{y} + 9y = 12u$;

(2) $\dddot{y} + 2\ddot{y} + 5\dot{y} + y = \ddot{u} + \dot{u} + 3u$;

(3) $\dddot{y} + 6\ddot{y} + 11\dot{y} + 6y = \dddot{u} + 8\ddot{u} + 17\dot{u} + 8u$。

2.4　试用部分分式法求下列系统传递函数的状态空间表达式:

(1) $G(s) = \dfrac{1}{s^3 + 6s^2 + 11s + 6}$;

(2) $G(s) = \dfrac{5}{s^3 + 4s^2 + 5s + 2}$。

2.5　试将下列状态方程转化为特征标准形。

(1) $\begin{bmatrix}\dot{x}_1\\ \dot{x}_2\end{bmatrix} = \begin{bmatrix}0 & 1\\ -5 & -6\end{bmatrix}\begin{bmatrix}x_1\\ x_2\end{bmatrix} + \begin{bmatrix}0\\ 1\end{bmatrix}u$

$$(2)\begin{bmatrix}\dot{x}_1\\ \dot{x}_2\\ \dot{x}_3\end{bmatrix}=\begin{bmatrix}0 & 1 & 0\\ 3 & 0 & 2\\ -12 & -7 & -6\end{bmatrix}\begin{bmatrix}x_1\\ x_2\\ x_3\end{bmatrix}+\begin{bmatrix}2 & 3\\ 1 & 5\\ 7 & 1\end{bmatrix}\begin{bmatrix}u_1\\ u_2\end{bmatrix}$$

$$(3)\begin{bmatrix}\dot{x}_1\\ \dot{x}_2\\ \dot{x}_3\end{bmatrix}=\begin{bmatrix}4 & 1 & -2\\ 1 & 0 & 2\\ 1 & -1 & 3\end{bmatrix}\begin{bmatrix}x_1\\ x_2\\ x_3\end{bmatrix}+\begin{bmatrix}3 & 1\\ 2 & 7\\ 5 & 3\end{bmatrix}\begin{bmatrix}u_1\\ u_2\end{bmatrix}$$

2.6 已知系统状态空间表达式为

$$\begin{bmatrix}\dot{x}_1\\ \dot{x}_2\\ \dot{x}_3\end{bmatrix}=\begin{bmatrix}0 & 1 & 0\\ -2 & -3 & 0\\ -1 & 1 & -3\end{bmatrix}\begin{bmatrix}x_1\\ x_2\\ x_3\end{bmatrix}+\begin{bmatrix}0\\ 1\\ 2\end{bmatrix}u$$

$$y=[0\quad 0\quad 1]\begin{bmatrix}x_1\\ x_2\\ x_3\end{bmatrix}$$

求系统的传递函数。

2.7 设离散系统的差分方程为

$$y(k+2)+5y(k+1)+3y(k)=u(k+1)+2u(k)$$

求系统的状态空间表达式。

3

线性控制系统分析

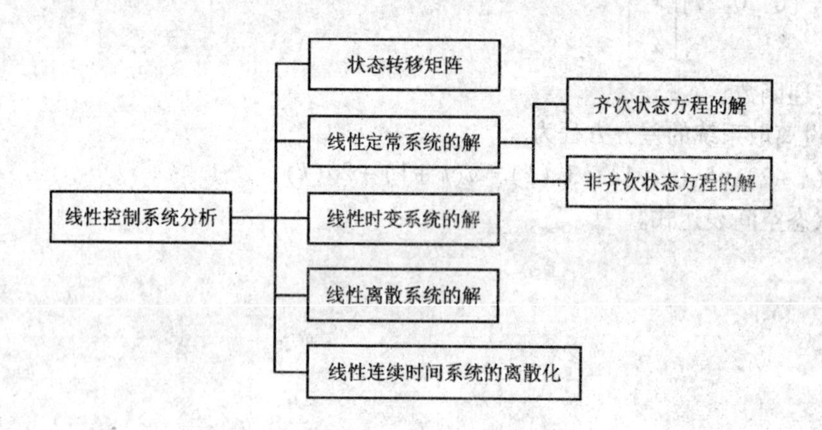

教学目的与要求

理解线性定常系统的自由运动和受控运动；掌握状态转移矩阵的基本性质及计算方法，线性定常齐次和非齐次状态方程的求解；了解线性时变系统状态方程的解；掌握线性离散系统状态方程的求解，线性连续时间系统的离散化方法。

掌握状态方程求解的 MATLAB 计算与程序设计。

导入案例

建立控制系统状态空间表达式后，为接下来进行系统运动的分析提供了基础。从系统的结构角度来看，状态变量描述比经典控制理论中广为应用的输入输出描述更为全面。在现代控制理论中，状态变量作为描述系统输入变量与输出变量之间关系的一组变量，能够完全描述系统运动。因此，状态变量的求取是对控制系统进行分析的基础。

案例一　在电路理论中，通过引入状态变量，建立状态方程以分析电路的动态过程，计算电路电流、电压等参数。

案例二　在异步电机的数学模型分析中，通过已经建立的状态方程，可以对电机进行动态分析，从而获得异步电机的定子电流、转矩和转子转速等相关参数，为进一步实现异步电机的控制提供理论分析基础。

本章将重点讨论在已知系统输入信号和初始状态下状态空间表达式的求解，状态转移矩阵的定义、性质和计算。另外，本章还将讨论线性连续时间系统的离散化问题以及 MATLAB 求解状态方程的方法。

3.1　线性定常齐次状态方程的解

线性定常系统的状态方程为齐次微分方程，即

$$\dot{\boldsymbol{x}}(t)=\boldsymbol{A}\boldsymbol{x}(t) \tag{3.1}$$

式中，$\boldsymbol{x}(t)$为线性定常系统的 n 维状态向量，$\boldsymbol{A}$ 为线性定常系统的 $n\times n$ 维系统矩阵。

若已知系统在初始时刻 t_0 时，状态的初始值为 $\boldsymbol{x}(t_0)=\boldsymbol{x}_0$，那么，在该初始条件下，系统在 $t\geqslant t_0$ 时刻的解 $\boldsymbol{x}(t)$ 是唯一且确定的，其值为

$$\boldsymbol{x}(t)=\mathrm{e}^{\boldsymbol{A}(t-t_0)}\boldsymbol{x}_0\quad(t\geqslant t_0) \tag{3.2}$$

在 $t\geqslant t_0$ 的任意时刻，通过式(3.2)求得的状态解 $\boldsymbol{x}(t)$ 为输入信号为 0 时，由初始状态引起的自由运动，因此 $\boldsymbol{x}(t)$ 称为系统的自由解或零输入解。

证明　与标量微分方程的求解相似，设将式(3.1)的解 $\boldsymbol{x}(t)$ 表示为 t 的向量幂级数形式，即

$$\boldsymbol{x}(t)=\boldsymbol{b}_0+\boldsymbol{b}_1t+\boldsymbol{b}_2t^2+\cdots+\boldsymbol{b}_it^i+\cdots \tag{3.3}$$

将式(3.3)代入式(3.1)中，得

$$\boldsymbol{b}_1+2\boldsymbol{b}_2t+3\boldsymbol{b}_3t^2+\cdots+i\boldsymbol{b}_it^{i-1}+\cdots=\boldsymbol{A}(\boldsymbol{b}_0+\boldsymbol{b}_1t+\boldsymbol{b}_2t^2+\cdots+\boldsymbol{b}_it^i+\cdots) \tag{3.4}$$

由于式(3.3)是式(3.2)的解，因此式(3.4)在任意时刻 t 都成立，那么方程两边 t 的同次幂系数应相等，故有

$$\begin{aligned}
\boldsymbol{b}_1&=\boldsymbol{A}\boldsymbol{b}_0\\
\boldsymbol{b}_2&=\frac{1}{2}\boldsymbol{A}\boldsymbol{b}_1=\frac{1}{2!}\boldsymbol{A}^2\boldsymbol{b}_0\\
\boldsymbol{b}_3&=\frac{1}{3}\boldsymbol{A}\boldsymbol{b}_2=\frac{1}{3!}\boldsymbol{A}^3\boldsymbol{b}_0\\
&\vdots\\
\boldsymbol{b}_i&=\frac{1}{i}\boldsymbol{A}\boldsymbol{b}_{i-1}=\frac{1}{i!}\boldsymbol{A}^i\boldsymbol{b}_0\\
&\vdots
\end{aligned}$$

对式(3.3)，若 $t=0$，可得

$$\boldsymbol{b}_0=\boldsymbol{x}(0)=x_0$$

因此，将已求得的向量$\boldsymbol{b}_0$和$\boldsymbol{b}_i$$(i=1,2,3\cdots)$代入式(3.3)，可得

$$\begin{aligned}
\boldsymbol{x}(t)&=\boldsymbol{b}_0+\boldsymbol{A}\boldsymbol{b}_0t+\frac{1}{2!}\boldsymbol{A}^2\boldsymbol{b}_0t^2+\cdots+\frac{1}{i!}\boldsymbol{A}^i\boldsymbol{b}_0t^i+\cdots\\
&=\left(\boldsymbol{I}+\boldsymbol{A}t+\frac{1}{2!}\boldsymbol{A}^2t^2+\cdots+\frac{1}{i!}\boldsymbol{A}^it^i+\cdots\right)x_0
\end{aligned} \tag{3.5}$$

根据标量指数函数

$$e^{at} = 1 + at + \frac{1}{2!}at^2 + \cdots + \frac{1}{i!}at^i + \cdots \tag{3.6}$$

式(3.5)中括号内的表达式为一个 $n \times n$ 维矩阵,称为矩阵指数函数,记作 $\mathbf{e}^{At}$,即

$$\mathbf{e}^{At} = \boldsymbol{I} + \boldsymbol{A}t + \frac{1}{2!}\boldsymbol{A}^2t^2 + \cdots + \frac{1}{i!}\boldsymbol{A}^it^i + \cdots \tag{3.7}$$

将式(3.7)代入式(3.5)可得齐次状态方程的解

$$\boldsymbol{x}(t) = \mathbf{e}^{At}\boldsymbol{x}(0) \tag{3.8}$$

若初始时刻 $t_0 \neq 0$,设系统的初始状态为 $\boldsymbol{x}(t_0)$,则齐次状态方程的解

$$\boldsymbol{x}(t) = \mathbf{e}^{A(t-t_0)}\boldsymbol{x}(t_0) \tag{3.9}$$

3.2 状态转移矩阵

线性定常系统齐次微分方程式(3.1)的自由解为

$$\boldsymbol{x}(t) = \mathbf{e}^{A(t-t_0)}\boldsymbol{x}(t_0)$$

由此可以看出,在 $t \geq t_0$ 的任意时刻,系统的状态 $\boldsymbol{x}(t)$ 是通过矩阵指数函数 $\mathbf{e}^{A(t-t_0)}$,由初始状态 $\boldsymbol{x}(t_0)$ 在状态空间中实现的转移。因此,矩阵指数函数 $\mathbf{e}^{A(t-t_0)}$ 也被称为状态转移矩阵,记作 $\boldsymbol{\Phi}(t-t_0)$。在系统初始状态确定的情况下,齐次状态方程的解由状态转移矩阵唯一确定。因此,可以说状态转移矩阵 $\boldsymbol{\Phi}(t)$ 包含了系统自由运动的全部信息。

3.2.1 状态转移矩阵的性质

(1) $\boldsymbol{\Phi}(0) = \boldsymbol{I}$。

该性质可以直接由定义证明。

(2) $\dot{\boldsymbol{\Phi}}(t) = \boldsymbol{A}\boldsymbol{\Phi}(t) = \boldsymbol{\Phi}(t)\boldsymbol{A}$。

证明 由状态转移矩阵的定义式

$$\boldsymbol{\Phi}(t) = \mathbf{e}^{At} = \boldsymbol{I} + \boldsymbol{A}t + \frac{1}{2!}\boldsymbol{A}^2t^2 + \cdots + \frac{1}{i!}\boldsymbol{A}^it^i + \cdots$$

可得

$$\begin{aligned}\dot{\boldsymbol{\Phi}}(t) &= \frac{\mathrm{d}\mathbf{e}^{At}}{\mathrm{d}t} = \boldsymbol{A} + \boldsymbol{A}^2t + \cdots + \frac{1}{(i-1)!}\boldsymbol{A}^it^{i-1} + \cdots \\ &= \boldsymbol{A}\left[\boldsymbol{I} + \boldsymbol{A}^2t + \cdots + \frac{1}{(i-1)!}\boldsymbol{A}^{i-1}t^{i-1} + \cdots\right] \\ &= \boldsymbol{A}\boldsymbol{\Phi}(t) = \boldsymbol{\Phi}(t)\boldsymbol{A}\end{aligned}$$

从上式可以看出,$\boldsymbol{A}\boldsymbol{\Phi}(t)$ 和 $\boldsymbol{\Phi}(t)\boldsymbol{A}$ 满足交换律,且有 $\dot{\boldsymbol{\Phi}}(0) = \boldsymbol{A}$ 成立。

(3) $\boldsymbol{\Phi}(t_1 + t_2) = \boldsymbol{\Phi}(t_1)\boldsymbol{\Phi}(t_2)$。

证明 根据定义可得

$$\begin{aligned}\boldsymbol{\Phi}(t_1 + t_2) &= \mathbf{e}^{A(t_1+t_2)} \\ &= \boldsymbol{I} + \boldsymbol{A}(t_1 + t_2) + \frac{1}{2!}\boldsymbol{A}^2(t_1 + t_2)^2 + \cdots + \frac{1}{i!}\boldsymbol{A}^i(t_1 + t_2)^i + \cdots \\ &= \boldsymbol{I} + \boldsymbol{A}t_1 + \boldsymbol{A}t_2 + \frac{1}{2!}\boldsymbol{A}^2t_1^2 + \boldsymbol{A}^2t_1t_2 + \frac{1}{2!}\boldsymbol{A}^2t_2^2 + \cdots \\ &= \left(\boldsymbol{I} + \boldsymbol{A}t_1 + \frac{1}{2!}\boldsymbol{A}^2t_1^2 + \cdots\right)\left(\boldsymbol{I} + \boldsymbol{A}t_2 + \frac{1}{2!}\boldsymbol{A}^2t_2^2 + \cdots\right) \\ &= \mathbf{e}^{At_1} \cdot \mathbf{e}^{At_2}\end{aligned}$$

$$=\boldsymbol{\Phi}(t_1)\boldsymbol{\Phi}(t_2)$$

(4) $[\boldsymbol{\Phi}(t)]^{-1}=\boldsymbol{\Phi}(-t)$。

证明　根据性质3和性质1,有

$$\boldsymbol{\Phi}(-t)\boldsymbol{\Phi}(t)=\boldsymbol{\Phi}(-t+t)=\boldsymbol{\Phi}(0)=\boldsymbol{I}$$

$$\boldsymbol{\Phi}(t)\boldsymbol{\Phi}(-t)=\boldsymbol{\Phi}(t-t)=\boldsymbol{\Phi}(0)=\boldsymbol{I}$$

所以,由逆矩阵定义可得

$$[\boldsymbol{\Phi}(t)]^{-1}=\boldsymbol{\Phi}(-t)$$

(5) $\boldsymbol{\Phi}(t_2-t_0)=\boldsymbol{\Phi}(t_2-t_1)\boldsymbol{\Phi}(t_1-t_0)$。

证明　由于

$$\boldsymbol{x}(t_2)=\boldsymbol{\Phi}(t_2-t_0)\boldsymbol{x}(t_0)$$

$$\boldsymbol{x}(t_1)=\boldsymbol{\Phi}(t_1-t_0)\boldsymbol{x}(t_0)$$

另外　$\boldsymbol{x}(t_2)=\boldsymbol{\Phi}(t_2-t_1)\boldsymbol{x}(t_1)=\boldsymbol{\Phi}(t_2-t_1)\boldsymbol{\Phi}(t_1-t_0)\boldsymbol{x}(t_0)$

所以　$\boldsymbol{\Phi}(t_2-t_0)=\boldsymbol{\Phi}(t_2-t_1)\boldsymbol{\Phi}(t_1-t_0)$

(6) $[\boldsymbol{\Phi}(t)]^k=\boldsymbol{\Phi}(kt)$　(k 为整数)

证明　根据定义可得

$$[\boldsymbol{\Phi}(t)]^k=(\mathrm{e}^{\boldsymbol{A}t})^k=\mathrm{e}^{k\boldsymbol{A}t}=\mathrm{e}^{\boldsymbol{A}kt}=\boldsymbol{\Phi}(kt)$$

(7)对于 $n\times n$ 维矩阵 $\boldsymbol{A}$ 和 $\boldsymbol{B}$,若满足 $\boldsymbol{AB}=\boldsymbol{BA}$,那么 $\mathrm{e}^{(\boldsymbol{A}+\boldsymbol{B})t}=\mathrm{e}^{\boldsymbol{A}t}\mathrm{e}^{\boldsymbol{B}t}$。

证明　根据定义可得

$$\begin{aligned}\mathrm{e}^{(\boldsymbol{A}+\boldsymbol{B})t}&=\boldsymbol{I}+(\boldsymbol{A}+\boldsymbol{B})t+\frac{1}{2!}(\boldsymbol{A}+\boldsymbol{B})^2t^2+\cdots+\frac{1}{i!}(\boldsymbol{A}+\boldsymbol{B})^it^i+\cdots\\&=\boldsymbol{I}+(\boldsymbol{A}+\boldsymbol{B})t+\frac{1}{2!}(\boldsymbol{A}^2+\boldsymbol{AB}+\boldsymbol{BA}+\boldsymbol{B}^2)t^2+\frac{1}{3!}(\boldsymbol{A}^3+\boldsymbol{A}^2\boldsymbol{B}+\boldsymbol{ABA}+\boldsymbol{AB}^2+\boldsymbol{BA}^2\\&\quad+\boldsymbol{BAB}+\boldsymbol{B}^2\boldsymbol{A}+\boldsymbol{B}^3)t^3+\cdots\\&=\boldsymbol{I}+(\boldsymbol{A}+\boldsymbol{B})t+\frac{1}{2!}(\boldsymbol{A}^2+2\boldsymbol{AB}+\boldsymbol{B}^2)t^2+\frac{1}{3!}(\boldsymbol{A}^3+3\boldsymbol{A}^2\boldsymbol{B}+3\boldsymbol{AB}^2+\boldsymbol{B}^3)t^3+\cdots\end{aligned}$$

$$\begin{aligned}\mathrm{e}^{\boldsymbol{A}t}\mathrm{e}^{\boldsymbol{B}t}&=\left(\boldsymbol{I}+\boldsymbol{A}t+\frac{1}{2!}\boldsymbol{A}^2t^2+\frac{1}{3!}\boldsymbol{A}^3t^3+\cdots\right)\left(\boldsymbol{I}+\boldsymbol{B}t+\frac{1}{2!}\boldsymbol{B}^2t^2+\frac{1}{3!}\boldsymbol{B}^3t^3+\cdots\right)\\&=\boldsymbol{I}+(\boldsymbol{A}+\boldsymbol{B})t+\frac{1}{2!}(\boldsymbol{A}^2+2\boldsymbol{AB}+\boldsymbol{B}^2)t^2+\frac{1}{3!}(\boldsymbol{A}^3+3\boldsymbol{A}^2\boldsymbol{B}+3\boldsymbol{AB}^2+\boldsymbol{B}^3)t^3+\cdots\end{aligned}$$

所以等式左右两边相等,得证。

3.2.2　特殊状态转移矩阵

(1)若 $\boldsymbol{A}$ 为对角线矩阵,即

$$\boldsymbol{A}=\begin{bmatrix}\lambda_1 & & & \boldsymbol{0}\\ & \lambda_2 & & \\ & & \ddots & \\ \boldsymbol{0} & & & \lambda_n\end{bmatrix}$$

则

$$\mathbf{e}^{At}=\begin{bmatrix} e^{\lambda_1 t} & & & \mathbf{0} \\ & e^{\lambda_2 t} & & \\ & & \ddots & \\ \mathbf{0} & & & e^{\lambda_n t} \end{bmatrix}$$

证明 根据定义可得

$$\mathbf{e}^{At}=\boldsymbol{I}+\boldsymbol{A}t+\frac{1}{2!}\boldsymbol{A}^2t^2+\cdots+\frac{1}{i!}\boldsymbol{A}^it^i+\cdots$$

$$=\begin{bmatrix} 1 & & & \mathbf{0} \\ & 1 & & \\ & & \ddots & \\ \mathbf{0} & & & 1 \end{bmatrix}+\begin{bmatrix} \lambda_1 t & & & \mathbf{0} \\ & \lambda_2 t & & \\ & & \ddots & \\ \mathbf{0} & & & \lambda_n t \end{bmatrix}+\frac{1}{2!}\begin{bmatrix} \lambda_1^2 t^2 & & & \mathbf{0} \\ & \lambda_2^2 t^2 & & \\ & & \ddots & \\ \mathbf{0} & & & \lambda_n^2 t^2 \end{bmatrix}+\cdots$$

$$=\begin{bmatrix} 1+\lambda_1 t+\frac{1}{2!}\lambda_1^2t^2+\cdots & & & \mathbf{0} \\ & 1+\lambda_2 t+\frac{1}{2!}\lambda_2^2t^2+\cdots & & \\ & & \ddots & \\ \mathbf{0} & & & 1+\lambda_n t+\frac{1}{2!}\lambda_n^2t^2+\cdots \end{bmatrix}$$

$$=\begin{bmatrix} e^{\lambda_1 t} & & & \mathbf{0} \\ & e^{\lambda_2 t} & & \\ & & \ddots & \\ \mathbf{0} & & & e^{\lambda_n t} \end{bmatrix}$$

(2)若 $\boldsymbol{A}$ 为 $m\times m$ 维约旦块,即

$$\boldsymbol{A}=\begin{bmatrix} \lambda_1 & 1 & & & \mathbf{0} \\ & \lambda_1 & 1 & & \\ & & \ddots & \ddots & \\ & & & \lambda_1 & 1 \\ \mathbf{0} & & & & \lambda_1 \end{bmatrix}$$

则

$$\mathbf{e}^{At}=\begin{bmatrix} e^{\lambda_1 t} & te^{\lambda_1 t} & \frac{1}{2!}t^2e^{\lambda_1 t} & \cdots & \frac{1}{(m-1)!}t^{m-1}e^{\lambda_1 t} \\ 0 & e^{\lambda_1 t} & te^{\lambda_1 t} & \cdots & \frac{1}{(m-2)!}t^{m-2}e^{\lambda_1 t} \\ \vdots & \vdots & \vdots & & \vdots \\ 0 & 0 & 0 & \cdots & e^{\lambda_1 t} \end{bmatrix}$$

证明 由已知得

$$A=\begin{bmatrix}\lambda_1 & 1 & & & \\ & \lambda_1 & 1 & \mathbf{0} & \\ & & \ddots & \ddots & \\ & \mathbf{0} & & \lambda_1 & 1 \\ & & & & \lambda_1\end{bmatrix}$$

$$A^2=\begin{bmatrix}\lambda_1^2 & 2\lambda_1 & 1 & \cdots & 0 & 0\\ 0 & \lambda_1^2 & 2\lambda_1 & \cdots & 0 & 0\\ \vdots & \vdots & \vdots & & \vdots & \vdots\\ 0 & 0 & 0 & \cdots & \lambda_1^2 & 2\lambda_1\\ 0 & 0 & 0 & \cdots & 0 & \lambda_1^2\end{bmatrix}$$

$$A^3=\begin{bmatrix}\lambda_1^3 & 3\lambda_1^2 & 3\lambda_1 & 1 & \cdots & 0\\ 0 & \lambda_1^3 & 3\lambda_1^2 & 3\lambda_1 & \cdots & 0\\ \vdots & \vdots & \vdots & \vdots & & \vdots\\ 0 & 0 & 0 & 0 & \cdots & 3\lambda_1^2\\ 0 & 0 & 0 & 0 & \cdots & \lambda_1^3\end{bmatrix}$$

$$\vdots$$

将以上各式代入矩阵指数函数的定义式可得

$$\begin{aligned}\mathrm{e}^{At}&=I+At+\frac{1}{2!}A^2t^2+\cdots+\frac{1}{i!}A^it^i+\cdots\\ &=\begin{bmatrix}\sum\limits_{i=0}^{\infty}\frac{1}{i!}\lambda_1^it^i & t\sum\limits_{i=0}^{\infty}\frac{1}{i!}\lambda_1^it^i & \frac{1}{2!}t^2\sum\limits_{i=0}^{\infty}\frac{1}{i!}\lambda_1^it^i & \cdots & \frac{1}{(m-1)!}t^{m-1}\sum\limits_{i=0}^{\infty}\frac{1}{i!}\lambda_1^it^i\\ 0 & \sum\limits_{i=0}^{\infty}\frac{1}{i!}\lambda_1^it^i & t\sum\limits_{i=0}^{\infty}\frac{1}{i!}\lambda_1^it^i & \cdots & \frac{1}{(m-2)!}t^{m-2}\sum\limits_{i=0}^{\infty}\frac{1}{i!}\lambda_1^it^i\\ \vdots & \vdots & \vdots & & \vdots\\ 0 & 0 & 0 & \cdots & \sum\limits_{i=0}^{\infty}\frac{1}{i!}\lambda_1^it^i\end{bmatrix}\\ &=\begin{bmatrix}\mathrm{e}^{\lambda_1t} & t\mathrm{e}^{\lambda_1t} & \frac{1}{2!}t^2\mathrm{e}^{\lambda_1t} & \cdots & \frac{1}{(m-1)!}t^{m-1}\mathrm{e}^{\lambda_1t}\\ 0 & \mathrm{e}^{\lambda_1t} & t\mathrm{e}^{\lambda_1t} & \cdots & \frac{1}{(m-2)!}t^{m-2}\mathrm{e}^{\lambda_1t}\\ \vdots & \vdots & \vdots & & \vdots\\ 0 & 0 & 0 & \cdots & \mathrm{e}^{\lambda_1t}\end{bmatrix}\end{aligned}$$

(3)若矩阵 A 能通过非奇异变换矩阵 P 转化为对角或约旦标准形矩阵,即$P^{-1}AP=\Lambda$ 或 $P^{-1}AP=J$,那么 $\mathrm{e}^{At}=P\mathrm{e}^{\Lambda t}P^{-1}$或 $\mathrm{e}^{At}=P\mathrm{e}^{Jt}P^{-1}$。

证明 由矩阵指数函数的定义式可得

$$\mathrm{e}^{\Lambda t}=I+\Lambda t+\frac{1}{2!}\Lambda^2t^2+\cdots+\frac{1}{i!}\Lambda^it^i+\cdots$$

将线性变换$\boldsymbol{P}^{-1}\boldsymbol{A}\boldsymbol{P}=\boldsymbol{\Lambda}$代入上式,可得

$$\begin{aligned}\mathrm{e}^{\boldsymbol{P}^{-1}\boldsymbol{A}\boldsymbol{P}t}&=\boldsymbol{I}+\boldsymbol{P}^{-1}\boldsymbol{A}\boldsymbol{P}t+\frac{1}{2!}(\boldsymbol{P}^{-1}\boldsymbol{A}\boldsymbol{P})^2t^2+\cdots+\frac{1}{i!}(\boldsymbol{P}^{-1}\boldsymbol{A}\boldsymbol{P})^it^i+\cdots\\&=\boldsymbol{P}^{-1}\left[\boldsymbol{I}+\boldsymbol{A}t+\frac{1}{2!}\boldsymbol{A}^2t^2+\cdots+\frac{1}{i!}\boldsymbol{A}^it^i+\cdots\right]\boldsymbol{P}\\&=\boldsymbol{P}^{-1}\mathrm{e}^{\boldsymbol{A}t}\boldsymbol{P}\end{aligned}$$

因此可得$\mathrm{e}^{\boldsymbol{A}t}=\boldsymbol{P}\mathrm{e}^{\boldsymbol{\Lambda}t}\boldsymbol{P}^{-1}$,同理可证$\mathrm{e}^{\boldsymbol{A}t}=\boldsymbol{P}\mathrm{e}^{\boldsymbol{J}t}\boldsymbol{P}^{-1}$。

(4)若$\boldsymbol{A}=\begin{bmatrix}\sigma&\omega\\-\omega&\sigma\end{bmatrix}$,那么$\mathrm{e}^{\boldsymbol{A}t}=\begin{bmatrix}\cos\omega&\sin\omega\\-\sin\omega&\cos\omega\end{bmatrix}\mathrm{e}^{\sigma t}$.

证明 矩阵$\boldsymbol{A}$的特征方程为

$$|\lambda\boldsymbol{I}-\boldsymbol{A}|=(\lambda-\sigma)^2+\omega^2=0$$

解得,矩阵$\boldsymbol{A}$的特征值分别为$\lambda_1=\sigma+\mathrm{j}\omega,\lambda_2=\sigma-\mathrm{j}\omega$。

假设存在非奇异变换矩阵$\boldsymbol{P}$能将$\boldsymbol{A}$转化为对角标准形矩阵$\boldsymbol{\Lambda}$,即

$$\boldsymbol{P}^{-1}\boldsymbol{A}\boldsymbol{P}=\begin{bmatrix}\sigma+\mathrm{j}\omega&0\\0&\sigma-\mathrm{j}\omega\end{bmatrix}$$

经计算,变换矩阵$\boldsymbol{P}$为

$$\boldsymbol{P}=\begin{bmatrix}1&1\\\mathrm{j}&-\mathrm{j}\end{bmatrix},\boldsymbol{P}^{-1}=\frac{1}{2}\begin{bmatrix}1&-\mathrm{j}\\1&\mathrm{j}\end{bmatrix}$$

将变换矩阵$\boldsymbol{P}$代入$\mathrm{e}^{\boldsymbol{A}t}=\boldsymbol{P}\mathrm{e}^{\boldsymbol{\Lambda}t}\boldsymbol{P}^{-1}$,可得

$$\begin{aligned}\mathrm{e}^{\boldsymbol{A}t}=\boldsymbol{P}\mathrm{e}^{\boldsymbol{\Lambda}t}\boldsymbol{P}^{-1}&=\frac{1}{2}\begin{bmatrix}1&1\\\mathrm{j}&-\mathrm{j}\end{bmatrix}\begin{bmatrix}\mathrm{e}^{\sigma t}\mathrm{e}^{\mathrm{j}\omega t}&0\\0&\mathrm{e}^{\sigma t}\mathrm{e}^{-\mathrm{j}\omega t}\end{bmatrix}\begin{bmatrix}1&-\mathrm{j}\\1&\mathrm{j}\end{bmatrix}\\&=\begin{bmatrix}\frac{1}{2}\mathrm{e}^{\sigma t}(\mathrm{e}^{\mathrm{j}\omega t}+\mathrm{e}^{-\mathrm{j}\omega t})&\frac{1}{2\mathrm{j}}\mathrm{e}^{\sigma t}(\mathrm{e}^{\mathrm{j}\omega t}-\mathrm{e}^{-\mathrm{j}\omega t})\\-\frac{1}{2\mathrm{j}}\mathrm{e}^{\sigma t}(\mathrm{e}^{\mathrm{j}\omega t}-\mathrm{e}^{-\mathrm{j}\omega t})&\frac{1}{2}\mathrm{e}^{\sigma t}(\mathrm{e}^{\mathrm{j}\omega t}+\mathrm{e}^{-\mathrm{j}\omega t})\end{bmatrix}\\&=\begin{bmatrix}\cos\omega&\sin\omega\\-\sin\omega&\cos\omega\end{bmatrix}\mathrm{e}^{\sigma t}\end{aligned}$$

3.2.3 状态转移矩阵的计算

1. 定义法

根据状态转移矩阵的定义式

$$\mathrm{e}^{\boldsymbol{A}t}=\boldsymbol{I}+\boldsymbol{A}t+\frac{1}{2!}\boldsymbol{A}^2t^2+\cdots+\frac{1}{i!}\boldsymbol{A}^it^i+\cdots$$

将系统矩阵$\boldsymbol{A}$代入,进行直接计算。

【例3.1】 已知$\boldsymbol{A}=\begin{bmatrix}0&1\\-1&-2\end{bmatrix}$,求矩阵指数函数$\mathrm{e}^{\boldsymbol{A}t}$。

解 根据定义有

$$\mathrm{e}^{\boldsymbol{A}t}=\begin{bmatrix}1&0\\0&1\end{bmatrix}+\begin{bmatrix}0&1\\-1&-2\end{bmatrix}t+\frac{1}{2!}\begin{bmatrix}0&1\\-1&-2\end{bmatrix}^2t^2+\frac{1}{3!}\begin{bmatrix}0&1\\-1&-2\end{bmatrix}^3t^3+\cdots$$

$$=\begin{bmatrix}1&0\\0&1\end{bmatrix}+\begin{bmatrix}0&t\\-t&-2t\end{bmatrix}+\begin{bmatrix}-\frac{1}{2}t^2&-t^2\\t^2&\frac{3}{2}t^2\end{bmatrix}+\begin{bmatrix}\frac{1}{3}t^3&\frac{1}{2}t^3\\-\frac{1}{2}t^3&-\frac{2}{3}t^3\end{bmatrix}+\cdots$$

$$=\begin{bmatrix}1-\frac{1}{2}t^2+\frac{1}{3}t^3+\cdots & t-t^2+\frac{1}{2}t^3+\cdots\\-t+t^2-\frac{1}{2}t^3+\cdots & 1-2t+\frac{3}{2}t^2-\frac{2}{3}t^3+\cdots\end{bmatrix}$$

这种方法具有步骤简便、编程容易的优点,适用于计算机编程求解。但是,由于大多数情况下,采用这种方法的计算结果是一个无穷级数,且无法获得解析式,因此不适合进行手动计算。

2. 拉普拉斯变换法

若将 $\dot{\boldsymbol{x}}(t)=\boldsymbol{A}\boldsymbol{x}(t)$ 两端取拉普拉斯变换,有

$$s\boldsymbol{X}(s)-\boldsymbol{x}(0)=\boldsymbol{A}\boldsymbol{X}(s)$$

$$(s\boldsymbol{I}-\boldsymbol{A})\boldsymbol{X}(s)=\boldsymbol{x}(0)$$

等式两侧同时左乘 $(s\boldsymbol{I}-\boldsymbol{A})^{-1}$,有

$$\boldsymbol{X}(s)=(s\boldsymbol{I}-\boldsymbol{A})^{-1}\boldsymbol{x}(0)$$

取拉普拉斯反变换,有

$$\boldsymbol{x}(t)=L^{-1}[(s\boldsymbol{I}-\boldsymbol{A})^{-1}]\boldsymbol{x}(0)$$

与式(3.8)比较,有

$$\mathrm{e}^{\boldsymbol{A}t}=L^{-1}[(s\boldsymbol{I}-\boldsymbol{A})^{-1}] \tag{3.10}$$

【例 3.2】 已知 $\boldsymbol{A}=\begin{bmatrix}0&1\\-1&-2\end{bmatrix}$,试用拉普拉斯变换法求矩阵指数函数 $\mathrm{e}^{\boldsymbol{A}t}$。

解 $(s\boldsymbol{I}-\boldsymbol{A})=\begin{bmatrix}s&-1\\1&s+2\end{bmatrix}$

$$(s\boldsymbol{I}-\boldsymbol{A})^{-1}=\begin{bmatrix}\frac{s+2}{(s+1)^2}&\frac{1}{(s+1)^2}\\-\frac{1}{(s+1)^2}&\frac{s}{(s+1)^2}\end{bmatrix}$$

$$=\begin{bmatrix}\frac{1}{(s+1)^2}+\frac{1}{s+1}&\frac{1}{(s+1)^2}\\-\frac{1}{(s+1)^2}&\frac{-1}{(s+1)^2}+\frac{1}{s+1}\end{bmatrix}$$

由式(3.10)可得

$$\mathrm{e}^{\boldsymbol{A}t}=L^{-1}[(s\boldsymbol{I}-\boldsymbol{A})^{-1}]=\begin{bmatrix}t\mathrm{e}^{-t}+\mathrm{e}^{-t}&t\mathrm{e}^{-t}\\-t\mathrm{e}^{-t}&-t\mathrm{e}^{-t}+\mathrm{e}^{-t}\end{bmatrix}$$

3.3 线性定常非齐次状态方程的解

对于线性定常系统,若在输入信号 $\boldsymbol{u}(t)$ 的作用下,系统的运动成为强迫运动。此时,状态方程为非齐次状态方程,即

$$\dot{\boldsymbol{x}}(t)=\boldsymbol{A}\boldsymbol{x}(t)+\boldsymbol{B}\boldsymbol{u}(t) \tag{3.11}$$

假设初始时刻为 t_0，初始状态为 $\boldsymbol{x}(t_0)=\boldsymbol{x}_0$ 时，则非齐次状态方程的解为

$$\boldsymbol{x}(t)=\boldsymbol{\Phi}(t-t_0)\boldsymbol{x}_0+\int_{t_0}^{t}\boldsymbol{\Phi}(t-\tau)\boldsymbol{B}\boldsymbol{u}(\tau)\mathrm{d}\tau \tag{3.12}$$

式中，$\boldsymbol{\Phi}(t-t_0)=\mathrm{e}^{\boldsymbol{A}(t-t_0)}$。

若初始时刻为 $t_0=0$，那么非齐次状态方程的解为

$$\boldsymbol{x}(t)=\boldsymbol{\Phi}(t)\boldsymbol{x}(0)+\int_{0}^{t}\boldsymbol{\Phi}(t-\tau)\boldsymbol{B}\boldsymbol{u}(\tau)\mathrm{d}\tau \tag{3.13}$$

式中，$\boldsymbol{\Phi}(t)=\mathrm{e}^{\boldsymbol{A}t}$。

可以看出系统的动态响应由两部分组成：一部分是由初始状态引起的状态转移，即零输入响应；另一部分是由控制输入所产生的受控运动，即零状态响应。

下面介绍非齐次状态方程的解的两种证明方法。

1. 方法一：积分法

利用高等数学中对标量微分方程的求解方法，可以将式(3.11)写成

$$\dot{\boldsymbol{x}}(t)-\boldsymbol{A}\boldsymbol{x}(t)=\boldsymbol{B}\boldsymbol{u}(t)$$

若等式两侧同时左乘 $\mathrm{e}^{-\boldsymbol{A}t}$，可得

$$\mathrm{e}^{-\boldsymbol{A}t}[\dot{\boldsymbol{x}}(t)-\boldsymbol{A}\boldsymbol{x}(t)]=\mathrm{e}^{-\boldsymbol{A}t}\boldsymbol{B}\boldsymbol{u}(t)$$

即
$$\frac{\mathrm{d}}{\mathrm{d}t}[\mathrm{e}^{-\boldsymbol{A}t}\boldsymbol{x}(t)]=\mathrm{e}^{-\boldsymbol{A}t}\boldsymbol{B}\boldsymbol{u}(t)$$

对上式在[0,t]区间进行积分，可得

$$\int_0^t\left\{\frac{\mathrm{d}}{\mathrm{d}\tau}[\mathrm{e}^{-\boldsymbol{A}\tau}\boldsymbol{x}(\tau)]\right\}\mathrm{d}\tau=\int_0^t\mathrm{e}^{-\boldsymbol{A}\tau}\boldsymbol{B}\boldsymbol{u}(\tau)\mathrm{d}\tau$$

$$\mathrm{e}^{-\boldsymbol{A}\tau}\boldsymbol{x}(\tau)\big|_0^t=\int_0^t\mathrm{e}^{-\boldsymbol{A}\tau}\boldsymbol{B}\boldsymbol{u}(\tau)\mathrm{d}\tau$$

$$\mathrm{e}^{-\boldsymbol{A}t}\boldsymbol{x}(t)=\boldsymbol{x}(0)+\int_0^t\mathrm{e}^{-\boldsymbol{A}\tau}\boldsymbol{B}\boldsymbol{u}(\tau)\mathrm{d}\tau$$

将上式左右两边同时左乘 $\mathrm{e}^{\boldsymbol{A}t}$，得

$$\boldsymbol{x}(t)=\mathrm{e}^{\boldsymbol{A}t}\boldsymbol{x}(0)+\mathrm{e}^{\boldsymbol{A}t}\int_0^t\mathrm{e}^{-\boldsymbol{A}\tau}\boldsymbol{B}\boldsymbol{u}(\tau)\mathrm{d}\tau$$

整理得
$$\begin{aligned}\boldsymbol{x}(t)&=\mathrm{e}^{\boldsymbol{A}t}x(0)+\int_0^t\mathrm{e}^{\boldsymbol{A}(t-\tau)}\boldsymbol{B}\boldsymbol{u}(\tau)\mathrm{d}\tau\\&=\boldsymbol{\Phi}(t)\boldsymbol{x}(0)+\int_0^t\boldsymbol{\Phi}(t-\tau)\boldsymbol{B}\boldsymbol{u}(\tau)\mathrm{d}\tau\end{aligned}$$

若将积分区间修改为[t_0,t]，即可证明式(3.12)。

2. 方法二：拉普拉斯变换法

对式(3.11)两边取拉普拉斯变换，可得

$$s\boldsymbol{X}(s)-\boldsymbol{x}(0)=\boldsymbol{A}\boldsymbol{X}(s)+\boldsymbol{B}\boldsymbol{U}(s)$$

整理得
$$(s\boldsymbol{I}-\boldsymbol{A})\boldsymbol{X}(s)=\boldsymbol{x}(0)+\boldsymbol{B}\boldsymbol{U}(s)$$

将上式左右两边同时左乘 $(s\boldsymbol{I}-\boldsymbol{A})^{-1}$，得

$$\boldsymbol{X}(s)=(s\boldsymbol{I}-\boldsymbol{A})^{-1}\boldsymbol{x}(0)+(s\boldsymbol{I}-\boldsymbol{A})^{-1}\boldsymbol{B}\boldsymbol{U}(s)$$

利用卷积分定理，对上式进行拉普拉斯反变换，可得

$$x(t)=L^{-1}[(sI-A)^{-1}]x(0)+L^{-1}[(sI-A)^{-1}BU(s)]$$
$$=\Phi(t)x(0)+\int_0^t\Phi(t-\tau)Bu(\tau)\mathrm{d}\tau$$

【例3.3】 已知系统状态方程为

$$\dot{x}(t)=\begin{bmatrix}0 & 1\\-2 & -3\end{bmatrix}x(t)+\begin{bmatrix}0\\1\end{bmatrix}u(t)$$

试求 $x(0)=\begin{bmatrix}0\\0\end{bmatrix}$，$u(t)=1(t)$时，状态方程的解。

解 系统的特征方程为

$$|\lambda I-A|=\begin{vmatrix}\lambda & -1\\2 & \lambda+3\end{vmatrix}=(\lambda+1)(\lambda+2)=0$$

特征值为 $\lambda_1=-1$，$\lambda_2=-2$，且矩阵 A 为友矩阵，则变换矩阵为

$$P=\begin{bmatrix}1 & 1\\-1 & -2\end{bmatrix},P^{-1}=\begin{bmatrix}2 & 1\\-1 & -1\end{bmatrix}$$

因此，系统的状态转移矩阵为

$$\Phi(t)=\mathrm{e}^{At}=P\mathrm{e}^{\Lambda t}P^{-1}=\begin{bmatrix}1 & 1\\-1 & -2\end{bmatrix}\begin{bmatrix}\mathrm{e}^{-t} & 0\\0 & \mathrm{e}^{-2t}\end{bmatrix}\begin{bmatrix}2 & 1\\-1 & -1\end{bmatrix}$$

$$=\begin{bmatrix}2\mathrm{e}^{-t}-\mathrm{e}^{-2t} & \mathrm{e}^{-t}-\mathrm{e}^{-2t}\\-2\mathrm{e}^{-t}+2\mathrm{e}^{-2t} & -\mathrm{e}^{-t}+2\mathrm{e}^{-2t}\end{bmatrix} \tag{3.14}$$

将式(3.14)代入式(3.13)，可得非齐次状态方程的解为

$$x(t)=\Phi(t)x(0)+\int_0^t\Phi(t-\tau)Bu(\tau)\mathrm{d}\tau$$
$$=\int_0^t\begin{bmatrix}2\mathrm{e}^{-(t-\tau)}-\mathrm{e}^{-2(t-\tau)} & \mathrm{e}^{-(t-\tau)}-\mathrm{e}^{-2(t-\tau)}\\-2\mathrm{e}^{-(t-\tau)}+2\mathrm{e}^{-2(t-\tau)} & -\mathrm{e}^{-(t-\tau)}+2\mathrm{e}^{-2(t-\tau)}\end{bmatrix}\begin{bmatrix}0\\1\end{bmatrix}\mathrm{d}\tau$$
$$=\begin{bmatrix}\frac{1}{2}-\mathrm{e}^{-t}+\frac{1}{2}\mathrm{e}^{-2t}\\\mathrm{e}^{-t}-\mathrm{e}^{-2t}\end{bmatrix}$$

3.4 线性时变系统状态方程的解

严格来说，现实中所有的控制系统都属于时变系统，这是因为其内部结构或参数都是随时间变化的。例如电路中的电子元件会老化使其特性发生变化，火箭燃料的消耗导致其质量以及运动方程的参数变化等。但是，由于时变系统的数学模型一般很复杂，不易于系统分析，进而实现对系统的优化和控制。因此，当时变系统参数变化较小，且满足系统设计精度时，就可以将时变系统近似地作为定常系统来处理。但是，如果设计精度要求较高时，仍然需要直接对时变系统进行分析。

3.4.1 线性时变齐次状态方程的解

对于线性时变系统，如果系统输入为0，系统的状态方程为齐次微分方程组，即

$$\dot{x}(t)=A(t)x(t) \tag{3.15}$$

为了讨论式(3.15)的求解方法，下面先讨论一个标量时变系统

$$\dot{x}(t)=a(t)x(t)$$

的解。若已知初始时刻 $t=t_0$ 时初始状态为 $x(t_0)$，采用分离变量法，有

$$\frac{\mathrm{d}x(t)}{x(t)}=a(t)\mathrm{d}t$$

对上式两边积分得

$$\ln x(t)-\ln x(t_0)=\int_{t_0}^{t}a(\tau)\mathrm{d}\tau$$

可得

$$x(t)=\mathrm{e}^{\int_{t_0}^{t}a(\tau)\mathrm{d}\tau}x(t_0) \tag{3.16}$$

仿照标量时变系统方程解的形式，时变齐次状态方程的解可以写成

$$\boldsymbol{x}(t)=\mathbf{e}^{\int_{t_0}^{t}\boldsymbol{A}(\tau)\mathrm{d}\tau}\boldsymbol{x}(t_0) \tag{3.17}$$

需要注意的是，式(3.17)作为时变齐次状态方程式(3.15)解的条件是 $\boldsymbol{A}(t)$ 与 $\int_{t_0}^{t}\boldsymbol{A}(\tau)\mathrm{d}\tau$ 满足矩阵乘法交换律，即

$$\boldsymbol{A}(t)\int_{t_0}^{t}\boldsymbol{A}(\tau)\mathrm{d}\tau=\int_{t_0}^{t}\boldsymbol{A}(\tau)\mathrm{d}\tau\cdot\boldsymbol{A}(t) \tag{3.18}$$

下面对此结论进行证明。

证明 假设 $\mathbf{e}^{\int_{t_0}^{t}\boldsymbol{A}(\tau)\mathrm{d}\tau}\boldsymbol{x}(t_0)$ 是式(3.15)的解，则必有

$$\frac{\mathrm{d}}{\mathrm{d}t}[\mathbf{e}^{\int_{t_0}^{t}\boldsymbol{A}(\tau)\mathrm{d}\tau}\boldsymbol{x}(t_0)]=\boldsymbol{A}(t)\mathbf{e}^{\int_{t_0}^{t}\boldsymbol{A}(\tau)\mathrm{d}\tau}\boldsymbol{x}(t_0) \tag{3.19}$$

矩阵指数 $\mathbf{e}^{\int_{t_0}^{t}\boldsymbol{A}(\tau)\mathrm{d}\tau}$ 的幂级数展开形式为

$$\mathbf{e}^{\int_{t_0}^{t}\boldsymbol{A}(\tau)\mathrm{d}\tau}=\boldsymbol{I}+\int_{t_0}^{t}\boldsymbol{A}(\tau)\mathrm{d}\tau+\frac{1}{2!}\left[\int_{t_0}^{t}\boldsymbol{A}(\tau)\mathrm{d}\tau\right]^2+\frac{1}{3!}\left[\int_{t_0}^{t}\boldsymbol{A}(\tau)\mathrm{d}\tau\right]^3+\cdots$$

将上面的展开式代入式(3.19)可得

$$\frac{\mathrm{d}}{\mathrm{d}t}[\mathbf{e}^{\int_{t_0}^{t}\boldsymbol{A}(\tau)\mathrm{d}\tau}\boldsymbol{x}(t_0)]=\boldsymbol{A}(t)\left\{\boldsymbol{I}+\int_{t_0}^{t}\boldsymbol{A}(\tau)\mathrm{d}\tau+\frac{1}{2!}\left[\int_{t_0}^{t}\boldsymbol{A}(\tau)\mathrm{d}\tau\right]^2+\frac{1}{3!}\left[\int_{t_0}^{t}\boldsymbol{A}(\tau)\mathrm{d}\tau\right]^3+\cdots\right\}\boldsymbol{x}(t_0)$$

即

$$\frac{\mathrm{d}}{\mathrm{d}t}[\mathbf{e}^{\int_{t_0}^{t}\boldsymbol{A}(\tau)\mathrm{d}\tau}]=\boldsymbol{A}(t)+\boldsymbol{A}(t)\int_{t_0}^{t}\boldsymbol{A}(\tau)\mathrm{d}\tau+\frac{1}{2!}\boldsymbol{A}(t)\left[\int_{t_0}^{t}\boldsymbol{A}(\tau)\mathrm{d}\tau\right]^2+\frac{1}{3!}\boldsymbol{A}(t)\left[\int_{t_0}^{t}\boldsymbol{A}(\tau)\mathrm{d}\tau\right]^3+\cdots \tag{3.20}$$

其中，式(3.20)左边表达式可以化为

$$\frac{\mathrm{d}}{\mathrm{d}t}[\mathbf{e}^{\int_{t_0}^{t}\boldsymbol{A}(\tau)\mathrm{d}\tau}]=\boldsymbol{A}(t)+\frac{1}{2!}\left[\boldsymbol{A}(t)\int_{t_0}^{t}\boldsymbol{A}(\tau)\mathrm{d}\tau+\int_{t_0}^{t}\boldsymbol{A}(\tau)\mathrm{d}\tau\boldsymbol{A}(t)\right]^2+\frac{1}{3!}\left\{\boldsymbol{A}(t)\left[\int_{t_0}^{t}\boldsymbol{A}(\tau)\mathrm{d}\tau\right]^2+\int_{t_0}^{t}\boldsymbol{A}(\tau)\mathrm{d}\tau\left[\boldsymbol{A}(t)\int_{t_0}^{t}\boldsymbol{A}(\tau)\mathrm{d}\tau+\int_{t_0}^{t}\boldsymbol{A}(\tau)\mathrm{d}\tau\boldsymbol{A}(t)\right]\right\}+\cdots$$

那么，若使式(3.19)左右两边表达式相等，需要满足的条件为

$$\boldsymbol{A}(t)\int_{t_0}^{t}\boldsymbol{A}(\tau)\mathrm{d}\tau=\int_{t_0}^{t}\boldsymbol{A}(\tau)\mathrm{d}\tau\cdot\boldsymbol{A}(t) \tag{3.21}$$

或

$$\boldsymbol{A}(t_1)\boldsymbol{A}(t_2)=\boldsymbol{A}(t_2)\boldsymbol{A}(t_1) \tag{3.22}$$

当满足以上条件时，状态方程式(3.15)的解形式为

$$\boldsymbol{x}(t)=\mathrm{e}^{\int_{t_0}^{t}\boldsymbol{A}(\tau)\mathrm{d}\tau}\boldsymbol{x}(t_0)=\boldsymbol{\Phi}(t,t_0)\boldsymbol{x}(t_0)$$

与线性定常系统齐次方程解的形式相类似，$\boldsymbol{\Phi}(t,t_0)$被定义为线性时变系统的状态转移矩阵，若满足条件式(3.21)或式(3.22)时，有

$$\boldsymbol{\Phi}(t,t_0)=\mathrm{e}^{\int_{t_0}^{t}\boldsymbol{A}(\tau)\mathrm{d}\tau}=\boldsymbol{I}+\int_{t_0}^{t}\boldsymbol{A}(\tau)\mathrm{d}\tau+\frac{1}{2!}\left[\int_{t_0}^{t}\boldsymbol{A}(\tau)\mathrm{d}\tau\right]^2+\frac{1}{3!}\left[\int_{t_0}^{t}\boldsymbol{A}(\tau)\mathrm{d}\tau\right]^3+\cdots \tag{3.23}$$

以上讨论了在满足条件式(3.18)时，线性时变系统的状态转移矩阵的计算方法，但是大多数矩阵往往都不满足该条件，这时就可以采用皮亚诺－贝克级数来计算状态转移矩阵$\boldsymbol{\Phi}(t,t_0)$，该级数形式为

$$\begin{aligned}\boldsymbol{\Phi}(t,t_0)=&\boldsymbol{I}+\int_{t_0}^{t}\boldsymbol{A}(\tau)\mathrm{d}\tau+\int_{t_0}^{t}\boldsymbol{A}(\tau_1)\int_{t_0}^{t}\boldsymbol{A}(\tau_2)\mathrm{d}\tau_1\mathrm{d}\tau_2\\&+\int_{t_0}^{t}\boldsymbol{A}(\tau_1)\int_{t_0}^{t}\boldsymbol{A}(\tau_2)\int_{t_0}^{t}\boldsymbol{A}(\tau_3)\mathrm{d}\tau_1\mathrm{d}\tau_2\mathrm{d}\tau_3+\cdots\end{aligned} \tag{3.24}$$

这个证明过程比较简单，只要证明它满足时变系统齐次状态方程和初始条件即可，证明过程如下。

证明 根据$\boldsymbol{x}(t)=\boldsymbol{\Phi}(t,t_0)\boldsymbol{x}(t_0)$，可得

$$\begin{aligned}\dot{\boldsymbol{x}}(t)=&\frac{\mathrm{d}}{\mathrm{d}t}\Big[\boldsymbol{I}+\int_{t_0}^{t}\boldsymbol{A}(\tau)\mathrm{d}\tau+\int_{t_0}^{t}\boldsymbol{A}(\tau_1)\int_{t_0}^{\tau_1}\boldsymbol{A}(\tau_2)\mathrm{d}\tau_2\mathrm{d}\tau_1\\&+\int_{t_0}^{t}\boldsymbol{A}(\tau_1)\int_{t_0}^{\tau_1}\boldsymbol{A}(\tau_2)\int_{t_0}^{\tau_2}\boldsymbol{A}(\tau_3)\mathrm{d}\tau_1\mathrm{d}\tau_2\mathrm{d}\tau_3+\cdots\Big]\boldsymbol{x}(t_0)\\=&\boldsymbol{A}(t)\Big[\boldsymbol{I}+\int_{t_0}^{t}\boldsymbol{A}(\tau_2)\mathrm{d}\tau_2+\int_{t_0}^{t}\boldsymbol{A}(\tau_2)\int_{t_0}^{\tau_2}\boldsymbol{A}(\tau_3)\mathrm{d}\tau_2\mathrm{d}\tau_3+\cdots\Big]\boldsymbol{x}(t_0)\\=&\boldsymbol{A}(t)\boldsymbol{x}(t)\end{aligned} \tag{3.25}$$

所以，状态转移矩阵满足时变系统齐次状态方程。

$$\begin{aligned}\boldsymbol{x}(t_0)=&\Big[\boldsymbol{I}+\int_{t_0}^{t}\boldsymbol{A}(\tau)\mathrm{d}\tau+\int_{t_0}^{t}\boldsymbol{A}(\tau_1)\int_{t_0}^{\tau_1}\boldsymbol{A}(\tau_2)\mathrm{d}\tau_2\mathrm{d}\tau_1\\&+\int_{t_0}^{t}\boldsymbol{A}(\tau_1)\int_{t_0}^{\tau_1}\boldsymbol{A}(\tau_2)\int_{t_0}^{\tau_2}\boldsymbol{A}(\tau_3)\mathrm{d}\tau_1\mathrm{d}\tau_2\mathrm{d}\tau_3+\cdots\Big]\boldsymbol{x}(t_0)\\=&\boldsymbol{x}(t_0)\end{aligned} \tag{3.26}$$

所以，状态转移矩阵满足初始条件。

【例3.4】 线性时变系统状态空间表达式为

$$\dot{\boldsymbol{x}}(t)=\boldsymbol{A}(t)\boldsymbol{x}(t)$$

其中

$$\boldsymbol{A}(t)=\begin{bmatrix}t&1\\1&t\end{bmatrix}$$

求系统状态转移矩阵$\boldsymbol{\Phi}(t,t_0)$。

解 $\int_{t_0}^{t} \boldsymbol{A}(\tau)\mathrm{d}\tau = \int_{t_0}^{t} \begin{bmatrix} \tau & 1 \\ 1 & \tau \end{bmatrix} \mathrm{d}\tau = \begin{bmatrix} \frac{1}{2}t^2 & t \\ t & \frac{1}{2}t^2 \end{bmatrix}$

$$\boldsymbol{A}(t)\int_{t_0}^{t} \boldsymbol{A}(\tau)\mathrm{d}\tau = \begin{bmatrix} t & 1 \\ 1 & t \end{bmatrix} \begin{bmatrix} \frac{1}{2}t^2 & t \\ t & \frac{1}{2}t^2 \end{bmatrix} = \begin{bmatrix} \frac{1}{2}t^3 + t & \frac{3}{2}t^2 \\ \frac{3}{2}t^2 & \frac{1}{2}t^3 + t \end{bmatrix}$$

$$\int_{t_0}^{t} \boldsymbol{A}(\tau)\mathrm{d}\tau \cdot \boldsymbol{A}(t) = \begin{bmatrix} \frac{1}{2}t^2 & t \\ t & \frac{1}{2}t^2 \end{bmatrix} \begin{bmatrix} t & 1 \\ 1 & t \end{bmatrix} = \begin{bmatrix} \frac{1}{2}t^3 + t & \frac{3}{2}t^2 \\ \frac{3}{2}t^2 & \frac{1}{2}t^3 + t \end{bmatrix}$$

所以，$\boldsymbol{A}(t)\int_{t_0}^{t} \boldsymbol{A}(\tau)\mathrm{d}\tau = \int_{t_0}^{t} \boldsymbol{A}(\tau)\mathrm{d}\tau \cdot \boldsymbol{A}(t)$。

可以由式(3.23)来计算 $\boldsymbol{\Phi}(t,t_0)$，即

$$\boldsymbol{\Phi}(t,t_0) = \mathrm{e}^{\int_{t_0}^{t} A(\tau)\mathrm{d}\tau} = \boldsymbol{I} + \int_{t_0}^{t} \boldsymbol{A}(\tau)\mathrm{d}\tau + \frac{1}{2!}\left[\int_{t_0}^{t} \boldsymbol{A}(\tau)\mathrm{d}\tau\right]^2 + \frac{1}{3!}\left[\int_{t_0}^{t} \boldsymbol{A}(\tau)\mathrm{d}\tau\right]^3 + \cdots$$

$$= \begin{bmatrix} 1 & 0 \\ 0 & 1 \end{bmatrix} + \begin{bmatrix} \frac{1}{2}t^2 & t \\ t & \frac{1}{2}t^2 \end{bmatrix} + \frac{1}{2}\begin{bmatrix} \frac{1}{2}t^2 & t \\ t & \frac{1}{2}t^2 \end{bmatrix}^2 + \cdots$$

$$= \begin{bmatrix} 1 + t^2 + \frac{1}{8}t^4 + \cdots & t + \frac{1}{2}t^3 + \cdots \\ t + \frac{1}{2}t^3 + \cdots & 1 + t^2 + \frac{1}{8}t^4 + \cdots \end{bmatrix}$$

【例 3.5】 线性时变系统状态空间表达式为

$$\dot{\boldsymbol{x}}(t) = \begin{bmatrix} 0 & 1 \\ 0 & t \end{bmatrix} \boldsymbol{x}(t)$$

求系统状态转移矩阵 $\boldsymbol{\Phi}(t,t_0)$。

解 $\boldsymbol{A}(t_1)\boldsymbol{A}(t_2) = \begin{bmatrix} 0 & 1 \\ 0 & t_1 \end{bmatrix}\begin{bmatrix} 0 & 1 \\ 0 & t_2 \end{bmatrix} = \begin{bmatrix} 0 & t_2 \\ 0 & t_1 t_2 \end{bmatrix}$

$$\boldsymbol{A}(t_2)\boldsymbol{A}(t_1) = \begin{bmatrix} 0 & 1 \\ 0 & t_2 \end{bmatrix}\begin{bmatrix} 0 & 1 \\ 0 & t_1 \end{bmatrix} = \begin{bmatrix} 0 & t_1 \\ 0 & t_1 t_2 \end{bmatrix}$$

因为 $\boldsymbol{A}(t_1)\boldsymbol{A}(t_2) \neq \boldsymbol{A}(t_2)\boldsymbol{A}(t_1)$，因此采用式(3.24)计算状态转移矩阵 $\boldsymbol{\Phi}(t,t_0)$，即

$$\boldsymbol{\Phi}(t,t_0) = \boldsymbol{I} + \int_{t_0}^{t} \boldsymbol{A}(\tau)\mathrm{d}\tau + \int_{t_0}^{t} \boldsymbol{A}(\tau_1)\int_{t_0}^{t} \boldsymbol{A}(\tau_2)\mathrm{d}\tau_1\mathrm{d}\tau_2 + \cdots$$

$$= \begin{bmatrix} 1 & 0 \\ 0 & 1 \end{bmatrix} + \begin{bmatrix} 0 & t - t_0 \\ 0 & \frac{1}{2}(t^2 - t_0^2) \end{bmatrix} + \begin{bmatrix} 0 & \frac{1}{6}(t - t_0)^2(t + 2t_0) \\ 0 & \frac{1}{8}(t^2 - t_0^2)^2 \end{bmatrix} + \cdots$$

$$=\begin{bmatrix}1 & (t-t_0)+\frac{1}{6}(t-t_0)^2(t+2t_0)+\cdots \\ 0 & 1+\frac{1}{2}(t^2-t_0^2)+\frac{1}{8}(t^2-t_0^2)^2+\cdots\end{bmatrix}$$

3.4.2 状态转移矩阵 $\boldsymbol{\Phi}(t,t_0)$ 的基本性质

(1) $\boldsymbol{\Phi}(t_0,t_0)=\boldsymbol{I}$。

该性质可以由式(3.24)直接证明。

(2) $\dot{\boldsymbol{\Phi}}(t,t_0)=\boldsymbol{A}(t)\boldsymbol{\Phi}(t,t_0)$。

证明 状态方程的解为

$$\boldsymbol{x}(t)=\boldsymbol{\Phi}(t,t_0)\boldsymbol{x}(t_0)$$

将其代入式(3.15),整理可得

$$[\dot{\boldsymbol{\Phi}}(t,t_0)-\boldsymbol{A}(t)\boldsymbol{\Phi}(t,t_0)]\boldsymbol{x}(t_0)=0$$

由于 $\boldsymbol{x}(t_0)$ 为任意的,因此必有

$$\dot{\boldsymbol{\Phi}}(t,t_0)-\boldsymbol{A}(t)\boldsymbol{\Phi}(t,t_0)=0$$

即

$$\dot{\boldsymbol{\Phi}}(t,t_0)=\boldsymbol{A}(t)\boldsymbol{\Phi}(t,t_0)$$

(3) $\boldsymbol{\Phi}(t_2,t_0)=\boldsymbol{\Phi}(t_2,t_1)\boldsymbol{\Phi}(t_1,t_0)$

证明 由于

$$\boldsymbol{x}(t_2)=\boldsymbol{\Phi}(t_2,t_0)\boldsymbol{x}(t_0)$$

$$\boldsymbol{x}(t_1)=\boldsymbol{\Phi}(t_1,t_0)\boldsymbol{x}(t_0)$$

另外

$$\boldsymbol{x}(t_2)=\boldsymbol{\Phi}(t_2,t_1)\boldsymbol{x}(t_1)=\boldsymbol{\Phi}(t_2,t_1)\boldsymbol{\Phi}(t_1,t_0)\boldsymbol{x}(t_0)$$

所以,有

$$\boldsymbol{\Phi}(t_2,t_0)=\boldsymbol{\Phi}(t_2,t_1)\boldsymbol{\Phi}(t_1,t_0)$$

(4) $[\boldsymbol{\Phi}(t,t_0)]^{-1}=\boldsymbol{\Phi}(t_0,t)$。

证明 根据性质(1)和性质(3),有

$$\boldsymbol{\Phi}(t_0,t)\boldsymbol{\Phi}(t,t_0)=\boldsymbol{\Phi}(t_0,t_0)=\boldsymbol{I}$$

$$\boldsymbol{\Phi}(t,t_0)\boldsymbol{\Phi}(t_0,t)=\boldsymbol{\Phi}(t,t)=\boldsymbol{I}$$

根据逆矩阵的定义,可得

$$[\boldsymbol{\Phi}(t,t_0)]^{-1}=\boldsymbol{\Phi}(t_0,t)$$

3.4.3 线性时变非齐次状态方程的解

线性时变系统非齐次状态方程为

$$\dot{\boldsymbol{x}}(t)=\boldsymbol{A}(t)\boldsymbol{x}(t)+\boldsymbol{B}(t)\boldsymbol{u}(t)$$

若 $\boldsymbol{A}(t)$ 和 $\boldsymbol{B}(t)$ 中所有元素在时间区间 $[t_0,t]$ 内分段连续,则其解为

$$\boldsymbol{x}(t)=\boldsymbol{\Phi}(t,t_0)\boldsymbol{x}(t_0)+\int_{t_0}^{t}\boldsymbol{\Phi}(t,\tau)\boldsymbol{B}(\tau)\boldsymbol{u}(\tau)\mathrm{d}\tau \tag{3.27}$$

证明 将式(3.27)对时间 t 进行求导,可得

$$\frac{\mathrm{d}}{\mathrm{d}t}\boldsymbol{x}(t)=\frac{\partial}{\partial t}\boldsymbol{\Phi}(t,t_0)\boldsymbol{x}(t_0)+\frac{\partial}{\partial t}\int_{t_0}^{t}\boldsymbol{\Phi}(t,\tau)\boldsymbol{B}(\tau)\boldsymbol{u}(\tau)\mathrm{d}\tau \tag{3.28}$$

利用积分公式

$$\frac{\partial}{\partial t}\int_{t_0}^{t} f(t,\tau)\mathrm{d}\tau = f(t,\tau)\Big|_{\tau=t} + \int_{t_0}^{t}\frac{\partial}{\partial t}f(t,\tau)\mathrm{d}\tau$$

式(3.28)可化为

$$\begin{aligned}\frac{\mathrm{d}}{\mathrm{d}t}\boldsymbol{x}(t) &= \boldsymbol{A}(t)\boldsymbol{\Phi}(t,t_0)\boldsymbol{x}(t_0) + [\boldsymbol{\Phi}(t,\tau)\boldsymbol{B}(\tau)\boldsymbol{u}(\tau)]\Big|_{\tau=t} \\ &\quad + \int_{t_0}^{t}\frac{\partial}{\partial t}[\boldsymbol{\Phi}(t,\tau)\boldsymbol{B}(\tau)\boldsymbol{u}(\tau)]\mathrm{d}\tau \\ &= \boldsymbol{A}(t)\boldsymbol{\Phi}(t,t_0)\boldsymbol{x}(t_0) + \boldsymbol{B}(t)\boldsymbol{u}(t) + \int_{t_0}^{t}\boldsymbol{A}(t)\boldsymbol{\Phi}(t,\tau)\boldsymbol{B}(\tau)\boldsymbol{u}(\tau)\mathrm{d}\tau \\ &= \boldsymbol{A}(t)\boldsymbol{\Phi}(t,t_0)\boldsymbol{x}(t_0) + \boldsymbol{B}(t)\boldsymbol{u}(t) + \boldsymbol{A}(t)\int_{t_0}^{t}\boldsymbol{\Phi}(t,\tau)\boldsymbol{B}(\tau)\boldsymbol{u}(\tau)\mathrm{d}\tau \\ &= \boldsymbol{A}(t)\left[\boldsymbol{\Phi}(t,t_0)\boldsymbol{x}(t_0) + \int_{t_0}^{t}\boldsymbol{\Phi}(t,\tau)\boldsymbol{B}(\tau)\boldsymbol{u}(\tau)\mathrm{d}\tau\right] + \boldsymbol{B}(t)\boldsymbol{u}(t) \\ &= \boldsymbol{A}(t)\boldsymbol{x}(t) + \boldsymbol{B}(t)\boldsymbol{u}(t)\end{aligned}$$

因此,式(3.27)满足系统的非齐次状态方程。

若将 $t = t_0$ 代入式(3.27)可得

$$\boldsymbol{x}(t_0) = \boldsymbol{\Phi}(t_0,t_0)\boldsymbol{x}(t_0) + \int_{t_0}^{t_0}\boldsymbol{\Phi}(t,\tau)\boldsymbol{B}(\tau)\boldsymbol{u}(\tau)\mathrm{d}\tau = \boldsymbol{x}(t_0)$$

所以,式(3.27)亦满足系统的初始状态。由于式(3.27)满足时变系统非齐次状态方程和初始条件,因此该式就是时变系统非齐次方程的解。

3.5 线性定常离散系统状态方程的解

线性定常离散系统的状态空间表达式为

$$\begin{cases}\boldsymbol{x}[(k+1)T] = \boldsymbol{G}\boldsymbol{x}(kT) + \boldsymbol{H}\boldsymbol{u}(kT) \\ \boldsymbol{y}(kT) = \boldsymbol{C}\boldsymbol{x}(kT) + \boldsymbol{D}\boldsymbol{u}(kT)\end{cases} \tag{3.29}$$

对于线性定常离散系统的状态方程,常用的求解方法有递推法和 Z 变换法两种。其中,递推法对于线性定常和线性时变离散系统的状态方程求解都适用。

3.5.1 递推法

所谓递推法求解方程就是在给定初始状态及输入函数的条件下,将已知条件通过代入方程递推运算的方法,依次求得各个采样时刻下的状态解。

假设线性离散系统的初始状态为 $\boldsymbol{x}(0)$,各采样时刻下的输入数为 $\boldsymbol{u}(k)\ (k=0,1,\cdots)$,将其代入方程式(3.29),经过递推可得:

$k=0$ 时

$$\boldsymbol{x}(1) = \boldsymbol{G}\boldsymbol{x}(0) + \boldsymbol{H}\boldsymbol{u}(0)$$

$k=1$ 时

$$\boldsymbol{x}(2) = \boldsymbol{G}\boldsymbol{x}(1) + \boldsymbol{H}\boldsymbol{u}(1) = \boldsymbol{G}^2\boldsymbol{x}(0) + \boldsymbol{G}\boldsymbol{H}\boldsymbol{u}(0) + \boldsymbol{H}\boldsymbol{u}(1)$$

$\vdots$

$k=k-1$ 时

$$\boldsymbol{x}(k) = \boldsymbol{G}^k\boldsymbol{x}(0) + \sum_{j=0}^{k-1}\boldsymbol{G}^{k-j-1}\boldsymbol{H}\boldsymbol{u}(j) \tag{3.30}$$

$\vdots$

式(3.30)是在初始时刻 $k=0$ 获得的,若初始时刻为 $k=h$,即初始状态为 $\boldsymbol{x}(h)$,那么方程的解可以写成

$$\boldsymbol{x}(k)=\boldsymbol{G}^{k-h}\boldsymbol{x}(0)+\sum_{j=h}^{k-1}\boldsymbol{G}^{k-j-1}\boldsymbol{H}\boldsymbol{u}(j) \tag{3.31}$$

可以看出,线性定常离散系统与线性定常连续系统状态方程的求解公式在形式上是相似的。状态响应也可分为零输入响应和零状态响应两部分。对比式(3.31)和式(3.17),这里定义

$$\boldsymbol{\Phi}(k)=\boldsymbol{\Phi}(kT)=\boldsymbol{G}^{k}$$

其中,$\boldsymbol{\Phi}(k)$ 为线性定常离散系统的状态转移矩阵。与线性定常连续系统的状态转移矩阵 $\boldsymbol{\Phi}(t)$ 一样,$\boldsymbol{\Phi}(k)$ 同样满足矩阵差分方程

$$\begin{cases}\boldsymbol{\Phi}(k+1)=\boldsymbol{G}\boldsymbol{\Phi}(k)\\ \boldsymbol{\Phi}(0)=\boldsymbol{I}\end{cases}$$

同时,$\boldsymbol{\Phi}(k)$ 还满足以下性质:

$$\boldsymbol{\Phi}(k-h)=\boldsymbol{\Phi}(k-h_1)\boldsymbol{\Phi}(h_1-h)\quad(k>h_1\geqslant h)$$

$$\boldsymbol{\Phi}^{-1}(k)=\boldsymbol{\Phi}(-k)$$

将线性离散系统状态方程的解式(3.31)代入离散系统的输出方程中,可得离散系统的输出响应为

$$\begin{aligned}\boldsymbol{y}(kT)&=\boldsymbol{C}\boldsymbol{x}(kT)+\boldsymbol{D}\boldsymbol{u}(kT)\\&=\boldsymbol{C}\boldsymbol{G}^{k}x(0)+\boldsymbol{C}\sum_{j=0}^{k-1}\boldsymbol{G}^{k-j-1}\boldsymbol{H}\boldsymbol{u}(j)+\boldsymbol{D}\boldsymbol{u}(kT)\\&=\boldsymbol{C}\boldsymbol{\Phi}(k)\boldsymbol{x}(0)+\boldsymbol{C}\sum_{j=0}^{k-1}\boldsymbol{\Phi}(k-j-1)\boldsymbol{H}\boldsymbol{u}(j)+\boldsymbol{D}\boldsymbol{u}(kT)\end{aligned} \tag{3.32}$$

若初始时刻为 $k=h$,即初始状态为 $\boldsymbol{x}(h)$,那么离散系统的输出响应为

$$\begin{aligned}\boldsymbol{y}(kT)&=\boldsymbol{C}\boldsymbol{x}(kT)+\boldsymbol{D}\boldsymbol{u}(kT)\\&=\boldsymbol{C}\boldsymbol{G}^{k-h}\boldsymbol{x}(h)+\boldsymbol{C}\sum_{j=h}^{k-1}\boldsymbol{G}^{k-j-1}\boldsymbol{H}\boldsymbol{u}(j)+\boldsymbol{D}\boldsymbol{u}(kT)\\&=\boldsymbol{C}\boldsymbol{\Phi}(k-h)\boldsymbol{x}(h)+\boldsymbol{C}\sum_{j=h}^{k-1}\boldsymbol{\Phi}(k-j-1)\boldsymbol{H}\boldsymbol{u}(j)+\boldsymbol{D}\boldsymbol{u}(kT)\end{aligned} \tag{3.32}$$

3.5.2 Z 变换法

对式(3.29)左右两侧进行 Z 变换,有

$$z\boldsymbol{X}(z)-z\boldsymbol{X}(0)=\boldsymbol{G}\boldsymbol{X}(z)+\boldsymbol{H}\boldsymbol{U}(z)$$

整理可得

$$\boldsymbol{X}(z)=(z\boldsymbol{I}-\boldsymbol{G})^{-1}z\boldsymbol{X}(0)+(z\boldsymbol{I}-\boldsymbol{G})^{-1}\boldsymbol{H}\boldsymbol{U}(z)$$

对上式两侧进行 Z 反变换,有

$$\boldsymbol{x}(k)=Z^{-1}[(z\boldsymbol{I}-\boldsymbol{G})^{-1}z]\boldsymbol{x}(0)+Z^{-1}[(z\boldsymbol{I}-\boldsymbol{G})^{-1}\boldsymbol{H}\boldsymbol{u}(z)] \tag{3.34}$$

对比式(3.30)和式(3.34),有

$$\boldsymbol{\Phi}(k)=\boldsymbol{G}^{k}=Z^{-1}[(z\boldsymbol{I}-\boldsymbol{G})^{-1}z] \tag{3.35}$$

$$\sum_{j=0}^{k-1}\boldsymbol{G}^{k-j-1}\boldsymbol{H}\boldsymbol{u}(j)=Z^{-1}[(z\boldsymbol{I}-\boldsymbol{G})^{-1}\boldsymbol{H}\boldsymbol{u}(z)] \tag{3.36}$$

将线性离散系统状态方程的解式(3.34)代入离散系统的输出方程中,可得离散系统的输出响应为

$$\begin{aligned}\boldsymbol{y}(kT)&=\boldsymbol{C}\boldsymbol{x}(kT)+\boldsymbol{D}\boldsymbol{u}(kT)\\&=\boldsymbol{C}Z^{-1}[(z\boldsymbol{I}-\boldsymbol{G})^{-1}z]\boldsymbol{x}(0)+\boldsymbol{C}Z^{-1}[(z\boldsymbol{I}-\boldsymbol{G})^{-1}\boldsymbol{H}\boldsymbol{u}(z)]+\boldsymbol{D}\boldsymbol{u}(kT)\end{aligned}\tag{3.37}$$

【例3.6】　已知线性定常离散系统的状态方程为

$$\boldsymbol{x}(k+1)=\boldsymbol{G}\boldsymbol{x}(k)+\boldsymbol{H}\boldsymbol{u}(k)$$

其中 $\boldsymbol{G}=\begin{bmatrix}0&1\\-0.16&-1\end{bmatrix}$,$\boldsymbol{H}=\begin{bmatrix}1\\1\end{bmatrix}$,试求 $\boldsymbol{x}(0)=\begin{bmatrix}1\\-1\end{bmatrix}$,$\boldsymbol{u}(k)=1$ 时,系统的状态转移矩阵 $\boldsymbol{\Phi}(k)$ 和状态方程的解。

解　由式(3.35)可得

$$\begin{aligned}\boldsymbol{\Phi}(k)&=Z^{-1}[(z\boldsymbol{I}-\boldsymbol{G})^{-1}z]\\&=Z^{-1}\left\{\begin{bmatrix}z&-1\\0.16&z+1\end{bmatrix}^{-1}z\right\}\\&=Z^{-1}\left\{\frac{z}{3}\begin{bmatrix}\frac{4}{z+0.2}-\frac{1}{z+0.8}&\frac{5}{z+0.2}-\frac{5}{z+0.8}\\-\frac{0.8}{z+0.2}-\frac{0.8}{z+0.8}&-\frac{1}{z+0.2}+\frac{4}{z+0.8}\end{bmatrix}\right\}\\&=\frac{1}{3}\begin{bmatrix}4(-0.2)^k-(-0.8)^k&5(-0.2)^k-5(-0.8)^k\\-0.8(-0.2)^k-0.8(-0.8)^k&-(-0.2)^k+4(-0.8)^k\end{bmatrix}\end{aligned}$$

由已知 $\boldsymbol{u}(k)=1$ 可得

$$\boldsymbol{u}(z)=\frac{z}{z-1}$$

因此

$$\begin{aligned}\boldsymbol{x}(z)&=(z\boldsymbol{I}-\boldsymbol{G})^{-1}[z\boldsymbol{x}(0)+\boldsymbol{H}\boldsymbol{u}(z)]\\&=\frac{1}{3}\begin{bmatrix}\frac{4}{z+0.2}-\frac{1}{z+0.8}&\frac{5}{z+0.2}-\frac{5}{z+0.8}\\-\frac{0.8}{z+0.2}-\frac{0.8}{z+0.8}&-\frac{1}{z+0.2}+\frac{4}{z+0.8}\end{bmatrix}\begin{bmatrix}\frac{z^2}{z-1}\\\frac{-z^2+2z}{z-1}\end{bmatrix}\\&=\begin{bmatrix}\frac{(z^2+2)z}{(z+0.2)(z+0.8)(z-1)}\\\frac{(-z^2+1.84z)z}{(z+0.2)(z+0.8)(z-1)}\end{bmatrix}\\&=\begin{bmatrix}-\frac{17}{6}\frac{z}{z+0.2}+\frac{22}{9}\frac{z}{z+0.8}+\frac{25}{18}\frac{z}{z-1}\\\frac{3.4}{6}\frac{z}{z+0.2}-\frac{17.6}{9}\frac{z}{z+0.8}+\frac{7}{18}\frac{z}{z-1}\end{bmatrix}\end{aligned}$$

所以

$$\boldsymbol{x}(k)=Z^{-1}[\boldsymbol{x}(z)]=\begin{bmatrix}-\frac{17}{6}(-0.2)^k+\frac{22}{9}(-0.8)^k+\frac{25}{18}\\\frac{3.4}{6}(-0.2)^k-\frac{17.6}{9}(-0.8)^k+\frac{7}{18}\end{bmatrix}$$

3.6 线性连续时间系统的离散化

随着计算机在控制系统分析、设计和实时控制中的广泛应用,如何使用计算机实现对线性连续时间系统的状态方程求解成为了重要问题。由于计算机处理的数据全部为数字量,因此首先需要解决线性连续系统状态方程的离散化的问题,即如何将矩阵微分方程化为矩阵差分方程。线性连续系统可以分为线性时变连续系统和线性定常连续系统,这里仅介绍线性定常连续系统离散化的方法。

为了便于分析,这里首先作以下两点假设。

(1)离散按照一个等采样周期 T 的采样过程处理,采样周期 T 的选择满足香农定理,采样时刻为 $kT, k=0,1,2,\cdots$。

(2)输入信号 $\boldsymbol{u}(t)$ 只在采样时刻发生变化,在相邻两个采样时刻之间 $\boldsymbol{u}(t)$ 是通过零阶保持器保持不变,即

$$\boldsymbol{u}(t)=\boldsymbol{u}(kT)=\text{常数} \quad [kT\leqslant t\leqslant(k+1)T]$$

3.6.1 线性定常连续系统状态空间表达式的离散化

线性定常连续系统的状态空间表达式为

$$\begin{cases}\dot{\boldsymbol{x}}(t)=\boldsymbol{A}\boldsymbol{x}(t)+\boldsymbol{B}\boldsymbol{u}(t)\\ \boldsymbol{y}(t)=\boldsymbol{C}\boldsymbol{x}(t)+\boldsymbol{D}\boldsymbol{u}(t)\end{cases}$$

设初始时刻为 t_0,由式(3.12)可得非齐次状态方程的解为

$$\boldsymbol{x}(t)=\mathrm{e}^{\boldsymbol{A}(t-t_0)}\boldsymbol{x}(t_0)+\int_{t_0}^{t}\mathrm{e}^{\boldsymbol{A}(t-\tau)}\boldsymbol{B}\boldsymbol{u}(\tau)\mathrm{d}\tau$$

在此,仅考虑从 $t_0=kT$ 到 $t=(k+1)T$ 两个相邻采样时刻之间的状态响应。系统的输入 $\boldsymbol{u}(t)=\boldsymbol{u}(kT)$,从而有

$$\boldsymbol{x}[(k+1)T]=\mathrm{e}^{\boldsymbol{A}T}\boldsymbol{x}(kT)+\int_{kT}^{(k+1)T}\mathrm{e}^{\boldsymbol{A}[(k+1)T-\tau]}\boldsymbol{B}\mathrm{d}\tau\times\boldsymbol{u}(kT) \tag{3.38}$$

若令 $t=(k+1)T-\tau$,那么 $\mathrm{d}\tau=-\mathrm{d}t$,因此可以将式(3.38)化为

$$\begin{aligned}\boldsymbol{x}[(k+1)T]&=\mathrm{e}^{\boldsymbol{A}T}\boldsymbol{x}(kT)+\int_{T}^{0}\mathrm{e}^{\boldsymbol{A}t}\boldsymbol{B}\mathrm{d}(-t)\times\boldsymbol{u}(kT)\\&=\mathrm{e}^{\boldsymbol{A}T}\boldsymbol{x}(kT)+\int_{0}^{T}\mathrm{e}^{\boldsymbol{A}t}\boldsymbol{B}\mathrm{d}t\times\boldsymbol{u}(kT)\end{aligned}$$

令

$$\begin{cases}\boldsymbol{G}(T)=\mathrm{e}^{\boldsymbol{A}T}\\ \boldsymbol{H}(T)=\int_{0}^{T}\mathrm{e}^{\boldsymbol{A}t}\boldsymbol{B}\mathrm{d}t\end{cases} \tag{3.39}$$

可得线性定常连续系统状态方程的离散化状态方程为

$$\boldsymbol{x}[(k+1)T]=\boldsymbol{G}(T)\boldsymbol{x}(kT)+\boldsymbol{H}(T)\boldsymbol{u}(kT)$$

离散化前后,系统的输出方程的系数矩阵 $\boldsymbol{C}$ 和 $\boldsymbol{D}$ 都保持不变,输出方程为

$$\boldsymbol{y}(kT)=\boldsymbol{C}\boldsymbol{x}(kT)+\boldsymbol{D}\boldsymbol{u}(kT)$$

因此,线性定常连续系统离散化后的状态空间表达式为

$$\begin{cases}\boldsymbol{x}[(k+1)T]=\boldsymbol{G}(T)\boldsymbol{x}(kT)+\boldsymbol{H}(T)\boldsymbol{u}(kT)\\ \boldsymbol{y}(kT)=\boldsymbol{C}\boldsymbol{x}(kT)+\boldsymbol{D}\boldsymbol{u}(kT)\end{cases}$$

【例 3.7】 试求线性定常连续系统状态方程

$$\dot{\boldsymbol{x}}(t)=\begin{bmatrix}0 & 1\\0 & -2\end{bmatrix}\boldsymbol{x}(t)+\begin{bmatrix}0\\1\end{bmatrix}\boldsymbol{u}(t)$$

的离散化方程。

解 由式(3.39)可以计算得

$$\boldsymbol{G}(T)=\mathrm{e}^{AT}=L^{-1}\left\{\begin{bmatrix}s & -1\\0 & s+2\end{bmatrix}^{-1}\right\}=L^{-1}\begin{bmatrix}\frac{1}{s} & \frac{1}{s(s+2)}\\0 & \frac{1}{s+2}\end{bmatrix}=\begin{bmatrix}1 & \frac{1}{2}(1-\mathrm{e}^{-2T})\\0 & \mathrm{e}^{-2T}\end{bmatrix}$$

$$\boldsymbol{H}(T)=\int_0^T\mathrm{e}^{At}\boldsymbol{B}\mathrm{d}t=\int_0^T\begin{bmatrix}1 & \frac{1}{2}(1-\mathrm{e}^{-2t})\\0 & \mathrm{e}^{-2t}\end{bmatrix}\mathrm{d}t\begin{bmatrix}0\\1\end{bmatrix}=\begin{bmatrix}\frac{1}{2}(T+\frac{\mathrm{e}^{-2T}-1}{2})\\\frac{1}{2}(1-\mathrm{e}^{-2T})\end{bmatrix}$$

所以,离散化系统的状态方程为

$$\begin{bmatrix}\boldsymbol{x}_1[(k+1)T]\\\boldsymbol{x}_2[(k+1)T]\end{bmatrix}=\begin{bmatrix}1 & \frac{1}{2}(1-\mathrm{e}^{-2T})\\0 & \mathrm{e}^{-2T}\end{bmatrix}\begin{bmatrix}\boldsymbol{x}_1(kT)\\\boldsymbol{x}_2(kT)\end{bmatrix}+\begin{bmatrix}\frac{1}{2}(T+\frac{\mathrm{e}^{-2T}-1}{2})\\\frac{1}{2}(1-\mathrm{e}^{-2T})\end{bmatrix}\boldsymbol{u}(kT)$$

3.6.2 线性时变连续系统状态空间表达式的离散化

线性时变连续系统的状态空间方程为

$$\dot{\boldsymbol{x}}(t)=\boldsymbol{A}(t)\boldsymbol{x}(t)+\boldsymbol{B}(t)\boldsymbol{u}(t)\tag{3.40}$$

那么,根据式(3.27)可得式(3.40)的解为

$$\boldsymbol{x}(t)=\boldsymbol{\Phi}(t,t_0)x(t_0)+\int_{t_0}^{t}\boldsymbol{\Phi}(t,\tau)\boldsymbol{B}(\tau)\boldsymbol{u}(\tau)\mathrm{d}\tau$$

若初始时刻为 $t_0=hT$,那么当 $t=kT$ 和 $t=(k+1)T$ 时,有

$$\boldsymbol{x}(kT)=\boldsymbol{\Phi}(kT,hT)x(hT)+\int_{hT}^{kT}\boldsymbol{\Phi}(kT,\tau)\boldsymbol{B}(\tau)\boldsymbol{u}(\tau)\mathrm{d}\tau\tag{3.41}$$

$$\boldsymbol{x}[(k+1)T]=\boldsymbol{\Phi}[(k+1)T,hT]\boldsymbol{x}(hT)+\int_{hT}^{(k+1)T}\boldsymbol{\Phi}[(k+1)T,\tau]\boldsymbol{B}(\tau)\boldsymbol{u}(\tau)\mathrm{d}\tau\tag{3.42}$$

将式(3.41)两边左乘 $\boldsymbol{\Phi}[(k+1)T,kT]$,可得

$$\begin{aligned}\boldsymbol{\Phi}[(k+1)T,kT]\boldsymbol{x}(kT)&=\boldsymbol{\Phi}[(k+1)T,kT]\boldsymbol{\Phi}(kT,hT)x(hT)\\&\quad+\boldsymbol{\Phi}[(k+1)T,kT]\int_{hT}^{kT}\boldsymbol{\Phi}(kT,\tau)\boldsymbol{B}(\tau)\boldsymbol{u}(\tau)\mathrm{d}\tau\\&=\boldsymbol{\Phi}[(k+1)T,hT]\boldsymbol{x}(hT)+\int_{hT}^{kT}\boldsymbol{\Phi}[(k+1)T,\tau]\boldsymbol{B}(\tau)\boldsymbol{u}(\tau)\mathrm{d}\tau\end{aligned}\tag{3.43}$$

将式(3.42)与式(3.43)相减,可得

$$\boldsymbol{x}[(k+1)T]=\boldsymbol{\Phi}[(k+1)T,kT]\boldsymbol{x}(kT)+\int_{kT}^{(k+1)T}\boldsymbol{\Phi}[(k+1)T,\tau]\boldsymbol{B}(\tau)\boldsymbol{u}(\tau)\mathrm{d}\tau\tag{3.44}$$

与线性定常连续系统的离散化相似,仅考虑从 $t_0=kT$ 到 $t=(k+1)T$ 两个相邻采样时刻之间的状态响应,系统的输入 $\boldsymbol{u}(t)=\boldsymbol{u}(kT)$,同时令

$$\begin{cases} \boldsymbol{G}(kT)=\boldsymbol{\Phi}[(k+1)T,kT] \\ \boldsymbol{H}(kT)=\int_{kT}^{(k+1)T}\boldsymbol{\Phi}[(k+1)T,\tau]\boldsymbol{B}(\tau)\mathrm{d}\tau \end{cases}$$

因此,可以将式(3.44)写成

$$\boldsymbol{x}[(k+1)T]=\boldsymbol{G}(kT)\boldsymbol{x}(kT)+\boldsymbol{H}(kT)\boldsymbol{u}(kT) \tag{3.45}$$

式(3.45)即为线性时变连续系统的离散化状态方程。

将 $t=kT$ 代入线性时变连续系统的输出方程,可得

$$\boldsymbol{y}(kT)=\boldsymbol{C}(kT)\boldsymbol{x}(kT)+\boldsymbol{D}(kT)\boldsymbol{u}(kT) \tag{3.46}$$

式(3.46)即为线性时变连续系统的离散化输出方程。

3.6.3 近似离散化

对于线性时变连续系统,当采样周期 T 小于系统最小时间常数$\frac{1}{10}$左右时,可以采用近似离散化方法,离散化后的状态方程可以表示为

$$\boldsymbol{x}[(k+1)T]=[T\boldsymbol{A}(kT)+\boldsymbol{I}]\boldsymbol{x}(kT)+T\boldsymbol{B}(kT)\boldsymbol{u}(kT) \tag{3.47}$$

即

$$\left.\begin{aligned} \boldsymbol{G}(kT)&=T\boldsymbol{A}(kT)+\boldsymbol{I} \\ \boldsymbol{H}(kT)&=T\boldsymbol{B}(kT) \end{aligned}\right\} \tag{3.48}$$

证明 根据导数的定义

$$\dot{\boldsymbol{x}}(t)=\lim_{\Delta t\to 0}\frac{\boldsymbol{x}(t+\Delta t)-\boldsymbol{x}(t)}{\Delta t}$$

若考虑 $t_0=kT$ 到 $t=(k+1)T$ 两个相邻采样时刻之间的导数,有

$$\dot{\boldsymbol{x}}(kT)\approx\frac{\boldsymbol{x}[(k+1)T]-\boldsymbol{x}(kT)}{T} \tag{3.49}$$

若将式(3.49)代入式 $\dot{\boldsymbol{x}}(t)=\boldsymbol{A}\boldsymbol{x}(t)+\boldsymbol{B}\boldsymbol{u}(t)$,可得

$$\frac{\boldsymbol{x}[(k+1)T]-\boldsymbol{x}(kT)}{T}=\boldsymbol{A}(kT)\boldsymbol{x}(kT)+\boldsymbol{B}(kT)\boldsymbol{u}(kT) \tag{3.50}$$

整理可得

$$\boldsymbol{x}[(k+1)T]=[T\boldsymbol{A}(kT)+\boldsymbol{I}]\boldsymbol{x}(kT)+T\boldsymbol{B}(kT)\boldsymbol{u}(kT)$$

令

$$\begin{cases} \boldsymbol{G}(kT)=T\boldsymbol{A}(kT)+\boldsymbol{I} \\ \boldsymbol{H}(kT)=T\boldsymbol{B}(kT) \end{cases}$$

因此,式(3.47)可以写成

$$\boldsymbol{x}[(k+1)T]=\boldsymbol{G}(kT)\boldsymbol{x}(kT)+\boldsymbol{H}(kT)\boldsymbol{u}(kT) \tag{3.51}$$

【例 3.8】 试求线性定常连续系统状态方程

$$\dot{\boldsymbol{x}}(t)=\begin{bmatrix}0 & 1\\ 0 & -2\end{bmatrix}\boldsymbol{x}(t)+\begin{bmatrix}0\\ 1\end{bmatrix}\boldsymbol{u}(t)$$

的近似离散化方程。

解 由式(3.48)可以计算得

$$\boldsymbol{G}(kT)=T\boldsymbol{A}+\boldsymbol{I}=\begin{bmatrix}0 & T\\ 0 & -2T\end{bmatrix}+\begin{bmatrix}1 & 0\\ 0 & 1\end{bmatrix}=\begin{bmatrix}1 & T\\ 0 & 1-2T\end{bmatrix}$$

$$H(kT)=TB=T\begin{bmatrix}0\\1\end{bmatrix}=\begin{bmatrix}0\\T\end{bmatrix}$$

所以,离散化系统的状态方程为

$$\begin{bmatrix}x_1[(k+1)T]\\x_2[(k+1)T]\end{bmatrix}=\begin{bmatrix}1 & T\\0 & 1-2T\end{bmatrix}\begin{bmatrix}x_1(kT)\\x_2(kT)\end{bmatrix}+\begin{bmatrix}0\\T\end{bmatrix}u(kT)$$

3.7 MATLAB 求解状态方程

本章所涉及的矩阵指数函数、状态方程的求解以及连续系统离散化等数学运算问题,如果直接采用手工计算是十分困难的。借助 MATLAB 中的基本函数,则可以很好地解决这些运算问题,并且能够用 MATLAB 软件中的工具箱实现系统的分析和仿真。

3.7.1 矩阵指数函数的计算

矩阵指数函数的计算是系统运动求解的关键,在 MATLAB 中可以将其求解问题分成具体时间 t 和符号计算来求解 e^{At} 两种情况,下面介绍两个例子。

【例 3.9】 已知 $A=\begin{bmatrix}0 & 1\\-1 & -2\end{bmatrix}$,试用 MATLAB 求矩阵指数函数在 $t=0.3$ s 时矩阵指数 e^{At} 的值。

解 MATLAB 程序代码如下:

```
A=[0 1; -1 -2];                %系统矩阵 A
t=0.3;                         %状态转移矩阵时刻
Phi=expm(A*t)                  %计算状态转移矩阵
```

程序运行结果如下:

```
Phi =
    0.9671   0.1484
   -0.2968   0.5219
```

【例 3.10】 已知 $A=\begin{bmatrix}0 & 1\\-1 & -2\end{bmatrix}$,试用 MATLAB 求矩阵指数函数 e^{At} 的值。

解 MATLAB 程序代码如下:

```
syms t;                        %定义变量 t
A=[0 1; -1 -2];                %系统矩阵 A
Phi=expm(A*t)                  %计算状态转移矩阵
```

程序运行结果如下:

```
Phi =
    [exp(-t)+t*exp(-t), t*exp(-t)]
    [-t*exp(-t),exp(-t)-t*exp(-t)]
```

即矩阵指数函数 e^{At} 为

$$\begin{bmatrix}te^{-t}+e^{-t} & te^{-t}\\-te^{-t} & -te^{-t}+e^{-t}\end{bmatrix}$$

3.7.2 线性连续系统状态方程的解

线性连续系统状态方程的求解是本章介绍的重点内容,利用 MATLAB 实现求解可以确定系统的行为,完成系统的分析与设计任务。

【例 3.11】 已知系统状态方程为

$$\dot{\boldsymbol{x}}(t)=\begin{bmatrix}0 & 1\\ -2 & -3\end{bmatrix}\boldsymbol{x}(t)+\begin{bmatrix}0\\ 1\end{bmatrix}\boldsymbol{u}(t)$$

试用 MATLAB 求 $\boldsymbol{x}(0)=\begin{bmatrix}0\\ 0\end{bmatrix}$, $\boldsymbol{u}(t)=1(t)$时,状态方程的解。

解

(1)求解矩阵指数 e^{At}。

MATLAB 程序代码如下。

```
syms t;                          % 定义变量 t
A = [0 1; -2 -3];                % 系统矩阵 A
Phi = expm(A * t)                % 计算状态转移矩阵
```

程序运行结果如下:

```
Phi =
        [ -exp( -2 * t) +2 * exp( -t) ,exp( -t) - exp( -2 * t) ]
        [ -2 * exp( -t) +2 * exp( -2 * t) ,2 * exp( -2 * t) - exp( -t) ]
```

(2)计算 $\boldsymbol{x}(t)$。

MATLAB 程序代码如下:

```
syms tao;                        % 定义变量 tao
B = [0;1];                       % 系统矩阵 B
x0 = [0;0];                      % 初始状态
% 状态转移矩阵 e^Aτ
phi = [ -exp( -2 * (t - tao)) +2 * exp( -(t - tao)) ,exp( -(t - tao)) - exp( -2 *
        (t - tao));
      -2 * exp( -(t - tao)) +2 * exp( -2 * (t - tao)),    2 * exp( -2 * (t - tao)) -
        exp( -(t - tao))]
xt = Phi * x0 + int(phi * B,tao,0,t)    % 状态方程的解 x(t)
```

程序运行结果如下:

```
xt =
      [ 1/2 - exp( -t) +1/2 * exp( -2 * t) ]
      [ exp( -t) - exp( -2 * t) ]
```

3.7.3 线性连续系统状态方程的离散化

使用 MATLAB 中的 c2d( )函数,可以实现连续系统状态方程的离散化,该函数的调用格式为

```
sysd = c2d(sysc,Ts)
sysd = c2d(sysc,Ts,method)
```

其中,输入参数 sysc 为连续系统数学模型;Ts 为采样周期,单位为秒;method 为离散化方法。

【例 3.12】 试用 MATLAB 求线性定常连续系统状态方程

$$\dot{\boldsymbol{x}}(t)=\begin{bmatrix}0 & 1\\0 & -2\end{bmatrix}\boldsymbol{x}(t)+\begin{bmatrix}0\\1\end{bmatrix}\boldsymbol{u}(t)$$

的离散化方程,假设采样时间 $T_s=0.1$ s。

解 MATLAB 程序代码如下:

```
A=[0 1;0 -2];
B=[0;1];
C=[];
D=[];
sys=ss(A,B,C,D);
Ts=0.1;
sysd=c2d(sys,Ts)
```

程序运行结果如下:

```
a =
          x1       x2
   x1     1    0.09063
   x2     0    0.8187
b =
          u1
   x1  0.004683
   x2  0.09063
c =
   Empty matrix: 0-by-2
d =
   Empty matrix: 0-by-1
Sampling time: 0.1
Discrete-time model.
```

本 章 小 结

本章是对线性系统运动规律的定量分析,通过引入状态转移矩阵,实现对系统状态方程的求解,主要介绍了以下内容。

(1)线性定常系统状态转移矩阵 $\boldsymbol{\Phi}(t)$ 的求解方法,包括定义法、拉普拉斯变换法。

(2)线性定常连续系统状态响应的求取,状态响应解析式为

$$\boldsymbol{x}(t)=\boldsymbol{\Phi}(t-t_0)\boldsymbol{x}_0+\int_{t_0}^{t}\boldsymbol{\Phi}(t-\tau)\boldsymbol{B}\boldsymbol{u}(\tau)\,\mathrm{d}\tau$$

系统的解是由初始状态引起的状态转移和由控制输入所产生的强制运动两部分组成。

(3)线性时变连续系统状态响应的求取,状态响应解析式为

$$\boldsymbol{x}(t)=\boldsymbol{\Phi}(t,t_0)\boldsymbol{x}_0+\int_{t_0}^{t}\boldsymbol{\Phi}(t,\tau)\boldsymbol{B}(\tau)\boldsymbol{u}(\tau)\,\mathrm{d}\tau$$

式中,$\boldsymbol{\Phi}(t,t_0)$ 为线性时变系统的状态转移矩阵。

(4)线性定常离散系统状态方程的求解,包括递推法和 Z 变换法。

(5)线性连续时间系统的离散化方法。对于线性定常连续系统,其离散化后状态空间表达式为

$$\begin{cases}\boldsymbol{x}[(k+1)T]=\boldsymbol{G}(T)\boldsymbol{x}(kT)+\boldsymbol{H}(T)\boldsymbol{u}(kT)\\ \boldsymbol{y}(kT)=\boldsymbol{C}\boldsymbol{x}(kT)+\boldsymbol{D}\boldsymbol{u}(kT)\end{cases}$$

式中

$$\begin{cases}\boldsymbol{G}(T)=\mathrm{e}^{\boldsymbol{A}T}\\ \boldsymbol{H}(T)=\int_0^T \mathrm{e}^{\boldsymbol{A}T}\boldsymbol{B}\mathrm{d}t\end{cases}$$

对于线性时变连续系统可以采用推导和近似离散化两种方式。

(6)通过 MATLAB 提供的内部函数实现求解状态方程。

推荐阅读资料

[1]刘豹,唐万生. 现代控制理论[M].3 版.北京:机械工业出版社, 2008.

[2]于长官. 现代控制理论及应用[M]. 哈尔滨: 哈尔滨工业大学出版社, 2005.

[3]郑大钟. 线性系统理论[M]. 2 版.北京:清华大学出版社,2002.

[4]王正林,王胜开,陈国顺,等. MATLAB/Simulink 与控制系统仿真[M].北京:电子工业出版社,2005.

习　题

3.1　已知矩阵

$$\boldsymbol{A}=\begin{bmatrix}0 & 1 & 0\\ 0 & 0 & 1\\ 2 & -5 & 4\end{bmatrix}$$

试用拉普拉斯变换法求 $\mathrm{e}^{\boldsymbol{A}t}$。

3.2　已知系统状态方程为

$$\dot{\boldsymbol{x}}(t)=\begin{bmatrix}4 & 1 & -2\\ 1 & 0 & 2\\ 1 & -1 & 3\end{bmatrix}\boldsymbol{x}(t)$$

若系统的初始状态为 $\boldsymbol{x}(0)=\begin{bmatrix}1\\ 0\\ 1\end{bmatrix}$,

(1)试用拉普拉斯变换法求状态转移矩阵;

(2)求齐次状态方程的解。

3.3　判断下列矩阵是否满足状态转移矩阵的条件。若满足条件,试求与之对应的 $\boldsymbol{A}$。

(1) $\boldsymbol{\Phi}(t)=\begin{bmatrix}1 & 0 & 0\\ 0 & \sin t & \cos t\\ 0 & -\cos t & \sin t\end{bmatrix}$;　　(2) $\boldsymbol{\Phi}(t)=\begin{bmatrix}2\mathrm{e}^{-t}-\mathrm{e}^{-2t} & 2\mathrm{e}^{-t}-2\mathrm{e}^{-2t}\\ \mathrm{e}^{-t}-\mathrm{e}^{-2t} & 2\mathrm{e}^{-t}-\mathrm{e}^{-2t}\end{bmatrix}$;

(3) $\boldsymbol{\Phi}(t)=\begin{bmatrix}1 & \frac{1}{2}(1-\mathrm{e}^{-2t})\\0 & \mathrm{e}^{-2t}\end{bmatrix}$;

(4) $\boldsymbol{\Phi}(t)=\begin{bmatrix}\frac{1}{2}(\mathrm{e}^{-t}-\mathrm{e}^{3t}) & -\frac{1}{4}(\mathrm{e}^{-t}+\mathrm{e}^{3t})\\-\mathrm{e}^{-t}+\mathrm{e}^{-3t} & \frac{1}{2}(\mathrm{e}^{-t}+\mathrm{e}^{3t})\end{bmatrix}$。

3.4 已知系统状态空间表达式为

$$\begin{cases}\dot{\boldsymbol{x}}(t)=\begin{bmatrix}0 & 1\\-3 & 4\end{bmatrix}\boldsymbol{x}(t)+\begin{bmatrix}1\\1\end{bmatrix}\boldsymbol{u}(t)\\ \boldsymbol{y}(t)=[1\quad 1]\boldsymbol{x}(t)\end{cases}$$

若系统的初始状态为 $\boldsymbol{x}(0)=\begin{bmatrix}1\\1\end{bmatrix}$，输入 $\boldsymbol{u}(t)$ 为单位阶跃函数，试求：

(1)状态方程的解 $\boldsymbol{x}(t)$；

(2)系统的输出响应 $\boldsymbol{y}(t)$。

3.5 线性定常系统的齐次方程为

$$\dot{\boldsymbol{x}}(t)=\boldsymbol{A}\boldsymbol{x}(t)$$

若已知 $\boldsymbol{x}(0)=\begin{bmatrix}1\\-2\end{bmatrix}$ 时，状态方程的解为 $\boldsymbol{x}(t)=\begin{bmatrix}\mathrm{e}^{-2t}\\-2\mathrm{e}^{-2t}\end{bmatrix}$；而 $\boldsymbol{x}(0)=\begin{bmatrix}1\\-1\end{bmatrix}$ 时，状态方程的解为 $\boldsymbol{x}(t)=\begin{bmatrix}\mathrm{e}^{-2t}\\-\mathrm{e}^{-2t}\end{bmatrix}$。试求：

(1)系统的状态转移矩阵 $\boldsymbol{\Phi}(t)$；

(2)系统矩阵 $\boldsymbol{A}$。

3.6 已知线性时变系统的状态方程为

$$\dot{\boldsymbol{x}}(t)=\begin{bmatrix}0 & 1\\0 & t\end{bmatrix}\boldsymbol{x}(t)$$

试求系统状态转移矩阵。

3.7 设线性定常离散系统状态方程为

$$\begin{bmatrix}x_1(k+1)\\x_2(k+1)\end{bmatrix}=\begin{bmatrix}0 & 1\\-0.16 & -1\end{bmatrix}\begin{bmatrix}x_1(k)\\x_2(k)\end{bmatrix}+\begin{bmatrix}1\\1\end{bmatrix}\boldsymbol{u}(k)$$

设 $\boldsymbol{x}(0)=\begin{bmatrix}1\\-1\end{bmatrix}$，$\boldsymbol{u}(k)=1,k=0,1,2,\cdots$，试求状态方程的解。

3.8 已知连续系统状态空间表达式为

$$\begin{cases}\dot{\boldsymbol{x}}(t)=\begin{bmatrix}0 & 1\\0 & 2\end{bmatrix}\boldsymbol{x}(t)+\begin{bmatrix}0\\1\end{bmatrix}\boldsymbol{u}(t)\\ \boldsymbol{y}(t)=[1\quad 0]\boldsymbol{x}(t)\end{cases}$$

设采样周期 $T=1$ s，试将其进行离散化。

3.9 已知离散时间的结构如图 3.1 所示，试求：

(1)系统的离散状态方程；

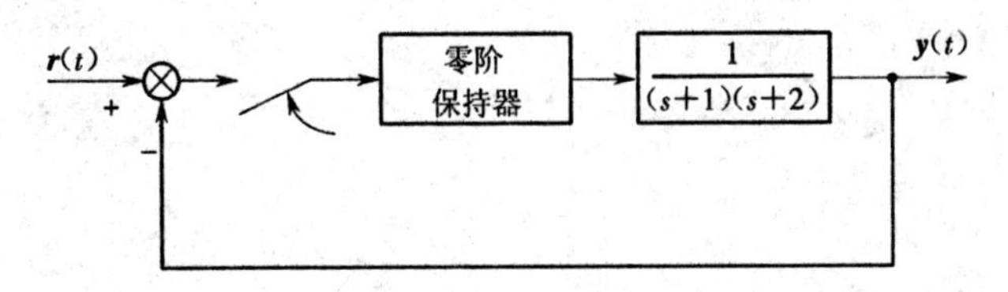

图 3.1 题 3.9 图

(2) 当采样周期 $T=0.1$ s 时，系统的状态转移矩阵；

(3) 当初始条件为零，输入为单位阶跃信号时，系统的输出 $y(k)$；

(4) $t=0.25$ s 时的输出值。

4

线性控制系统的能控性和能观性

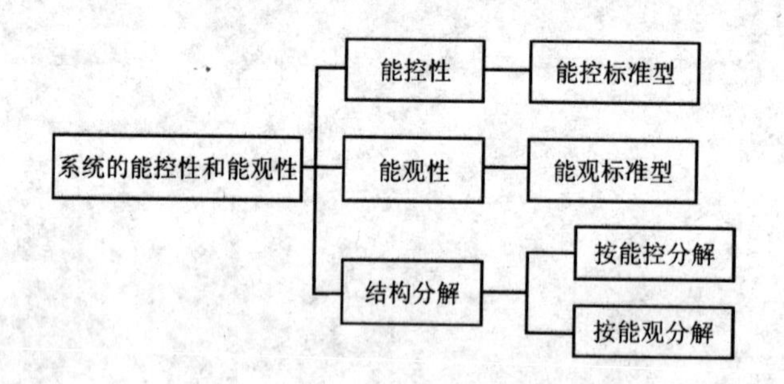

教学目的与要求

掌握系统的能控性和能观性的概念及其判据，能够利用 MATLAB 编程判断系统的能控性和能观性。

导入案例

能控性和能观性是从控制和观测角度表征系统结构的两个基本特性，考虑作为“黑箱”的一个系统，输入和输出构成系统的外部变量，状态属于反映运动行为的系统内部变量，从物理直观上看，能控性研究“黑箱”的内部状态是否可由输入影响的问题，能观性研究“黑箱”的内部状态是否可由输出反映的问题。如果系统内部的每个状态变量都可由输入完全影响，则称系统的状态为完全能控；如果系统内部的每个状态都可由输出完全反映，则称系统状态为完全能观。

倒立摆是处于倒置不稳定状态、通过人为控制使其处于动态平衡的一种摆。它是一个复杂的快速、非线性、多变量、强耦合的非最小相位系统。倒立摆系统通常用来检验控制策略的效果，是控制理论研究中理想的实验装置。又因其与火箭飞行器及单足机器人有很大的相似之处，引起国内外学者的广泛关注。控制过程中的许多关键问题，如镇定问题、非线性问题、鲁棒性问题、随动问题以及跟踪问题等都可以以倒立摆为例加以研究。对系统进行定性分析，首先要建立系统的数学模型,并对系统的特性进行分析,包括系统的稳定性、能控性以及能观性。摆杆竖直向上是直线倒立摆系统的不稳定平衡点,由于关心的是系统在平衡点附近的性质,因而可以采用线性模型来分析,可以运用 MATLAB 的矩阵计算功能来判断倒立摆系统的稳定性、能控性、能观性。

4.1 线性定常系统的能控性

4.1.1 线性定常连续系统的能控性

在有限的时间间隔内施加一个无约束的控制向量,使得系统能由初始状态 $\boldsymbol{x}(t_0)$ 转移到任一状态,则称该系统在时刻 t_0 是能控的。

如果系统的状态 $\boldsymbol{x}(t_0)$ 在有限的时间间隔内可由输出的观测值确定,那么称系统在时刻 t_0 是能观的。

考虑线性连续时间系统

$$\dot{\boldsymbol{x}}(t)=\boldsymbol{A}\boldsymbol{x}(t)+\boldsymbol{B}\boldsymbol{u}(t) \tag{4.1}$$

式中,$\boldsymbol{x}(t)\in\mathbf{R}^n$,$\boldsymbol{u}(t)\in\mathbf{R}^1$,$\boldsymbol{A}\in\mathbf{R}^{n\times n}$,$\boldsymbol{B}\in\mathbf{R}^{n\times 1}$(单输入),且初始条件为$\boldsymbol{x}(t)\big|_{t=0}=\boldsymbol{x}(0)$。

如果施加一个无约束的控制信号,在有限的时间间隔内,使初始状态转移到任一终止状态,则称由式(4.1)描述的系统在 t_0 时为状态能控。如果每一个状态都能控,则称该系统为状态完全能控。式(4.1)的解为

$$\boldsymbol{x}(t)=\mathrm{e}^{\boldsymbol{A}t}\boldsymbol{x}(0)+\int_0^t\mathrm{e}^{\boldsymbol{A}(t-\tau)}\boldsymbol{B}\boldsymbol{u}(\tau)\mathrm{d}\tau$$

利用状态能控性的定义,可得

$$\boldsymbol{x}(t_1)=0=\mathrm{e}^{\boldsymbol{A}t_1}\boldsymbol{x}(0)+\int_0^{t_1}\mathrm{e}^{\boldsymbol{A}(t_1-\tau)}\boldsymbol{B}\boldsymbol{u}(\tau)\mathrm{d}\tau$$

或

$$\boldsymbol{x}(0)=-\int_0^{t_1}\mathrm{e}^{-\boldsymbol{A}\tau}\boldsymbol{B}\boldsymbol{u}(\tau)\mathrm{d}\tau \tag{4.2}$$

将 $\mathrm{e}^{-\boldsymbol{A}\tau}$写为 $\boldsymbol{A}$ 的有限项的形式,即

$$\mathrm{e}^{-\boldsymbol{A}\tau}=\sum_{k=0}^{n-1}a_k(\tau)\boldsymbol{A}^k \tag{4.3}$$

将式(4.3)代入式(4.2),可得

$$\boldsymbol{x}(0)=-\sum_{k=0}^{n-1}\boldsymbol{A}^k\boldsymbol{B}\int_0^{t_1}a_k(\tau)\boldsymbol{u}(\tau)\mathrm{d}\tau \tag{4.4}$$

记

$$\int_0^{t_1}a_k(\tau)\boldsymbol{u}(\tau)\mathrm{d}\tau=\boldsymbol{\beta}_k$$

则式(4.4)可写成

$$\boldsymbol{x}(0)=-\sum_{k=0}^{n-1}\boldsymbol{A}^k\boldsymbol{B}\boldsymbol{\beta}_k=-[\boldsymbol{B}\ \vdots\ \boldsymbol{A}\boldsymbol{B}\ \vdots\ \cdots\ \vdots\ \boldsymbol{A}^{n-1}\boldsymbol{B}]\begin{bmatrix}\beta_0\\\beta_1\\\vdots\\\beta_{n-1}\end{bmatrix} \tag{4.5}$$

如果系统是状态能控的,那么给定任一初始状态 $\boldsymbol{x}(0)$,都应满足式(4.5)。这就要求 $n\times$

n 维矩阵

$$Q=[B \mid AB \mid \cdots \mid A^{n-1}B] \tag{4.6}$$

的秩为 n。由此分析，可将状态能控性的数学判据归纳为定理4.1。

【定理4.1】 当且仅当 $n \times n$ 维矩阵 Q 满秩，即

$$\mathrm{rank}Q=\mathrm{rank}[B \mid AB \mid \cdots \mid A^{n-1}B]=n$$

时，由式(4.1)确定的系统才是状态能控的。

上述结论也可推广到控制向量 u 为 r 维的情况。此时，如果系统的状态方程为

$$\dot{x}=Ax+Bu$$

式中，$x(t) \in \mathbf{R}^n$，$u(t) \in \mathbf{R}^r$，$A \in \mathbf{R}^{n \times n}$，$B \in \mathbf{R}^{n \times r}$，那么可以证明，状态能控性的条件为 $n \times nr$ 维矩阵

$$Q=[B \mid AB \mid \cdots \mid A^{n-1}B]$$

的秩为 n，或者说其中的 n 个列向量是线性无关的。通常，称矩阵

$$Q=[B \mid AB \mid \cdots \mid A^{n-1}B]$$

为能控性矩阵。

【例4.1】 有系统

$$\dot{x}=\begin{bmatrix}0 & 1 & 0\\ 0 & 0 & 1\\ -a_0 & -a_1 & -a_2\end{bmatrix}x+\begin{bmatrix}0\\0\\1\end{bmatrix}u$$

判断其是否能控。

解 由题可知

$$b=\begin{bmatrix}0\\0\\1\end{bmatrix},\quad Ab=\begin{bmatrix}0\\1\\-a_2\end{bmatrix},\quad A^2b=\begin{bmatrix}1\\-a_2\\-a_1+a_2{}^2\end{bmatrix}$$

故

$$Q=\begin{bmatrix}0 & 0 & 1\\ 0 & 1 & -a_2\\ 1 & -a_2 & -a_1+a_2^2\end{bmatrix}$$

Q 是一个三角矩阵，副对角线元素均为1，不论 a_2、a_1 取何值，其秩均为3，系统总是能控的。因此把凡是具有本例形式的状态方程，均称为能控标准形。

关于定常系统能控性的判据很多。除了上述的数学判据外，还有如下判据。

【定理4.2】 若线性定常系统的系数矩阵 A 有互不相同的特征值，则系统能控的充要条件是输入矩阵 B 任何一行的元素不全为零。

【定理4.3】 若矩阵 A 为约旦型，则系统能控的充要条件是：

(1)矩阵 B 中对应于互异的特征值的各行的元素不全为零；

(2)矩阵 B 中与每个约旦块最后一行相对应的各行的元素不全为零。

4.1.2 线性定常离散系统的能控性

对于线性定常离散系统

$$x(k+1)=Gx(k)+Hu(k)$$

如果存在控制信号序列 $\boldsymbol{u}(k),\boldsymbol{u}(k+1),\cdots,\boldsymbol{u}(n-1)$，使得系统从第 k 步状态 $\boldsymbol{x}(k)$ 开始，能在第 n 步上达到零状态（平衡状态），即 $\boldsymbol{x}(n)=0$，其中 n 为大于 k 的某一个有限正整数，称系统在第 k 步上是能控的，$\boldsymbol{x}(k)$ 称为系统在第 k 步上的能控状态。

如果对于任一个 k，第 k 步上的状态 $\boldsymbol{x}(k)$ 都是能控状态，则系统是完全能控的，称系统完全能控。

【定理 4.4】 线性定常离散系统 $\Sigma(\boldsymbol{G},\boldsymbol{H})$ 状态能控的充要条件是矩阵

$$\boldsymbol{M}=[\boldsymbol{H} \;\vdots\; \boldsymbol{GH} \;\vdots\; \cdots \;\vdots\; \boldsymbol{G}^{n-1}\boldsymbol{H}] \tag{4.7}$$

满秩。

证明 离散系统的解

$$\boldsymbol{x}(k)=\boldsymbol{G}^k\boldsymbol{x}(0)+\sum_{j=1}^{k-1}\boldsymbol{G}^{k-j-1}\boldsymbol{Hu}(j)$$

假设系统是能控的，经 n 步，$\boldsymbol{x}(n)=0$

$$0=\boldsymbol{G}^n\boldsymbol{x}(0)+\sum_{j=0}^{n-1}\boldsymbol{G}^{n-j-1}\boldsymbol{Hu}(j)$$

$$\sum_{j=0}^{n-1}\boldsymbol{G}^{n-j-1}\boldsymbol{Hu}(j)=-\boldsymbol{G}^n\boldsymbol{x}(0)$$

写成

$$[\boldsymbol{G}^{n-1}\boldsymbol{H} \;\vdots\; \boldsymbol{G}^{n-2}\boldsymbol{H} \;\vdots\; \cdots \;\vdots\; \boldsymbol{GH} \;\vdots\; \boldsymbol{H}]\begin{bmatrix}\boldsymbol{u}(0)\\ \boldsymbol{u}(1)\\ \vdots\\ \boldsymbol{u}(n-1)\end{bmatrix}=-\boldsymbol{G}^n\boldsymbol{x}(0)$$

式中，$[\boldsymbol{u}(0)\quad \boldsymbol{u}(1)\quad \cdots\quad \boldsymbol{u}(n-1)]^{\mathrm{T}}$ 为 n 个未知分量。

方程有解的充要条件是系数矩阵满秩，即

$$\mathrm{rank}\boldsymbol{M}=\mathrm{rank}[\boldsymbol{H}\quad \boldsymbol{GH}\quad \cdots\quad \boldsymbol{G}^{n-1}\boldsymbol{H}]=n$$

或

$$\mathrm{rank}[\boldsymbol{G}^{n-1}\boldsymbol{H}\quad \boldsymbol{G}^{n-2}\boldsymbol{H}\quad \cdots\quad \boldsymbol{GH}\quad \boldsymbol{H}]=n$$

【例 4.2】 判断系统

$$\boldsymbol{x}(k+1)=\begin{bmatrix}0&1&0\\0&0&1\\-2&-3&-1\end{bmatrix}\boldsymbol{x}(k)+\begin{bmatrix}0\\0\\1\end{bmatrix}\boldsymbol{u}(k)$$

是否能控。

解 由题可知

$$\boldsymbol{M}=[\boldsymbol{H}\quad \boldsymbol{GH}\quad \boldsymbol{G}^2\boldsymbol{H}]=\begin{bmatrix}0&0&1\\0&1&-1\\1&-1&-2\end{bmatrix}$$

$$\mathrm{rank}\boldsymbol{M}=3=n$$

所以系统是能控的。

此外，也可把矩阵 $\boldsymbol{G}$ 化为对角形或约旦标准形后，按定理 4.2 和定理 4.3 判别系统是否能控。

4.2 线性定常系统的能观性

4.2.1 线性定常连续系统的能观性

如果每一个状态 $\boldsymbol{x}(t_0)$ 都可在有限时间间隔 $t_0 \leqslant t \leqslant t_1$ 内,由 $\boldsymbol{y}(t)$ 观测值确定,则称系统为(完全)能观的。能观性的概念非常重要,这是由于在实际问题中,状态反馈控制遇到的困难是一些状态变量不易直接测量,因而在构造控制器时,必须首先估计出不可测量的状态变量。

设线性定常系统表达式为

$$\begin{cases}\dot{\boldsymbol{x}} = \boldsymbol{A}\boldsymbol{x} \\ \boldsymbol{y} = \boldsymbol{C}\boldsymbol{x}\end{cases}$$

易知,其输出向量为

$$\boldsymbol{y}(t) = \boldsymbol{C}\mathrm{e}^{\boldsymbol{A}t}\boldsymbol{x}(0)$$

将 $\mathrm{e}^{\boldsymbol{A}t}$ 写为 $\boldsymbol{A}$ 的有限项的形式,即

$$\mathrm{e}^{\boldsymbol{A}t} = \sum_{k=0}^{n-1} a_k(t)\boldsymbol{A}^k$$

因而

$$\boldsymbol{y}(t) = \sum_{k=0}^{n-1} a_k(t)\boldsymbol{C}\boldsymbol{A}^k\boldsymbol{x}(0)$$

或

$$\boldsymbol{y}(t) = a_0(t)\boldsymbol{C}\boldsymbol{x}(0) + a_1(t)\boldsymbol{C}\boldsymbol{A}\boldsymbol{x}(0) + \cdots + a_{n-1}(t)\boldsymbol{C}\boldsymbol{A}^{n-1}\boldsymbol{x}(0) \tag{4.8}$$

显然,如果系统是能观的,那么在 $0 \leqslant t \leqslant t_1$ 时间间隔内,给定输出 $\boldsymbol{y}(t)$,就可由式(4.8)唯一确定出 $\boldsymbol{x}(0)$。可以证明,这就要求 $nm \times n$ 维矩阵

$$\boldsymbol{R} = \begin{bmatrix} \boldsymbol{C} \\ \boldsymbol{C}\boldsymbol{A} \\ \vdots \\ \boldsymbol{C}\boldsymbol{A}^{n-1} \end{bmatrix}$$

的秩为 n。

由上述分析,可知能观的充要条件为:当且仅当 $nm \times n$ 维能观矩阵

$$\boldsymbol{R}^{\mathrm{T}} = [\boldsymbol{C}^{\mathrm{T}} \mid \boldsymbol{A}^{\mathrm{T}}\boldsymbol{C}^{\mathrm{T}} \mid \cdots \mid (\boldsymbol{A}^{\mathrm{T}})^{n-1}\boldsymbol{C}^{\mathrm{T}}] \tag{4.9}$$

的秩为 n,即 $\mathrm{rank}(\boldsymbol{R}^{\mathrm{T}}) = n$ 时,该系统才是能观的。

【例 4.3】 试判断系统

$$\begin{bmatrix}\dot{x}_1 \\ \dot{x}_2\end{bmatrix} = \begin{bmatrix} 1 & 1 \\ -2 & -1 \end{bmatrix}\begin{bmatrix} x_1 \\ x_2 \end{bmatrix} + \begin{bmatrix} 0 \\ 1 \end{bmatrix}u$$

$$y = [1 \quad 0]\begin{bmatrix} x_1 \\ x_2 \end{bmatrix}$$

的能控性和能观性。

解 由于能控性矩阵

$$\boldsymbol{Q} = [\boldsymbol{B} \mid \boldsymbol{A}\boldsymbol{B}] = \begin{bmatrix} 0 & 1 \\ 1 & -1 \end{bmatrix}$$

的秩为2,即 $\mathrm{rank}\boldsymbol{Q}=2=n$,故该系统是能控的。

能观性矩阵

$$\boldsymbol{R}^{\mathrm{T}}=[\boldsymbol{C}^{\mathrm{T}} \vdots \boldsymbol{A}^{\mathrm{T}}\boldsymbol{C}^{\mathrm{T}}]=\begin{bmatrix}1 & 1\\0 & 1\end{bmatrix}$$

的秩为2,即 $\mathrm{rank}(\boldsymbol{R}^{\mathrm{T}})=2=n$,故此系统是能观的。

此外,对于系统的能观性,还有如下定理。

【定理4.5】 若矩阵 $\boldsymbol{A}$ 有互不相同的特征值,则系统能观的充要条件是输出矩阵 $\boldsymbol{C}$ 任何一列的元素不全为0。

【定理4.6】 若矩阵 $\boldsymbol{A}$ 为约旦型,则系统能观的充要条件是:

(1)输出矩阵 $\boldsymbol{C}$ 中对应于互异特征值的各列的元素不全为0;

(2)矩阵 $\boldsymbol{C}$ 中与每个约旦块的第一列相对应的各列的元素不全为0。

【例4.4】 由定理可判别下列系统是完全能观测的。

(1) $\dot{\boldsymbol{x}}=\begin{bmatrix}-1 & 0\\0 & -2\end{bmatrix}\boldsymbol{x},\boldsymbol{y}=[1\quad 3]\boldsymbol{x}$;

(2) $\dot{\boldsymbol{x}}=\begin{bmatrix}2 & 1 & 0\\0 & 2 & 1\\0 & 0 & 2\end{bmatrix}\boldsymbol{x},\begin{bmatrix}y_1\\y_2\end{bmatrix}=\begin{bmatrix}3 & 0 & 0\\4 & 0 & 0\end{bmatrix}\boldsymbol{x}$。

【例4.5】 由定理可判别下列系统是不完全能观测的。

(1) $\dot{\boldsymbol{x}}=\begin{bmatrix}-1 & 0\\0 & -2\end{bmatrix}\boldsymbol{x},\boldsymbol{y}=[0\quad 1]\boldsymbol{x}$;

(2) $\dot{\boldsymbol{x}}=\begin{bmatrix}2 & 1 & 0\\0 & 2 & 1\\0 & 0 & 2\end{bmatrix}\boldsymbol{x},\begin{bmatrix}y_1\\y_2\end{bmatrix}=\begin{bmatrix}0 & 1 & 3\\0 & 1 & 4\end{bmatrix}\boldsymbol{x}$。

4.2.2 线性定常离散系统的能观性

当 $\boldsymbol{u}(k)$ 给定,根据第 i 步以及以后若干步对 $\boldsymbol{y}(i),\boldsymbol{y}(i+1),\cdots,\boldsymbol{y}(n)$ 的测量,就能唯一确定出第 i 步的 $\boldsymbol{x}(i)$,称 $\boldsymbol{x}(i)$ 是能观的。如果每个 $\boldsymbol{x}(i)$ 都能观,称状态完全能观,简称状态能观。

【定理4.7】 线性定常离散系统状态能观的充要条件是能观矩阵 $\boldsymbol{Q}$ 满秩,即

$$\mathrm{rank}\boldsymbol{Q}=\mathrm{rank}\begin{bmatrix}\boldsymbol{C}\\\boldsymbol{CG}\\\vdots\\\boldsymbol{CG}^{n-1}\end{bmatrix}=n \tag{4.10}$$

证明 假设观测从第0步开始,令 $u(k)=0$,则

$$\begin{cases}\boldsymbol{x}(k+1)=\boldsymbol{Gx}(k)\\\boldsymbol{y}(k)=\boldsymbol{Cx}(k)\end{cases}$$

由解

$$\boldsymbol{x}(k)=\boldsymbol{G}^k\boldsymbol{x}(0)+\sum_{j=0}^{k-1}\boldsymbol{G}^{k-j-1}\boldsymbol{Hu}(j)$$

可得到

$$y(k) = Cx(k) = CG^k x(0)$$

对上式递推求解可得

$$k=0, y(0) = Cx(0)$$
$$k=1, y(1) = CGx(0)$$
$$\vdots$$
$$k=n-1, y(n-1) = CG^{n-1}x(0)$$

写成矩阵形式,有

$$\begin{bmatrix} y(0) \\ y(1) \\ \vdots \\ y(n-1) \end{bmatrix} = \begin{bmatrix} C \\ CG \\ \vdots \\ CG^{n-1} \end{bmatrix} x(0)$$

$x(0)$有解的充要条件是系数矩阵满秩,即

$$\operatorname{rank}\begin{bmatrix} C \\ CG \\ \vdots \\ CG^{n-1} \end{bmatrix} = n$$

【例 4.6】 试判断系统

$$x(k+1) = \begin{bmatrix} 2 & 0 & 3 \\ -1 & -2 & 0 \\ 0 & 1 & 2 \end{bmatrix} x(k)$$

$$y(k) = \begin{bmatrix} 1 & 0 & 0 \\ 0 & 1 & 0 \end{bmatrix} x(k)$$

的状态能观性。

解 由状态能观性的代数判据有

$$\operatorname{rank}Q = \operatorname{rank}\begin{bmatrix} C \\ CG \\ CG^2 \end{bmatrix} = \operatorname{rank}\begin{bmatrix} 1 & 0 & 0 \\ 0 & 1 & 0 \\ 2 & 0 & 3 \\ -1 & -2 & 0 \\ 4 & 3 & 12 \\ 0 & 4 & -3 \end{bmatrix} = 3$$

所以上述系统是状态能观的。

4.3 对偶原理

对偶原理是现代控制理论中的重要概念,利用该概念,可以将系统能控性分析的结果转化到能观性分析中去。下面分析线性系统的对偶关系。

若系统 Σ_1 的状态空间描述为

$$\begin{cases} \dot{x} = A(t)x + B(t)u \\ y = C(t)x \end{cases} \tag{4.11}$$

式中,$x \in \mathbf{R}^n$, $u \in \mathbf{R}^r$, $y \in \mathbf{R}^m$。

系统 Σ_2 的状态空间描述为

$$\begin{cases}\dot{z} = -A^{\mathrm{T}}(t)z + C^{\mathrm{T}}(t)\eta \\ \varphi = B^{\mathrm{T}}(t)z\end{cases} \tag{4.12}$$

式中,$z \in \mathbf{R}^n$, $\eta \in \mathbf{R}^m$, $\varphi \in \mathbf{R}^r$。

则称系统 Σ_1 和系统 Σ_2 互为对偶。对偶系统的结构如图 4.1 所示,其中输入端和输出端互换,信号传递方向相反;信号引出点和综合点互换,各矩阵转置。

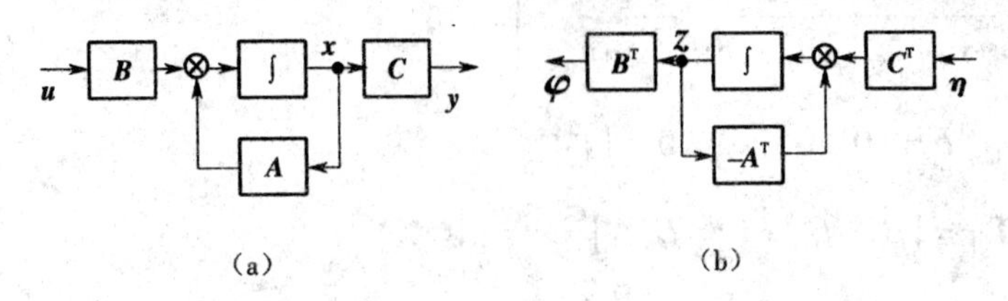

图 4.1　互为对偶系统的结构图

(a)系统 Σ_1 结构图　(b)系统 Σ_2 结构图

对偶关系有如下定理。

【定理 4.8】　用 $\boldsymbol{\Phi}(t,t_0)$ 和 $\boldsymbol{\Phi}_{\mathrm{d}}(t,t_0)$ 分别表示原系统与其对偶系统的状态转移矩阵,则两者具有对偶关系,即

$$\boldsymbol{\Phi}_{\mathrm{d}}(t_0,t) = \boldsymbol{\Phi}^{\mathrm{T}}(t_0,t) = \boldsymbol{\Phi}^{-\mathrm{T}}(t,t_0) \tag{4.13}$$

【定理 4.9】　原系统完全能控,则对偶系统完全能观,反之亦成立;原系统完全能观,则对偶系统完全能控,反之亦成立。

4.4　能控标准形和能观标准形

由于状态变量选择的非唯一性,系统的状态空间表达式也不是唯一的。在实际应用中,常常根据所研究问题的需要,将状态空间表达式化为相应的几种标准形式,如约旦标准形对于状态转移矩阵的计算、能控性和能观性的分析十分方便,能控标准形对于系统的状态反馈分析比较方便,能观标准形对于系统的状态观测器的设计以及系统辨识比较方便。

将状态空间表达式化为能控标准形和能观标准形的理论依据是状态非奇异变换不改变其能控性和能观性。但是,只有当状态完全能控时才存在能控标准形,只有当状态完全能观时才存在能观标准形,所以在将状态空间表达式化为能控、能观标准形时必须首先判断系统的能控性和能观性。

4.4.1　单输入系统的能控标准形

1. 能控标准 Ⅰ 型

设线性定常单输入系统

$$\begin{cases}\dot{x} = Ax + bu \\ y = Cx\end{cases}$$

是能控的,则存在线性非奇异变换

$$x = T_{\mathrm{c1}}\tilde{x}$$

设经非奇异变换后的系统为

$$
\begin{cases}
\Sigma(\tilde{A} \quad \tilde{b} \quad \tilde{C}) \\
\tilde{A} = T_{c1}^{-1} A T_{c1} = \begin{bmatrix} 0 & 1 & \cdots & 0 & 0 \\ 0 & 0 & \cdots & 1 & 0 \\ 0 & 0 & \cdots & 0 & 1 \\ -a_0 & -a_1 & \cdots & -a_{n-2} & -a_{n-1} \end{bmatrix} \\
\quad = \left[\begin{array}{c|ccc} 0 & & I_{n-1} & \\ \hline -a_0 & -a_1 & \cdots & -a_{n-1} \end{array} \right] \\
\tilde{b} = T_{c1}^{-1} b = [0 \ \ 0 \ \ \cdots \ \ 0 \ \ 1]^{\mathrm{T}} \\
\tilde{C} = C T_{c1} = [\beta_0 \ \ \beta_1 \ \ \cdots \ \ \beta_{n-1}] \\
T_{c1} = [A^{n-1} b \ \ A^{n-2} b \ \ \cdots \ \ b] \begin{bmatrix} 1 & & & & \\ a_{n-1} & 1 & & \mathbf{0} & \\ \vdots & \vdots & \ddots & & \\ a_2 & a_3 & \cdots & 1 & \\ a_1 & a_2 & \cdots & a_{n-1} & 1 \end{bmatrix}
\end{cases}
\tag{4.14}
$$

称形如方程组(4.14)的状态空间表达式为能控标准Ⅰ型。其中 $a_i(i=0,1,\cdots,n-1)$ 为特征多项式

$$|\lambda I - A| = \lambda^n + a_{n-1}\lambda^{n-1} + \cdots + a_1\lambda + a_0$$

的各项系数。

采用能控标准Ⅰ型的 $\Sigma(\tilde{A} \quad \tilde{b} \quad \tilde{C})$,求系统的传递函数非常方便。即

$$W(s) = \tilde{C}(sI - \tilde{A})^{-1}\tilde{b} = \frac{\beta_{n-1}s^{n-1} + \beta_{n-2}s^{n-2} + \cdots + \beta_1 s + \beta_0}{s^n + a_{n-1}s^{n-1} + \cdots + a_1 s + a_0} \tag{4.15}$$

从式(4.15)可以看出,传递函数分母多项式的各项系数是 $\tilde{A}$ 矩阵的最后一行元素的负值;分子多项式的各项系数是 $\tilde{C}$ 矩阵的元素。同样可以根据传递函数的分母多项式和分子多项式的系数,直接写出系统的能控标准Ⅰ型。

2. 能控标准Ⅱ型

设线性定常单输入系统

$$\begin{cases} \dot{x} = Ax + bu \\ y = Cx \end{cases}$$

是能控的,则存在线性非奇异变换

$$x = T_{c2}\tilde{x} = [A \quad Ab \quad \cdots \quad A^{n-1}b]\tilde{x}$$

设经非奇异变换后的系统为 $\Sigma(\tilde{A} \quad \tilde{b} \quad \tilde{C})$,另一个能控标准形取 $T_{c2} = M_c$。

$$\begin{cases}\tilde{A}=T_{c2}^{-1}AT_{c2}=\begin{bmatrix}0&0&\cdots&0&-a_0\\1&0&\cdots&0&-a_1\\0&1&\cdots&0&-a_2\\\vdots&\vdots&\ddots&\vdots&\vdots\\0&0&\cdots&1&-a_{n-1}\end{bmatrix}=\left[\begin{array}{c:c}0&-a_0\\\hdashline I_{n-1}&\begin{matrix}-a_1\\\vdots\\-a_{n-1}\end{matrix}\end{array}\right]\\\tilde{b}=T_{c2}^{-1}b=[1\quad 0\quad\cdots\quad 0]^{\mathrm{T}}\\\tilde{C}=CT_{c2}=[\beta_0\quad\beta_1\quad\cdots\quad\beta_{n-1}]\\T_{c2}=M_c=[b\quad Ab\quad\cdots\quad A^{n-1}b]\end{cases}\tag{4.16}$$

称形如方程组(4.16)的状态空间表达式为能控标准Ⅱ型。

4.4.2 单输出系统的能观标准形

与变换为能控标准形的条件类似，只有当系统状态完全能观时，系统的状态空间表达式才可能化为能观标准形。

1. 能观标准Ⅰ型

设线性定常单输入单输出系统

$$\begin{cases}\dot{x}=Ax+bu\\y=Cx\end{cases}$$

是能观的，则存在线性非奇异变换

$$x=T_{o1}\tilde{x}$$

设经非奇异变换后的系统为$\Sigma(\tilde{A}\quad\tilde{b}\quad\tilde{C})$，且

$$\begin{cases}\tilde{A}=T_{o1}^{-1}AT_{o1}=\begin{bmatrix}0&1&\cdots&0&0\\0&0&\cdots&1&0\\0&0&\cdots&0&1\\-a_0&-a_1&\cdots&-a_{n-2}&-a_{n-1}\end{bmatrix}\\\qquad=\left[\begin{array}{c:c}0&I_{n-1}\\\hdashline -a_0&-a_1\quad\cdots\quad -a_{n-1}\end{array}\right]\\\tilde{b}=T_{o1}^{-1}b=[\beta_0\quad\beta_1\quad\cdots\quad\beta_{n-1}]^{\mathrm{T}}\\\tilde{C}=CT_{o1}=[1\quad 0\quad\cdots\quad 0\quad 0]\\T_{o1}^{-1}=M_o=\begin{bmatrix}C\\CA\\\vdots\\CA^{n-1}\end{bmatrix}\end{cases}\tag{4.17}$$

称形如方程组(4.17)的状态空间表达式为能观标准Ⅰ型。其中a_i $(i=0,1,\cdots,n-1)$为特征多项式

$$|\lambda I-A|=\lambda^n+a_{n-1}\lambda^{n-1}+\cdots+a_1\lambda+a_0$$

的各项系数。

2. 能观标准Ⅱ型

设线性定常单输入系统是可观的,则存在线性非奇异变换

$$x = T_{o2}\tilde{x}$$

设经非奇异变换后的系统为 $\Sigma(\tilde{A} \quad \tilde{b} \quad \tilde{C})$,且

$$\begin{cases} \tilde{A} = T_{o2}^{-1}AT_{o2} = \begin{bmatrix} 0 & 0 & \cdots & 0 & -a_0 \\ 1 & 0 & \cdots & 0 & -a_1 \\ 0 & 1 & \cdots & 0 & -a_2 \\ \vdots & \vdots & \ddots & \vdots & \vdots \\ 0 & 0 & \cdots & 1 & -a_{n-1} \end{bmatrix} = \left[\begin{array}{c:c} 0 & -a_0 \\ \hdashline I_{n-1} & \begin{matrix} -a_1 \\ \vdots \\ -a_{n-1} \end{matrix} \end{array}\right] \\ \tilde{b} = T_{o2}^{-1}b = [\beta_0 \quad \beta_1 \quad \cdots \quad \beta_{n-1}]^{\mathrm{T}} \\ \tilde{C} = CT_{o2} = [0 \quad 0 \quad \cdots \quad 1] \\ T_{o2} = \begin{bmatrix} 1 & a_{n-1} & \cdots & a_2 & a_1 \\ 0 & 1 & \cdots & a_3 & a_2 \\ \vdots & \vdots & \cdots & \vdots & \vdots \\ 0 & 0 & \ddots & 1 & a_{n-1} \\ 0 & 0 & \cdots & 0 & 1 \end{bmatrix} \begin{bmatrix} CA^{n-1} \\ CA^{n-2} \\ \vdots \\ CA \\ C \end{bmatrix} \end{cases} \tag{4.18}$$

称形如方程组(4.18)的状态空间表达式为能观标准Ⅱ型。其中 $a_i(i=0,1,\cdots,n-1)$ 为特征多项式

$$|\lambda I - A| = \lambda^n + a_{n-1}\lambda^{n-1} + \cdots + a_1\lambda + a_0$$

的各项系数。

由上可知,能观标准Ⅰ型和能控标准Ⅱ型互为对偶,能观标准Ⅱ型和能控标准Ⅰ型互为对偶。

4.5 线性系统的结构分解

对于线性系统的结构分解,主要存在两个问题:

(1)当系统不能控或不能观时,并不是所有状态都不能控或不能观;(可通过坐标变换对状态空间进行分解)

(2)把状态空间按能控性或能观性进行结构分解。

4.5.1 系统按能控性分解

【定理 4.10】 设系统 $\Sigma(A,B,C)$ 不能控,则 $\mathrm{rank}M = \mathrm{rank}[B \quad AB \quad \cdots \quad A^{n-1}B] = r < n$,必存在一非奇异矩阵 T,使得

$$\tilde{A} = TAT^{-1} = \left[\begin{array}{c:c} A_{11} & A_{12} \\ \hdashline 0 & A_{22} \end{array}\right]_{n-r}$$

$$\tilde{\boldsymbol{B}} = \boldsymbol{T}\boldsymbol{B} = \begin{bmatrix} \tilde{\boldsymbol{B}}_1 \\ \hdashline \boldsymbol{0} \end{bmatrix}\begin{matrix} r \\ n-r \end{matrix}$$

$$\tilde{\boldsymbol{C}} = \boldsymbol{C}\boldsymbol{T}^{-1} = [\underset{r}{\tilde{\boldsymbol{C}}_1} \mid \underset{n-r}{\tilde{\boldsymbol{C}}_2}]$$

则系统的状态空间被分解成能控和不能控两部分。

(1)能控部分为 r 维子系统:

$$\begin{cases} \dot{\tilde{\boldsymbol{x}}}_1 = \tilde{\boldsymbol{A}}_{11}\tilde{\boldsymbol{x}}_1 + \tilde{\boldsymbol{A}}_{12}\tilde{\boldsymbol{x}}_2 + \tilde{\boldsymbol{B}}_1\boldsymbol{u} \\ \boldsymbol{y}_1 = \tilde{\boldsymbol{C}}_1\tilde{\boldsymbol{x}}_1 \end{cases}$$

(2)不能控部分为$(n-r)$维子系统:

$$\begin{cases} \dot{\tilde{\boldsymbol{x}}}_2 = \tilde{\boldsymbol{A}}_{22}\tilde{\boldsymbol{x}}_2 \\ \boldsymbol{y}_2 = \tilde{\boldsymbol{C}}_2\tilde{\boldsymbol{x}}_2 \end{cases}$$

变换矩阵 $\boldsymbol{T}$ 的求法:

(1)从 $\boldsymbol{M} = [\boldsymbol{B} \mid \boldsymbol{A}\boldsymbol{B} \mid \cdots \mid \boldsymbol{A}^{n-1}\boldsymbol{B}]$ 中选择 r 个线性无关的列向量;

(2)以(1)求得的列向量,作为 $\boldsymbol{T}$ 的前 r 个列向量,其余列向量可以在保持 $\boldsymbol{T}$ 为非奇异的情况下,任意选择。

说明:

(1)系统按能控性分解后,其能控性不变;

(2)系统按能控性分解后,其传递函数阵不变。

4.5.2 系统按能观性分解

【定理 4.11】 设系统 $\Sigma(\boldsymbol{A},\boldsymbol{B},\boldsymbol{C})$ 不能观,则 $\mathrm{rank}\boldsymbol{R} = \mathrm{rank}[\boldsymbol{C}^{\mathrm{T}} \quad \boldsymbol{C}\boldsymbol{A} \quad \cdots \quad \boldsymbol{C}\boldsymbol{A}^{n-1}] = l < n$,必存在非奇异矩阵 $\boldsymbol{T} = \boldsymbol{R}_0$,使得

$$\tilde{\boldsymbol{A}} = \boldsymbol{T}\boldsymbol{A}\boldsymbol{T}^{-1} = \begin{bmatrix} \tilde{\boldsymbol{A}}_{11} & \boldsymbol{0} \\ \tilde{\boldsymbol{A}}_{21} & \tilde{\boldsymbol{A}}_{22} \end{bmatrix}\begin{matrix} l \\ n-l \end{matrix}$$

$$\tilde{\boldsymbol{x}} = \boldsymbol{T}\boldsymbol{x}$$

$$\tilde{\boldsymbol{B}} = \boldsymbol{T}\boldsymbol{B} = \begin{bmatrix} \tilde{\boldsymbol{B}}_1 \\ \tilde{\boldsymbol{B}}_2 \end{bmatrix}\begin{matrix} l \\ n-l \end{matrix}$$

$$\tilde{\boldsymbol{C}} = \boldsymbol{C}\boldsymbol{T}^{-1} = [\tilde{\boldsymbol{C}}_1 \quad \boldsymbol{0}]$$

原状态方程被分解成能观和不能观两部分。

(1)能观部分:

$$\begin{cases} \dot{\tilde{\boldsymbol{x}}}_1 = \tilde{\boldsymbol{A}}_{11}\tilde{\boldsymbol{x}}_1 + \tilde{\boldsymbol{B}}_1\boldsymbol{u} \\ \boldsymbol{y}_1 = \tilde{\boldsymbol{C}}_1\tilde{\boldsymbol{x}}_1 \end{cases}$$

(2)不能观部分：

$$\dot{\tilde{x}}_2 = \tilde{A}_{21}\tilde{x}_1 + \tilde{A}_{22}\tilde{x}_2 + \tilde{B}_2 u$$

变换矩阵 T 的求法：

(1)从矩阵 $R = \begin{bmatrix} C \\ CA \\ \vdots \\ CA^{n-1} \end{bmatrix}$ 中求得 l 个线性无关向量；

(2)以(1)中求得的行向量作为 T^{-1} 的前 l 个行向量，其余行向量可以在保证 T^{-1} 为非奇异的条件下任选。

【例4.7】 设线性定常系统为

$$\begin{cases} \dot{x} = \begin{bmatrix} 0 & 0 & -1 \\ 1 & 0 & -3 \\ 0 & 1 & -3 \end{bmatrix} x + \begin{bmatrix} 1 \\ 1 \\ 0 \end{bmatrix} u \\ y = [0 \quad 1 \quad -2]x \end{cases}$$

判别其能观性，若不是完全能观的，将该系统按能观性进行分解。

解 系统的能观性判别矩阵

$$R = \begin{bmatrix} C \\ CA \\ CA^{n-1} \end{bmatrix} = \begin{bmatrix} 0 & 1 & -2 \\ 1 & -2 & 3 \\ -2 & 3 & -4 \end{bmatrix}$$

其秩 $\text{rank}R = 2 < n$，所以该系统是状态不完全能观的。

为构造非奇异变换阵矩 R_0，取

$$R_1' = C = [0 \quad 1 \quad 2]$$
$$R_2' = CA = [1 \quad -2 \quad 3]$$
$$R_3' = [0 \quad 0 \quad 1]$$

得

$$R_0^{-1} = \begin{bmatrix} 0 & 1 & -2 \\ 1 & -2 & 3 \\ 0 & 0 & 1 \end{bmatrix}$$

则

$$R_0 = \begin{bmatrix} 2 & 1 & 1 \\ 1 & 0 & 2 \\ 0 & 0 & 1 \end{bmatrix}$$

其中，R_3' 是在保证 R_0^{-1} 非奇异的条件下任意选取的。于是系统按能观性分解为

$$\dot{\tilde{x}} = R_0^{-1}AR_0\tilde{x} + R_0^{-1}bu$$
$$= \begin{bmatrix} 0 & 1 & 0 \\ -1 & -2 & 0 \\ 1 & 0 & -1 \end{bmatrix}\tilde{x} + \begin{bmatrix} 1 \\ -1 \\ 0 \end{bmatrix} u$$

$$y = CR_0\tilde{x} = [1 \quad 0 \quad 0]\tilde{x}$$

4.6 系统传递函数矩阵的实现

4.6.1 实现概念

如果传递函数矩阵 $\boldsymbol{W}(s)$ 的状态空间表达式 $\Sigma(\boldsymbol{A},\boldsymbol{B},\boldsymbol{C},\boldsymbol{D})$ 满足

$$\boldsymbol{C}(s\boldsymbol{I}-\boldsymbol{A})^{-1}\boldsymbol{B}+\boldsymbol{D}=\boldsymbol{W}(s)$$

称该状态空间表达式 $\Sigma(\boldsymbol{A},\boldsymbol{B},\boldsymbol{C},\boldsymbol{D})$ 为传递函数矩阵 $\boldsymbol{W}(s)$ 的一个实现。

系统的物理可实现条件是：

(1) $\boldsymbol{W}(s)$ 中的每一个元素 $W_{ij}(s)$ 的分子分母多项式的系数均为实常数；

(2) $\boldsymbol{W}(s)$ 中的每一个元素均为 s 的真有理分式函数。

4.6.2 实现的方法

状态变量的选择有无穷多组，实现的方法也有无穷多。单变量系统可以根据 $\boldsymbol{W}(s)$ 直接写出其能控标准形实现和能观标准形实现，可以将单输入单输出推广到多输入多输出系统，将 $m\times r$ 维的传递函数矩阵写成和单输入单输出系统传递函数矩阵类似的形式，即

$$\boldsymbol{W}(s)=\frac{\beta_{n-1}s^{n-1}+\beta_{n-2}s^{n-2}+\cdots+\beta_1 s+\beta_0}{s^n+a_{n-1}s^{n-1}+\cdots+a_1 s+a_0}$$

式中，$\beta_{n-1},\beta_{n-2},\cdots,\beta_1,\beta_0$ 为 $m\times r$ 维常数矩阵；分母多项式为该传递函数矩阵的特征多项式。

传递函数矩阵的能控型实现为

$$\boldsymbol{A}_c=\begin{bmatrix} \boldsymbol{O}_r & \boldsymbol{I}_r & \boldsymbol{O}_r & \cdots & \boldsymbol{O}_r \\ \boldsymbol{O}_r & \boldsymbol{O}_r & \boldsymbol{I}_r & \cdots & \boldsymbol{O}_r \\ \vdots & \vdots & \vdots & \ddots & \vdots \\ \boldsymbol{O}_r & \boldsymbol{O}_r & \boldsymbol{O}_r & \cdots & \boldsymbol{I}_r \\ -a_0\boldsymbol{I}_r & -a_1\boldsymbol{I}_r & -a_2\boldsymbol{I}_r & \cdots & -a_{n-1}\boldsymbol{I}_r \end{bmatrix}$$

$$\boldsymbol{B}_c=\begin{bmatrix} \boldsymbol{O}_r \\ \boldsymbol{O}_r \\ \vdots \\ \boldsymbol{O}_r \\ \boldsymbol{I}_r \end{bmatrix}$$

$$\boldsymbol{C}_c=[\beta_0 \quad \beta_1 \quad \cdots \quad \beta_{n-1}]$$

式中，$\boldsymbol{O}_r$ 和 $\boldsymbol{I}_r$ 为 $r\times r$ 维零矩阵和单位矩阵，r 为输入矢量的维数。与此类似，其能观标准形实现为

$$\boldsymbol{A}_o=\begin{bmatrix} \boldsymbol{O}_m & \boldsymbol{O}_m & \cdots & \boldsymbol{O}_m & -a_0\boldsymbol{I}_m \\ \boldsymbol{I}_m & \boldsymbol{O}_m & \cdots & \boldsymbol{O}_m & -a_1\boldsymbol{I}_m \\ \vdots & \boldsymbol{I}_m & \vdots & \boldsymbol{O}_m & -a_2\boldsymbol{I}_m \\ \vdots & \vdots & \vdots & \ddots & \vdots \\ \boldsymbol{O}_m & \boldsymbol{O}_m & \cdots & \boldsymbol{I}_m & -a_{n-1}\boldsymbol{I}_m \end{bmatrix}$$

$$B_o = \begin{bmatrix} \beta_0 \\ \beta_1 \\ \beta_2 \\ \vdots \\ \beta_{n-1} \end{bmatrix}$$

$$C_o = [\,O_m \quad O_m \quad \cdots \quad O_m \quad I_m\,]$$

式中,O_m 和 I_m 为 $m \times m$ 维零矩阵和单位矩阵,m 为输入矢量的维数。

4.6.3 最小实现

定义 若 $W(s)$的一个实现为

$$\begin{cases} \dot{x} = Ax + Bu \\ y = Cx \end{cases} \tag{4.19}$$

如果不存在其他实现

$$\begin{cases} \dot{\tilde{x}} = \tilde{A}\tilde{x} + \tilde{B}u \\ y = \tilde{C}\tilde{x} \end{cases}$$

使 $\tilde{x}$ 的维数小于 x 的维数,则称式(4.19)的实现为 $W(s)$的最小实现。

$W(s)$的一个实现为最小实现的充要条件是 $\Sigma(A,B,C)$不但能控而且能观。确定最小实现的步骤是:

(1)对 $W(s)$初选一种实现 $\Sigma(A,B,C)$,通常选取能控或能观标准形实现,检查其实现的能控性(或能观性),若为能控又能观,则 $\Sigma(A,B,C)$便是最小实现;

(2)否则对以上标准形实现 $\Sigma(A,B,C)$进行结构分解,找出其完全能控又完全能观的子系统 $\Sigma(\tilde{A}_{11},\tilde{B}_1,\tilde{C}_1)$,便是 $W(s)$的一个最小实现。

4.7 MATLAB 在能控性和能观性中的应用

状态能控性与能观性是线性系统的重要结构性质,描述了系统的本质特征,是系统分析和设计的主要考虑因素。MATLAB 提供了用于状态能控性、能观性判定的能控性矩阵函数 ctrb()、能观性矩阵函数 obsv()和能控性能观性格拉姆矩阵函数 gram(),通过对这些函数计算所得的矩阵求秩就可以很方便地判定系统的状态能控性、能观性。

【例 4.8】 试在 MATLAB 中判定系统

$$\dot{x} = \begin{bmatrix} 1 & 3 & 2 \\ 0 & 2 & 0 \\ 0 & 1 & 3 \end{bmatrix} x + \begin{bmatrix} 2 & 1 \\ 1 & 1 \\ -1 & -1 \end{bmatrix} u$$

的状态能控性。

解 MATLAB 程序代码如下:

```
A = [1 3 2; 0 2 0; 0 1 3];
B = [2 1; 1 1; -1 -1];
sys = ss(A,B,[],[]);          %建立状态空间模型
```

```
    Judge_contr(sys);           %调用函数判定状态能控性
```

函数 Judge_contr()的源程序如下：

```
    function Judge_contr(sys)   %定义函数 Judge_contr()
    Qc = ctrb(sys);             %计算系统的能控性矩阵
    n = size(sys.a);            %求系统矩阵的各维的大小
    if rank(Qc) == n(1)         %判定能控性矩阵的秩是否等于状态变量的个数,
                                即是否能控
        disp('The system is controlled')
    else
        disp('The system is not controlled')
    end
```

程序运行结果如下：

```
    The system is not controlled
```

【例 4.9】 试在 MATLAB 中判定系统

$$x(k+1)=\begin{bmatrix}1&0&0\\0&2&-2\\-1&1&0\end{bmatrix}x(k)+\begin{bmatrix}1\\2\\1\end{bmatrix}u(k)$$

的状态能控性。

解 MATLAB 程序代码如下：

```
    G = [1 0 0; 0 2 -2; -1 1 0];
    H = [1; 2; 1];
    n = size(G,1);                       %求系统矩阵的行数
    Qc = ctrb(G,H);                      %计算系统的能控性矩阵
    if rank(Qc) == rank([Qc G^n])        %判定能控性矩阵 Qc 的秩是否等于
                                         [Qc G^n]的秩,即离散系统是否能控
        disp('The system is controlled')
    else
        disp('The system is not controlled')
    end
```

程序运行结果如下：

```
    The system is not controlled
```

【例 4.10】 试在 MATLAB 中判定如下系统的状态能观性：

$$x(k+1)=\begin{bmatrix}2&0&3\\-1&-2&0\\0&1&2\end{bmatrix}x(k)$$

$$y(k)=\begin{bmatrix}1&0&0\\0&1&0\end{bmatrix}x(k)$$

解 MATLAB 程序代码如下：

```
    A = [2 0 3; -1 -2 0; 0 1 2];
```

```
C = [1 0 0; 0 1 0];
sys = ss(A,[ ],C,[ ]);
Judge_obsv(sys);
```

函数 Judge_obsv( )的源程序如下:

```
function Judge_obsv(sys)          %定义函数 Judge_obsv( )
Qo = obsv(sys);                   %计算系统的能观性矩阵
n = size(sys.a);                  %求系统矩阵的各维的大小
if rank(Qo) == n(1)               %判定能观性矩阵的秩是否等于状态变量的
                                   个数,即是否能观
    disp('The system is observability')
else
    disp('The system is not observability')
end
```

程序运行结果如下:

```
The system is observability
```

【例 4.11】 试在 MATLAB 中对系统

$$\dot{\boldsymbol{x}} = \begin{bmatrix} 1 & 2 & -1 \\ 0 & 1 & 0 \\ 1 & -4 & 3 \end{bmatrix}\boldsymbol{x} + \begin{bmatrix} 0 \\ 0 \\ 1 \end{bmatrix}\boldsymbol{u}$$

$$\boldsymbol{y} = [1 \quad -1 \quad 1]\boldsymbol{x}$$

进行能控性分解。

解 能控性分解函数 ctrbf( )的主要调用格式如下:

```
[Ac,Bc,Cc,Tc] = ctrbf(A,B,C)
[Ac,Bc,Cc,Tc] = ctrbf(A,B,C,tol)
```

其中,输入 A,B 和 C 为需按能控性分解的状态空间模型的各矩阵;tol 为计算容许误差;输出的 Ac,Bc 和 Cc 为能控性分解之后的状态空间模型的各矩阵;Tc 为变换矩阵,系统进行的状态变换为 $\tilde{\boldsymbol{x}} = \boldsymbol{T}_c \boldsymbol{x}$。

经函数 ctrbf( )能控性分解后,系统的状态空间模型为

$$\mathrm{Ac} = \begin{bmatrix} \boldsymbol{A}_{nc} & \boldsymbol{0} \\ \boldsymbol{A}_{21} & \boldsymbol{A}_c \end{bmatrix}, \mathrm{Bc} = \begin{bmatrix} \boldsymbol{0} \\ \boldsymbol{B}_c \end{bmatrix}, \mathrm{Cc} = [\boldsymbol{C}_{nc} \quad \boldsymbol{C}_c]$$

MATLAB 程序代码如下:

```
A = [1 2 -1; 0 1 0; 1 -4 3];
B = [0; 0; 1];
C = [1 -1 1];
[Ac,Bc,Cc,Tc] = ctrbf(A,B,C)
```

程序运行结果如下：

```
Ac =
     1     0     0
    -2     1    -1
     4    -1     3
Bc =
     0
     0
     1
Cc =
    -1    -1     1
Tc =
     0     1     0
    -1     0     0
     0     0     1
```

【例 4.12】 试在 MATLAB 中对系统

$$\dot{\boldsymbol{x}}=\begin{bmatrix}0 & 0 & -1\\1 & 0 & -3\\0 & 1 & -3\end{bmatrix}\boldsymbol{x}+\begin{bmatrix}1\\1\\0\end{bmatrix}\boldsymbol{u}$$

$$\boldsymbol{y}=[0\quad 1\quad -2]\boldsymbol{x}$$

进行能观性分解。

解 能观性分解函数 obsvf( )的主要调用格式如下：

```
[Ao,Bo,Co,To] = obsvf(A,B,C)
[Ao,Bo,Co,To] = obsvf(A,B,C,tol)
```

其中，输入与能控性分解函数 ctrbf( )一致；输出的 Ao，Bo 和 Co 为能观性分解之后的状态空间模型的各矩阵；To 为变换矩阵，系统进行的状态变换为 $\tilde{\boldsymbol{x}}=\boldsymbol{T}_o\boldsymbol{x}$。

经函数 obsvf( )能观性分解后，系统的状态空间模型为

$$\text{Ao}=\left[\begin{array}{c:c}\boldsymbol{A}_{no} & \boldsymbol{A}_{12}\\ \hdashline \boldsymbol{0} & \boldsymbol{A}_o\end{array}\right],\text{Bo}=\left[\begin{array}{c}\boldsymbol{B}_{no}\\ \hdashline \boldsymbol{B}_o\end{array}\right],\text{Co}=[\boldsymbol{0}\quad \boldsymbol{C}_o]$$

MATLAB 程序代码如下：

```
A = [0 0 -1; 1 0 -3; 0 1 -3];
B = [1; 1; 0];
C = [0 1 -2];
[Ao,Bo,Co,To] = obsvf(A,B,C)
```

程序运行结果如下：

```
Ao =
    -1.0000     1.3416     3.8341
    -0.0000    -0.4000    -0.7348
     0          0.4899    -1.6000
```

```
Bo =
      1.2247
      0.5477
      0.4472
Co =
      0        -0.0000      2.2361
To =
      0.4082     0.8165      0.4082
      0.9129    -0.3651     -0.1826
```

本 章 小 结

本章讨论线性系统的两个重要的结构性质——状态能控性与能观性的分析问题。能控性与能观性描述了系统的本质特征，是系统分析中主要考虑的性质，控制系统设计综合时主要的依据。本章中，定义了线性连续系统的状态能控性与能观性，介绍了线性定常系统的对偶性定义。能控性与能观性的对偶性深刻揭示了系统的结构本质，并大大简化系统分析与设计过程。本章还讨论了系统的能控、能观性分解，揭示了系统结构和状态空间上的可分解性，使得在系统分析与设计综合时能抓住问题的本质，做到有的放矢。最后，介绍了状态能控性和能观性判定，系统的能控性和能观性分解，能控和能观标准形变换以及能控和能观性标准形实现等问题基于 MATLAB 语言的程序编制和计算方法。

推荐阅读资料

[1]于长官. 现代控制理论[M]. 哈尔滨:哈尔滨工业大学出版社,1997.
[2]张嗣瀛,高立群. 现代控制理论[M]. 北京:清华大学出版社,2006.
[3]高立群,郑艳,井元伟. 现代控制理论习题集[M]. 北京:清华大学出版社,2007.
[4]王宏华. 现代控制理论[M]. 北京:电子工业出版社,2006.
[5]张彬,郭晓玉. 基于 MATLAB 的倒立摆系统定性分析[J]. 信息技术与信息化,2009,(1):79-80.

习　　题

4.1　判断下列系统的能控性。

(1) $\begin{bmatrix}\dot{x}_1\\ \dot{x}_2\end{bmatrix}=\begin{bmatrix}1 & 1\\ 1 & 0\end{bmatrix}\begin{bmatrix}x_1\\ x_2\end{bmatrix}+\begin{bmatrix}0\\ 1\end{bmatrix}u$;

(2) $\begin{bmatrix}\dot{x}_1\\ \dot{x}_2\\ \dot{x}_3\end{bmatrix}=\begin{bmatrix}0 & 1 & 0\\ 0 & 0 & 1\\ -2 & -4 & -3\end{bmatrix}\begin{bmatrix}x_1\\ x_2\\ x_3\end{bmatrix}+\begin{bmatrix}1 & 0\\ 0 & 1\\ -1 & 1\end{bmatrix}\begin{bmatrix}u_1\\ u_2\end{bmatrix}$;

(3) $\begin{bmatrix}\dot{x}_1\\ \dot{x}_2\\ \dot{x}_3\end{bmatrix}=\begin{bmatrix}-3 & 1 & 0\\ 0 & -3 & 0\\ 0 & 0 & -1\end{bmatrix}\begin{bmatrix}x_1\\ x_2\\ x_3\end{bmatrix}+\begin{bmatrix}1 & -1\\ 0 & 0\\ 2 & 0\end{bmatrix}\begin{bmatrix}u_1\\ u_2\end{bmatrix}$。

4.2 判断下列系统的输出能控性。

(1) $$\begin{bmatrix}\dot{x}_1\\ \dot{x}_2\\ \dot{x}_3\end{bmatrix}=\begin{bmatrix}-3&1&0\\0&-3&0\\0&0&-1\end{bmatrix}\begin{bmatrix}x_1\\x_2\\x_3\end{bmatrix}+\begin{bmatrix}1&-1\\0&0\\2&0\end{bmatrix}\begin{bmatrix}u_1\\u_2\end{bmatrix},$$

$$\begin{bmatrix}y_1\\y_2\end{bmatrix}=\begin{bmatrix}1&0&1\\-1&1&0\end{bmatrix}\begin{bmatrix}x_1\\x_2\\x_3\end{bmatrix};$$

(2) $$\begin{bmatrix}\dot{x}_1\\ \dot{x}_2\\ \dot{x}_3\end{bmatrix}=\begin{bmatrix}0&1&0\\0&0&1\\-6&-11&-6\end{bmatrix}\begin{bmatrix}x_1\\x_2\\x_3\end{bmatrix}+\begin{bmatrix}0\\0\\1\end{bmatrix}u,$$

$$y=\begin{bmatrix}1&0&0\end{bmatrix}\begin{bmatrix}x_1\\x_2\\x_3\end{bmatrix}。$$

4.3 判断下列系统的能观性。

(1) $$\begin{bmatrix}\dot{x}_1\\ \dot{x}_2\end{bmatrix}=\begin{bmatrix}1&1\\1&0\end{bmatrix}\begin{bmatrix}x_1\\x_2\end{bmatrix},$$

$$y=\begin{bmatrix}1&1\end{bmatrix}\begin{bmatrix}x_1\\x_2\end{bmatrix};$$

(2) $$\begin{bmatrix}\dot{x}_1\\ \dot{x}_2\\ \dot{x}_3\end{bmatrix}=\begin{bmatrix}0&1&0\\0&0&1\\-2&-4&-3\end{bmatrix}\begin{bmatrix}x_1\\x_2\\x_3\end{bmatrix},$$

$$\begin{bmatrix}y_1\\y_2\end{bmatrix}=\begin{bmatrix}0&1&-1\\1&2&1\end{bmatrix}\begin{bmatrix}x_1\\x_2\\x_3\end{bmatrix};$$

(3) $$\begin{bmatrix}\dot{x}_1\\ \dot{x}_2\\ \dot{x}_3\end{bmatrix}=\begin{bmatrix}0&4&3\\0&20&16\\0&-25&-20\end{bmatrix}\begin{bmatrix}x_1\\x_2\\x_3\end{bmatrix},$$

$$y=\begin{bmatrix}-1&3&0\end{bmatrix}\begin{bmatrix}x_1\\x_2\\x_3\end{bmatrix}。$$

4.4 试确定当 p 与 q 为何值时下列系统不能控，为何值时不能观。

$$\begin{bmatrix}\dot{x}_1\\ \dot{x}_2\end{bmatrix}=\begin{bmatrix}1&12\\1&0\end{bmatrix}\begin{bmatrix}x_1\\x_2\end{bmatrix}+\begin{bmatrix}p\\-1\end{bmatrix}u,$$

$$y=\begin{bmatrix}q&1\end{bmatrix}\begin{bmatrix}x_1\\x_2\end{bmatrix}。$$

4.5 将状态方程

$$\dot{\boldsymbol{x}}=\begin{bmatrix}1 & -2\\3 & 4\end{bmatrix}\boldsymbol{x}+\begin{bmatrix}1\\1\end{bmatrix}\boldsymbol{u}$$

化为能控标准形。

4.6 将系统

$$\dot{\boldsymbol{x}}=\begin{bmatrix}1 & -1\\1 & 1\end{bmatrix}\boldsymbol{x}+\begin{bmatrix}2\\1\end{bmatrix}\boldsymbol{u},$$

$$\boldsymbol{y}=[-1 \quad 1]\boldsymbol{x}$$

化为能观标准形。

4.7 系统的状态方程为

$$\begin{bmatrix}\dot{x}_1\\\dot{x}_2\\\dot{x}_3\end{bmatrix}=\begin{bmatrix}\lambda & 1 & 0\\0 & \lambda & 0\\0 & 0 & \lambda\end{bmatrix}\begin{bmatrix}x_1\\x_2\\x_3\end{bmatrix}+\begin{bmatrix}a\\b\\c\end{bmatrix}u,$$

$$y=[d \quad e \quad f]\begin{bmatrix}x_1\\x_2\\x_3\end{bmatrix},$$

试讨论下列问题：

(1)能否通过选择 a,b,c 使系统状态完全能控；

(2)能否通过选择 d,e,f 使系统状态完全能观。

4.8 系统传递函数为

$$\boldsymbol{W}(s)=\frac{2s+8}{2s^3+12s^2+22s+12},$$

(1)试求能控标准形实现；

(2)试求能观标准形实现。

4.9 已知传递矩阵为

$$\boldsymbol{G}(s)=\left[\frac{2(s+3)}{(s+1)(s+2)} \quad \frac{4(s+4)}{s+5}\right],$$

试求该系统的最小实现。

5

控制系统的稳定性

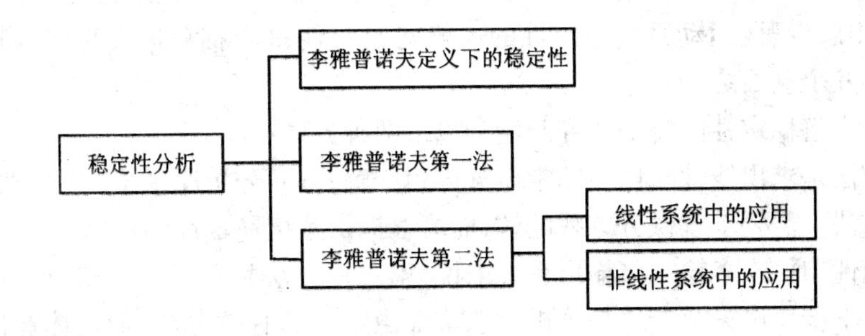

教学目的与要求

理解李雅普诺夫稳定性的定义以及分析系统状态稳定性的李雅普诺夫理论和方法；掌握李雅普诺夫第二法及其在线性系统和3类非线性系统中的应用、李雅普诺夫函数的构造、李雅普诺夫代数（或微分）方程的求解，并会判定系统稳定性。

掌握李雅普诺夫稳定性问题的MATLAB计算与程序设计。

导入案例

现代控制理论有着比经典控制更加广泛的意义。下面是3个经典控制系统案例。

案例一

电压自动调节系统中保持电机电压为恒定的能力和电机自动调速系统中保持电机转速为一定的能力。

案例二

火箭和导弹飞行中需有保持航向为一定的能力。控制过程的每一个单元有几百个控制器，最常见的是采用单回路PID控制，但目前也常用延迟补偿器、状态估计器、不相关多变量控制器。该系统本身就是一个多变量的复杂系统。

案例三

倒立摆系统最终的控制目的是使倒立摆这样一个不稳定的被控对象，通过引入适当的控制策略使之成为一个能够满足各种性能指标的稳定系统。由于倒立摆系统的高阶次、严重不稳定、多变量、非线性和强耦合等特性，吸引着许多学者和研究人员不断地从其控制中发掘新的控制策略和算法，并应用于航天科技和机器人等领域。

一般，经典控制理论要解决上述问题是非常困难的，甚至是不可能的，可见现代控制理论较经典控制理论更加有效，适应面更广。

在线性系统中，如果平衡态是渐近稳定的，则系统的平衡态是唯一的，且系统在状态空间中是大范围渐近稳定的。非线性系统则不然，非线性系统可能存在多个局部渐近稳定的平衡态（吸引子），同时还存在不稳定的平衡态（孤立子），稳定性的情况远比线性系统来得复杂。与线性系统稳定性分析相比，由于非线性系统的多样性和复杂性，非线性系统稳定性分析也要复杂得多。

对于非线性、时变、多输入多输出控制系统稳定性问题的研究，经典控制理论无能为力。只有利用俄罗斯科学家李雅普诺夫（A. M. Lyapunov）的稳定性理论来分析和研究。李雅普诺夫于 1892 年出版专著《运动系统稳定性的一般问题》，使得李雅普诺夫稳定性理论成为控制理论最重要的几个基石之一。

李雅普诺夫将稳定性问题的研究归纳为以下两种方法：

第一种方法是求出线性化以后的常微分方程的解，从而分析原系统的稳定性；

第二种方法不需要求解微分方程的解，而能够提供系统稳定性的信息。

对于非线性、时变、多输入多输出系统来说，第二种方法特别重要。李雅普诺夫第二法又称为直接法。李雅普诺夫第二法是分析动态系统稳定性的有效方法，但具体运用时将涉及如何选取适宜的李雅普诺夫函数来分析系统的稳定性。由于各类系统的复杂性，在应用李雅普诺夫第二法时，难于建立统一的定义李雅普诺夫函数的方法。目前的处理方法是针对系统的不同分类和特性，分别寻找建立李雅普诺夫函数的方法。

研究李雅普诺夫方法在线性系统中的应用，讨论的主要问题有线性定常连续系统的李雅普诺夫稳定性分析、矩阵李雅普诺夫方程的求解、线性时变连续系统的李雅普诺夫稳定性分析、线性定常离散系统的李雅普诺夫稳定性定理及稳定性分析。

研究非线性系统的稳定性分析问题，目前切实可行的途径为针对各类非线性系统的特性，分门别类地构造适宜的李雅普诺夫函数，如通过特殊函数来构造李雅普诺夫函数的克拉索夫斯基法（也叫雅克比矩阵法）、针对特殊函数的变量梯度构造李雅普诺夫函数的变量梯度法（也叫舒尔茨 - 吉布生法）。

本章涉及的计算问题为线性定常连续、离散系统的李雅普诺夫稳定性分析，主要为线性定常连续、离散系统的李雅普诺夫稳定性；讨论上述问题基于 MATLAB 的问题求解；对称矩阵的定号性（正定性）的判定以及连续、离散李雅普诺夫矩阵代数方程的求解等问题。

5.1 李雅普诺夫稳定性概念

对于一个给定的控制系统，稳定性分析通常是最重要的。如果系统是线性定常的，那么有许多稳定性判据，如劳斯 - 赫尔维兹（Routh-Hurwitz）稳定性判据、奈奎斯特（Nyquist）稳定性判据等。然而，如果系统是非线性的或是线性时变的，则上述稳定性判据就将不再适用。

本节所要介绍的李雅普诺夫第二法(也称李雅普诺夫直接法)是确定非线性系统和线性时变系统稳定性最一般的方法。当然,这种方法也适用于线性定常系统的稳定性分析。此外,它还可应用于线性二次型最优控制问题。

5.1.1 平衡状态与给定运动、扰动方程的原点

考虑如下非线性系统

$$\dot{\boldsymbol{x}}=\boldsymbol{f}(\boldsymbol{x},t) \tag{5.1}$$

式中,$\boldsymbol{x}$ 为 n 维状态向量;$\boldsymbol{f}(\boldsymbol{x},t)$ 是变量 $x_1,x_2,\cdots,x_n$ 和 t 的 n 维向量函数。假设在给定的初始条件下,式(5.1)有唯一解 $\boldsymbol{\Phi}(t;x_0,t_0)$。当 $t=t_0$ 时,$\boldsymbol{x}=\boldsymbol{x}_0$。于是

$$\boldsymbol{\Phi}(t_0;\boldsymbol{x}_0,t_0)=\boldsymbol{x}_0$$

在式(5.1)的系统中,总存在

$$\boldsymbol{f}(\boldsymbol{x}_e,t)\equiv 0\ (\text{对所有 } t) \tag{5.2}$$

则称 $\boldsymbol{x}_e$ 为系统的平衡状态或平衡点。如果系统是线性定常的,也就是说 $\boldsymbol{f}(\boldsymbol{x},t)=\boldsymbol{A}\boldsymbol{x}$,则当 $\boldsymbol{A}$ 为非奇异矩阵时,系统存在一个唯一的平衡状态;当 $\boldsymbol{A}$ 为奇异矩阵时,系统将存在无穷多个平衡状态。对于非线性系统,可有一个或多个平衡状态,这些状态对应于系统的常值解(对所有 t,总存在 $\boldsymbol{x}=\boldsymbol{x}_e$)。平衡状态的确定不包括式(5.1)的系统微分方程的解,只涉及式(5.2)的解。

任意一个孤立的平衡状态(即彼此孤立的平衡状态)或给定运动 $x=g(t)$ 都可通过坐标变换,统一化为扰动方程 $\dot{\tilde{\boldsymbol{x}}}=\tilde{\boldsymbol{f}}(\tilde{\boldsymbol{x}},t)$ 的坐标原点,即 $\boldsymbol{f}(0,t)=0$ 或 $\boldsymbol{x}_e=0$。在本章中,除非特别申明,仅讨论扰动方程关于原点($\boldsymbol{x}_e=0$)处的平衡状态的稳定性问题。这种"原点稳定性问题"由于使判断系统稳定性问题得到极大简化,且不会丧失一般性,从而为稳定性理论的建立奠定了坚实的基础,这是李雅普诺夫的一个重要贡献。

5.1.2 李雅普诺夫意义下的稳定性定义

下面首先给出李雅普诺夫意义下的稳定性定义,然后回顾一些必要的数学基础,以便在下一小节具体给出李雅普诺夫稳定性定理。

设系统

$$\dot{\boldsymbol{x}}=\boldsymbol{f}(\boldsymbol{x},t),\ \boldsymbol{f}(\boldsymbol{x}_e,t)\equiv 0$$

的平衡状态 $\boldsymbol{x}_e=0$ 的 H 邻域为

$$\|\boldsymbol{x}-\boldsymbol{x}_e\|\leqslant H$$

式中,$H>0$,$\|\cdot\|$ 为向量的 2 范数或欧几里得范数,即

$$\|\boldsymbol{x}-\boldsymbol{x}_e\|=\sqrt{(x_1-x_{1e})^2+(x_2-x_{2e})^2+\cdots+(x_n-x_{ne})^2}$$

类似地,也可以相应定义球域 $S(\varepsilon)$ 和 $S(\delta)$。

在 H 邻域内,若对于任意给定的 $0<\varepsilon<H$,均有以下情况。

(1)如果对应于每一个 $S(\varepsilon)$,存在一个 $S(\delta)$,使得当 t 趋于无穷时,始于 $S(\delta)$ 的轨迹不脱离 $S(\varepsilon)$,则式(5.1)系统的平衡状态 $\boldsymbol{x}_e=0$ 称为在李雅普诺夫意义下是稳定的。一般地,实数 δ 与 ε 有关,通常也与 t_0 有关。如果 δ 与 t_0 无关,则此时平衡状态 $\boldsymbol{x}_e=0$ 称为一致稳定的平衡状态。

以上定义意味着:首先选择一个域 $S(\varepsilon)$,对应于每一个 $S(\varepsilon)$,必存在一个域 $S(\delta)$,使得当 t 趋于无穷时,始于 $S(\delta)$ 的轨迹总不脱离域 $S(\varepsilon)$。

(2)如果平衡状态 $\boldsymbol{x}_e=0$,在李雅普诺夫意义下是稳定的,并且始于域 $S(\delta)$ 的任一条轨迹,当时间 t 趋于无穷时,都不脱离 $S(\varepsilon)$,且收敛于 $\boldsymbol{x}_e=0$,则称式(5.1)系统的平衡状态 $\boldsymbol{x}_e=0$ 为渐近稳定的,其中球域 $S(\delta)$ 被称为平衡状态 $\boldsymbol{x}_e=0$ 的吸引域。

实际上,渐近稳定性比单纯的稳定性更重要。考虑到非线性系统的渐近稳定性是一个局部概念,所以简单地确定渐近稳定性并不意味着系统能正常工作。通常有必要确定渐近稳定性的最大范围或吸引域,即发生渐近稳定轨迹的那部分状态空间。换句话说,发生于吸引域内的每一个轨迹都是渐近稳定的。

(3)对所有的状态(状态空间中的所有点),如果由这些状态出发的轨迹都保持渐近稳定性,则平衡状态 $\boldsymbol{x}_e=0$ 称为大范围渐近稳定。或者说,如果式(5.1)系统的平衡状态 $\boldsymbol{x}_e=0$ 渐近稳定的吸引域为整个状态空间,则称此时系统的平衡状态 $\boldsymbol{x}_e=0$ 是大范围渐近稳定的。显然,大范围渐近稳定的必要条件是在整个状态空间中只有一个平衡状态。

在控制工程问题中,总希望系统具有大范围渐近稳定的特性。如果平衡状态不是大范围渐近稳定的,那么问题就转化为确定渐近稳定的最大范围或吸引域,这通常非常困难。然而,对所有的实际问题,如能确定一个足够大的渐近稳定的吸引域,以致扰动不会超过它就可以了。

(4)如果对于某个实数 $\varepsilon>0$ 和任一个实数 $\delta>0$,不管这两个实数多么小,在 $S(\delta)$ 内总存在一个状态 $\boldsymbol{x}_0$,使得始于这一状态的轨迹最终会脱离开 $S(\varepsilon)$,那么平衡状态 $\boldsymbol{x}_e=0$ 称为不稳定的。

图 5.1 分别表示平衡状态及对应于稳定性、渐近稳定性和不稳定性的典型轨迹。在图 5.1 中,域 $S(\delta)$ 制约着初始状态 $\boldsymbol{x}_0$,而域 $S(\varepsilon)$ 是起始于 $\boldsymbol{x}_0$ 的轨迹的边界。

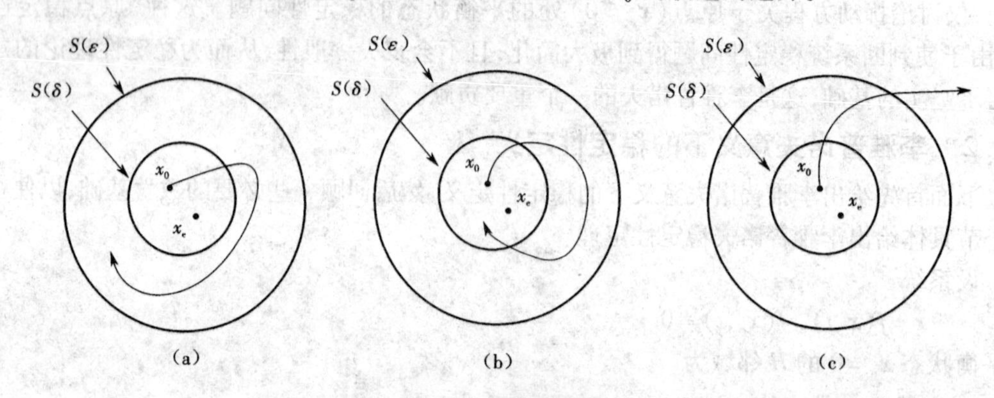

图 5.1 平衡状态

(a)稳定平衡状态及一条典型轨迹 (b)渐近稳定平衡状态及一条典型轨迹

(c)不稳定平衡状态及一条典型轨迹

注意,由于上述对李雅普诺夫意义下的稳定性定义不能详细地说明可容许初始条件的精确吸引域,因而除非 $S(\varepsilon)$ 对应于整个状态平面,否则这些定义只能应用于平衡状态的邻域。

此外,在图 5.1(c)中,轨迹离开了 $S(\varepsilon)$,这说明平衡状态是不稳定的。然而却不能说明轨迹将趋于无穷远处,这是因为轨迹还可能趋于在 $S(\varepsilon)$ 外的某个极限环。(如果线性定常系统是不稳定的,则在不稳定平衡状态附近出发的轨迹将趋于无穷远;但在非线性系统中,这一结论并不一定正确。)

上述各定义的内容,对于理解本章介绍的线性和非线性系统的稳定性分析,是最低限度的要求。注意,这些定义不是确定平衡状态稳定性概念的唯一方法,实际上,在其他文献中还有另外的定义。

对于线性系统,渐近稳定等价于大范围渐近稳定。但对于非线性系统,一般只考虑吸引区为有限的一定范围的渐近稳定。

最后指出,在经典控制理论中,已经学过稳定性概念,它与李雅普诺夫意义下的稳定性概念是有一定的区别的,例如在经典控制理论中只有渐近稳定的系统才称为稳定的系统。在李雅普诺夫意义下是稳定的,但却不是渐近稳定的系统,则叫做不稳定系统。两者的区别与联系见表5.1。

表5.1　经典控制理论中的稳定和李雅普诺夫意义下的稳定的区别

经典控制理论(线性系统)	不稳定 $(\mathrm{Re}(s)>0)$	临界情况 $(\mathrm{Re}(s)=0)$	稳定 $(\mathrm{Re}(s)<0)$
李雅普诺夫意义下	不稳定	稳定	渐近稳定

5.1.3　预备知识

1. 纯量函数的正定性

如果对所有在域 Ω 中的非零状态 $x\neq0$,有 $V(x)>0$,且在 $x=0$ 处有 $V(0)=0$,则在域 Ω(域 Ω 包含状态空间的原点)内的纯量函数 $V(x)$ 称为正定函数。

如果时变函数 $V(x,t)$ 由一个定常的正定函数作为下限,即存在一个正定函数 $V(x)$,使得

$$V(x,t)>V(x)\quad(\text{对所有 } t\geqslant t_0)$$

$$V(0,t)=0\quad(\text{对所有 } t\geqslant t_0)$$

则称时变函数 $V(x,t)$ 在域 Ω(域 Ω 包含状态空间的原点)内是正定的。

2. 纯量函数的负定性

如果 $-V(x)$ 是正定函数,则纯量函数 $V(x)$ 称为负定函数。

3. 纯量函数的半正定性

如果纯量函数 $V(x)$ 除了原点以及某些状态等于零外,在域 Ω 内的所有状态都是正定的,则 $V(x)$ 称为半正定纯量函数。

4. 纯量函数的半负定性

如果 $-V(x)$ 是半正定函数,则纯量函数 $V(x)$ 称为半负定函数。

5. 纯量函数的不定性

如果在域 Ω 内,不论域 Ω 多么小,$V(x)$ 既可为正值,也可为负值,则纯量函数 $V(x)$ 称为不定的纯量函数。

下面给出按照以上分类的几种纯量函数,假设 $\boldsymbol{x}$ 为二维向量。

(1)正定的:$V(\boldsymbol{x})=x_1^2+2x_2^2$。

(2)负定的:$V(\boldsymbol{x})=-x_1^2-(3x_1+2x_2)^2$。

(3)半正定的:$V(\boldsymbol{x})=(x_1+x_2)^2$。

(4)不定的:$V(\boldsymbol{x})=x_1x_2+x_2^2$。

(5)正定的:$V(\boldsymbol{x})=x_1^2+\dfrac{2x_2^2}{1+x_2^2}$。

6. 二次型

建立在李雅普诺夫第二法基础上的稳定性分析中,有一类纯量函数起着很重要的作用,即

二次型函数。例如

$$V(\boldsymbol{x})=\boldsymbol{x}^{\mathrm{T}}\boldsymbol{P}\boldsymbol{x}=[x_1\quad x_2\quad\cdots\quad x_n]\begin{bmatrix}p_{11}&p_{12}&\cdots&p_{1n}\\p_{12}&p_{22}&\cdots&p_{2n}\\\vdots&\vdots&&\vdots\\p_{1n}&p_{2n}&\cdots&p_{nn}\end{bmatrix}\begin{bmatrix}x_1\\x_2\\\vdots\\x_n\end{bmatrix}$$

注意,这里的 $\boldsymbol{x}$ 为实向量,$\boldsymbol{P}$ 为实对称矩阵。

7. 复二次型或 Hermite 型

如果 $\boldsymbol{x}$ 是 n 维复向量,$\boldsymbol{P}$ 为 Hermite 矩阵,则该复二次型函数称为 Hermite 型函数。例如

$$V(\boldsymbol{x})=\boldsymbol{x}^{\mathrm{H}}\boldsymbol{P}\boldsymbol{x}=[\bar{x}_1\quad \bar{x}_2\quad\cdots\quad \bar{x}_n]\begin{bmatrix}p_{11}&p_{12}&\cdots&p_{1n}\\\bar{p}_{12}&p_{22}&\cdots&p_{2n}\\\vdots&\vdots&&\vdots\\\bar{p}_{1n}&\bar{p}_{2n}&\cdots&p_{nn}\end{bmatrix}\begin{bmatrix}x_1\\x_2\\\vdots\\x_n\end{bmatrix}$$

在状态空间的稳定性分析中,经常使用 Hermite 型,而不使用二次型,这是因为 Hermite 型比二次型更具一般性(对于实向量 $\boldsymbol{x}$ 和实对称矩阵 $\boldsymbol{P}$,Hermite 型 $\boldsymbol{x}^{\mathrm{H}}\boldsymbol{P}\boldsymbol{x}$ 等于二次型 $\boldsymbol{x}^{\mathrm{T}}\boldsymbol{P}\boldsymbol{x}$)。

二次型或者 Hermite 型 $V(\boldsymbol{x})$ 的正定性可用赛尔维斯特准则判断。赛尔维斯特准则指出,二次型或 Hermite 型 $V(\boldsymbol{x})$ 为正定的充要条件是矩阵 $\boldsymbol{P}$ 的所有主子行列式均为正值,即

$$p_{11}>0,\quad \begin{vmatrix}p_{11}&p_{12}\\\bar{p}_{12}&p_{22}\end{vmatrix}>0,\quad\cdots,\quad \begin{vmatrix}p_{11}&p_{12}&\cdots&p_{1n}\\\bar{p}_{12}&p_{22}&\cdots&p_{2n}\\\vdots&\vdots&&\vdots\\\bar{p}_{1n}&\bar{p}_{2n}&\cdots&p_{nn}\end{vmatrix}>0$$

注意,$\bar{p}_{ij}$ 是 p_{ij} 的共轭复数。对于二次型,$\bar{p}_{ij}=p_{ij}$。

如果 $\boldsymbol{P}$ 是奇异矩阵,且它的所有主子行列式均非负,则 $V(\boldsymbol{x})=\boldsymbol{x}^{\mathrm{H}}\boldsymbol{P}\boldsymbol{x}$ 是半正定的。如果 $-V(\boldsymbol{x})$ 是正定的,则 $V(\boldsymbol{x})$ 是负定的。同样,如果 $-V(\boldsymbol{x})$ 是半正定的,则 $V(\boldsymbol{x})$ 是半负定的。

【例 5.1】 试证明二次型

$$V(\boldsymbol{x})=10x_1^2+4x_2^2+x_3^2+2x_1x_2-2x_2x_3-4x_1x_3$$

是正定的。

解 二次型 $V(\boldsymbol{x})$ 可写为

$$V(\boldsymbol{x})=\boldsymbol{x}^{\mathrm{T}}\boldsymbol{P}\boldsymbol{x}=[x_1\quad x_2\quad x_3]\begin{bmatrix}10&1&-2\\1&4&-1\\-2&-1&1\end{bmatrix}\begin{bmatrix}x_1\\x_2\\x_3\end{bmatrix}$$

利用赛尔维斯特准则,可得

$$10>0,\quad \begin{vmatrix}10&1\\1&4\end{vmatrix}>0,\quad \begin{vmatrix}10&1&-2\\1&4&-1\\-2&-1&1\end{vmatrix}>0$$

因为矩阵 $\boldsymbol{P}$ 的所有主子行列式均为正值,所以 $V(\boldsymbol{x})$ 是正定的。

5.2 李雅普诺夫稳定定理

1892 年,李雅普诺夫提出了两种方法,用于确定由常微分方程描述的动力学系统的稳定

性。

李雅普诺夫第一法包括了利用微分方程的解进行系统分析的所有步骤。基本思路是:首先将非线性系统线性化,然后计算线性化方程的特征值,最后则是判定原非线性系统的稳定性。

李雅普诺夫第二法不需要求出微分方程的解,也就是说,采用李雅普诺夫第二法,可以在不求出状态方程解的条件下,确定系统的稳定性。由于求解非线性系统和线性时变系统的状态方程通常十分困难,所以这种方法显示出极大的优越性。

尽管采用李雅普诺夫第二法分析非线性系统的稳定性时,需要相当的经验和技巧,然而当其他方法无效时,这种方法却能解决非线性系统的稳定性问题。

由力学经典理论可知,对于一个振动系统,当系统总能量(正定函数)连续减小(这意味着总能量对时间的导数必然是负定的),直到平衡状态时为止,振动系统是稳定的。

李雅普诺夫第二法是建立在更为普遍的情况之上的,即如果系统有一个渐近稳定的平衡状态,则当其运动到平衡状态的吸引域内时,系统存储的能量随着时间的增长而衰减,直到在平稳状态达到极小值为止。然而对于一些纯数学系统,毕竟还没有一个定义"能量函数"的简便方法。为了克服这个困难,李雅普诺夫引出了一个虚构的能量函数,称为李雅普诺夫函数。当然,这个函数无疑比能量更为一般,并且其应用也更广泛。实际上,任一纯量函数只要满足李雅普诺夫稳定性定理(见定理5.1和定理5.2)的假设条件,都可作为李雅普诺夫函数。

李雅普诺夫函数与 $x_1,x_2,\cdots,x_n$ 和 t 有关,用 $V(x_1,x_2,\cdots,x_n,t)$ 或者 $V(\boldsymbol{x},t)$ 来表示李雅普诺夫函数。如果在李雅普诺夫函数中不含 t,则用 $V(x_1,x_2,\cdots,x_n)$ 或 $V(\boldsymbol{x})$ 表示。在李雅普诺夫第二法中,$V(\boldsymbol{x},t)$ 和其对时间的导数 $\dot{V}(\boldsymbol{x},t)=\mathrm{d}V(\boldsymbol{x},t)/\mathrm{d}t$ 的符号特征,提供了判断平衡状态处的稳定性、渐近稳定性或不稳定性的准则,而不必直接求出方程的解。(这种方法既适用于线性系统,也适用于非线性系统。)

5.2.1 关于渐近稳定性

可以证明:如果 $\boldsymbol{x}$ 为 n 维向量,且其纯量函数 $V(\boldsymbol{x})$ 正定,则满足

$$V(\boldsymbol{x})=C$$

的状态 $\boldsymbol{x}$ 处于 n 维状态空间的封闭超曲面上,且至少处于原点附近,式中 C 是正常数。随着 $\|\boldsymbol{x}\|\to\infty$,上述封闭曲面可扩展为整个状态空间。如果 $C_1<C_2$,则超曲面 $V(\boldsymbol{x})=C_1$ 完全处于超曲面 $V(\boldsymbol{x})=C_2$ 的内部。

对于给定的系统,若可求得正定的纯量函数 $V(\boldsymbol{x})$,并使其沿轨迹对时间的导数总为负值,则随着时间的增加,$V(\boldsymbol{x})$ 将取越来越小的 C 值。随着时间的进一步增长,最终 $V(\boldsymbol{x})$ 变为0,而 $\boldsymbol{x}$ 也趋于0。这意味着,状态空间的原点是渐近稳定的。主稳定性定理就是前述事实的普遍化,它给出了渐近稳定的充要条件。李雅普诺夫、皮尔希德斯基、巴巴辛、克拉索夫斯基制定的该定理如下。

【定理5.1】 考虑如下非线性系统

$$\dot{\boldsymbol{x}}(t)=\boldsymbol{f}[\boldsymbol{x}(t),t]$$

式中

$$\boldsymbol{f}(0,t)\equiv 0 \quad (对所有\ t\geqslant t_0)$$

如果存在一个具有连续一阶偏导数的纯量函数 $V(\boldsymbol{x},t)$,且满足以下条件:

(1) $V(\boldsymbol{x},t)$ 正定;

(2) $\dot{V}(\boldsymbol{x},t)$ 负定。

则在原点处的平衡状态是(一致)渐近稳定的。

进一步地,若 $\|\boldsymbol{x}\|\rightarrow\infty$, $V(\boldsymbol{x},t)\rightarrow\infty$,则在原点处的平衡状态是大范围一致渐近稳定的。

【例 5.2】 考虑如下非线性系统

$$\dot{x}_1 = x_2 - x_1(x_1^2 + x_2^2)$$

$$\dot{x}_2 = -x_1 - x_2(x_1^2 + x_2^2)$$

显然原点($x_1=0, x_2=0$)是唯一的平衡状态,试确定其稳定性。

解 如果定义一个正定纯量函数

$$V(\boldsymbol{x}) = 2x_1\dot{x}_1 + 2x_2\dot{x}_2 - 2(x_1^2 + x_2^2)^2$$

是负定的,这说明 $V(\boldsymbol{x})$ 沿任一轨迹连续地减小,因此 $V(\boldsymbol{x})$ 是一个李雅普诺夫函数。由于 $V(\boldsymbol{x})$ 随 $\boldsymbol{x}$ 偏离平衡状态趋于无穷而变为无穷,则按照定理 5.1,该系统在原点处的平衡状态是大范围渐近稳定的。

注意,若使 $V(\boldsymbol{x})$ 取一系列的常值 $0, C_1, C_2, \cdots(0<C_1<C_2<\cdots)$,则 $V(\boldsymbol{x})=0$ 对应于状态平面的原点,而 $V(\boldsymbol{x})=C_1, V(\boldsymbol{x})=C_2,\cdots$ 描述了包围状态平面原点的互不相交的一簇圆,如图 5.2 所示。还应注意,由于 $V(\boldsymbol{x})$ 在径向是无界的,即随着 $\|\boldsymbol{x}\|\rightarrow\infty$, $V(\boldsymbol{x})\rightarrow\infty$,所以这一簇圆可扩展到整个状态平面。

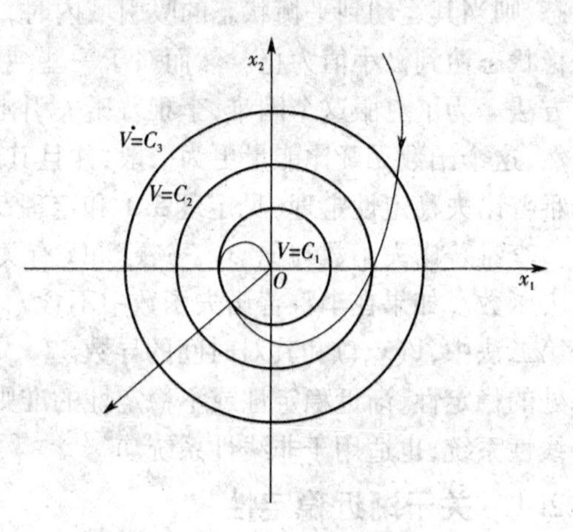

图 5.2 常数 V 圆和典型轨迹

由于圆 $V(\boldsymbol{x})=C_k$ 完全处在 $V(\boldsymbol{x})=C_{k+1}$ 的内部,所以典型轨迹从外向里通过 V 圆的边界。因此李雅普诺夫函数的几何意义可阐述如下: $V(\boldsymbol{x})$ 表示状态 $\boldsymbol{x}$ 到状态空间原点距离的一种度量。如果原点与瞬时状态 $\boldsymbol{x}(t)$ 之间的距离随 t 的增加而连续地减小(即 $\dot{V}[\boldsymbol{x}(t)]<0$),则 $\boldsymbol{x}(t)\rightarrow 0$。

定理 5.1 是李雅普诺夫第二法的基本定理,下面对这一重要定理作几点说明。

(1)这里仅给出了充分条件,也就是说,如果构造出了李雅普诺夫函数 $V(\boldsymbol{x},t)$,那么系统是渐近稳定的。但如果找不到这样的李雅普诺夫函数,并不能给出任何结论,例如不能据此说该系统是不稳定的。

(2) 对于渐近稳定的平衡状态,李雅普诺夫函数必存在。

(3) 对于非线性系统,通过构造某个具体的李雅普诺夫函数,可以证明系统在某个稳定域内是渐近稳定的,但这并不意味着稳定域外的运动是不稳定的。对于线性系统,如果存在渐近稳定的平衡状态,则它必定是大范围渐近稳定的。

(4) 这里给出的稳定性定理,既适合于线性系统、非线性系统,也适合于定常系统、时变系统,具有极其一般的普遍意义。

显然,定理 5.1 仍有一些限制条件,比如 $\dot{V}(\boldsymbol{x},t)$ 必须是负定函数。如果在 $\dot{V}(\boldsymbol{x},t)$ 上附加一个限制条件,即除了原点以外,沿任一轨迹 $\dot{V}(\boldsymbol{x},t)$ 均不恒等于零,则要求 $\dot{V}(\boldsymbol{x},t)$ 负定的条件可用 $\dot{V}(\boldsymbol{x},t)$ 取半负定的条件来代替。克拉索夫斯基、巴巴辛制定的相关定理如下。

【定理 5.2】　考虑如下非线性系统

$$\dot{\boldsymbol{x}}(t)=\boldsymbol{f}[\boldsymbol{x}(t),t]$$

式中

$$\boldsymbol{f}(0,t)\equiv 0\quad(\text{对所有 } t\geqslant t_0)$$

若存在具有连续一阶偏导数的纯量函数 $V(\boldsymbol{x},t)$，且满足以下条件：

(1) $V(\boldsymbol{x},t)$ 是正定的；

(2) $\dot{V}(\boldsymbol{x},t)$ 是半负定的；

(3) $\dot{V}[\boldsymbol{\Phi}(t;\boldsymbol{x}_0,t_0),t]$ 对于任意 t_0 和任意 $\boldsymbol{x}_0\neq 0$，在 $t\geqslant t_0$ 时，不恒等于 0，其中的 $\boldsymbol{\Phi}(t;\boldsymbol{x}_0,t_0)$ 表示在 t_0 时刻从 $\boldsymbol{x}_0$ 出发的轨迹或解。

则在系统原点处的平衡状态是大范围渐近稳定的。

注意，若 $\dot{V}(x,t)$ 不是负定的，而只是半负定的，则典型点的轨迹可能与某个特定曲面 $V(\boldsymbol{x},t)=C$ 相切，然而由于 $\dot{V}[\boldsymbol{\Phi}(t;\boldsymbol{x}_0,t_0),t]$ 对任意 t_0 和任意 $\boldsymbol{x}_0\neq 0$，在 $t\geqslant t_0$ 时不恒等于 0，所以典型点就不可能保持在切点处（在这点上，$\dot{V}(\boldsymbol{x},t)=0$），因而必然要运动到原点。

5.2.2　关于稳定性

如果存在一个正定的纯量函数 $V(\boldsymbol{x},t)$，使得 $\dot{V}(\boldsymbol{x},t)$ 始终为 0，则系统可以保持在一个极限环上。在这种情况下，原点处的平衡状态称为在李雅普诺夫意义下是稳定的。

【定理 5.3】　考虑如下非线性系统

$$\dot{\boldsymbol{x}}(t)=\boldsymbol{f}[\boldsymbol{x}(t),t]$$

式中

$$\boldsymbol{f}(0,t)\equiv 0\quad(\text{对所有 } t\geqslant t_0)$$

若存在具有连续一阶偏导数的纯量函数 $V(\boldsymbol{x},t)$，且满足以下条件：

(1) $V(\boldsymbol{x},t)$ 是正定的；

(2) $\dot{V}(\boldsymbol{x},t)$ 是半负定的；

(3) $\dot{V}[\boldsymbol{\Phi}(t;\boldsymbol{x}_0,t_0),t]$ 对于任意 t_0 和任意 $\boldsymbol{x}_0\neq 0$，在 $t\geqslant t_0$ 时，均恒等于 0，其中的 $\boldsymbol{\Phi}(t;\boldsymbol{x}_0,t_0)$ 表示在 t_0 时刻从 $\boldsymbol{x}_0$ 出发的轨迹或解。

则在系统原点处的平衡状态是李雅普诺夫意义下的大范围渐近稳定的。

5.2.3　关于不稳定性

如果系统平衡状态 $\boldsymbol{x}=0$ 是不稳定的，则存在纯量函数 $W(\boldsymbol{x},t)$，可用其确定平衡状态的不稳定性。下面介绍李雅普诺夫的不稳定性定理。

【定理 5.4】　考虑如下非线性系统

$$\dot{\boldsymbol{x}}(t)=\boldsymbol{f}[\boldsymbol{x}(t),t]$$

式中

$$\boldsymbol{f}(0,t)\equiv 0\quad(\text{对所有 } t\geqslant t_0)$$

若存在具有连续一阶偏导数的纯量函数 $W(\boldsymbol{x},t)$，且满足下列条件：

(1) $W(\boldsymbol{x},t)$ 在原点附近的某一邻域内是正定的；

(2) $\dot{W}(\boldsymbol{x},t)$ 在同样的邻域内是正定的。

则原点处的平衡状态是不稳定的。

5.2.4　线性系统的稳定性与非线性系统的稳定性比较

在线性定常系统中，若平衡状态是局部渐近稳定的，则它是大范围渐近稳定的，然而在非线性系统中,不是大范围渐近稳定的平衡状态可能是局部渐近稳定的。因此,线性定常系统平衡状态的渐近稳定性的含义和非线性系统的含义完全不同。

如果要检验非线性系统平衡状态的渐近稳定性,则仅进行非线性系统的线性化模型稳定性分析远远不够,必须研究没有线性化的非线性系统。有几种基于李雅普诺夫第二法的方法可达到这一目的,包括用于判断非线性系统渐近稳定性充分条件的克拉索夫斯基方法、用于构成非线性系统李雅普诺夫函数的 Schultz-Gibson 变量梯度法、用于某些非线性控制系统稳定性分析的鲁里叶法以及用于构成吸引域的波波夫方法等。下面仅讨论克拉索夫斯基方法。

克拉索夫斯基方法给出了非线性系统平衡状态渐近稳定的充分条件。在非线性系统中,可能存在多个平衡状态,可通过适当的坐标变换,将所要研究的平衡状态变换到状态空间的原点。所以,可把要研究的平衡状态取为原点。现介绍克拉索夫斯基定理。

【定理 5.5】 考虑如下非线性系统

$$\dot{\boldsymbol{x}}=\boldsymbol{f}(\boldsymbol{x})$$

式中,$\boldsymbol{x}$ 为 n 维状态向量;$\boldsymbol{f}(\boldsymbol{x})$ 为 $x_1,x_2,\cdots,x_n$ 的非线性 n 维向量函数,假定 $\boldsymbol{f}(0)=0$,且 $\boldsymbol{f}(\boldsymbol{x})$ 对 x_i 可微($i=1,2,\cdots,n$)。

该系统的雅可比矩阵定义为

$$\boldsymbol{F}(\boldsymbol{x})=\left[\frac{\partial(f_1,f_2,\cdots,f_n)}{\partial(x_1,x_2,\cdots,x_n)}\right]=\begin{bmatrix}\frac{\partial f_1}{\partial x_1} & \frac{\partial f_1}{\partial x_2} & \cdots & \frac{\partial f_1}{\partial x_n}\\ \frac{\partial f_2}{\partial x_1} & \frac{\partial f_2}{\partial x_2} & \cdots & \frac{\partial f_2}{\partial x_n}\\ \vdots & \vdots & & \vdots\\ \frac{\partial f_n}{\partial x_1} & \frac{\partial f_n}{\partial x_2} & \cdots & \frac{\partial f_n}{\partial x_n}\end{bmatrix}$$

又定义

$$\hat{\boldsymbol{F}}(\boldsymbol{x})=\boldsymbol{F}^{\mathrm{H}}(\boldsymbol{x})+\boldsymbol{F}(\boldsymbol{x})$$

式中,$\boldsymbol{F}(\boldsymbol{x})$ 为雅可比矩阵,$\boldsymbol{F}^{\mathrm{H}}(\boldsymbol{x})$ 为 $\boldsymbol{F}(\boldsymbol{x})$ 的共轭转置矩阵(如果 $\boldsymbol{f}(\boldsymbol{x})$ 为实向量,则 $\boldsymbol{F}(\boldsymbol{x})$ 是实矩阵,且可将 $\boldsymbol{F}^{\mathrm{H}}(\boldsymbol{x})$ 写为 $\boldsymbol{F}^{\mathrm{T}}(\boldsymbol{x})$),此时 $\hat{\boldsymbol{F}}(\boldsymbol{x})$ 显然为 Hermite 矩阵(如果 $\boldsymbol{F}(\boldsymbol{x})$ 为实矩阵,则 $\hat{\boldsymbol{F}}(\boldsymbol{x})$ 为实对称矩阵)。如果 Hermite 矩阵 $\hat{\boldsymbol{F}}(\boldsymbol{x})$ 是负定的,则平衡状态 $\boldsymbol{x}=0$ 是渐近稳定的。该系统的李雅普诺夫函数为

$$V(\boldsymbol{x})=\boldsymbol{f}^{\mathrm{H}}(\boldsymbol{x})\boldsymbol{f}(\boldsymbol{x})$$

此外,若随着 $\|\boldsymbol{x}\|\to\infty$,$\boldsymbol{f}^{\mathrm{H}}(\boldsymbol{x})\boldsymbol{f}(\boldsymbol{x})\to\infty$,则平衡状态是大范围渐近稳定的。

证明 由于 $\hat{\boldsymbol{F}}(\boldsymbol{x})$ 是负定的,所以除 $\boldsymbol{x}=0$ 外,$\hat{\boldsymbol{F}}(\boldsymbol{x})$ 的行列式处处不为 0。因而,在整个状态空间中,除 $\boldsymbol{x}=0$ 这一点外,没有其他平衡状态,即在 $\boldsymbol{x}\neq0$ 时,$\boldsymbol{f}(\boldsymbol{x})\neq0$。因为 $\boldsymbol{f}(0)=0$,在 $\boldsymbol{x}\neq0$ 时,$\boldsymbol{f}(\boldsymbol{x})\neq0$,且 $V(\boldsymbol{x})=\boldsymbol{f}^{\mathrm{H}}(\boldsymbol{x})\boldsymbol{f}(\boldsymbol{x})$,所以 $V(\boldsymbol{x})$ 是正定的。

注意到

$$\dot{\boldsymbol{f}}(\boldsymbol{x})=\boldsymbol{F}(\boldsymbol{x})\dot{\boldsymbol{x}}=\boldsymbol{F}(\boldsymbol{x})\boldsymbol{f}(\boldsymbol{x})$$

从而

$$\dot{V}(\boldsymbol{x})=\dot{\boldsymbol{f}}^{\mathrm{H}}(\boldsymbol{x})\boldsymbol{f}(\boldsymbol{x})+\boldsymbol{f}^{\mathrm{H}}(\boldsymbol{x})\dot{\boldsymbol{f}}(\boldsymbol{x})$$

$$=[\boldsymbol{F}(\boldsymbol{x})\boldsymbol{f}(\boldsymbol{x})]^{\mathrm{H}}\boldsymbol{f}(\boldsymbol{x})+\boldsymbol{f}^{\mathrm{H}}(\boldsymbol{x})\boldsymbol{F}(\boldsymbol{x})\boldsymbol{f}(\boldsymbol{x})$$
$$=\boldsymbol{f}^{\mathrm{H}}(\boldsymbol{x})[\boldsymbol{F}^{\mathrm{H}}(\boldsymbol{x})+\boldsymbol{F}(\boldsymbol{x})]\boldsymbol{f}(\boldsymbol{x})$$
$$=\boldsymbol{f}^{\mathrm{H}}(\boldsymbol{x})\hat{\boldsymbol{F}}(\boldsymbol{x})\boldsymbol{f}(\boldsymbol{x})$$

因为 $\hat{\boldsymbol{F}}(\boldsymbol{x})$ 是负定的,所以 $\dot{V}(\boldsymbol{x})$ 也是负定的。因此,$V(\boldsymbol{x})$ 是一个李雅普诺夫函数。所以原点是渐近稳定的。如果随着 $\|\boldsymbol{x}\|\to\infty$,$V(\boldsymbol{x})=\boldsymbol{f}^{\mathrm{H}}(\boldsymbol{x})\boldsymbol{f}(\boldsymbol{x})\to\infty$,则根据定理5.1知,平衡状态是大范围渐近稳定的。

注意,克拉索夫斯基定理与通常的线性方法不同,它不局限于稍稍偏离平衡状态。$V(\boldsymbol{x})$ 和 $\dot{V}(\boldsymbol{x})$ 以 $\boldsymbol{f}(\boldsymbol{x})$ 或 $\dot{\boldsymbol{x}}$ 的形式而不是以 $\boldsymbol{x}$ 的形式表示。

定理5.5对于非线性系统给出了大范围渐近稳定性的充分条件,对线性系统则给出了充要条件。非线性系统的平衡状态即使不满足定理5.5所要求的条件,也可能是稳定的。因此,在应用克拉索夫斯基定理时,必须十分小心,以防止对给定的非线性系统平衡状态的稳定性分析做出错误的结论。

【例5.3】 考虑具有两个非线性因素的二阶系统

$$\dot{x}_1=f_1(x_1)+f_2(x_2)$$
$$\dot{x}_2=x_1+ax_2$$

假设 $f_1(0)=f_2(0)=0$,$f_1(x_1)$ 和 $f_2(x_2)$ 是实函数且可微。又假定当 $\|\boldsymbol{x}\|\to\infty$ 时,$[f_1(x_1)+f_2(x_2)]^2+(x_1+ax_2)^2\to\infty$。试确定使平衡状态 $\boldsymbol{x}=0$ 渐近稳定的充要条件。

解 在该系统中

$$\boldsymbol{F}(\boldsymbol{x})=\begin{bmatrix}\dot{f}_1(x_1) & \dot{f}_2(x_2)\\ 1 & a\end{bmatrix}$$

式中

$$\dot{f}_1(x_1)=\frac{\partial f_1}{\partial x_1},\ \dot{f}_2(x_2)=\frac{\partial f_2}{\partial x_2}$$

于是

$$\hat{\boldsymbol{F}}(\boldsymbol{x})=\ddot{\boldsymbol{F}}(\boldsymbol{x})+\boldsymbol{F}(\boldsymbol{x})$$
$$=\begin{bmatrix}2\dot{f}_1(x_1) & 1+\dot{f}_2(x_2)\\ 1+\dot{f}_2(x_2) & 2a\end{bmatrix}$$

由克拉索夫斯基定理可知,如果 $\hat{\boldsymbol{F}}(\boldsymbol{x})$ 是负定的,则所考虑系统的平衡状态 $\boldsymbol{x}=0$ 是大范围渐近稳定的。因此,若

$$\dot{f}_1(x_1)<0\quad(\text{对所有 } x_1\neq 0)$$
$$4a\dot{f}_1(x_1)-[1+f_2(x_2)]^2>0\quad(\text{对所有 } x_1\neq 0,x_2\neq 0)$$

则平衡状态 $\boldsymbol{x}_{\mathrm{e}}=0$ 是大范围渐近稳定的。

这两个条件是渐近稳定性的充分条件。显然,由于稳定性条件完全与非线性函数 $f_1(x)$ 和 $f_2(x)$ 的实际形式无关,所以例5.3最后得到的限制条件是不适当的。

5.3 线性系统的稳定性分析

5.3.1 引言

前已指出,李雅普诺夫第二法不仅对非线性系统,而且对线性定常系统、线性时变系统以

及线性离散系统等均完全适用。

利用李雅普诺夫第二法对线性系统进行分析,有如下几个特点:

(1)都是充要条件,而非仅充分条件;

(2)渐近稳定性等价于李雅普诺夫方程的存在性;

(3)渐近稳定时,必存在二次型李雅普诺夫函数 $V(\boldsymbol{x})=\boldsymbol{x}^{\mathrm{H}}\boldsymbol{P}\boldsymbol{x}$ 及 $\dot{V}(\boldsymbol{x})=-\boldsymbol{x}^{\mathrm{H}}\boldsymbol{Q}\boldsymbol{x}$;

(4)对于线性自治系统,当系统矩阵 $\boldsymbol{A}$ 非奇异时,仅有唯一平衡点,即原点 $\boldsymbol{x}_{\mathrm{e}}=0$;

(5)渐近稳定就是大范围渐近稳定,两者完全等价。

众所周知,对于线性定常系统,其渐近稳定性的判别方法很多。例如,对于连续时间定常系统 $\dot{\boldsymbol{x}}=\boldsymbol{A}\boldsymbol{x}$,渐近稳定的充要条件是:$\boldsymbol{A}$ 的所有特征值均有负实部,或者相应的特征方程 $|s\boldsymbol{I}-\boldsymbol{A}|=s^n+a_1s^{n-1}+\cdots+a_{n-1}s+a_n=0$ 的根具有负实部。但为了避开困难的特征值计算,如劳斯-赫尔维兹稳定性判据通过判断特征多项式的系数来直接判定稳定性,奈奎斯特稳定性判据根据开环频率特性来判断闭环系统的稳定性。这里将介绍的线性系统的李雅普诺夫稳定性方法,也是一种代数方法,也不要求把特征多项式进行因式分解,而且可进一步应用于求解某些最优控制问题。

5.3.2 线性定常系统的李雅普诺夫稳定性分析

考虑如下线性定常自治系统

$$\dot{\boldsymbol{x}}=\boldsymbol{A}\boldsymbol{x} \tag{5.3}$$

式中,$\boldsymbol{x}\in\mathbf{R}^n$,$\boldsymbol{A}\in\mathbf{R}^{n\times n}$。假设 $\boldsymbol{A}$ 为非奇异矩阵,则有唯一的平衡状态 $\boldsymbol{x}_{\mathrm{e}}=0$,其平衡状态的稳定性很容易通过李雅普诺夫第二法进行研究。

对于式(5.3)的系统,选取如下二次型李雅普诺夫函数,即

$$V(\boldsymbol{x})=\boldsymbol{x}^{\mathrm{H}}\boldsymbol{P}\boldsymbol{x}$$

式中,$\boldsymbol{P}$ 为正定 Hermite 矩阵。(如果 $\boldsymbol{x}$ 是实向量,且 $\boldsymbol{A}$ 是实矩阵,则 $\boldsymbol{P}$ 可取为正定的实对称矩阵。)

$V(\boldsymbol{x})$沿任一轨迹的时间导数

$$\begin{aligned}\dot{V}(\boldsymbol{x})&=\dot{\boldsymbol{x}}^{\mathrm{H}}\boldsymbol{P}\boldsymbol{x}+\boldsymbol{x}^{\mathrm{H}}\boldsymbol{P}\dot{\boldsymbol{x}}\\&=(\boldsymbol{A}\boldsymbol{x})^{\mathrm{H}}\boldsymbol{P}\boldsymbol{x}+\boldsymbol{x}^{\mathrm{H}}\boldsymbol{P}\boldsymbol{A}\boldsymbol{x}\\&=\boldsymbol{x}^{\mathrm{H}}\boldsymbol{A}^{\mathrm{H}}\boldsymbol{P}\boldsymbol{x}+\boldsymbol{x}^{\mathrm{H}}\boldsymbol{P}\boldsymbol{A}\boldsymbol{x}\\&=\boldsymbol{x}^{\mathrm{H}}(\boldsymbol{A}^{\mathrm{H}}\boldsymbol{P}+\boldsymbol{P}\boldsymbol{A})\boldsymbol{x}\end{aligned}$$

由于 $V(\boldsymbol{x})$取为正定,对于渐近稳定性,要求 $\dot{V}(\boldsymbol{x})$为负定的,因此必须有

$$\dot{V}(\boldsymbol{x})=-\boldsymbol{x}^{\mathrm{H}}\boldsymbol{Q}\boldsymbol{x}$$

式中

$$\boldsymbol{Q}=-(\boldsymbol{A}^{\mathrm{H}}\boldsymbol{P}+\boldsymbol{P}\boldsymbol{A})$$

为正定矩阵。因此,对于式(5.3)的系统,其渐近稳定的充分条件是 $\boldsymbol{Q}$ 正定。为了判断 $n\times n$ 维矩阵的正定性,可采用赛尔维斯特准则,即矩阵为正定的充要条件是矩阵的所有主子行列式均为正值。

在判别 $\dot{V}(\boldsymbol{x})$时,方便的方法不是先指定一个正定矩阵 $\boldsymbol{P}$,然后检查 $\boldsymbol{Q}$ 是否也是正定的,而是先指定一个正定的矩阵 $\boldsymbol{Q}$,然后检查由

$$\boldsymbol{A}^{\mathrm{H}}\boldsymbol{P}+\boldsymbol{P}\boldsymbol{A}=-\boldsymbol{Q}$$

确定的 $\boldsymbol{P}$ 是否也是正定的。这可归纳为如下定理。

【定理5.6】　线性定常系统 $\dot{\boldsymbol{x}}=\boldsymbol{A}\boldsymbol{x}$ 在平衡点 $\boldsymbol{x}_e=0$ 处渐近稳定的充要条件是：对于任意 $\boldsymbol{Q}>0$，存在 $\boldsymbol{P}>0$，满足如下李雅普诺夫方程：

$$\boldsymbol{A}^{\mathrm{H}}\boldsymbol{P}+\boldsymbol{P}\boldsymbol{A}=-\boldsymbol{Q}$$

这里 $\boldsymbol{P}$、$\boldsymbol{Q}$ 均为 Hermite 矩阵或实对称矩阵。此时，李雅普诺夫函数为

$$V(\boldsymbol{x})=\boldsymbol{x}^{\mathrm{H}}\boldsymbol{P}\boldsymbol{x},\dot{V}(\boldsymbol{x})=-\boldsymbol{x}^{\mathrm{H}}\boldsymbol{Q}\boldsymbol{x}$$

特别地，当 $\dot{V}(\boldsymbol{x})=-\boldsymbol{x}^{\mathrm{H}}\boldsymbol{Q}\boldsymbol{x}\neq 0$ 时，可取 $\boldsymbol{Q}\geqslant 0$（半正定）。

现对该定理作以下几点说明。

(1)如果系统只包含实状态向量 $\boldsymbol{x}$ 和实系统矩阵 $\boldsymbol{A}$，则李雅普诺夫函数 $\boldsymbol{x}^{\mathrm{H}}\boldsymbol{P}\boldsymbol{x}$ 为 $\boldsymbol{x}^{\mathrm{T}}\boldsymbol{P}\boldsymbol{x}$，且李雅普诺夫方程为

$$\boldsymbol{A}^{\mathrm{T}}\boldsymbol{P}+\boldsymbol{P}\boldsymbol{A}=-\boldsymbol{Q}$$

(2)如果 $\dot{V}(\boldsymbol{x})=-\boldsymbol{x}^{\mathrm{H}}\boldsymbol{Q}\boldsymbol{x}$ 沿任一条轨迹不恒等于0，则 $\boldsymbol{Q}$ 可取半正定矩阵。

(3)如果取任意的正定矩阵 $\boldsymbol{Q}$，或者如果 $\dot{V}(\boldsymbol{x})$ 沿任一轨迹不恒等于0时取任意的半正定矩阵 $\boldsymbol{Q}$，并求解矩阵方程

$$\boldsymbol{A}^{\mathrm{H}}\boldsymbol{P}+\boldsymbol{P}\boldsymbol{A}=-\boldsymbol{Q}$$

以确定 $\boldsymbol{P}$，则对于在平衡点 $\boldsymbol{x}_e=0$ 处的渐近稳定性，$\boldsymbol{P}$ 为正定是充要条件。

注意，如果半正定矩阵 $\boldsymbol{Q}$ 满足下列秩的条件：

$$\operatorname{rank}\begin{bmatrix}\boldsymbol{Q}^{1/2}\\ \boldsymbol{Q}^{1/2}\boldsymbol{A}\\ \vdots\\ \boldsymbol{Q}^{1/2}\boldsymbol{A}^{n-1}\end{bmatrix}=n$$

则 $\dot{V}(\boldsymbol{x})$ 沿任意轨迹不恒等于0。

(4)只要选择的矩阵 $\boldsymbol{Q}$ 为正定的（或根据情况选为半正定的），则最终的判定结果将与矩阵 $\boldsymbol{Q}$ 的不同选择无关。

(5)为了确定矩阵 $\boldsymbol{P}$ 的各元素，可使矩阵 $\boldsymbol{A}^{\mathrm{H}}\boldsymbol{P}+\boldsymbol{P}\boldsymbol{A}$ 和矩阵 $-\boldsymbol{Q}$ 的各元素对应相等。为了确定矩阵 $\boldsymbol{P}$ 的各元素 $p_{ij}=\bar{p}_{ji}$，将引出 $n(n+1)/2$ 个线性方程。如果用 $\lambda_1,\lambda_2,\cdots,\lambda_n$ 表示矩阵 $\boldsymbol{A}$ 的特征值，则每个特征值的重数与特征方程根的重数是一致的，并且如果每两个根的和

$$\lambda_j+\lambda_k\neq 0$$

则 $\boldsymbol{P}$ 的元素将唯一地被确定。注意，如果矩阵 $\boldsymbol{A}$ 表示一个稳定系统，那么 $\lambda_j+\lambda_k$ 的和总不等于0。

(6)在确定是否存在一个正定的 Hermite 或实对称矩阵 $\boldsymbol{P}$ 时，为方便起见，通常取 $\boldsymbol{Q}=\boldsymbol{I}$，这里 $\boldsymbol{I}$ 为单位矩阵。从而，$\boldsymbol{P}$ 的各元素可按下式确定：

$$\boldsymbol{A}^{\mathrm{H}}\boldsymbol{P}+\boldsymbol{P}\boldsymbol{A}=-\boldsymbol{I} \tag{5.4}$$

然后再检验 $\boldsymbol{P}$ 是否正定。

【例5.4】　设二阶线性定常系统的状态方程为

$$\begin{bmatrix}\dot{x}_1\\ \dot{x}_2\end{bmatrix}=\begin{bmatrix}0 & 1\\ -1 & -1\end{bmatrix}\begin{bmatrix}x_1\\ x_2\end{bmatrix}$$

显然，平衡状态是原点。试确定该系统的稳定性。

解　不妨取李雅普诺夫函数为

$$V(\boldsymbol{x}) = \boldsymbol{x}^{\mathrm{T}}\boldsymbol{P}\boldsymbol{x}$$

此时实对称矩阵 $\boldsymbol{P}$ 可由下式确定：

$$\boldsymbol{A}^{\mathrm{T}}\boldsymbol{P} + \boldsymbol{P}\boldsymbol{A} = -\boldsymbol{I}$$

上式可写为

$$\begin{bmatrix} 0 & -1 \\ 1 & -1 \end{bmatrix}\begin{bmatrix} p_{11} & p_{12} \\ p_{12} & p_{22} \end{bmatrix} + \begin{bmatrix} p_{11} & p_{12} \\ p_{12} & p_{22} \end{bmatrix}\begin{bmatrix} 0 & 1 \\ -1 & -1 \end{bmatrix} = \begin{bmatrix} -1 & 0 \\ 0 & -1 \end{bmatrix}$$

将矩阵方程展开，可得联立方程组

$$\begin{cases} -2p_{12} = -1 \\ p_{11} - p_{12} - p_{22} = 0 \\ 2p_{12} - 2p_{22} = -1 \end{cases}$$

从方程组中解出 p_{11}、p_{12}、p_{22}，可得

$$\begin{bmatrix} p_{11} & p_{12} \\ p_{12} & p_{22} \end{bmatrix} = \begin{bmatrix} \frac{3}{2} & \frac{1}{2} \\ \frac{1}{2} & 1 \end{bmatrix}$$

为了检验 $\boldsymbol{P}$ 的正定性，可校核其各主子行列式，即

$$\frac{3}{2} > 0,\ \begin{vmatrix} \frac{3}{2} & \frac{1}{2} \\ \frac{1}{2} & 1 \end{vmatrix} > 0$$

显然，$\boldsymbol{P}$ 是正定的。因此，在原点处的平衡状态是大范围渐近稳定的，且李雅普诺夫函数为

$$V(\boldsymbol{x}) = \boldsymbol{x}^{\mathrm{T}}\boldsymbol{P}\boldsymbol{x} = \frac{1}{2}(3x_1^2 + 2x_1x_2 + 2x_2^2)$$

而

$$\dot{V}(\boldsymbol{x}) = -(x_1^2 + x_2^2)$$

【例 5.5】 试确定图 5.3 所示系统的增益 K 的稳定范围。

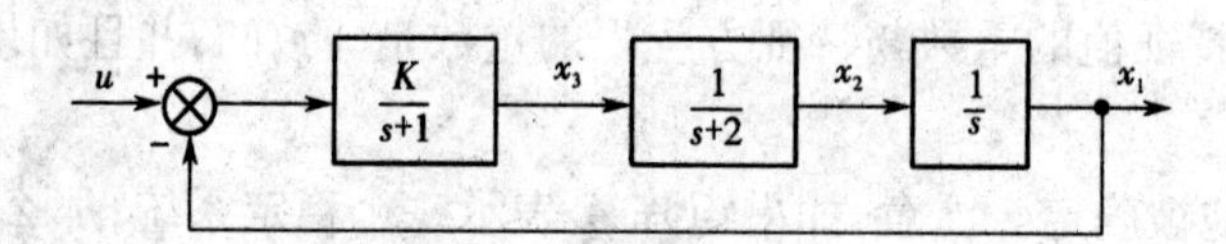

图 5.3 控制系统

解 由系统结构图可以推得系统的状态方程为

$$\begin{bmatrix} \dot{x}_1 \\ \dot{x}_2 \\ \dot{x}_3 \end{bmatrix} = \begin{bmatrix} 0 & 1 & 0 \\ 0 & -2 & 1 \\ -K & 0 & -1 \end{bmatrix}\begin{bmatrix} x_1 \\ x_2 \\ x_3 \end{bmatrix} + \begin{bmatrix} 0 \\ 0 \\ K \end{bmatrix}u \tag{5.5}$$

在确定 K 的稳定范围时，假设输入 u 为零。于是式(5.5)可写为

$$\dot{x}_1 = x_2 \tag{5.6}$$

$$\dot{x}_2 = -2x_2 + x_3 \tag{5.7}$$

$$\dot{x}_3 = -Kx_1 - x_3 \tag{5.8}$$

由式(5.6)到式(5.8)可发现,原点是平衡状态。假设取半正定的实对称矩阵 $\boldsymbol{Q}$ 为

$$\boldsymbol{Q}=\begin{bmatrix}0&0&0\\0&0&0\\0&0&1\end{bmatrix} \tag{5.9}$$

由于除原点外 $\dot{V}(\boldsymbol{x})=-\boldsymbol{x}^{\mathrm{T}}\boldsymbol{Q}\boldsymbol{x}$ 不恒等于0,因此可选式(5.9)的 $\boldsymbol{Q}$。为了证实这一点,须注意:

$$\dot{V}(\boldsymbol{x})=-\boldsymbol{x}^{\mathrm{T}}\boldsymbol{Q}\boldsymbol{x}=-x_3^2$$

取 $\dot{V}(x)$ 恒等于0,意味着 x_3 也恒等于0。如果 x_3 恒等于0,x_1 也必恒等于0,因为由式(5.8)可得

$$0=-Kx_1=0$$

如果 x_1 恒等于0,x_2 也恒等于0。因为由式(5.6)可得

$$0=x_2$$

于是 $\dot{V}(x)$ 只在原点处才恒等于0。因此,为了分析稳定性,可采用由式(5.9)定义的矩阵 $\boldsymbol{Q}$。

也可检验下列矩阵的秩:

$$\begin{bmatrix}\boldsymbol{Q}^{1/2}\\\boldsymbol{Q}^{1/2}\boldsymbol{A}\\\boldsymbol{Q}^{1/2}\boldsymbol{A}^2\end{bmatrix}=\begin{bmatrix}0&0&0\\0&0&0\\0&0&1\\0&0&0\\0&0&0\\-K&0&-1\\0&0&0\\0&0&0\\K&-K&1\end{bmatrix}$$

显然,对于 $K\neq0$,其秩为3。因此可选择这样的 $\boldsymbol{Q}$ 用于李雅普诺夫方程。

现在求解如下李雅普诺夫方程:

$$\boldsymbol{A}^{\mathrm{T}}\boldsymbol{P}+\boldsymbol{P}\boldsymbol{A}=-\boldsymbol{Q}$$

它可重写为

$$\begin{bmatrix}0&0&-K\\1&-2&0\\0&1&-1\end{bmatrix}\begin{bmatrix}p_{11}&p_{12}&p_{13}\\p_{12}&p_{22}&p_{23}\\p_{13}&p_{23}&p_{33}\end{bmatrix}+\begin{bmatrix}p_{11}&p_{12}&p_{13}\\p_{12}&p_{22}&p_{23}\\p_{13}&p_{23}&p_{33}\end{bmatrix}\begin{bmatrix}0&1&0\\0&-2&1\\-K&0&-1\end{bmatrix}$$

$$=\begin{bmatrix}0&0&0\\0&0&0\\0&0&-1\end{bmatrix}$$

对 $\boldsymbol{P}$ 的各元素求解,可得

$$\boldsymbol{P}=\begin{bmatrix}\dfrac{K^2+12K}{12-2K}&\dfrac{6K}{12-2K}&0\\\dfrac{6K}{12-2K}&\dfrac{3K}{12-2K}&\dfrac{K}{12-2K}\\0&\dfrac{K}{12-2K}&\dfrac{6K}{12-2K}\end{bmatrix}$$

为使 $\boldsymbol{P}$ 成为正定矩阵,其充要条件为:$12-2K>0$ 和 $K>0$ 或 $0<K<6$。

因此,当 $0<K<6$ 时,系统在李雅普诺夫意义下是稳定的,也就是说,原点是大范围渐近稳定的。

5.3.3 线性定常离散系统的稳定性

本小节将把前面已介绍的李雅普诺夫稳定性分析扩展到离散时间系统。

对于线性或非线性定常离散时间系统($\boldsymbol{x}$ 为 n 维向量)

$$\boldsymbol{x}(k+1)=\boldsymbol{f}[\boldsymbol{x}(k)] \tag{5.10}$$

$\boldsymbol{x}=0$ 为平衡状态。类似于连续时间系统,给出如下主要结论。

【结论 1】 离散系统的大范围渐近稳定判据:对于如式(5.10)所示的离散系统,如果存在一个相对于 $\boldsymbol{x}(k)$ 的标量函数 $V[\boldsymbol{x}(k)]$,且对任意 $\boldsymbol{x}(k)$ 满足:

(1) $\boldsymbol{V}[\boldsymbol{x}(k)]$为正定;

(2) $\Delta V[\boldsymbol{x}(k)]$为负定,其中

$$\Delta V[\boldsymbol{x}(k)]=V[\boldsymbol{x}(k+1)]-V[\boldsymbol{x}(k)]=V[\boldsymbol{f}[\boldsymbol{x}(k)]]-V[\boldsymbol{x}(k)]$$

(3)当 $\|\boldsymbol{x}(k)\|\to\infty$ 时,有 $V[\boldsymbol{x}(k)]\to\infty$。

则原点平衡状态即 $\boldsymbol{x}=0$ 为大范围渐近稳定的,并且 $V(\boldsymbol{x})$是一个李雅普诺夫函数。

在实际运用结论 1 时发现,由于条件(2)偏于保守,以致对相当一些问题导致判断失败。因此,可相应对其放宽,而得到较少保守性的李雅普诺夫稳定性定理。

【结论 2】 离散系统的大范围渐近稳定判据:对于如式(5.10)所示的离散系统,如果存在一个相对于 $\boldsymbol{x}(k)$ 的标量函数 $V[\boldsymbol{x}(k)]$,且对任意 $\boldsymbol{x}(k)$ 满足:

(1) $V[\boldsymbol{x}(k)]$为正定;

(2) $\Delta V[\boldsymbol{x}(k)]$为半负定;

(3)对由任意初态 $\boldsymbol{x}(0)$ 所确定的式(5.10)的解 $\boldsymbol{x}(k)$ 的轨线,$\Delta V[\boldsymbol{x}(k)]$不恒为 0;

(4)当 $\|\boldsymbol{x}(k)\|\to\infty$ 时,有 $V[\boldsymbol{x}(k)]\to\infty$。

则原点平衡状态即 $\boldsymbol{x}=0$ 为大范围渐近稳定。

【结论 3】 对如式(5.10)所示的离散系统,设 $\boldsymbol{f}(0)=0$,则当 $\boldsymbol{f}[\boldsymbol{x}(k)]$收敛,即对所有 $\boldsymbol{x}(k)\neq 0$ 有

$$\boldsymbol{f}[\boldsymbol{x}(k)] < \boldsymbol{x}(k) \tag{5.11}$$

则系统的原点平衡状态即 $\boldsymbol{x}=0$ 为大范围渐近稳定。

证明 设

$$V[\boldsymbol{x}(k)]=\boldsymbol{x}(k)$$

$$\begin{aligned}\Delta V[\boldsymbol{x}(k)]&=V[\boldsymbol{x}(k+1)]-V[\boldsymbol{x}(k)]\\&=\boldsymbol{x}(k+1)-\boldsymbol{x}(k)\\&=\boldsymbol{f}[\boldsymbol{x}(k)]-\boldsymbol{x}(k)<0\end{aligned}$$

这样 $\Delta V[\boldsymbol{x}(k)]$负定,且当 $\|\boldsymbol{x}(k)\|\to\infty$ 时,$V[\boldsymbol{x}(k)]\to\infty$。

由结论 1,结论 3 得证。

【定理 5.7】 线性定常离散时间系统的大范围渐近稳定判据。

对于线性定常离散时间系统,设其系统方程为

$$\boldsymbol{x}(k+1)=\boldsymbol{A}\boldsymbol{x}(k)$$

式中,$\boldsymbol{x}$ 为 n 维状态向量,$\boldsymbol{A}$ 为 $n\times n$ 维常系数非奇异矩阵。平衡状态 $\boldsymbol{x}=0$ 是大范围渐近稳定

的充要条件为:给定任一正定矩阵 $\boldsymbol{Q}$,存在一个正定矩阵 $\boldsymbol{P}$,使得

$$\boldsymbol{A}^{\mathrm{T}}\boldsymbol{P}\boldsymbol{A}-\boldsymbol{P}=-\boldsymbol{Q} \tag{5.12}$$

标量函数 $\boldsymbol{x}^{\mathrm{T}}\boldsymbol{P}\boldsymbol{x}$ 就是这个系统的李雅普诺夫函数。

【例 5.6】 确定系统

$$\begin{bmatrix} x_1(k+1) \\ x_2(k+1) \end{bmatrix}=\begin{bmatrix} 0 & 1 \\ -0.5 & -1 \end{bmatrix}\begin{bmatrix} x_1(k) \\ x_2(k) \end{bmatrix}$$

的稳定性。

解 取 $\boldsymbol{Q}$ 为 $\boldsymbol{I}$,利用式(5.12),李雅普诺夫稳定性方程为

$$\begin{bmatrix} 0 & -0.5 \\ 1 & -1 \end{bmatrix}\begin{bmatrix} p_{11} & p_{12} \\ p_{12} & p_{22} \end{bmatrix}\begin{bmatrix} 0 & 1 \\ -0.5 & -1 \end{bmatrix}-\begin{bmatrix} p_{11} & p_{12} \\ p_{12} & p_{22} \end{bmatrix}=-\begin{bmatrix} 1 & 0 \\ 0 & 1 \end{bmatrix}$$

如果求得的矩阵 $\boldsymbol{P}$ 是正定的,那么系统在平衡状态 $\boldsymbol{x}=0$ 是大范围渐近稳定的。

可得下面 3 个方程:

$$0.25p_{22}-p_{11}=-1$$

$$0.5p_{22}-1.5p_{12}=0$$

$$p_{11}-2p_{12}=-1$$

联立求解方程可得

$$p_{11}=\frac{11}{5},p_{12}=\frac{8}{5},p_{22}=\frac{24}{5}$$

因此

$$\boldsymbol{p}=\begin{bmatrix} \frac{11}{5} & \frac{8}{5} \\ \frac{8}{5} & \frac{24}{5} \end{bmatrix}$$

关于矩阵 $\boldsymbol{P}$ 的正定性,从二次型及其定号性可得 $\boldsymbol{P}$ 是正定的。因而,平衡状态(原点 $\boldsymbol{x}=0$)是大范围渐近稳定的。注意,可取 $\boldsymbol{Q}$ 是一个半正定矩阵,例如

$$\boldsymbol{Q}=\begin{bmatrix} 0 & 0 \\ 0 & 1 \end{bmatrix}$$

对于上面所给的半正定矩阵 $\boldsymbol{Q}$,有

$$\Delta V(\boldsymbol{x})=-x_2^2(k)$$

对于现在这个系统,$x_2(k)$ 恒等于 0 意味着 $x_1(k)$ 也恒等于 0。因此,除了在原点处,$\Delta V(\boldsymbol{x})$ 沿任何解的序列不恒等于 0。可取这个半正定矩阵 $\boldsymbol{Q}$ 来确定李雅普诺夫稳定性方程中的矩阵 $\boldsymbol{P}$ 。这时李雅普诺夫稳定性方程变成

$$\begin{bmatrix} 0 & -0.5 \\ 1 & -1 \end{bmatrix}\begin{bmatrix} p_{11} & p_{12} \\ p_{21} & p_{22} \end{bmatrix}\begin{bmatrix} 0 & 1 \\ -0.5 & -1 \end{bmatrix}-\begin{bmatrix} p_{11} & p_{12} \\ p_{21} & p_{22} \end{bmatrix}=-\begin{bmatrix} 0 & 0 \\ 0 & 1 \end{bmatrix}$$

求解上面这个方程,得到

$$\boldsymbol{P}=\begin{bmatrix} \frac{3}{5} & \frac{4}{5} \\ \frac{4}{5} & \frac{12}{5} \end{bmatrix}$$

从二次型及其定号性可得 $\boldsymbol{P}$ 是正定的。因此得到与前面相同的结论：系统在平衡状态 $x=0$ 是大范围渐近稳定的。

5.4 非线性系统的稳定性分析

迄今为止，本书已经介绍了线性定常控制系统的设计方法。因为所有的物理对象在某种程度上均是非线性的，所以设计出的系统仅在一个有限的工作范围内才能得到满意的结果。如果取消对象方程是线性的这一假设，那么到目前为止，不能应用本书介绍过的设计方法。在这种情况下，本节讨论的对系统设计的模型参考方法是有用的。

5.4.1 模型参考控制系统

确定系统性能的一种有效的方法是利用一个模型，在给定的输入下产生所希望的输出。模型不必是实际的硬件设备，可以是在计算机上模拟的数学模型。在模型参考控制系统中，将模型的输出和对象的输出进行比较，用差值来产生控制信号。

5.4.2 控制器的设计

假设对象的状态方程为

$$\dot{\boldsymbol{x}}=\boldsymbol{f}^{\mathrm{H}}(\boldsymbol{x},\boldsymbol{u},\boldsymbol{t}) \tag{5.13}$$

式中，$\boldsymbol{x}\in\mathbf{R}^n$，$\boldsymbol{u}\in\mathbf{R}^r$，且 $\boldsymbol{f}(\cdot)$ 为 n 维向量函数。

希望控制系统紧随某一模型系统。设计的关键是综合出一个控制器，使得控制器总是产生一个信号，迫使对象的状态接近于模型的状态，图 5.4 所示是一个表示系统结构的方块图。

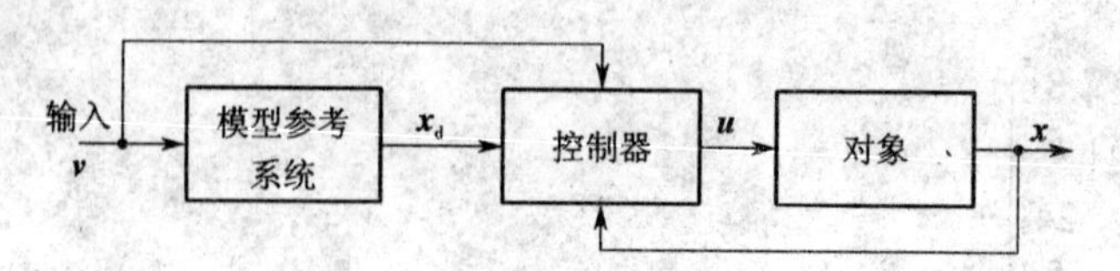

图 5.4 模型参考控制系统

假设模型参考系统是线性的，并由下式确定：

$$\dot{\boldsymbol{x}}_{\mathrm{d}}=\boldsymbol{A}\boldsymbol{x}_{\mathrm{d}}+\boldsymbol{B}\boldsymbol{v} \tag{5.14}$$

式中，$\boldsymbol{x}_{\mathrm{d}}\in\mathbf{R}^n$，$\boldsymbol{v}\in\mathbf{R}^r$，$\boldsymbol{A}\in\mathbf{R}^{n\times n}$，$\boldsymbol{B}\in\mathbf{R}^{n\times r}$。

又假设 $\boldsymbol{A}$ 的所有特征值都有负实部，则该模型参考系统具有一个渐近稳定的平衡状态。

令误差向量为

$$\boldsymbol{e}=\boldsymbol{x}_{\mathrm{d}}-\boldsymbol{x} \tag{5.15}$$

在该问题中，希望通过一个合适的控制向量 $\boldsymbol{u}$，使得误差向量减小到零。由式(5.13)和(5.15)可得

$$\dot{\boldsymbol{e}}=\dot{\boldsymbol{x}}_{\mathrm{d}}-\dot{\boldsymbol{x}}=\boldsymbol{A}\boldsymbol{x}_{\mathrm{d}}+\boldsymbol{B}\boldsymbol{v}-\boldsymbol{f}(\boldsymbol{x},\boldsymbol{u},t)=\boldsymbol{A}\boldsymbol{e}+\boldsymbol{A}\boldsymbol{x}-\boldsymbol{f}(\boldsymbol{x},\boldsymbol{u},t)+\boldsymbol{B}\boldsymbol{v} \tag{5.16}$$

式(5.16)就是误差向量的微分方程。

现在设计一个控制器，使得在稳态时，$\boldsymbol{x}=\boldsymbol{x}_{\mathrm{d}}$ 和 $\dot{\boldsymbol{x}}=\dot{\boldsymbol{x}}_{\mathrm{d}}$ 或 $\boldsymbol{e}=\dot{\boldsymbol{e}}=0$。因此，原点 $\boldsymbol{e}=0$ 是一个平衡状态。

在综合控制向量 $\boldsymbol{u}$ 时，一个方便的出发点就是对式(5.13)给出的系统构造一个李雅普诺夫函数。

假设李雅普诺夫函数的形式为

$$V(\boldsymbol{e})=\boldsymbol{e}^{\mathrm{H}}\boldsymbol{P}\boldsymbol{e}$$

式中,$\boldsymbol{P}$ 为正定的 Hermite 矩阵或实对称矩阵。求 $V(\boldsymbol{e})$ 对时间的导数:

$$\begin{aligned}\dot{V}(\boldsymbol{e})&=\dot{\boldsymbol{e}}^{\mathrm{H}}\boldsymbol{P}\boldsymbol{e}+\boldsymbol{e}^{\mathrm{H}}\boldsymbol{P}\dot{\boldsymbol{e}}\\&=[\boldsymbol{e}^{\mathrm{H}}\boldsymbol{A}^{\mathrm{H}}+\boldsymbol{x}^{\mathrm{H}}\boldsymbol{A}^{\mathrm{H}}-\boldsymbol{f}^{\mathrm{H}}(\boldsymbol{x},\boldsymbol{u},t)+\boldsymbol{v}^{\mathrm{H}}\boldsymbol{B}^{\mathrm{H}}]\boldsymbol{P}\boldsymbol{e}\\&=\boldsymbol{e}^{\mathrm{H}}(\boldsymbol{A}^{\mathrm{H}}\boldsymbol{P}+\boldsymbol{P}\boldsymbol{A})\boldsymbol{e}+2M\end{aligned}\tag{5.17}$$

式中,$M=\boldsymbol{e}^{\mathrm{H}}\boldsymbol{P}[\boldsymbol{A}\boldsymbol{x}-\boldsymbol{f}(\boldsymbol{x},\boldsymbol{u},t)+\boldsymbol{B}\boldsymbol{v}]$ 为标量。

如果:

(1)$\boldsymbol{A}^{\mathrm{H}}\boldsymbol{P}+\boldsymbol{P}\boldsymbol{A}$ 是一个负定矩阵;

(2)控制向量 $\boldsymbol{u}$ 可选择的使标量 M 为非正值。

于是,注意到当 $\|\boldsymbol{e}\|\to\infty$,有 $V(\boldsymbol{e})\to\infty$。要看出:平衡状态 $\boldsymbol{e}=0$ 是大范围渐近稳定的。条件(1)总可通过选择适当的 $\boldsymbol{P}$ 而得到满足,因为 $\boldsymbol{A}$ 的所有特征值均假设具有负实部。因此,这里的问题就是选择一个合适的控制向量 $\boldsymbol{u}$,使得 M 等于 0 或为负值。

下面将通过一个例子来说明如何使用这种方法来设计非线性控制器。

【例 5.7】 考虑由下式描述的非线性时变系统:

$$\begin{bmatrix}\dot{x}_1\\\dot{x}_2\end{bmatrix}=\begin{bmatrix}0&1\\-b&-a(t)x_2\end{bmatrix}\begin{bmatrix}x_1\\x_2\end{bmatrix}+\begin{bmatrix}0\\1\end{bmatrix}\boldsymbol{u}$$

式中,$a(t)$ 是时变参数,b 为正常数。设参考模型的方程为

$$\begin{bmatrix}\dot{x}_{\mathrm{d1}}\\\dot{x}_{\mathrm{d2}}\end{bmatrix}=\begin{bmatrix}0&1\\-\omega_n^2&-2\xi\omega_n\end{bmatrix}\begin{bmatrix}x_{\mathrm{d1}}\\x_{\mathrm{d2}}\end{bmatrix}+\begin{bmatrix}0\\\omega_n^2\end{bmatrix}\boldsymbol{v}\tag{5.18}$$

试设计一个非线性控制器,使得系统能够稳定地工作。

解 定义误差向量为

$$\boldsymbol{e}=\boldsymbol{x}_{\mathrm{d}}-\boldsymbol{x}$$

李雅普诺夫函数为

$$V(\boldsymbol{e})=\boldsymbol{e}^{\mathrm{H}}\boldsymbol{P}\boldsymbol{e}$$

式中,$\boldsymbol{P}$ 为正定实对称矩阵。参照式(5.14),可得

$$\dot{V}(\boldsymbol{e})=\boldsymbol{e}^{\mathrm{H}}(\boldsymbol{A}^{\mathrm{H}}\boldsymbol{P}+\boldsymbol{P}\boldsymbol{A})\boldsymbol{e}+2M$$

式中

$$M=\boldsymbol{e}^{\mathrm{H}}\boldsymbol{P}[\boldsymbol{A}\boldsymbol{x}-\boldsymbol{f}(\boldsymbol{x},\boldsymbol{u},t)+\boldsymbol{B}\boldsymbol{v}]$$

由式(5.15)确定矩阵 $\boldsymbol{A}$ 和 $\boldsymbol{B}$,并选择矩阵

$$\boldsymbol{Q}=\begin{bmatrix}q_{11}&0\\0&q_{22}\end{bmatrix}$$

可得

$$\dot{V}(\boldsymbol{e})=-(q_{11}e_1^2+q_{22}e_2^2)+2M$$

式中

$$M=[e_1\quad e_2]\begin{bmatrix}p_{11}&p_{12}\\p_{12}&p_{22}\end{bmatrix}\left\{\begin{bmatrix}0&1\\-\omega_n^2&-2\xi\omega_n\end{bmatrix}\begin{bmatrix}x_1\\x_2\end{bmatrix}-\begin{bmatrix}0&1\\-b&-a(t)x_2\end{bmatrix}\begin{bmatrix}x_1\\x_2\end{bmatrix}-\begin{bmatrix}0\\\boldsymbol{u}\end{bmatrix}+\begin{bmatrix}0\\\omega_n^2\boldsymbol{v}\end{bmatrix}\right\}$$

$$= (e_1 p_{12} + e_2 p_{22})[-(\omega_n^2 - b)x_1 - 2\xi\omega_n x_2 + a(t)x_2^2 + \omega_n^2 \boldsymbol{v} - \boldsymbol{u}]$$

如果选取 $\boldsymbol{u}$ 使得

$$\boldsymbol{u} = -(\omega_n^2 - b)x_1 - 2\xi\omega_n x_2 + \omega_n^2 \boldsymbol{v} + a_m x_2^2 \operatorname{sign}(e_1 p_{12} + e_2 p_{22}) \tag{5.19}$$

式中

$$a_m = \max|a(t)|$$

则

$$M = (e_1 p_{12} + e_2 p_{22})[a(t) - a_m \operatorname{sign}(e_1 p_{12} + e_2 p_{22})]x_2^2 \leqslant 0$$

采用由式(5.19)给出的控制函数 $\boldsymbol{u}$ 时,平衡状态 $\boldsymbol{e}=0$ 就是大范围渐近稳定的。因此,式(5.19)确定了一个非线性控制律,它将保证系统渐近稳定地工作。

注意,瞬态响应收敛的速度取决于矩阵 $\boldsymbol{P}$,矩阵 $\boldsymbol{P}$ 取决于设计开始阶段所取的矩阵 $\boldsymbol{Q}$。

5.4.3 克拉索夫斯基方法

克拉索夫斯基定理给出了非线性系统平衡状态渐近稳定的充分条件。非线性系统的平衡状态即使不满足上述定理所要求的条件,也可能是稳定的。因此,在应用克拉索夫斯基定理时,必须十分小心,以防对给定的非线性系统平衡状态的稳定性分析做出错误的结论。

1. 方法原理

非线性定常系统的状态方程为

$$\begin{cases} \dot{\boldsymbol{x}} = \boldsymbol{f}(\boldsymbol{x}) \\ \boldsymbol{f}(0) = 0 \end{cases}$$

式中,$\boldsymbol{x}$ 和 $\boldsymbol{f}(\boldsymbol{x})$ 均为 n 维向量。$\boldsymbol{f}_i(\boldsymbol{x}) = \boldsymbol{f}_i(x_1, x_2, \cdots, x_n)$ 为非线性多元函数,对各 $x_i(i=1,2,\cdots,n)$ 都具有连续的偏导数。构造李雅普诺夫函数如下:

$$V(\boldsymbol{x}) = \dot{\boldsymbol{x}}^{\mathrm{T}} \boldsymbol{W} \dot{\boldsymbol{x}} = \boldsymbol{f}^{\mathrm{T}}(\boldsymbol{x}) \boldsymbol{W} \boldsymbol{f}(\boldsymbol{x})$$

式中, $\boldsymbol{W}$ 为 $n \times n$ 维正定对称常数矩阵。且

$$\dot{V}(\boldsymbol{x}) = \dot{\boldsymbol{f}}^{\mathrm{T}}(\boldsymbol{x}) \boldsymbol{W} \boldsymbol{f}(\boldsymbol{x}) + \boldsymbol{f}^{\mathrm{T}}(\boldsymbol{x}) \boldsymbol{W} \dot{\boldsymbol{f}}(\boldsymbol{x})$$

而

$$\dot{\boldsymbol{f}}(\boldsymbol{x}) = \frac{\mathrm{d}\boldsymbol{f}(\boldsymbol{x})}{\mathrm{d}t} = \frac{\partial \boldsymbol{f}(\boldsymbol{x})}{\partial \boldsymbol{x}} \frac{\mathrm{d}\boldsymbol{x}}{\mathrm{d}t} = \frac{\partial \boldsymbol{f}(x)}{\partial \boldsymbol{x}} \dot{\boldsymbol{x}} = \boldsymbol{J}(\boldsymbol{x}) \boldsymbol{f}(\boldsymbol{x})$$

式中,$\boldsymbol{J}(\boldsymbol{x}) = \dfrac{\partial \boldsymbol{f}(\boldsymbol{x})}{\partial \boldsymbol{x}} = \begin{bmatrix} \dfrac{\partial f_1(x)}{\partial x_1} & \dfrac{\partial f_1(x)}{\partial x_2} & \cdots & \dfrac{\partial f_1(x)}{\partial x_n} \\ \dfrac{\partial f_2(x)}{\partial x_1} & \dfrac{\partial f_2(x)}{\partial x_2} & \cdots & \dfrac{\partial f_2(x)}{\partial x_n} \\ \vdots & \vdots & & \vdots \\ \dfrac{\partial f_n(x)}{\partial x_1} & \dfrac{\partial f_n(x)}{\partial x_2} & \cdots & \dfrac{\partial f_n(x)}{\partial x_n} \end{bmatrix}$ 称为雅可比矩阵。则

$$\begin{aligned} \dot{V}(\boldsymbol{x}) &= [\boldsymbol{J}(\boldsymbol{x}) \boldsymbol{f}(\boldsymbol{x})]^{\mathrm{T}} \boldsymbol{W} \boldsymbol{f}(\boldsymbol{x}) + \boldsymbol{f}^{\mathrm{T}}(\boldsymbol{x}) \boldsymbol{W} \boldsymbol{J}(\boldsymbol{x}) \boldsymbol{f}(\boldsymbol{x}) \\ &= \boldsymbol{f}^{\mathrm{T}}(\boldsymbol{x})[\boldsymbol{J}^{\mathrm{T}}(\boldsymbol{x}) \boldsymbol{W} + \boldsymbol{W} \boldsymbol{J}(\boldsymbol{x})] \boldsymbol{f}(\boldsymbol{x}) \\ &= \boldsymbol{f}^{\mathrm{T}}(\boldsymbol{x}) \boldsymbol{S}(\boldsymbol{x}) \boldsymbol{f}(\boldsymbol{x}) \end{aligned}$$

式中

$$\boldsymbol{S}(\boldsymbol{x}) = \boldsymbol{J}^{\mathrm{T}}(\boldsymbol{x}) \boldsymbol{W} + \boldsymbol{W} \boldsymbol{J}(\boldsymbol{x})$$

如果 $\boldsymbol{S}(\boldsymbol{x})$ 是负定的,则 $\dot{V}(\boldsymbol{x})$ 是负定的,而 $V(\boldsymbol{x})$ 是正定的,故 $\boldsymbol{x}_e = 0$ 是一致渐近稳定的。

如果 $\|\boldsymbol{x}\|\to\infty$，$V(\boldsymbol{x})\to\infty$，则 $\boldsymbol{x}_e=0$ 是大范围一致渐近稳定的。为简便起见，通常取 $\boldsymbol{W}=\boldsymbol{I}$，这时 $\boldsymbol{S}(\boldsymbol{x})=\boldsymbol{J}^{\mathrm{T}}(\boldsymbol{x})+\boldsymbol{J}(\boldsymbol{x})$。

2. 示例

【例 5.8】　非线性定常系统状态方程为

$$\begin{cases}\dot{x}_1=-x_1\\ \dot{x}_2=x_1-x_2-x_2^3\end{cases}$$

试分析 $\boldsymbol{x}_e=0$ 的稳定性。

解　由题可知

$$\boldsymbol{f}(\boldsymbol{x})=\begin{bmatrix}\dot{x}_1=-x_1\\ \dot{x}_2=x_1-x_2-x_2^3\end{bmatrix}$$

雅可比矩阵为

$$\boldsymbol{J}(\boldsymbol{x})=\frac{\partial\boldsymbol{f}(\boldsymbol{x})}{\partial\boldsymbol{x}}=\begin{bmatrix}\dfrac{\partial f_1(x)}{\partial x_1} & \dfrac{\partial f_1(x)}{\partial x_2}\\ \dfrac{\partial f_2(x)}{\partial x_1} & \dfrac{\partial f_2(x)}{\partial x_2}\end{bmatrix}=\begin{bmatrix}-1 & 0\\ 1 & -1-3x_2^2\end{bmatrix}$$

选择 $\boldsymbol{W}=\boldsymbol{I}$，则

$$\begin{aligned}\boldsymbol{S}(\boldsymbol{x})&=\boldsymbol{J}^{\mathrm{T}}(\boldsymbol{x})+\boldsymbol{J}(\boldsymbol{x})\\ &=\begin{bmatrix}-1 & 1\\ 0 & -1-3x_2^2\end{bmatrix}+\begin{bmatrix}-1 & 0\\ 1 & -1-3x_2^2\end{bmatrix}=\begin{bmatrix}-2 & 1\\ 1 & -2-6x_2^2\end{bmatrix}\end{aligned}$$

检验 $\boldsymbol{S}(\boldsymbol{x})$ 的各阶主子式：

$$-2<0,\ \det\begin{bmatrix}-2 & 1\\ 1 & -2-6x_2^2\end{bmatrix}=3+12x_2^2>0$$

并且 $\|\boldsymbol{x}\|\to\infty$ 时，有

$$V(\boldsymbol{x})=\boldsymbol{f}^T(\boldsymbol{x})\boldsymbol{f}(\boldsymbol{x})=x_1^2+(x_1-x_2-x_2^3)^2\to\infty$$

显然，$\boldsymbol{S}(\boldsymbol{x})$ 是负定的，$V(\boldsymbol{x})$ 是正定的，$\boldsymbol{x}_e=0$ 是大范围一致渐近稳定的。

5.5　MATLAB 求解李雅普诺夫方程

本章涉及的计算问题为线性定常连续、离散系统的李雅普诺夫稳定性分析，主要为对称矩阵的定号性（正定性）判定，连续、离散李雅普诺夫矩阵代数方程求解等。本节将讨论上述问题基于 MATLAB 的求解。下面分别介绍对称矩阵的定号性（正定性）的判定、线性定常连续系统的李雅普诺夫稳定性的判定以及线性定常离散系统的李雅普诺夫稳定性的判定问题。

5.5.1　对称矩阵的定号性（正定性）的判定

判别对称矩阵的定号性（正定性）的方法主要有：塞尔维斯特定理判别法、矩阵特征值判别法和合同变换法。

塞尔维斯特定理判别法主要用于判别正定和负定，难以判别非正定、非负定和不定；矩阵特征值判别法的计算量大且计算复杂，其计算精度和数值特性有局限性；而合同变换法计算简单，稍加改进可成为一个良好的判别矩阵定号性的数值算法。

本节采用求解线性方程组的主元消元法的思想，编制了基于合同变换法的矩阵定号性

(正定性)的判定函数 posit_def()。通过该函数可以方便地判定对称矩阵的定号性。

函数posit_def()的 MATLAB 程序代码如下:

```
function sym_P = posit_def(P)                    %定义函数 posit_def()
[m,n] = size(P);                                 %取 P 矩阵的维数大小 n
if n>1                                           %若 n>1,则对 P 进行合同变
    for i = 1:n-1                                换
        for j = i:n                              %对非对角线元素进行消元
          dia_v(j) = abs(P(j,j));                %取未消元的对角线绝对值
        end                                      %求对角线绝对值的最大者
        [mindv,imin] = max(dia_v(i:n));          %将对角线绝对值最大值所在
        imin = imin + i - 1;                       的行和列与当前行列交换
        if mindv >0
        if imin > i
          a = P(imin,:);                         %对当前行列的非对角线元素
          P(imin,:) = P(i,:);                      进行消元
          P(i,:) = a;
          b = P(:,imin);
          P(:,imin) = P(:,i);
          P(:,i) = b;
        end
         for j = i+1:n
             x = P(i,j)/P(i,i);
             P(:,j) = P(:,j) - P(:,i) * x;
P(j,:) = P(j,:) - P(i,:) * x;
end
end
end
end
for i = 1:n                                      %取所有对角线元素
      dia_vect(i) = P(i,i);
end
mindv = min(dia_v);                              %计算对角线元素的最大值与
maxdv = max(dia_v);                                最小值
if mindv >0                                      %若最小值>0,则矩阵正定
      sym_P = 'positive';
elseif mindv > =0                                %若最小值≥0,则矩阵非负定
      sym_P = 'nonnegat';
elseif maxdv <0                                  %若最大值<0,则矩阵负定
      sym_P = 'negative';
```

```
    elseif maxdv < =0                              % 若最大值≤0,则矩阵非正定
        sym_P = 'nonposit';
    else                                           % 否则矩阵为不定
        sym_P = 'undifini';
    end
```

判定矩阵正定性的函数 posit_def( )的主要调用格式为

sym_P = posit_def(P)

其中,输入矩阵 $\boldsymbol{P}$ 须为对称矩阵,输出 sym_P 为描述矩阵 $\boldsymbol{P}$ 的符号串。输出 sym_P 为'positive','nonnegat','negative','nonposit'和'undifini'分别表示输入矩阵 $\boldsymbol{P}$ 为正定、非负定(半正定)、负定、非正定(半负定)与不定。

【例 5.9】 试在 MATLAB 中判定实对称矩阵

$$\boldsymbol{P}=\begin{bmatrix}1 & -1 & -1\\ -1 & 3 & 2\\ -1 & 2 & 5\end{bmatrix}$$

是否正定。

解 MATLAB 程序代码如下:

```
P = [1 -1 -1; -1 3 2; -1 2 5];
result_state = posit_def(P);       % 采用合同变换法判定矩阵定号性
switch  result_state(1:5)          % 运用开关语句,分类陈述矩阵正定与否的判定结果
    case  'posit'
        disp('The matrix is a positive definite matrix.')
    otherwise
        disp('The matrix is not a positive definite matrix.')
end
```

程序运行结果如下:

```
The matrix is not a positive definite matrix.
```

程序运行结果表明所判定的矩阵不是正定的。

5.5.2 线性定常连续系统的李雅普诺夫稳定性

MATLAB 提供了求解连续李雅普诺夫矩阵代数方程的函数 lyap( )。基于此函数求解李雅普诺夫方程所得对称矩阵解后,通过判定该解矩阵的正定性来判定线性定常连续系统的李雅普诺夫稳定性。

函数 lyap( )的主要调用格式为

P = lyap(A,Q)

其中,矩阵 $\boldsymbol{A}$ 和 $\boldsymbol{Q}$ 分别为连续时间李雅普诺夫矩阵代数方程 $\boldsymbol{PA}+\boldsymbol{A}^{\mathrm{H}}\boldsymbol{P}=-\boldsymbol{Q}$ 的已知矩阵,即输入条件,而 $\boldsymbol{P}$ 为该矩阵代数方程的对称矩阵解。在求得对称矩阵 $\boldsymbol{P}$ 后,通过判定 $\boldsymbol{P}$ 是否正定,可以判定系统的李雅普诺夫稳定性。

【例 5.10】 试在 MATLAB 中判定系统

$$\begin{bmatrix}\dot{x}_1\\ \dot{x}_2\end{bmatrix}=\begin{bmatrix}0 & 1\\ -1 & -1\end{bmatrix}\begin{bmatrix}x_1\\ x_2\end{bmatrix}$$

的李雅普诺夫稳定性。

解 下面分别先用矩阵特征值和合同变换两种方法来判定李雅普诺夫方程的解的正定性,然后再判定线性系统的渐近稳定性。

MATLAB 程序代码如下:

```
A = [0 1; -1 -1];
Q = eye(size(A,1));          % 取 Q 矩阵为与 A 矩阵同维的单位矩阵
P = lyap(A,Q);               % 解李雅普诺夫代数方程,得对称矩阵解 P
P_eig = eig(P);              % 求 P 的所有特征值
If min(P_eig) > 0            % 若对称矩阵 P 的所有特征值大于 0,则矩阵 P 正定,即系统为李雅普诺夫稳定的
    disp('The system is Lypunov stable.')
    else                     % 否则为不稳定
    disp('The system is not Lypunov stable.')
end
result_state = posit_def(P); % 用合同变换法判别矩阵 P 的正定性
switch  result_state(1:8)
    case 'positiv'           % 若矩阵 P 正定,则系统为李雅普诺夫稳定的
        disp('The system is Lypunov stable. ')
    otherwise                % 否则为不稳定
        disp('The system is not Lypunov stable.')
end
```

程序运行结果如下:

```
The system is Lypunov stable.
The system is Lypunov stable.
```

两种判别方法均表明所判定的系统为李雅普诺夫稳定的。

5.5.3 线性定常离散系统的李雅普诺夫稳定性

与连续系统一样,MATLAB 提供了求解离散李雅普诺夫矩阵代数方程的函数 dlyap()。基于此函数求解李雅普诺夫方程所得的解矩阵以及 5.5.1 介绍的判定矩阵正定性函数 posit_def(),用户可以方便地判定线性定常离散系统的李雅普诺夫稳定性。

与连续李雅普诺夫矩阵代数方程函数 lyap()的调用格式类似,函数 dlyap()的主要调用格式为

```
P = dlyap(G,Q)
```

其中,矩阵“G”和“Q”分别为需求解的离散时间李雅普诺夫矩阵代数方程

$$\boldsymbol{G}^{\mathrm{H}}\boldsymbol{P}\boldsymbol{G}-\boldsymbol{P}=-\boldsymbol{Q}$$

的已知矩阵,即输入条件;而“P”为该矩阵代数方程的对称矩阵解。

【例 5.11】 试在 MATLAB 中判定系统

$$\begin{bmatrix} x_1(k+1) \\ x_2(k+1) \end{bmatrix} = \begin{bmatrix} 0 & 1 \\ -0.5 & -1 \end{bmatrix} \begin{bmatrix} x_1(k) \\ x_2(k) \end{bmatrix}$$

的李雅普诺夫稳定性。

解 MATLAB 程序代码如下:

```
G = [0 1; -0.5  -1];
Q = eye(size(G,1));
P = dlyap(G,Q);
result_state = posit_def(P);
switch   result_state(1:5)
     case  'posit'
          disp('The system is Lypunov stable.  ')
     otherwise
          disp('The system is not Lypunov stable. ')
end
```

程序运行结果如下:

```
The system is Lypunov stable.
```

程序运行结果表明所判定的系统为李雅普诺夫稳定的。

本 章 小 结

控制系统的稳定性分析是研究与设计系统的首要前提。系统的稳定性是指在外界扰动作用后,系统仍有能力恢复到原来平衡状态的特性。“李雅普诺夫第一法”和“李雅普诺夫第二法”是判定系统稳定性的具有普遍意义的两种方法,尤其是后者对于任何系统的稳定性分析都是适用的,但是应用时不易寻求李雅普诺夫函数是其局限性。

本章讨论动力学系统的李雅普诺夫稳定性分析。它深刻刻画了动力学系统的内部运动状态的发展变化规律,是具有普适性的稳定性方法。5.1 节首先给出了动力学系统的平衡态定义、稳定性的局部性概念,然后讨论了李雅普诺夫稳定、渐近稳定、不稳定等稳定性概念的定义。5.2 节首先讨论了基于非线性系统的线性化以及线性定常系统输入、输出稳定性判据的李雅普诺夫第一法;然后从能量变化观点讨论了平衡态邻域的稳定性,着重讨论了基于李雅普诺夫函数的变化趋势分析的动力学系统稳定性分析的普适性方法——李雅普诺夫第二法。5.3 节深入讨论了基于李雅普诺夫第二法的线性定常连续系统、线性时变连续系统和线性定常离散系统的稳定性分析,导出了相应的李雅普诺夫矩阵代数(或微分)方程。5.4 节针对非线性系统的李雅普诺夫稳定性分析问题,深入讨论了李雅普诺夫函数的构造及非线性系统稳定性分析方法——克拉索夫斯基法。最后,5.5 节介绍了对称矩阵的定号性(正定性)判定、李雅普诺夫矩阵代数方程求解、线性定常系统的李雅普诺夫稳定性分析等问题的 MATLAB 程序编制和计算方法。

推荐阅读资料

[1]罗抟翼.信号、系统与自动控制原理[M].北京:机械工业出版社,2000.
[2]刘豹.现代控制理论[M].2版.北京:机械工业出版社,1997.
[3]黄辉先.现代控制理论基础[M].长沙:湖南大学出版社,2006.
[4]薛定宇.反馈控制系统设计与分析——MATLAB语言应用[M].北京:清华大学出版社,2000.
[5]钟秋海.现代控制理论[M].武汉:华中科技大学出版社,2007.
[6]邱德润,陈日新,黄辉先,等.信号、系统与控制理论[M].北京:北京大学出版社,2010.

习　题

5.1　试确定二次型

$$Q = x_1^2 + 4x_2^2 + x_3^2 + 2x_1x_2 - 6x_2x_3 - 2x_1x_3$$

是否为正定的。

5.2　试确定二次型

$$Q = -x_1^2 - 3x_2^2 - 11x_3^2 + 2x_1x_2 - 4x_2x_3 - 2x_1x_3$$

是否为负定的。

(提示:二次型 $Q(x)$ 可写为

$$Q(\boldsymbol{x}) = \boldsymbol{x}^{\mathrm{T}}\boldsymbol{P}\boldsymbol{x} = [x_1 \quad x_2 \quad \cdots \quad x_n]\begin{bmatrix} p_{11} & p_{12} & \cdots & p_{1n} \\ p_{12} & p_{22} & \cdots & p_{2n} \\ \vdots & \vdots & & \vdots \\ p_{1n} & p_{2n} & \cdots & p_{nn} \end{bmatrix}\begin{bmatrix} x_1 \\ x_2 \\ \vdots \\ x_n \end{bmatrix}$$

通过判定矩阵 $\boldsymbol{P}$ 的所有主子行列式是否均为负值,来确定二次型是否为负定。)

5.3　试确定非线性系统

$$\begin{cases} \dot{x}_1 = x_2 \\ \dot{x}_2 = -x_1^3 - x_2 \end{cases}$$

的原点稳定性。

5.4　试写出系统

$$\begin{bmatrix} \dot{x}_1 \\ \dot{x}_2 \end{bmatrix} = \begin{bmatrix} -1 & 1 \\ 2 & -3 \end{bmatrix}\begin{bmatrix} x_1 \\ x_2 \end{bmatrix}$$

的几个李雅普诺夫函数,并确定该系统原点的稳定性。

5.5　试确定线性系统

$$\begin{cases} \dot{x}_1 = -x_1 - 2x_2 + 2 \\ \dot{x}_2 = x_1 - 4x_2 - 1 \end{cases}$$

平衡状态的稳定性。(提示:坐标平移,判定系统关于原点的平衡状态是否是大范围渐近稳定的。)

5.6　试用李雅普诺夫理论求系统

$$\begin{bmatrix} \dot{x}_1 \\ \dot{x}_2 \end{bmatrix} = \begin{bmatrix} 1 & -1 \\ 2 & K \end{bmatrix}\begin{bmatrix} x_1 \\ x_2 \end{bmatrix}$$

稳定时 K 的取值范围。

6

线性定常系统的综合设计

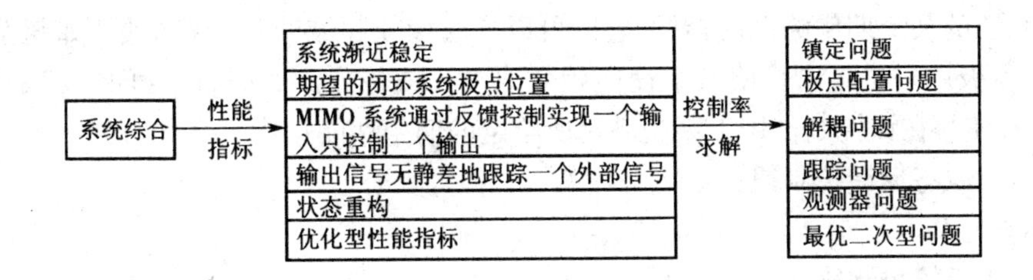

教学目的与要求

理解状态空间分析方法在系统控制与综合中的应用理论和方法,掌握状态反馈与极点配置、系统镇定、系统解耦、状态观测器以及带观测器的状态反馈闭环系统。

掌握状态反馈与极点配置问题的 MATLAB 计算与程序设计。

导入案例

在许多工程问题中,特别是过程控制中,解耦控制有着重要的意义。目前许多航天、发电、化工等方面难于投入运行的控制系统,不少是由于耦合不当造成的,因此解耦问题的研究十分重要。

前面介绍的内容都属于系统的描述与分析。系统的描述主要解决系统的建模、各种数学模型(时域、频域、内部、外部描述)之间的相互转换等;系统的分析,则主要研究系统的定量变化规律(如状态方程的解,即系统的运动分析等)和定性行为(如能控性、能观性、稳定性等)。而综合与设计问题则与此相反,即在已知系统结构和参数(被控系统数学模型)的基础上,寻求控制规律,以使系统具有某种期望的性能。一般说来,这种控制规律常取反馈形式,因为无论是在抗干扰性或鲁棒性能方面,反馈闭环系统的性能都远优于非反馈或开环系统。在本章中,将以状态空间描述和状态空间方法为基础,在时域中讨论线性反馈控制规律的综合与设计方法。

本章将首先讨论状态反馈和输出反馈、极点配置问题。在此基础上,将讨论利用极点配置法设计控制系统。以一个受制于初始条件的倒立摆系统为例,当施加给小车一个阶跃输入时,其在规定的时间内可返回到垂直位置使系统稳定。其次还将讨论状态观测器的设计,最后研究含积分器的伺服系统和不含积分器的伺服系统。

6.1 引言

作为综合问题,将必须考虑三方面的因素,即①抗外部干扰问题;②抗内部结构与参数的扰动问题,即鲁棒性(Robustness)问题;③控制规律的工程实现问题。

一般说来,综合和设计是两个有区别的概念。综合将在考虑工程可实现或可行的前提下,来确定控制规律 $\boldsymbol{u}$;而对设计,则还必须考虑许多实际问题,如控制器物理实现中线路的选择、元件的选用、参数的确定等。

6.1.1 问题的提出

给定系统的状态空间描述:

$$\boldsymbol{Q}=[\boldsymbol{B} \mid \boldsymbol{AB} \mid \cdots \mid \boldsymbol{A}^{n-1}\boldsymbol{B}]$$

若再给定系统的某个期望的性能指标,它既可以是时域或频域的某种特征量(如超调量、过渡过程时间、零极点),也可以是使某个性能函数取极小或极大。此时,综合问题就是寻求一个控制作用 $\boldsymbol{u}$,使得在该控制作用下系统满足所给定的期望性能指标。

对于线性状态反馈控制律:

$$\boldsymbol{u}=-\boldsymbol{Kx}+\boldsymbol{r}$$

对于线性输出反馈控制律:

$$\boldsymbol{u}=-\boldsymbol{Hy}+\boldsymbol{r}$$

式中,$\boldsymbol{r}$ 为 $r\times 1$ 维参考输入,$\boldsymbol{K}$ 为 $r\times n$ 维状态反馈系数矩阵或状态反馈增益矩阵,$\boldsymbol{H}$ 为 $r\times m$ 维输出反馈增益矩阵。

由此构成的闭环反馈系统分别为

$$\begin{cases}\dot{\boldsymbol{x}}=(\boldsymbol{A}-\boldsymbol{BK})\boldsymbol{x}+\boldsymbol{Br}\\ \boldsymbol{y}=\boldsymbol{Cx}\end{cases}$$

和

$$\begin{cases}\dot{\boldsymbol{x}}=(\boldsymbol{A}-\boldsymbol{BHC})\boldsymbol{x}+\boldsymbol{Br}\\ \boldsymbol{y}=\boldsymbol{Cx}\end{cases}$$

把状态反馈系统的系统矩阵记为 $\boldsymbol{A}_K$,把输出反馈系统的系统矩阵记为 $\boldsymbol{A}_H$,则有

$$\boldsymbol{A}_K=\boldsymbol{A}-\boldsymbol{BK}$$
$$\boldsymbol{A}_H=\boldsymbol{A}-\boldsymbol{BHC}$$

则状态反馈系统和输出反馈系统分别为

$$\boldsymbol{\Sigma}_K(\boldsymbol{A}-\boldsymbol{BK},\boldsymbol{B},\boldsymbol{C})$$

和

$$\boldsymbol{\Sigma}_H(\boldsymbol{A}-\boldsymbol{BHC},\boldsymbol{B},\boldsymbol{C})$$

因此,闭环传递函数矩阵的形式为

$$\boldsymbol{W}_K(s)=\boldsymbol{C}^{-1}[s\boldsymbol{I}-(\boldsymbol{A}-\boldsymbol{BK})]^{-1}\boldsymbol{B}$$
$$\boldsymbol{W}_H(s)=\boldsymbol{C}^{-1}[s\boldsymbol{I}-(\boldsymbol{A}-\boldsymbol{BHC})]^{-1}\boldsymbol{B}$$

6.1.2　性能指标的类型

总的来说,综合问题中的性能指标可分为非优化型和优化型性能指标两类。两者的差别为:非优化型指标是一类不等式型的指标,即只要性能值达到或好于期望指标就算是实现了综合目标;而优化型指标则是一类极值型指标,综合目标是使性能指标在所有可能的控制中使其取极小或极大值。

对于非优化型性能指标,可以有多种提法,常用的提法有如以下几种。

(1)以渐近稳定作为性能指标,相应的综合问题称为镇定问题;可镇定的概念为系统不完全能控,但不能控的极点在 s 的左半平面。

(2)以一组期望的闭环系统极点作为性能指标,相应的综合问题称为极点配置问题。从线性定常系统的运动分析中可知,如时域中的超调量、过渡过程时间及频域中的增益稳定裕度、相位稳定裕度,都可以被认为等价于系统极点的位置,因此相应的综合问题都可视为极点配置问题。

(3)以使一个多输入多输出系统实现"一个输入只控制一个输出"作为性能指标,相应的综合问题称为解耦问题。解耦问题是多输入多输出系统综合理论中的重要组成部分。对于一般的多输入多输出受控系统来说,系统的每个输入分量通常与各个输出分量都互相关联(耦合),即一个输入分量可以控制多个输出分量。或反过来说,一个输出分量受多个输入分量的控制。这给系统的分析和设计带来很大的麻烦。其设计目的是寻求适当的控制率,使输入、输出相互关联的多变量系统实现每一个输出仅受相应的一个输入控制,每一个输入也仅能控制相应的一个输出,这样的问题称为解耦问题。所谓解耦控制,就是寻求合适的控制规律,使闭环系统实现一个输出分量仅仅受一个输入分量的控制,也就是实现一对一控制,从而解除输入与输出间的耦合。实现解耦控制的方法有两类:一类称为串联补偿器解耦,另一类称为状态反馈解耦。前者是频域方法,后者是时域方法。在工业过程控制中,解耦控制有着重要的应用。

(4)以使系统的输出 $\boldsymbol{y}(t)$ 无静差地跟踪一个外部信号 $\boldsymbol{y}_0(t)$ 作为性能指标,相应的综合问题称为跟踪问题。

(5)对于优化型性能指标,则通常取为相对于状态 $\boldsymbol{x}$ 和控制 $\boldsymbol{u}$ 的二次型积分性能指标,即

$$\boldsymbol{J}[\boldsymbol{u}(t)] = \int_0^{\infty} (\boldsymbol{x}^{\mathrm{T}}\boldsymbol{Q}\boldsymbol{x} + \boldsymbol{u}^{\mathrm{T}}\boldsymbol{R}\boldsymbol{u})\,\mathrm{d}t$$

式中,加权矩阵 $\boldsymbol{Q} = \boldsymbol{Q}^{\mathrm{T}} > 0$ 或 $\geqslant 0$, $\boldsymbol{R} = \boldsymbol{R}^{\mathrm{T}} > 0$ 且 $(\boldsymbol{A}, \boldsymbol{Q}^{1/2})$ 能观测。综合的任务就是确定 $\boldsymbol{u}^*(t)$,使相应的性能指标 $\boldsymbol{J}[\boldsymbol{u}^*(t)]$ 极小。通常,将这样的控制 $\boldsymbol{u}^*(t)$ 称为最优控制,确切地说是线性二次型最优控制问题,一般也称作 LQ 或 LQR(Linear Quadratic Regulator)问题。

6.1.3　研究综合问题的主要内容

研究综合问题的主要内容有两个方面。

1. 可综合条件

可综合条件也就是控制规律的存在性问题。可综合条件的建立,可避免综合过程的盲目性。

2. 控制规律的算法问题

这是问题的关键。作为一个算法,评价其优劣的主要标准是数值稳定性,即是否出现截断或舍入误差在计算积累过程中放大的问题。一般地说,如果问题不是病态的,而所采用的算法

又是数值稳定的，则所得结果通常是好的。

6.2 状态反馈和输出反馈

控制系统采用反馈控制改善系统的动态性能，无论在经典控制理论还是在现代控制理论中，反馈控制都是控制系统的主要方式。经典控制理论中习惯于采取系统输出量作为反馈量，而现代控制理论中可以采用状态反馈和输出反馈两种控制方式。

6.2.1 状态反馈

状态反馈就是将每一个状态变量按一定的反馈系数送到输入端与参考输入相叠加，将叠加后的偏差作为系统的净控制输入，其结构如图 6.1 所示。

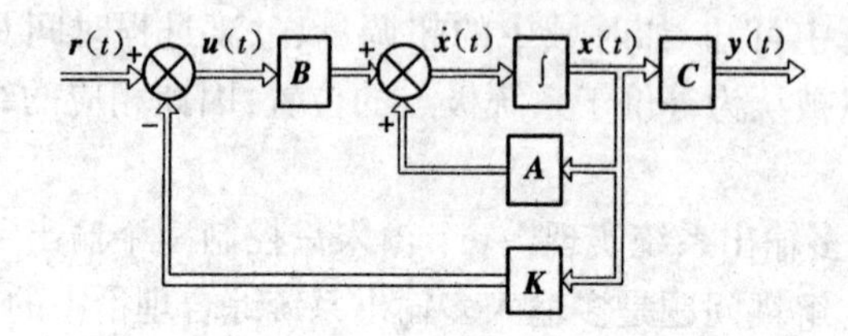

图 6.1 状态反馈系统结构图

假设受控系统 $\Sigma_0(\boldsymbol{A},\boldsymbol{B},\boldsymbol{C})$ 的状态空间表达式为

$$\begin{cases}\dot{\boldsymbol{x}}=\boldsymbol{A}\boldsymbol{x}+\boldsymbol{B}\boldsymbol{u}\\ \boldsymbol{y}=\boldsymbol{C}\boldsymbol{x}\end{cases} \tag{6.1}$$

式中，$\boldsymbol{A}$ 为 $n\times n$ 维矩阵，$\boldsymbol{B}$ 为 $n\times r$ 维矩阵，$\boldsymbol{C}$ 为 $m\times n$ 维矩阵。

状态线性反馈控制

$$\boldsymbol{u}=\boldsymbol{r}-\boldsymbol{K}\boldsymbol{x} \tag{6.2}$$

式中，$\boldsymbol{r}$ 为 $r\times 1$ 维参考输入；$\boldsymbol{K}$ 为 $r\times n$ 维状态反馈系数矩阵或状态反馈增益矩阵，对于单输入系统，$\boldsymbol{K}$ 为 $1\times n$ 维行向量。

将式(6.2)代入式(6.1)中，可得到状态反馈闭环系统状态空间表达式为

$$\begin{cases}\dot{\boldsymbol{x}}=(\boldsymbol{A}-\boldsymbol{B}\boldsymbol{K})\boldsymbol{x}+\boldsymbol{B}\boldsymbol{r}\\ \boldsymbol{y}=\boldsymbol{C}\boldsymbol{x}\end{cases} \tag{6.3}$$

简记为 $\boldsymbol{\Sigma}_K[(\boldsymbol{A}-\boldsymbol{B}\boldsymbol{K}),\ \boldsymbol{B},\ \boldsymbol{C}]$ 。该系统的闭环传递函数为

$$\boldsymbol{W}_K(s)=\boldsymbol{C}\ (s\boldsymbol{I}-\boldsymbol{A}+\boldsymbol{B}\boldsymbol{K})^{-1}\ \boldsymbol{B} \tag{6.4}$$

比较开环系统 $\Sigma_0(\boldsymbol{A},\boldsymbol{B},\boldsymbol{C})$ 和闭环系统 $\Sigma_k[(\boldsymbol{A}-\boldsymbol{B}\boldsymbol{K}),\ \boldsymbol{B},\ \boldsymbol{C}]$ 可见，状态反馈阵 $\boldsymbol{K}$ 的引入，并不增加系统的维数，也没有增加新的状态变量，但可通过 $\boldsymbol{K}$ 的选择自由地改变闭环系统的特征值，从而使系统获得所要求的性能。

6.2.2 输出反馈

经典控制理论中的闭环控制都是采用输出反馈，这里介绍用状态空间表达式的多变量系统的输出反馈。

设受控系统的状态空间表达式为式(6.1)，现引入输出反馈，其结构图如图 6.2 所示。

受控系统的净控制输入为

$$\boldsymbol{u}=\boldsymbol{r}-\boldsymbol{H}\boldsymbol{y} \tag{6.5}$$

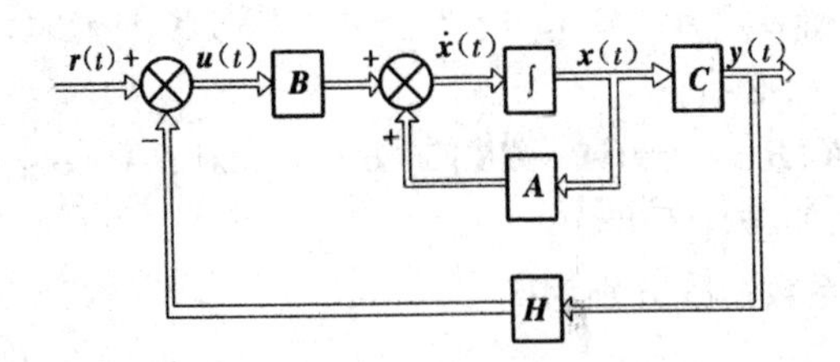

图 6.2 输出反馈系统结构图

式中，$\boldsymbol{H}$ 为 $r\times m$ 维输出反馈增益矩阵，对于单输出系统，$\boldsymbol{H}$ 为 $r\times 1$ 维列向量。

将式(6.5)代入式(6.1)中，可得输出反馈闭环系统的状态空间表达式为

$$\begin{cases}\dot{\boldsymbol{x}}=(\boldsymbol{A}-\boldsymbol{BHC})\boldsymbol{x}+\boldsymbol{Br}\\ \boldsymbol{y}=\boldsymbol{Cx}\end{cases} \tag{6.6}$$

简记为 $\Sigma_H[(\boldsymbol{A}-\boldsymbol{BHC}),\boldsymbol{B},\boldsymbol{C}]$。该系统的闭环传递函数为

$$\boldsymbol{G}_H(s)=\boldsymbol{C}(s\boldsymbol{I}-\boldsymbol{A}+\boldsymbol{BHC})^{-1}\boldsymbol{B} \tag{6.7}$$

若原受控系统的传递函数为

$$\boldsymbol{G}_0(s)=\boldsymbol{C}(s\boldsymbol{I}-\boldsymbol{A})^{-1}\boldsymbol{B} \tag{6.8}$$

则 $\boldsymbol{G}_0(s)$ 与 $\boldsymbol{G}_H(s)$ 有如下关系：

$$\boldsymbol{G}_H(s)=[\boldsymbol{I}+\boldsymbol{G}_0(s)H]^{-1}G_0(s) \tag{6.9}$$

比较上述两种基本形式的反馈可以看出，输出反馈中的 $\boldsymbol{HC}$ 与状态反馈中的 $\boldsymbol{K}$ 相当。但由于 $m<n$，所以 $\boldsymbol{H}$ 可供选择的自由度远比 $\boldsymbol{K}$ 小，因而输出反馈只能相当于一种部分状态反馈。只有当 $\boldsymbol{C}=\boldsymbol{I}$ 时，$\boldsymbol{HC}=\boldsymbol{K}$，才能等同于全状态反馈。因此，在不增加补偿器的条件下，输出反馈的效果显然不如状态反馈系统好，但输出反馈在技术实现上的方便性是其突出优点。

6.2.3 闭环系统的能控性和能观性

引入上述两种反馈构成闭环系统后，系统的能控性和能观性是关系到能否实现状态控制和状态观测的重要问题。

【定理 6.1】 状态反馈不改变原受控系统 $\Sigma_0(\boldsymbol{A},\boldsymbol{B},\boldsymbol{C})$ 的能控性，但却不一定保持系统的能观性。

证明 只证能控性不变。这里只要证明它们的能控判别矩阵同秩即可。

原受控系统 $\Sigma_0(\boldsymbol{A},\boldsymbol{B},\boldsymbol{C})$ 的能控性矩阵为

$$[\boldsymbol{B}\ \vdots\ \boldsymbol{AB}\ \vdots\ \cdots\ \vdots\ \boldsymbol{A}^{n-1}\boldsymbol{B}]$$

而状态反馈闭环系统 $\Sigma_K[(\boldsymbol{A}-\boldsymbol{BK}),\boldsymbol{B},\boldsymbol{C}]$ 的能控性矩阵为

$$[\boldsymbol{B}\ \vdots\ (\boldsymbol{A}-\boldsymbol{BK})\boldsymbol{B}\ \vdots\ \cdots\ \vdots\ (\boldsymbol{A}-\boldsymbol{BK})^{n-1}\boldsymbol{B}]$$

由于$(\boldsymbol{A}-\boldsymbol{BK})\boldsymbol{B}=\boldsymbol{AB}-\boldsymbol{BKB}$，这表明$(\boldsymbol{A}-\boldsymbol{BK})\boldsymbol{B}$ 的列向量可以由$[\boldsymbol{B}\ \boldsymbol{AB}]$的列向量的线性组合来表示，$(\boldsymbol{A}-\boldsymbol{BK})^2\boldsymbol{B}$ 的列向量可以由$[\boldsymbol{B}\ \boldsymbol{AB}\ \boldsymbol{A}^2\boldsymbol{B}]$的列向量的线性组合来表示。以此类推，、于是有$[\boldsymbol{B}\ \vdots\ (\boldsymbol{A}-\boldsymbol{BK})\boldsymbol{B}\ \vdots\ \cdots\ \vdots\ (\boldsymbol{A}-\boldsymbol{BK})^{n-1}\boldsymbol{B}]$的列向量可以由$[\boldsymbol{B}\ \vdots\ \boldsymbol{AB}\ \vdots\ \cdots\ \vdots\ \boldsymbol{A}^{n-1}\boldsymbol{B}]$的列向量的线性组合来表示。因此有

$$\text{rank}[\boldsymbol{B}\ \vdots\ (\boldsymbol{A}-\boldsymbol{BK})\boldsymbol{B}\ \vdots\ \cdots\ \vdots\ (\boldsymbol{A}-\boldsymbol{BK})^{n-1}\boldsymbol{B}]\leqslant\text{rank}[\boldsymbol{B}\ \vdots\ \boldsymbol{AB}\ \vdots\ \cdots\ \vdots\ \boldsymbol{A}^{n-1}\boldsymbol{B}]$$

而原受控系统又可以认为是系统 $\Sigma_K[(\boldsymbol{A}-\boldsymbol{BK}),\boldsymbol{B},\boldsymbol{C}]$通过 $\boldsymbol{K}$ 阵正反馈构成的状态反馈系统，于是有

$$\text{rank}[\boldsymbol{B} \vdots \boldsymbol{AB} \vdots \cdots \vdots \boldsymbol{A}^{n-1}\boldsymbol{B}] \leqslant \text{rank}[\boldsymbol{B} \vdots (\boldsymbol{A}-\boldsymbol{BK})\boldsymbol{B} \vdots \cdots \vdots (\boldsymbol{A}-\boldsymbol{BK})^{n-1}\boldsymbol{B}]$$

若要使两个不等式同时成立,必有

$$\text{rank}[\boldsymbol{B} \vdots (\boldsymbol{A}-\boldsymbol{BK})\boldsymbol{B} \vdots \cdots \vdots (\boldsymbol{A}-\boldsymbol{BK})^{n-1}\boldsymbol{B}] = \text{rank}[\boldsymbol{B} \vdots \boldsymbol{AB} \vdots \cdots \vdots \boldsymbol{A}^{n-1}\boldsymbol{B}]$$

所以,状态反馈前后系统的能控性不变。

【例 6.1】 已知系统系数矩阵分别为

$$\boldsymbol{A}=\begin{bmatrix}0 & 1\\1 & 1\end{bmatrix}, \boldsymbol{B}=\begin{bmatrix}0\\1\end{bmatrix}, \boldsymbol{C}=[0 \quad 1]$$

试分析引入状态反馈 $\boldsymbol{K}=[1 \quad 0]$ 后系统的能控性和能观性。

解 原受控系统是能控、能观的容易判定,引入状态反馈 $\boldsymbol{K}=[1 \quad 0]$ 后,闭环系统的能控阵和能观阵分别为

$$\boldsymbol{Q}_{\text{cf}}=[\boldsymbol{B} \quad (\boldsymbol{A}-\boldsymbol{BK})\boldsymbol{B}]=\begin{bmatrix}0 & 1\\1 & 1\end{bmatrix}$$

$$\boldsymbol{Q}_{\text{of}}=\begin{bmatrix}\boldsymbol{C}\\\boldsymbol{C}(\boldsymbol{A}-\boldsymbol{BK})\end{bmatrix}=\begin{bmatrix}0 & 1\\0 & 1\end{bmatrix}$$

可见 $\boldsymbol{Q}_{\text{cf}}$ 满秩而 $\boldsymbol{Q}_{\text{of}}$ 降秩,即状态反馈后的闭环系统是能控不能观的。

【定理 6.2】 输出反馈系统不改变原受控系统 $\Sigma_0(\boldsymbol{A},\boldsymbol{B},\boldsymbol{C})$ 的能控性和能观性。

证明 对于能控性不变,有

$$\dot{\boldsymbol{x}}=(\boldsymbol{A}-\boldsymbol{BHC})\boldsymbol{x}+\boldsymbol{Br}$$

若把 $\boldsymbol{HC}$ 看成等效的状态反馈中的状态反馈矩阵 $\boldsymbol{K}$,那么状态反馈便保持原受控系统的能控性不变。

对于能观性不变,可以由输出反馈前后两系统的能观性矩阵

$$\begin{bmatrix}\boldsymbol{C}\\\boldsymbol{CA}\\\vdots\\\boldsymbol{CA}^{n-1}\end{bmatrix} \text{和} \begin{bmatrix}\boldsymbol{C}\\\boldsymbol{C}(\boldsymbol{A}-\boldsymbol{BHC})\\\vdots\\\boldsymbol{C}(\boldsymbol{A}-\boldsymbol{BHC})^{n-1}\end{bmatrix}$$

来证明。

仿照定理 6.1 的证明方法,可以证明上述两个能观性矩阵的秩相等,因此输出反馈保持原受控系统的能控性和能观性不变。

6.3 极点配置

本节介绍极点配置方法。首先假定期望闭环极点为 $s=\mu_1, s=\mu_2, \cdots, s=\mu_n$。下面将证明,如果被控系统是状态能控的,则可通过选取一个合适的状态反馈增益矩阵 $\boldsymbol{K}$,利用状态反馈方法,使闭环系统的极点配置到任意的期望位置。

这里仅研究控制输入为标量的情况,证明在 s 平面上将一个系统的闭环极点配置到任意位置的充要条件是该系统状态完全能控,还将讨论 3 种确定状态反馈增益矩阵的方法。

应当注意,当控制输入为向量时,极点配置方法的数学表达式十分复杂,本书将不讨论这种情况。还应注意,当控制输入是向量时,状态反馈增益矩阵并不唯一,可以比较自由地选择多于 n 个参数,也就是说,除了适当地配置 n 个闭环极点外,即使闭环系统还有其他需求,也可满足其部分或全部要求。

6.3.1 问题的提出

前面已经指出，在经典控制理论的系统综合中，不管是频率法还是根轨迹法，本质上都可视为极点配置问题。系统闭环极点对系统的控制品质在很大程度上起决定性的作用，系统的性能指标往往要通过适当的选择闭环极点来实现，在用根轨迹法设计或分析系统时，正是体现了这一观点，它通过改变系统的一个参数在某一条待定的轨迹上选择闭环极点，即进行极点配置。在现代控制理论中，利用状态反馈来实现极点配置，在系统是状态完全能控的条件下，这种极点配置是任意的，即可以根据通过状态反馈在整个 s 平面上任意选择闭环极点，这显然要比用根轨迹法在一条曲线上选择极点好得多。

由于单输入系统根据指定极点所设计的状态反馈矩阵是唯一的，所以这里只讨论单输入系统的极点配置问题。

给定单输入单输出线性定常被控系统为

$$\dot{\boldsymbol{x}}(t)=\boldsymbol{A}\boldsymbol{x}(t)+\boldsymbol{B}u(t) \tag{6.10}$$

式中，$\boldsymbol{x}(t)\in\mathbf{R}^n$，$u(t)\in\mathbf{R}^1$，$\boldsymbol{A}\in\mathbf{R}^{n\times n}$，$\boldsymbol{B}\in\mathbf{R}^{n\times 1}$。

选取线性反馈控制规律为

$$\boldsymbol{u}=-\boldsymbol{K}\boldsymbol{x} \tag{6.11}$$

这意味着控制输入由系统的状态反馈确定，因此将该方法称为状态反馈方法。其中 $1\times n$ 维矩阵 $\boldsymbol{K}$ 称为状态反馈增益矩阵或线性状态反馈矩阵。在下面的分析中，假设 u 不受约束。

将式(6.11)代入式(6.10)，得到

$$\dot{\boldsymbol{x}}(t)=(\boldsymbol{A}-\boldsymbol{B}\boldsymbol{K})\boldsymbol{x}(t)$$

该闭环系统状态方程的解为

$$\boldsymbol{x}(t)=\mathrm{e}^{(\boldsymbol{A}-\boldsymbol{B}\boldsymbol{K})t}\boldsymbol{x}(0) \tag{6.12}$$

式中，$\boldsymbol{x}(0)$是外部干扰引起的初始状态。系统的稳态响应特性将由闭环系统矩阵 $\boldsymbol{A}-\boldsymbol{B}\boldsymbol{K}$ 的特征值决定。如果矩阵 $\boldsymbol{K}$ 选取适当，则可使矩阵 $\boldsymbol{A}-\boldsymbol{B}\boldsymbol{K}$ 构成一个渐近稳定矩阵，此时对所有的 $\boldsymbol{x}(0)\neq 0$，当 $t\rightarrow\infty$ 时，都可使 $\boldsymbol{x}(t)\rightarrow 0$。一般称矩阵 $\boldsymbol{A}-\boldsymbol{B}\boldsymbol{K}$ 的特征值为调节器极点。如果这些调节器极点均位于 s 左半平面内，则当 $t\rightarrow\infty$ 时，有 $x(t)\rightarrow 0$。因此将这种使闭环系统的极点任意配置到所期望位置的问题，称为极点配置问题。

下面讨论其可配置条件，并证明当且仅当给定的系统是状态完全能控时，该系统的任意极点配置才是可能的。

6.3.2 可配置条件

下面考虑由式(6.10)定义的线性定常系统。假设控制输入 u 的幅值是无约束的，如果选取控制规律为

$$u=-\boldsymbol{K}\boldsymbol{x}$$

式中，$\boldsymbol{K}$ 为线性状态反馈矩阵，由此构成的系统称为闭环反馈控制系统。

现在考虑极点的可配置条件，即极点配置定理。

【定理 6.3】(极点配置定理)　线性定常系统可通过线性状态反馈任意地配置其全部极点的充要条件是此被控系统状态完全能控。

证明　由于对多变量系统证明时，需要使用循环矩阵及其属性等，因此这里只给出单输入单输出系统时的证明。但要着重指出的是，这一定理对多变量系统也是完全成立的。

(1)必要性。即已知闭环系统可任意配置极点,则被控系统状态完全能控。

现利用反证法证明。先证明命题:如果系统不是状态完全能控的,则矩阵 $\boldsymbol{A}-\boldsymbol{BK}$ 的特征值不可能由线性状态反馈来控制。

假设式(6.10)的系统状态不能控,则其能控性矩阵的秩小于 n,即

$$\mathrm{rank}[\boldsymbol{B} \mid \boldsymbol{AB} \mid \cdots \mid \boldsymbol{A}^{n-1}\boldsymbol{B}] = q < n$$

这意味着,在能控性矩阵中存在 q 个线性无关的列向量。现定义 q 个线性无关列向量为 $\boldsymbol{f}_1,\boldsymbol{f}_2,\cdots,\boldsymbol{f}_q$,选择 $n-q$ 个附加的 n 维列向量 $\boldsymbol{v}_{q+1},\boldsymbol{v}_{q+2},\cdots,\boldsymbol{v}_n$,使得

$$\boldsymbol{P} = [\boldsymbol{f}_1 \mid \boldsymbol{f}_2 \mid \cdots \mid \boldsymbol{f}_q \mid \boldsymbol{v}_{q+1} \mid \boldsymbol{v}_{q+2} \mid \cdots \mid \boldsymbol{v}_n]$$

的秩为 n。因此,可证明

$$\hat{\boldsymbol{A}} = \boldsymbol{P}^{-1}\boldsymbol{AP} = \begin{bmatrix} \boldsymbol{A}_{11} & \boldsymbol{A}_{12} \\ \boldsymbol{0} & \boldsymbol{A}_{22} \end{bmatrix}, \qquad \hat{\boldsymbol{B}} = \boldsymbol{P}^{-1}\boldsymbol{B} = \begin{bmatrix} \boldsymbol{B}_{11} \\ \vdots \\ \boldsymbol{0} \end{bmatrix}$$

现定义

$$\hat{\boldsymbol{K}} = \boldsymbol{KP} = [\boldsymbol{k}_1 \mid \boldsymbol{k}_2]$$

则有

$$\begin{aligned}
|s\boldsymbol{I}-\boldsymbol{A}+\boldsymbol{BK}| &= |\boldsymbol{P}^{-1}(s\boldsymbol{I}-\boldsymbol{A}+\boldsymbol{BK})\boldsymbol{P}| \\
&= |s\boldsymbol{I}-\boldsymbol{P}^{-1}\boldsymbol{AP}+\boldsymbol{P}^{-1}\boldsymbol{BKP}| \\
&= |s\boldsymbol{I}-\hat{\boldsymbol{A}}+\hat{\boldsymbol{B}}\hat{\boldsymbol{K}}| \\
&= \left| s\boldsymbol{I}-\begin{bmatrix} \boldsymbol{A}_{11} & \boldsymbol{A}_{12} \\ \boldsymbol{0} & \boldsymbol{A}_{22} \end{bmatrix}+\begin{bmatrix} \boldsymbol{B}_{11} \\ \vdots \\ \boldsymbol{0} \end{bmatrix}[\boldsymbol{k}_1 \mid \boldsymbol{k}_2] \right| \\
&= \begin{vmatrix} s\boldsymbol{I}_q-\boldsymbol{A}_{11}+\boldsymbol{B}_{11}\boldsymbol{k}_1 & -\boldsymbol{A}_{12}+\boldsymbol{B}_{11}\boldsymbol{k}_2 \\ \boldsymbol{0} & s\boldsymbol{I}_{n-q}-\boldsymbol{A}_{22} \end{vmatrix} \\
&= |s\boldsymbol{I}_q-\boldsymbol{A}_{11}+\boldsymbol{B}_{11}\boldsymbol{k}_1|\,|s\boldsymbol{I}_{n-q}-\boldsymbol{A}_{22}| = 0
\end{aligned}$$

式中,$\boldsymbol{I}_q$ 是一个 q 维的单位矩阵,$\boldsymbol{I}_{n-q}$ 是一个 $n-q$ 维的单位矩阵。

注意到 $\boldsymbol{A}_{22}$ 的特征值不依赖于 $\boldsymbol{K}$。因此,如果一个系统不是状态完全能控的,则矩阵的特征值就不能任意配置。所以,为了任意配置矩阵 $\boldsymbol{A}-\boldsymbol{BK}$ 的特征值,此时系统必须是状态完全能控的。

(2)充分性。即已知被控系统状态完全能控(这意味着由下面式(6.14)给出的矩阵 $\boldsymbol{Q}$ 有逆矩阵),则矩阵 $\boldsymbol{A}$ 的所有特征值可任意配置。

在证明充分条件时,一种简便的方法是将由式(6.10)给出的状态方程变换为能控标准形。

定义非奇异线性变换矩阵

$$\boldsymbol{P} = \boldsymbol{QW} \tag{6.13}$$

式中,$\boldsymbol{Q}$ 为能控性矩阵,即

$$\boldsymbol{Q} = [\boldsymbol{B} \mid \boldsymbol{AB} \mid \cdots \mid \boldsymbol{A}^{n-1}\boldsymbol{B}] \tag{6.14}$$

$$W=\begin{bmatrix} a_{n-1} & a_{n-2} & \cdots & a_1 & 1 \\ a_{n-2} & a_{n-3} & \cdots & 1 & 0 \\ \vdots & \vdots & & \vdots & \vdots \\ a_1 & 1 & \cdots & 0 & 0 \\ 1 & 0 & \cdots & 0 & 0 \end{bmatrix} \tag{6.15}$$

式中,a_i 为如下特征多项式的系数:

$$|s\boldsymbol{I}-\boldsymbol{A}|=s^n+a_1s^{n-1}+\cdots+a_{n-1}s+a_n$$

定义一个新的状态向量$\hat{\boldsymbol{x}}$:

$$\boldsymbol{x}=\boldsymbol{P}\hat{\boldsymbol{x}}$$

如果能控性矩阵 $\boldsymbol{Q}$ 的秩为 n(即系统是状态完全能控的),则矩阵 $\boldsymbol{Q}$ 的逆存在,并且可将式(6.10)改写为

$$\dot{\hat{\boldsymbol{x}}}=\boldsymbol{A}_c\hat{\boldsymbol{x}}+\boldsymbol{B}_cu \tag{6.16}$$

其中

$$\boldsymbol{A}_c=\boldsymbol{P}^{-1}\boldsymbol{A}\boldsymbol{P}=\begin{bmatrix} 0 & 1 & 0 & \cdots & 0 \\ 0 & 0 & 1 & \cdots & 0 \\ \vdots & \vdots & \vdots & & \vdots \\ 0 & 0 & 0 & \cdots & 1 \\ -a_n & -a_{n-1} & -a_{n-2} & \cdots & -a_1 \end{bmatrix} \tag{6.17}$$

$$\boldsymbol{B}_c=\boldsymbol{P}^{-1}\boldsymbol{B}=\begin{bmatrix} 0 \\ 0 \\ \vdots \\ 0 \\ 1 \end{bmatrix} \tag{6.18}$$

式(6.17)和式(6.18)的推导略,式(6.17)为能控标准形。这样,如果系统是状态完全能控的,且利用由式(6.13)给出的变换矩阵 $\boldsymbol{P}$,使状态向量 $\boldsymbol{x}$ 变换为状态向量$\hat{\boldsymbol{x}}$,则可将式(6.10)变换为能控标准形。

选取一组期望的特征值 $\mu_1,\mu_2,\cdots,\mu_n$,则期望的特征方程为

$$(s-\mu_1)(s-\mu_2)\cdots(s-\mu_n)=s^n+a_1s^{n-1}+\cdots+a_{n-1}s+a_n=0 \tag{6.19}$$

设

$$\hat{\boldsymbol{K}}=\boldsymbol{K}\boldsymbol{P}=[\delta_n \quad \delta_{n-1} \quad \cdots \quad \delta_1] \tag{6.20}$$

由于 $u=-\hat{\boldsymbol{K}}\hat{\boldsymbol{x}}=-\boldsymbol{K}\boldsymbol{P}\hat{\boldsymbol{x}}$,从而该系统的状态方程为

$$\dot{\hat{\boldsymbol{x}}}=\boldsymbol{A}_c\hat{\boldsymbol{x}}-\boldsymbol{B}_c\hat{\boldsymbol{K}}\hat{\boldsymbol{x}}$$

相应的特征方程为

$$|s\boldsymbol{I}-\boldsymbol{A}_c+\boldsymbol{B}_c\hat{\boldsymbol{K}}|=0$$

事实上,当利用 $u=-\boldsymbol{K}\boldsymbol{x}$ 作为控制输入时,相应的特征方程与式(6.19)的特征方程相同,即非奇异线性变换不改变系统的特征值。这可简单说明如下。由于

$$\dot{\boldsymbol{x}}=\boldsymbol{A}\boldsymbol{x}+\boldsymbol{B}u=(\boldsymbol{A}-\boldsymbol{B}\boldsymbol{K})\boldsymbol{x}$$

该系统的特征方程为

$$|s\boldsymbol{I}-\boldsymbol{A}+\boldsymbol{B}\boldsymbol{K}|=|\boldsymbol{P}^{-1}(s\boldsymbol{I}-\boldsymbol{A}+\boldsymbol{B}\boldsymbol{K})\boldsymbol{P}|=|s\boldsymbol{I}-\boldsymbol{P}^{-1}\boldsymbol{A}\boldsymbol{P}+\boldsymbol{P}^{-1}\boldsymbol{B}\boldsymbol{K}\boldsymbol{P}|$$

$$=|s\boldsymbol{I}-\boldsymbol{A}_{\mathrm{c}}+\boldsymbol{B}_{\mathrm{c}}\hat{\boldsymbol{K}}|=0$$

对于上述能控标准形的系统特征方程，由式(6.18)、式(6.19)和式(6.20)，可得

$$|s\boldsymbol{I}-\boldsymbol{A}_{\mathrm{c}}+\boldsymbol{B}_{\mathrm{c}}\hat{\boldsymbol{K}}|=\left|s\boldsymbol{I}-\begin{bmatrix}0 & 1 & \cdots & 0\\ \vdots & \vdots & & \vdots\\ 0 & 0 & \cdots & 1\\ -a_n & -a_{n-1} & \cdots & -a_1\end{bmatrix}+\begin{bmatrix}0\\ \vdots\\ 0\\ 1\end{bmatrix}\begin{bmatrix}\delta_n & \delta_{n-1} & \cdots & \delta_1\end{bmatrix}\right|$$

$$=\begin{vmatrix}s & -1 & \cdots & 0\\ 0 & s & \cdots & 0\\ \vdots & \vdots & & \vdots\\ a_n+\delta_n & a_{n-1}+\delta_{n-1} & \cdots & s+a_1+\delta_1\end{vmatrix}$$

$$=s^n+(a_1+\delta_1)s^{n-1}+\cdots+(a_{n-1}+\delta_{n-1})s+(a_n+\delta_n)=0 \tag{6.21}$$

这是具有线性状态反馈的闭环系统的特征方程，它一定与式(6.10)的期望特征方程相等。通过使 s 的同次幂系数相等，可得

$$\begin{aligned}a_1+\delta_1&=a_1^*\\ a_2+\delta_2&=a_2^*\\ &\vdots\\ a_n+\delta_n&=a_n^*\end{aligned}$$

对 δ_i 求解上述方程组，并将其代入式(6.11)，可得

$$\boldsymbol{K}=\hat{\boldsymbol{K}}\boldsymbol{P}^{-1}=[\delta_n \quad \delta_{n-1} \quad \cdots \quad \delta_1]\boldsymbol{P}^{-1}$$

$$=[a_n^*-a_n \mid a_{n-1}^*-a_{n-1} \mid \cdots \mid a_2^*-a_2 \mid a_1^*-a_1]\boldsymbol{P}^{-1} \tag{6.22}$$

因此，如果系统是状态完全能控的，则通过对应于式(6.22)所选取的矩阵 $\boldsymbol{K}$，可任意配置所有的特征值。

6.3.3 极点配置的算法

现在考虑单输入单输出系统极点配置的算法。

给定线性定常系统：

$$\dot{\boldsymbol{x}}=\boldsymbol{A}\boldsymbol{x}+\boldsymbol{B}u$$

若线性反馈控制规律为

$$u=-\boldsymbol{K}\boldsymbol{x}$$

则可由下列步骤确定使 $\boldsymbol{A}-\boldsymbol{B}\boldsymbol{K}$ 的特征值为 $\mu_1,\mu_2,\cdots,\mu_n$（即闭环系统的期望极点值）的线性反馈矩阵 $\boldsymbol{K}$。（如果 μ_i 是一个复数特征值，则其共轭必定也是 $\boldsymbol{A}-\boldsymbol{B}\boldsymbol{K}$ 的特征值。）

第 1 步：考察系统的能控性条件。如果系统是状态完全能控的，则继续步骤。

第 2 步：利用系统矩阵 $\boldsymbol{A}$ 的特征多项式

$$\det(s\boldsymbol{I}-\boldsymbol{A})=|s\boldsymbol{I}-\boldsymbol{A}|=s^n+a_1s^{n-1}+\cdots+a_{n-1}s+a_n$$

确定 $a_1,a_2,\cdots,a_n$ 的值。

第 3 步：确定将系统状态方程变换为能控标准形的变换矩阵 $\boldsymbol{P}$。若给定的状态方程已是

能控标准形，那么 $\boldsymbol{P}=\boldsymbol{I}$。此时无须再写出系统的能控标准形状态方程。非奇异线性变换矩阵 $\boldsymbol{P}$ 可由式(6.13)给出，即

$$\boldsymbol{P}=\boldsymbol{Q}\boldsymbol{W}$$

式中，$\boldsymbol{Q}$ 由式(6.14)定义，$\boldsymbol{W}$ 由式(6.15)定义。

第4步：利用给定的期望闭环极点，写出期望的特征多项式为

$$(s-\mu_1)(s-\mu_2)\cdots(s-\mu_n)=s^n+a_1^* s^{n-1}+\cdots+a_{n-1}^* s+a_n^*$$

并确定出 $a_1^*,a_2^*,\cdots,a_n^*$ 的值。

第5步：此时的状态反馈增益矩阵 $\boldsymbol{K}$ 为

$$\boldsymbol{K}=[a_n^*-a_n \mid a_{n-1}^*-a_{n-1} \mid \cdots \mid a_2^*-a_2 \mid a_1^*-a_1]\boldsymbol{P}^{-1}$$

6.3.4 极点配置示例

【例6.2】 考虑线性定常系统

$$\dot{\boldsymbol{x}}=\boldsymbol{A}\boldsymbol{x}+\boldsymbol{B}u$$

式中

$$\boldsymbol{A}=\begin{bmatrix}0 & 1 & 0\\0 & 0 & 1\\-1 & -5 & -6\end{bmatrix},\quad \boldsymbol{B}=\begin{bmatrix}0\\0\\1\end{bmatrix}$$

利用状态反馈控制 $u=-\boldsymbol{K}\boldsymbol{x}$，希望该系统的闭环极点为 $s=-2\pm \mathrm{j}4$ 和 $s=-10$，试确定状态反馈增益矩阵 $\boldsymbol{K}$。

解 (1)首先需检验该系统的能控性矩阵。由于能控性矩阵为

$$\boldsymbol{Q}=[\boldsymbol{B} \mid \boldsymbol{AB} \mid \boldsymbol{A}^2\boldsymbol{B}]=\begin{bmatrix}0 & 0 & 1\\0 & 1 & -6\\1 & -6 & 31\end{bmatrix}$$

所以得出 $\det\boldsymbol{Q}=-1$，$\mathrm{rank}\boldsymbol{Q}=3$。因而该系统是状态完全能控的，可任意配置极点。

(2)该系统的特征方程为

$$|s\boldsymbol{I}-\boldsymbol{A}|=\begin{bmatrix}s & -1 & 0\\0 & s & -1\\1 & 5 & s+6\end{bmatrix}$$
$$=s^3+6s^2+5s+1$$
$$=s^3+a_1s^2+a_2s+a_3=0$$

因此

$$a_1=6,a_2=5,a_3=1$$

期望的特征方程为

$$(s+2-\mathrm{j}4)(s+2+\mathrm{j}4)(s+10)=s^3+14s^2+60s+200$$
$$=s^3+a_1^*s^2+a_2^*s+a_3^*=0$$

因此

$$a_1^*=14,a_2^*=60,a_3^*=200$$

可得

$$\boldsymbol{K}=[200-1 \mid 60-5 \mid 14-6]=[199\quad 55\quad 8]$$

使用状态反馈方法，正如所期望的那样，可将闭环极点配置在 $s=-2\pm j4$ 和 $s=-10$ 处。

对于一个给定的系统，矩阵 $\boldsymbol{K}$ 不是唯一的，而是依赖于选择期望闭环极点的位置（这决定了响应速度与阻尼），这一点很重要。注意，所期望的闭环极点或所期望状态方程的选择是在误差向量的快速性和干扰以及测量噪声的灵敏性之间的一种折中。也就是说，如果加快误差响应速度，则干扰和测量噪声的影响通常也随之增大。如果系统是二阶的，那么系统的动态特性（响应特性）正好与系统期望的闭环极点和零点的位置联系起来。对于更高阶的系统，所期望的闭环极点位置不能和系统的动态特性（响应特性）联系起来。因此，在决定给定系统的状态反馈增益矩阵 $\boldsymbol{K}$ 时，最好通过计算机仿真来检验系统在几种不同矩阵（基于几种不同的所期望的特征方程）下的响应特性，并且选出使系统总体性能最好的矩阵 $\boldsymbol{K}$。

用 MATLAB 求解极点配置问题非常便捷，将在后面予以讨论。

6.4 状态观测器的设计

由前面的讨论可知，如果一个系统是完全能控的，则利用状态反馈能够任意配置闭环系统的极点，从而有效地改善控制系统的性能。另外，常用的最优控制和解耦控制也都离不开状态反馈。但是，系统的状态变量并非都实际可测。因此，要实现状态反馈，首先要解决状态变量的测取问题，而建立状态观测器是解决这个问题的有效手段之一。

6.4.1 观测器的设计思路

状态观测器实质上是一个状态估计器（或动态补偿器），它是利用被控对象的输入变量 u 和输出 $\boldsymbol{y}$ 对系统的状态 $\boldsymbol{x}$ 进行估计，从而解决某些状态变量不能直接测量的难题。

考虑单变量定常系统 Σ：

$$\begin{cases}\dot{\boldsymbol{x}}=\boldsymbol{A}\boldsymbol{x}+\boldsymbol{B}u\\ \boldsymbol{y}=\boldsymbol{C}\boldsymbol{x}\end{cases}\tag{6.23}$$

其状态 $x_1, x_2, \cdots, x_n$ 不能全部测取到。

先设计一个相似系统 $\hat{\Sigma}$，其状态空间表达式为

$$\begin{cases}\dot{\hat{\boldsymbol{x}}}=\boldsymbol{A}\hat{\boldsymbol{x}}+\boldsymbol{B}u\\ \hat{\boldsymbol{y}}=\boldsymbol{C}\hat{\boldsymbol{x}}\end{cases}\tag{6.24}$$

要求此系统的全部状态变量 $x_1, x_2, \cdots, x_n$ 都能测取到，并且使 $\hat{\boldsymbol{x}}$ 逼近式(6.23)中的 $\boldsymbol{x}$。

由于式(6.23)和式(6.24)有相同的输入 u 和系数阵 $\boldsymbol{A}, \boldsymbol{B}$，将两式相减，可得

$$\frac{\mathrm{d}}{\mathrm{d}t}(\boldsymbol{x}-\hat{\boldsymbol{x}})=\boldsymbol{A}(\boldsymbol{x}-\hat{\boldsymbol{x}})\tag{6.25}$$

设 $\boldsymbol{x}$ 和 $\hat{\boldsymbol{x}}$ 的初始值分别为 $\boldsymbol{x}_0$ 和 $\hat{\boldsymbol{x}}_0$，则齐次方程式(6.25)的解为

$$\boldsymbol{x}-\hat{\boldsymbol{x}}=\mathrm{e}^{At}(\boldsymbol{x}_0-\hat{\boldsymbol{x}}_0)\tag{6.26}$$

下面分 3 种情况讨论。

(1) 若 $\boldsymbol{x}_0=\hat{\boldsymbol{x}}_0$，则 $\boldsymbol{x}_0-\hat{\boldsymbol{x}}_0\equiv 0$，即 $\hat{\boldsymbol{x}}(t)=\boldsymbol{x}(t)$ 。这表明 $\hat{\boldsymbol{x}}$ 完全复现 $\boldsymbol{x}$ 但要求系统 $\boldsymbol{\Sigma}$ 在每次使用时其初始状态 $\hat{\boldsymbol{x}}_0$ 都和系统 Σ 的初始状态 $\boldsymbol{x}_0$ 完全相等，这实际上是不可能的。

(2) 若 $\boldsymbol{A}$ 阵的特征值中均有负实部，则式(6.26)是渐近稳定的，即必有 $\lim\limits_{t\to\infty}[\boldsymbol{x}(t)-\hat{\boldsymbol{x}}(t)]=0$，这说明 $\hat{\boldsymbol{x}}(t)$ 将不断逼近 $\boldsymbol{x}(t)$，最终复现 $\boldsymbol{x}(t)$。

(3)若 $\boldsymbol{A}$ 阵的特征值中至少有一个含有正实部,则式(6.26)将是不稳定的,或者 $\boldsymbol{A}$ 阵的特征值虽然都有负实部,但是$\hat{\boldsymbol{x}}(t)$逼近 $\boldsymbol{x}(t)$的速度不够理想。可见,这是两种一般的情况。对此,需要对系统 Σ 加以改造,显然应该把式(6.24)所表示的开环形式变成带有反馈的闭环形式。

由于系统 $\hat{\Sigma}$ 和 Σ 中的输出$\hat{\boldsymbol{y}}$和 $\boldsymbol{y}$ 都是能够直接测量到的量,而且对于完全能观的系统,其每个状态变量都能从输出中唯一地确定,因而系统 $\hat{\Sigma}$ 和 Σ 输出量之间的误差就直接反映了状态变量之间的误差,即

$$\hat{\boldsymbol{y}}(t)-\boldsymbol{y}(t)=\boldsymbol{C}[\hat{\boldsymbol{x}}(t)-\boldsymbol{x}(t)]$$

于是,可以利用输出误差来构成负反馈,即将式(6.24)改造为

$$\begin{aligned}\dot{\hat{\boldsymbol{x}}}&=\boldsymbol{A}\hat{\boldsymbol{x}}-\boldsymbol{K}_g(\hat{\boldsymbol{y}}-\boldsymbol{y})+\boldsymbol{b}u\\&=\boldsymbol{A}\hat{\boldsymbol{x}}-\boldsymbol{K}_g\boldsymbol{C}\hat{\boldsymbol{x}}+\boldsymbol{K}_g\boldsymbol{C}\boldsymbol{x}+\boldsymbol{b}u\\&=(\boldsymbol{A}-\boldsymbol{K}_g\boldsymbol{C})\hat{\boldsymbol{x}}+\boldsymbol{K}_g\boldsymbol{y}+\boldsymbol{b}u\end{aligned}\tag{6.27}$$

式中, $\boldsymbol{K}_g$为输出误差反馈矩阵,对单输出系统

$$\boldsymbol{K}_g=\begin{bmatrix}\boldsymbol{K}_{g1}\\\boldsymbol{K}_{g2}\\\vdots\\\boldsymbol{K}_{gn}\end{bmatrix}\tag{6.28}$$

是一个列矩阵,对 m 维输出的系统, $\boldsymbol{K}_g$是 $n\times m$ 维矩阵。

为了研究式(6.27)状态的情况,将式(6.24)和式(6.27)两式相减,齐次方程的解为

$$\boldsymbol{x}(t)-\hat{\boldsymbol{x}}(t)=\mathrm{e}^{(\boldsymbol{A}-\boldsymbol{K}_g)t}(\boldsymbol{x}_0-\hat{\boldsymbol{x}}_0)\tag{6.29}$$

可见,通过适当地选取反馈矩阵 $\boldsymbol{K}_g$,就可实现所要求的$\hat{\boldsymbol{x}}(t)$逼近 $\boldsymbol{x}(t)$的速度。

在上面讨论的基础上,给出状态观测器的定义如下。

【定义 6.1】 设系统 $\Sigma(\boldsymbol{A},\boldsymbol{B},\boldsymbol{C})$的状态变量 $\boldsymbol{x}$ 不能直接测取,可设计一系统 $\hat{\Sigma}$,它以系统 $\Sigma(\boldsymbol{A},\boldsymbol{b},\boldsymbol{c})$的输入 u 和输出 $\boldsymbol{y}$ 为输入,它的输出$\hat{\boldsymbol{x}}(t)$满足$\lim\limits_{t\to\infty}[\boldsymbol{x}(t)-\hat{\boldsymbol{x}}(t)]=0$,则称系统 $\hat{\Sigma}$ 为系统 $\Sigma(\boldsymbol{A},\boldsymbol{B},\boldsymbol{C})$的状态观测器。

带有状态观测器的单输出系统结构图如图 6.3 所示,式(6.23)是观测器的状态方程,由式(6.27)最后一个等式可以看出,观测器的输入为 u 和 y,而观测器的极点则由 $\boldsymbol{A}-\boldsymbol{K}_g\boldsymbol{C}$ 的特征值决定。

6.4.2　观测器的设计方法

由式(6.27)或式(6.29)可以看出,观测器的输出状态$\hat{\boldsymbol{x}}(t)$ 逼近系统 $\Sigma(\boldsymbol{A},\boldsymbol{B},\boldsymbol{C})$ 的状态 $\boldsymbol{x}(t)$的速度取决于 $\boldsymbol{A}-\boldsymbol{K}_g\boldsymbol{C}$ 的特征值。故观测器的设计涉及 $\boldsymbol{A}-\boldsymbol{K}_g\boldsymbol{C}$ 的特征值的配置问题。对此,有如下的定理。

【定理 6.3】 线性定常系统 $\Sigma(\boldsymbol{A},\boldsymbol{B},\boldsymbol{C})$的状态观测器可以任意配置极点,即具有任意逼近速度的充分必要条件是系统 $\Sigma(\boldsymbol{A},\boldsymbol{B},\boldsymbol{C})$完全能观测。

证明　观测器的极点由特征方程$|s\boldsymbol{I}-\boldsymbol{A}+\boldsymbol{K}_g\boldsymbol{C}|=0$ 的根决定。由于矩阵的行列式等于其转置矩阵的行列式,即

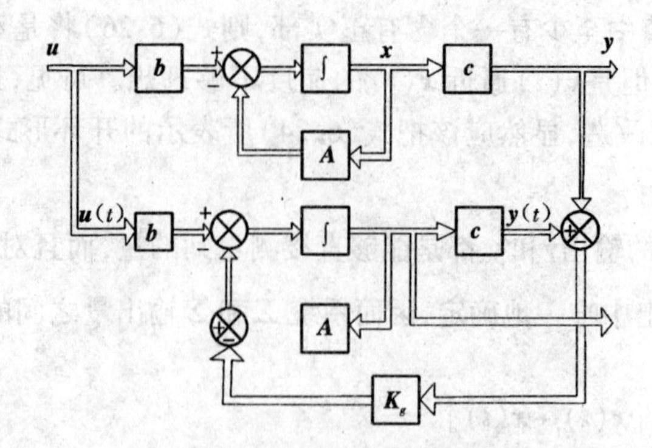

图 6.3 状态观测器的结构图

$$|sI - A + K_g C| = |sI - A + K_g C|^T = |sI - A^T + C^T K_g^T|$$

这样对 $A - K_g C$ 的极点配置问题就转化为对 $A^T - C^T K_g^T$ 的极点配置问题。

注意到 C^T 和 $A^T - C^T K_g^T$ 的维数分别是 $n \times 1$ 和 $1 \times n$，于是对 K_g^T 的极点配置问题在形式上就和在状态反馈中对 $A - bK$ 的极点配置问题一样。按定理 6.3，要使 $A^T - C^T K_g^T$ 的极点能够任意配置，其充分必要条件是 A^T，C^T 能控，即

$$\text{rank}[C^T \vdots A^T C^T \vdots \cdots \vdots (A^T)^{n-1} C^T] = n$$

由于矩阵转置后秩不变，故上式又等价于

$$\text{rank}\begin{bmatrix} C \\ CA \\ \vdots \\ CA^{n-1} \end{bmatrix} = n$$

而这正是系统 $\Sigma(A, B, C)$ 完全能观测的充要条件，于是定理 6.3 得证。

【例 6.3】 已知系统传递函数为

$$W(s) = \frac{2}{(s+1)(s+2)}$$

设其状态不能直接测取，试设计一状态观测器使 $A - K_g C$ 的极点为 -8 和 -5。

解 由系统传递函数 $W(s) = \dfrac{2}{(s+1)(s+2)} = \dfrac{2}{s^2+3s+2}$，可直接写出状态方程的能控标准形为

$$\dot{x} = \begin{bmatrix} 0 & 1 \\ -2 & -3 \end{bmatrix} x + \begin{bmatrix} 0 \\ 1 \end{bmatrix} u$$

$$y = [2 \quad 0] x$$

设反馈矩阵 $K_g = \begin{bmatrix} k_{g1} \\ k_{g2} \end{bmatrix}$，则观测器的特征多项式为

$$f(s) = |sI - A + K_g C| = \begin{bmatrix} s + 2k_{g1} & -1 \\ 2 + 2k_{g2} & s+3 \end{bmatrix}$$

$$= s^2 + (2k_{g1} + 3)s + (6k_{g1} + 2 + 2k_{g2})$$

所要求的期望特征多项式为

$$f^{*}(s)=(s+8)(s+5)=s^{2}+13s+40$$

令 $\boldsymbol{f}(s)=\boldsymbol{f}^{*}(s)$，即得

$$k_{g1}=5, k_{g2}=4$$

如果按式(6.27)的前一个等式，可得状态观测器的状态方程为

$$\dot{\hat{\boldsymbol{x}}}=\boldsymbol{A}\hat{\boldsymbol{x}}-\boldsymbol{K}_{g}(\hat{\boldsymbol{y}}-\boldsymbol{y})+\boldsymbol{b}\boldsymbol{u}$$

$$=\begin{bmatrix}0 & 1\\ -2 & -3\end{bmatrix}\begin{bmatrix}\hat{x}_1\\ \hat{x}_2\end{bmatrix}-\begin{bmatrix}5\\ 4\end{bmatrix}(\hat{y}-y)+\begin{bmatrix}0\\ 1\end{bmatrix}u$$

对应的实现框图如图 6.4 所示。

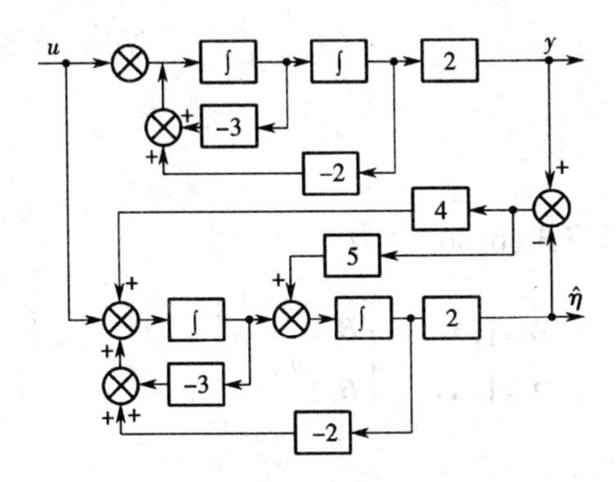

图 6.4　例 6.3 状态结构图

应该指出，虽然在系统 $\Sigma(\boldsymbol{A},\boldsymbol{B},\boldsymbol{C})$ 能观的条件下，其状态观测器的极点可以任意配置，从而使观测器的输出状态 $\hat{\boldsymbol{x}}(t)$ 尽可能快地逼近系统的真实状态 $\boldsymbol{x}(t)$，然而实际中观测器极点的配置还要兼顾逼近速度和系统抗干扰能力的要求。如果观测器的反应太快，即观测器的通频带过宽，就会降低抗高频干扰的能力。当 $\boldsymbol{y}$ 和 $\boldsymbol{u}$ 的测量值受到一点干扰时，就会对观测器的输出造成较大的影响。因此，设计一个适当的状态观测器，应当是在逼近速度和抗干扰能力两个方面折中。实际中，$\boldsymbol{K}_g$ 的选择只要使观测器的响应速度稍快于被观测系统的响应速度就可以了。

6.4.3　降维观测器

以上介绍的观测器，其维数等于实际系统的维数 n，故称为全维观测器。实际上，系统的输出 $\boldsymbol{y}$ 是能够测量到的，于是可以考虑利用它的 m 个分量直接产生 m 个状态分量，其余的 $n-m$ 个状态分量再由观测器来重构，这样观测器的维数就可以降低。下面对降维观测器的一般设计方法作简略介绍。

设系统 $\Sigma(\boldsymbol{A},\boldsymbol{B},\boldsymbol{C})$ 同式(6.23)是状态能观的，为了使其中 m 维的 $\boldsymbol{x}$ 能从 $\boldsymbol{y}$ 的测量值直接得到，只需用观测器重构其余的 $n-m$ 个状态，下面先对系统 $\Sigma(\boldsymbol{A},\boldsymbol{B},\boldsymbol{C})$ 进行如下的分解和变换。

(1)将式(6.23)分解为

$$\begin{cases}\begin{bmatrix}\dot{\boldsymbol{x}}_1\\ \text{---}\\ \dot{\boldsymbol{x}}_2\end{bmatrix}=\begin{bmatrix}\boldsymbol{A}_{11} & \boldsymbol{A}_{12}\\ \boldsymbol{A}_{21} & \boldsymbol{A}_{22}\end{bmatrix}\begin{bmatrix}\boldsymbol{x}_1\\ \text{---}\\ \boldsymbol{x}_2\end{bmatrix}+\begin{bmatrix}\boldsymbol{B}_1\\ \text{---}\\ \boldsymbol{B}_2\end{bmatrix}u\\ \boldsymbol{y}=[\boldsymbol{C}_1 \mid \boldsymbol{C}_2]\begin{bmatrix}\boldsymbol{x}_1\\ \text{---}\\ \boldsymbol{x}_2\end{bmatrix}\end{cases} \tag{6.30}$$

式中，$\boldsymbol{A}_{11}$为$(n-m)\times(n-m)$维矩阵，$\boldsymbol{A}_{12}$为$(n-m)\times m$维矩阵，$\boldsymbol{A}_{21}$为$m\times(n-m)$维矩阵，$\boldsymbol{A}_{22}$为$m\times m$维矩阵，$\boldsymbol{B}_1$为$n-m$维矩阵，$\boldsymbol{B}_2$为$m\times r$维矩阵，$\boldsymbol{C}_1$为$m\times(n-m)$维矩阵，$\boldsymbol{C}_2$为$m\times m$维矩阵。

(2)取变换阵

$$\boldsymbol{T}=\begin{bmatrix}\boldsymbol{I}_{n-m} & \boldsymbol{0}\\ -\boldsymbol{C}_2^{-1}\boldsymbol{C}_1 & \boldsymbol{C}_2^{-1}\end{bmatrix}$$

则由$\boldsymbol{x}=\boldsymbol{T}\bar{\boldsymbol{x}}$，即$\bar{\boldsymbol{x}}=\boldsymbol{T}^{-1}\boldsymbol{x}$，可将式(6.30)变为

$$\begin{cases}\dot{\bar{\boldsymbol{x}}}=\begin{bmatrix}\dot{\bar{\boldsymbol{x}}}_1\\ \dot{\bar{\boldsymbol{x}}}_2\end{bmatrix}=\begin{bmatrix}\bar{\boldsymbol{A}}_{11} & \bar{\boldsymbol{A}}_{12}\\ \bar{\boldsymbol{A}}_{21} & \bar{\boldsymbol{A}}_{22}\end{bmatrix}\begin{bmatrix}\bar{\boldsymbol{x}}_1\\ \bar{\boldsymbol{x}}_2\end{bmatrix}+\begin{bmatrix}\bar{\boldsymbol{B}}_1\\ \bar{\boldsymbol{B}}_2\end{bmatrix}u\\ \boldsymbol{y}=[\boldsymbol{0} \quad \boldsymbol{I}_m]\begin{bmatrix}\bar{\boldsymbol{x}}_1\\ \bar{\boldsymbol{x}}_2\end{bmatrix}\end{cases} \tag{6.31}$$

式中

$$\begin{bmatrix}\bar{\boldsymbol{A}}_{11} & \bar{\boldsymbol{A}}_{12}\\ \bar{\boldsymbol{A}}_{21} & \bar{\boldsymbol{A}}_{22}\end{bmatrix}=\begin{bmatrix}\boldsymbol{I}_{n-m} & \boldsymbol{0}\\ -\boldsymbol{C}_2^{-1}\boldsymbol{C}_1 & \boldsymbol{C}_2^{-1}\end{bmatrix}\begin{bmatrix}\bar{\boldsymbol{A}}_{11} & \bar{\boldsymbol{A}}_{12}\\ \bar{\boldsymbol{A}}_{21} & \bar{\boldsymbol{A}}_{22}\end{bmatrix}\begin{bmatrix}\boldsymbol{I}_{n-m} & \boldsymbol{0}\\ \boldsymbol{C}_1 & \boldsymbol{C}_2\end{bmatrix}$$

$$=\begin{bmatrix}\boldsymbol{B}_1\\ \boldsymbol{C}_1\boldsymbol{B}_1+\boldsymbol{C}_2\boldsymbol{B}_2\end{bmatrix}$$

这样，由式(6.31)可知，m维的$\bar{\boldsymbol{x}}_2$就可以从m维的$\boldsymbol{y}$中直接得到，待重构的状态只有$\bar{\boldsymbol{x}}_1$，它是$n-m$维的。令$\boldsymbol{x}_1$对应于子系统Σ_1，则变换后的式(6.31)的结构可用图6.5表示。

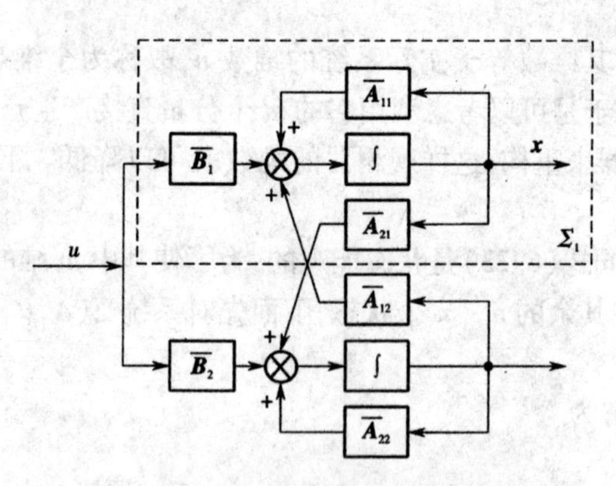

图6.5 降维观测器结构图

(3)由图6.5可知,当原系统$\Sigma(\boldsymbol{A},\boldsymbol{C})$能观测时,子系统$\Sigma_1(\overline{\boldsymbol{A}}_{11},\overline{\boldsymbol{A}}_{21})$也能观测,从而$\Sigma_1$的观测器存在并可任意配置极点。对比全维观测器方程式(6.23)可得Σ_1的观测器方程为

$$\dot{\bar{\boldsymbol{x}}}_1=(\overline{\boldsymbol{A}}_{11}-\overline{\boldsymbol{K}}_g\overline{\boldsymbol{A}}_{21})\bar{\boldsymbol{x}}_1+(\overline{\boldsymbol{A}}_{12}-\overline{\boldsymbol{K}}_g\overline{\boldsymbol{A}}_{22})\boldsymbol{y}+(\overline{\boldsymbol{B}}_1-\overline{\boldsymbol{K}}_g\overline{\boldsymbol{B}}_2)u+\overline{\boldsymbol{K}}_g\dot{\boldsymbol{y}} \tag{6.32}$$

式中,$\boldsymbol{M}=\overline{\boldsymbol{A}}_{12}\boldsymbol{y}+\overline{\boldsymbol{B}}_1u$;$\boldsymbol{K}_g$是子系统$\Sigma_1$的观测器反馈增益矩阵,为$(n-m)\times m$维。为了消去$\boldsymbol{y}$,令$\overline{\boldsymbol{W}}=\bar{\boldsymbol{x}}_1-\overline{\boldsymbol{K}}_g\boldsymbol{y}$,得$\Sigma_1$的观测器方程为

$$\dot{\overline{\boldsymbol{W}}}=(\boldsymbol{A}_{11}-\overline{\boldsymbol{K}}_g\overline{\boldsymbol{A}}_{21})\bar{\boldsymbol{x}}_1+(\overline{\boldsymbol{A}}_{12}-\overline{\boldsymbol{K}}_g\overline{\boldsymbol{A}}_{22})\boldsymbol{y}+(\overline{\boldsymbol{B}}_1-\overline{\boldsymbol{K}}_g\overline{\boldsymbol{B}}_2)u \tag{6.33}$$

而子系统Σ_1的观测值由

$$\bar{\boldsymbol{x}}_1=\overline{\boldsymbol{W}}+\overline{\boldsymbol{K}}_g\boldsymbol{y} \tag{6.34}$$

给出,Σ_1的观测器结构如图6.6所示。

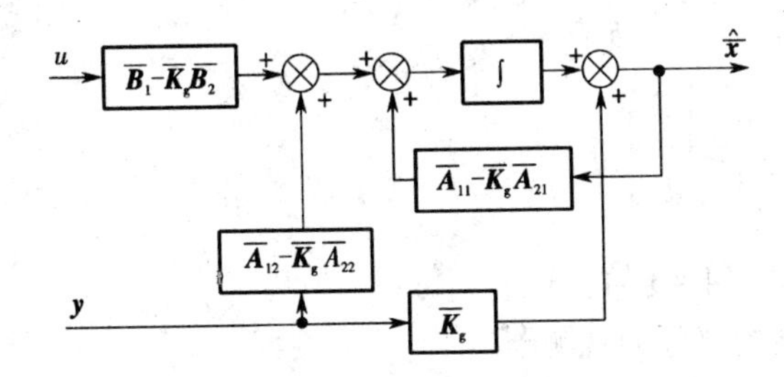

图6.6 Σ_1观测器的结构图

至此,得变换后的整个系统的状态观测值$\bar{\boldsymbol{x}}$为

$$\bar{\boldsymbol{x}}=\begin{bmatrix}\bar{\boldsymbol{x}}_1\\ \boldsymbol{y}\end{bmatrix} \tag{6.35}$$

(4)原系统$\Sigma(\boldsymbol{A},\boldsymbol{B},\boldsymbol{C})$的$n$个状态观测值为

$$\hat{\boldsymbol{x}}=\boldsymbol{T}\bar{\boldsymbol{x}}=\begin{bmatrix}\boldsymbol{I}_{n-m} & \boldsymbol{0}\\ -\boldsymbol{C}_2^{-1}\boldsymbol{C}_1 & \boldsymbol{C}_2^{-1}\end{bmatrix}\begin{bmatrix}\bar{\boldsymbol{x}}_1\\ \boldsymbol{y}\end{bmatrix}=\begin{bmatrix}\bar{\boldsymbol{x}}_1 & \boldsymbol{0}\\ \boldsymbol{C}_2^{-1}\boldsymbol{C}_1\bar{\boldsymbol{x}} & \boldsymbol{C}_2^{-1}\boldsymbol{y}\end{bmatrix}=\begin{bmatrix}\hat{\boldsymbol{x}}_1\\ \hat{\boldsymbol{x}}_2\end{bmatrix}$$

对应原系统的状态观测器结构如图6.7所示。

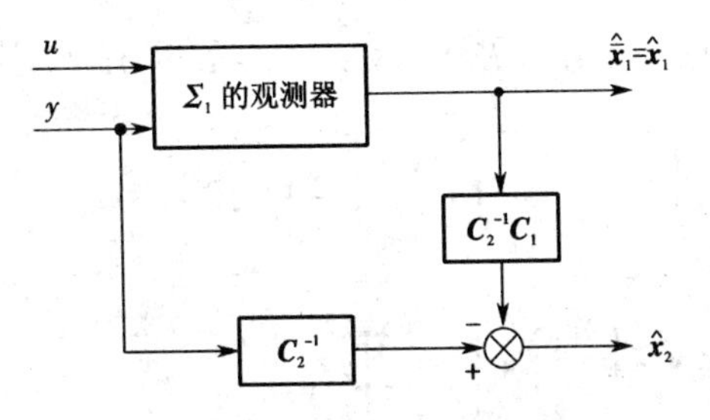

图6.7 原系统状态观测器结构图

【例6.4】 已知系统$\Sigma(\boldsymbol{A},\boldsymbol{B},\boldsymbol{C})$中

$$\boldsymbol{A}=\begin{bmatrix}4 & 4 & 4\\ -1 & -12 & -12\\ 13 & 14 & 13\end{bmatrix},\boldsymbol{B}=\begin{bmatrix}1\\ -1\\ 0\end{bmatrix},\boldsymbol{C}=[1\quad 1\quad 1]$$

求其降维观测器。

解 (1)求变换阵 $\boldsymbol{T}$ 和 $\boldsymbol{T}^{-1}$：

$$\boldsymbol{T}=\begin{bmatrix}\boldsymbol{I}_{n-m} & \boldsymbol{0}\\ -\boldsymbol{C}_2^{-1}\boldsymbol{C}_1 & \boldsymbol{C}_2^{-1}\end{bmatrix}=\begin{bmatrix}1 & 0 & 0\\ 0 & 1 & 0\\ -1 & -1 & 1\end{bmatrix}$$

$$\boldsymbol{T}^{-1}=\begin{bmatrix}\boldsymbol{I}_{n-m} & \boldsymbol{0}\\ \boldsymbol{C}_1 & \boldsymbol{C}_2\end{bmatrix}=\begin{bmatrix}1 & 0 & 0\\ 0 & 1 & 0\\ 1 & 1 & 1\end{bmatrix}$$

(2)确定 $\bar{\boldsymbol{A}},\bar{\boldsymbol{B}},\bar{\boldsymbol{C}}$：

$$\bar{\boldsymbol{A}}=\boldsymbol{T}^{-1}\boldsymbol{A}\boldsymbol{T}=\left[\begin{array}{cc:c}0 & 0 & 4\\ 1 & 0 & -12\\ \hdashline 1 & 1 & 5\end{array}\right]=\left[\begin{array}{c:c}\bar{\boldsymbol{A}}_{11} & \bar{\boldsymbol{A}}_{12}\\ \hdashline \bar{\boldsymbol{A}}_{21} & \bar{\boldsymbol{A}}_{22}\end{array}\right]$$

$$\bar{\boldsymbol{B}}=\boldsymbol{T}^{-1}\boldsymbol{B}=\begin{bmatrix}1\\ -1\\ \hdashline 0\end{bmatrix}=\begin{bmatrix}\bar{b}_1\\ \bar{b}_2\end{bmatrix}$$

$$\bar{\boldsymbol{C}}=\boldsymbol{C}\boldsymbol{T}=[0\quad 0\ \vdots\ 1]=[\bar{\boldsymbol{C}}_1\ \vdots\ \bar{\boldsymbol{C}}_2]$$

(3)确定不能直接测量部分的观测器。

为了使此观测器有合适的逼近速度，选 $\bar{\boldsymbol{A}}_{11}-\boldsymbol{K}_g\bar{\boldsymbol{A}}_{22}$ 的特征值均比 $\boldsymbol{A}_{11}$ 的特征值距虚轴远，使观测器的动态过程快于原系统的动态过程，$s_1=-3,\ s_2=-4$，于是有

$$|s\boldsymbol{I}-(\bar{\boldsymbol{A}}_{11}-\bar{\boldsymbol{K}}_g\bar{\boldsymbol{A}}_{21})|=\begin{bmatrix}s+\bar{k}_{g1} & \bar{k}_{g1}\\ -1+\bar{k}_{g2} & s+\bar{k}_{g2}\end{bmatrix}=s^2+(\bar{k}_{g1}+\bar{k}_{g2})s+\bar{k}_{g1}$$

令此特征多项式为

$$\boldsymbol{f}_1^*(s)=(s+3)(s+4)=s^2+7s+12$$

解得

$$\bar{k}_{g1}=12\ ,\bar{k}_{g2}=-5$$

于是由式(6.33)得所求的状态观测器为

$$\begin{aligned}\dot{\bar{\boldsymbol{W}}}&=(\boldsymbol{A}_{11}-\bar{\boldsymbol{K}}_g\bar{A}_{21})\bar{x}_1+(\bar{A}_{12}-\bar{\boldsymbol{K}}_g\bar{A}_{22})y+(\bar{B}_1-\bar{\boldsymbol{K}}_g\bar{B}_2)u\\ &=\begin{bmatrix}-12 & -12\\ 0 & 5\end{bmatrix}\begin{bmatrix}\bar{x}_{11}\\ \bar{x}_{12}\end{bmatrix}+\begin{bmatrix}-56\\ 13\end{bmatrix}y+\begin{bmatrix}1\\ -1\end{bmatrix}u\end{aligned}$$

由式(6.34)，得

$$\bar{\boldsymbol{x}}_1=\begin{bmatrix}\bar{x}_{11}\\ \bar{x}_{12}\end{bmatrix}=\bar{\boldsymbol{W}}+\bar{\boldsymbol{K}}_g\boldsymbol{y}=\begin{bmatrix}\bar{\boldsymbol{W}}_1\\ \bar{\boldsymbol{W}}_2\end{bmatrix}+\begin{bmatrix}12\\ -5\end{bmatrix}\boldsymbol{y}$$

最后，得到所给系统 $\boldsymbol{\Sigma}(\boldsymbol{A},\boldsymbol{B},\boldsymbol{C})$ 的观测状态为

$$\hat{\boldsymbol{x}}=\begin{bmatrix}\hat{\boldsymbol{x}}_1\\ \hat{\boldsymbol{x}}_2\\ \hat{\boldsymbol{x}}_3\end{bmatrix}=\boldsymbol{T}\bar{\boldsymbol{x}}=\boldsymbol{T}\begin{bmatrix}\bar{x}_1\\ y\end{bmatrix}=\begin{bmatrix}1 & 0 & 0\\ 0 & 1 & 0\\ -1 & -1 & 1\end{bmatrix}\begin{bmatrix}\bar{\boldsymbol{x}}_{11}\\ \bar{\boldsymbol{x}}_{12}\\ \boldsymbol{y}\end{bmatrix}$$

由此可得如下几点结论。

(1)采用 n 维状态观测器的状态反馈系统共 $2n$ 维，其特征多项式为

$$|sI - A + BK| \cdot |sI - A + K_g C|$$

可见,闭环系统的极点为直接状态反馈时的闭环极点加上观测器的极点,因此状态反馈矩阵 K 的设计和状态观测器的反馈矩阵 K_g 的设计可以独立进行,这种特性称为分离特性,它对于系统的设计是极其有用的。

(2)$\bar{x}$ 是观测器的输出状态$\hat{x}$和原系统的真实状态 x 之差,当$\hat{x}(0)=x(0)$时,有 $\bar{x}(t)\equiv 0$,此时 $\dot{x}=(A-BK)x+Bu$ 与直接状态反馈时相同。当$\hat{x}(0)\neq x(0)$时,$\bar{x}(t)$将按 $e^{(A-K_gC)t}$所决定的速度收敛到0。

(3)采用 n 维观测器进行状态反馈后,系统的传递函数矩阵与直接状态反馈时相同。这可证明如下。

直接状态反馈时,系统闭环传递函数为

$$W_B(s) = [C \quad 0]\begin{bmatrix} sI - A + BK & -BK \\ 0 & sI - A + K_g C \end{bmatrix}^{-1}\begin{bmatrix} B \\ 0 \end{bmatrix}$$

$$= [C \quad 0]\begin{bmatrix} (sI - A + BK)^{-1} & * \\ 0 & (sI - A + K_g C)^{-1} \end{bmatrix}\begin{bmatrix} B \\ 0 \end{bmatrix}$$

$$= C(sI - A + BK)^{-1}B = W_B(s)$$

式中,* 表示此元素的具体数值无关紧要。

6.5 MATLAB 在系统综合设计中的应用

6.5.1 利用 MATLAB 求解极点配置问题

用 MATLAB 易于解极点配置问题。

【例 6.5】 利用 MATLAB 求解例 6.2 问题。

解 如果在设计状态反馈控制矩阵 K 时采用变换矩阵 P,则必须求特征方程$|sI - A| = 0$的系数 a_1、a_2 和 a_3。这可通过给计算机输入语句 P = poly(A)来实现。在计算机屏幕上将显示如下一组系数:

```
A = [0  1  0; 0  0  1; -1  -5  -6];
P = poly(A)
P =
    1.0000   6.0000   6.0000   1.0000
```

则 $a_1 = a1 = P(2)$,$a_2 = a2 = P(3)$,$a_3 = a3 = P(4)$。

为了得到变换矩阵 P,首先将矩阵 Q 和 W 输入计算机,其中

$$Q = [B \mid AB \mid A^2B]$$

$$W = \begin{bmatrix} a_2 & a_1 & 1 \\ a_1 & 1 & 0 \\ 1 & 0 & 0 \end{bmatrix}$$

然后可以很容易地采用 MATLAB 完成 Q 和 W 相乘。

其次,求期望的特征方程。可定义矩阵 J,使得

$$\boldsymbol{J}=\begin{bmatrix}\mu_1 & 0 & 0\\ 0 & \mu_2 & 0\\ 0 & 0 & \mu_3\end{bmatrix}=\begin{bmatrix}-2+\mathrm{j}4 & 0 & 0\\ 0 & -2-\mathrm{j}4 & 0\\ 0 & 0 & -10\end{bmatrix}$$

从而可利用 poly(J)命令来完成，即

```
J = [ -2 +4 * i  0  0;0   -2 -4 * i  0;0  0   -10];
Q = poly(J)
Q =
     1  14  60  200
```

因此，有

$$a_1^* = aa1 = Q(2), a_2^* = aa2 = Q(3), a_3^* = aa3 = Q(4)$$

即对于 a_i^*，可采用 aai。

故状态反馈增益矩阵 $\boldsymbol{K}$ 可由下式确定：

$$\boldsymbol{K}=[a_3^*-a_3 \quad a_2^*-a_2 \quad a_1^*-a_1]\boldsymbol{P}^{-1}$$

或

$$\boldsymbol{K}=[aa3-a3 \quad aa2-a2 \quad aa1-a1]*(\mathrm{inv}(\boldsymbol{P}))$$

采用变换矩阵 $\boldsymbol{P}$ 求解该例题的 MATLAB 程序代码如下：

```
% ------Pole placement ------
% ***** Determination of state feedback gain matrix K by use of transformation
% matrix P *****
% ***** Enter matrices A and B *****
A = [0  1  0;0  0  1; -1   -5   -6];
B = [0;0;1];
% ***** Define the controllability matrix Q *****
Q = [B   A * B   A^2 * B];
% ***** Check the rank of matrix Q *****
rank(Q)
ans =
   3
% ***** Since the rank of Q is 3, arbitrary pole placement is possible *****
% ***** Obtain the coefficients of the characteristic polynomial |sI - A|. This can be
% done by entering statement poly(A) *****
JA = poly(A)
JA =
    1.0000  6.0000  6.0000  1.0000
a1 = JA(2);a2 = JA(3);a3 = JA(4);
% ***** Define matrices W and P as follows *****
W = [a2   a1   1;a1  1  0;1  0  0];
P = Q * W;
```

```
% ***** Obtain the desired characteristic polynomial by defining the following matrix J
% and entering statement poly(J) *****
J = [ -2 + j * 4   0   0;0   -2 - j * 4   0;0   0   -10];
JJ = poly(J)
JJ =
    1   14   60  200
aa1 = JJ(2);aa2 = JJ(3);aa3 = JJ(4);
% ***** State feedback gain matrix K can be given by *****
K = [aa3 - a3   aa2 - a2   aa1 - a1] * (inv(P))
K =
   199   55   8
% ***** Hence, k1,k2,and k3 are given by *****
k1 = K(1),k2 = K(2),k3 = K(3)
k1 =
    199
k2 =
    55
k3 =
    8
```

6.5.2 利用 MATLAB 设计状态观测器

本节将介绍用 MATLAB 设计状态观测器的若干例子，并举例说明全维状态观测器和最小阶状态观测器设计的 MATLAB 方法。

【例 6.6】 考虑一个调节器系统的设计。给定线性定常系统为

$$\dot{\boldsymbol{x}} = \boldsymbol{A}\boldsymbol{x} + \boldsymbol{B}u$$

$$\boldsymbol{y} = \boldsymbol{C}\boldsymbol{x}$$

式中

$$\boldsymbol{A} = \begin{bmatrix} 0 & 1 \\ 20.6 & 0 \end{bmatrix}, \boldsymbol{B} = \begin{bmatrix} 0 \\ 1 \end{bmatrix}, \boldsymbol{C} = [1 \quad 0]$$

且闭环极点为 $s = \mu_i (i = 1, 2)$，其中

$$\mu_1 = -1.8 + j2.4, \mu_2 = -1.8 - j2.4$$

期望用观测状态反馈控制，而不是用真实的状态反馈控制。观测器的期望特征值为

$$\mu_1 = \mu_2 = -8$$

试采用 MATLAB 确定出相应的状态反馈增益矩阵 $\boldsymbol{K}$ 和观测器增益矩阵 $\boldsymbol{K}_e$。

解 MATLAB 程序代码如下：

```
% ------ Pole placement and design of observer ------
% ***** Design of a control system using pole-placement technique and state observer.
% First solve pole-placement problem *****
% ***** Enter matrices A,B,C,and D *****
A = [0   1;20.6   0];
```

```
B = [0;1];
C = [1  0];
D = [0];
% ***** Check the rank of the controllability matrix Q *****
Q = [B  A * B];
rank(Q)
ans =
    2
% ***** Since the rank of the controllability matrix Q is 2, arbitrary pole placement is
% possible *****
% ***** Enter the desired characteristic polynomial by defining the following matrix J
% and computing poly(J) *****
J = [ -1.8 +2.4 * i  0;0   -1.8 -2.4 * i];
poly(J)
ans =
      1.000   3.6000     9.0000
% ***** Enter characteristic polynomial Phi *****
Phi = polyvalm(poly(J), A);
% ***** State feedback gain matrix K can be given by *****
K = [0  1] * inv(Q) * Phi
K =
     29.6000  3.6000
% ***** The following program determines the observer matrix Ke *****
% ***** Enter the observability matrix RT and check its rank *****
RT = [C'   A' * C'];
rank(RT)
ans =
    2
% ***** Since the rank of the observability matrix is 2, design of the observer is
% possible *****
% ***** Enter the desired characteristic polynomial by defining the following matrix JO
% and entering statement poly(JO) *****
JO = [ -8  0;0  -8];
poly(JO)
ans =
    1  16  64
% ***** Enter characteristic polynomial Ph *****
Ph = polyvalm(ply(JO), A);
% ***** The observer gain matrix Ke is obtained from *****
```

```
Ke = Ph * (inv(RT')) * [0;1]
Ke =
    16.0000
    86.60000
```

求出的状态反馈增益矩阵 $\boldsymbol{K}$ 为

$$\boldsymbol{K}=[29.6\quad 3.6]$$

观测器增益矩阵 $\boldsymbol{K}_e$ 为

$$\boldsymbol{K}_e=\begin{bmatrix}16\\84.6\end{bmatrix}$$

该观测状态反馈控制系统是四阶的，其特征方程为

$$|s\boldsymbol{I}-\boldsymbol{A}+\boldsymbol{BK}||s\boldsymbol{I}-\boldsymbol{A}+\boldsymbol{K}_e\boldsymbol{C}|=0$$

将期望的闭环极点和期望的观测器极点代入上式，可得

$$\begin{aligned}|s\boldsymbol{I}-\boldsymbol{A}+\boldsymbol{BK}||s\boldsymbol{I}-\boldsymbol{A}+\boldsymbol{K}_e\boldsymbol{C}|&=(s+1.8-\mathrm{j}2.4)(s+1.8+\mathrm{j}2.4)(s+8)^2\\&=s^4+19.6s^3+130.6s^2+374.4s+576\end{aligned}$$

这个结果很容易通过 MATLAB 得到，如下 MATLAB 程序是上述 MATLAB 代码的继续。矩阵 $\boldsymbol{A}$、$\boldsymbol{B}$、$\boldsymbol{C}$、$\boldsymbol{K}$ 和 $\boldsymbol{K}_e$ 已在上述 MATLAB 代码中给定。

```
% ------Characteristic polynomial------
% ***** The characteristic polynomial for the designed system is given by
% |sI - A + BK||sI - A + KeC| *****
% ***** This characteristic polynomial can be obtained by use of eigenvalues of A - BK and
% A - KeC as follows *****
X = [eig(A - B * K);eig(A - Ke * C)]
X =
    -1.8000 + 2.4000i
    -1.8000 - 2.4000i
    -8.0000
    -8.0000
poly(X)
ans =
    1.0000    19.6000    130.6000    374.4000    576.0000
```

【例 6.7】 考虑与例 6.4 讨论的降维观测器设计相同的问题。该给定线性定常系统为

$$\dot{\boldsymbol{x}}=\boldsymbol{Ax}+\boldsymbol{Bu}$$

$$\boldsymbol{y}=\boldsymbol{Cx}$$

式中

$$\boldsymbol{A}=\begin{bmatrix}0&1&0\\0&0&1\\-6&-11&-6\end{bmatrix},\boldsymbol{B}=\begin{bmatrix}0\\---\\0\\1\end{bmatrix},\boldsymbol{C}=[1\ \vdots\ 0\quad 0]$$

假定状态变量 x_1（等于 y）是可测量的，但未必是能观测的。试确定降温观测器的增益矩

阵 $\boldsymbol{K}_e$。期望的特征值为

$$\mu_1 = -2 + \mathrm{j}2\sqrt{3}, \quad \mu_2 = -2 - \mathrm{j}2\sqrt{3}$$

试利用 MATLAB 方法求解。

解 采用变换矩阵 $\boldsymbol{P}$ 方法的 MATLAB 程序代码如下：

```
% ------Design of minimum-order observer------
% ***** This program uses transformation matrix P *****
% ***** Enter matrices A and B *****
A=[0 1 0;0 0 1;-6 -11 -6];
B=[0;0;1];
% ***** Enter matrices Aaa,Aab,Aba,Abb,Ba,and Bb. Note that A=[Aaa Aab;Aba
% Abb] and B=[Ba;Bb] *****
Aaa=[0];Aab=[1 0];Aba=[0;-6];Abb=[0 1;-11 -6];
Ba=[0];Bb=[0;1];
% ***** Determine a1 and a2 of the characteristic polynomial for the unobserved portion
% of the system *****
P=poly(Abb)
P=
   1 6 11
a1=P(2);a2=P(3);
% ***** Enter the reduced observability matrix RT and matrix W *****
RT=[Aab' Abb'*Aab'];
W=[a1 1;1 0];
% ***** Enter the desired characteristic polynomial by defining the following matrix J
% and entering statement poly(J) *****
J=[-2+2*sqrt(3)*i 0;0 -2-2*sqrt(3)*i];
JJ=poly(J)
JJ=
   1.0000 6.0000 16.0000
% ***** Determine aa1 and aa2 of the desired characteristic polynomial *****
aa1=JJ(2);aa2=JJ(3);
% ***** Observer gain matrix Ke for the minimum-order observer is given by *****
Ke=inv(W*RT')[aa2-a2;aa1-a1]
Ke=
   -2
   17
```

采用爱克曼公式的 MATLAB 程序代码如下：

```
% ------Design of minimum-order observer------
% ***** This program is based on Ackermann's formula *****
% ***** Enter matrices A and B *****
```

```
A=[0  1  0;0  0  1;-6  -11  -6];
B=[0;0;1];
% ***** Enter matrices Aaa,Aab,Aba,Abb,Ba,and Bb. Note that
% A=[Aaa Aab;Aba Abb] and B=[Ba;Bb] *****
Aaa=[0];Aab=[1  0];Aba=[0;-6];Abb=[0  1;-11  -6];
Ba=[0];Bb=[0;1];
% ***** Enter the reduced observability matrix RT *****
RT=[Aab'  Abb'*Aab'];
% ***** Enter the desired characteristic polynomial by defining the following matrix J
% and entering statement poly(J) *****
J=[-2+2*sqrt(3)*i  0;0  -2-2*sqrt(3)*i];
JJ=poly(J)
JJ=
    1.0000    6.0000    16.0000
% **** Enter characteristic polynomial Phi of matrix Abb *****
Phi=polyvalm(poly(J),Abb);
% **** Observer gain matrix Ke for the minimum-order observer is given by ****
Ke=Phi*inv(RT')*[0;1]
Ke=
    -2
    17
```

6.5.3　单级倒立摆系统的极点配置与状态观测器设计

考虑图6.7所示倒立摆控制系统。该系统和第2章中讨论的倒立摆基本类似。为了简便，不考虑小车和地面的摩擦力，仅讨论摆和小车在平面内运动的情形。希望尽可能地保持倒

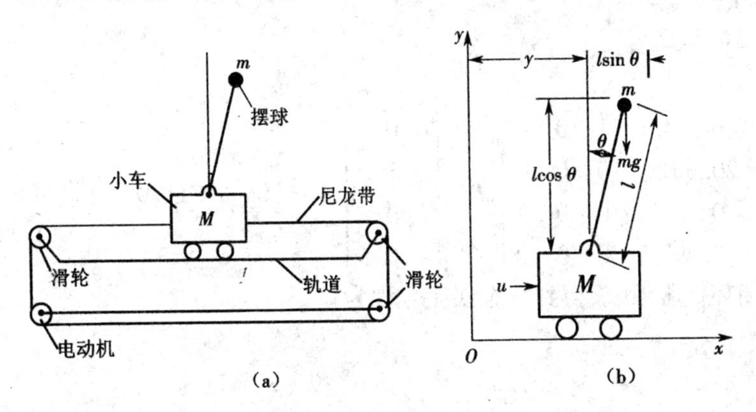

图6.7　倒立摆控制系统

立摆垂直，并控制小车的位置。例如，以步进形式使小车移动。为控制小车的位置，需建造一个I型伺服系统。安装在小车上的倒立摆被控系统没有积分器(0型系统)。因此，将位置信号y(表示小车的位置)反馈到输入端，并且在前馈通道中插入一个积分器，如图6.8所示。假

设摆的角度 θ 和角速度 $\dot{\theta}$ 很小，以至于 $\sin\theta\approx\theta$，$\cos\theta\approx1$ 和 $\dot{\theta}^2\approx0$。又假设仍然取 $M=2$ kg，$m=0.1$ kg，$l=0.5$ m。

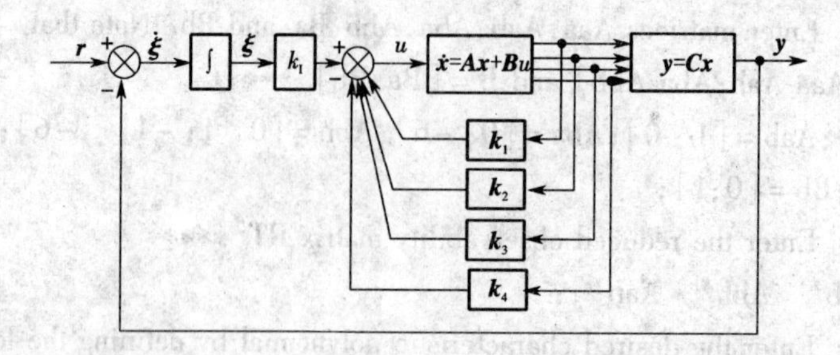

图 6.8 倒立摆系统(当被控对象不含积分器时的 I 型闭环伺服系统)

该倒立摆控制系统的方程为

$$Ml\ddot{\theta}=(M+m)g\theta-u \tag{6.36}$$

$$M\ddot{x}=u-mg\theta \tag{6.37}$$

代入给定的数值，可得

$$\ddot{\theta}=20.601\theta-u \tag{6.38}$$

$$\ddot{x}=0.5u-0.4905\theta \tag{6.39}$$

定义状态变量为

$$x_1=\theta$$

$$x_2=\dot{\theta}$$

$$x_3=x$$

$$x_4=\dot{x}$$

因此，参照式(6.38)、式(6.39)和图 6.8 可得该系统的方程为

$$\dot{\boldsymbol{x}}=\boldsymbol{A}\boldsymbol{x}+\boldsymbol{B}u \tag{6.40}$$

$$\boldsymbol{y}=\boldsymbol{C}\boldsymbol{x} \tag{6.41}$$

$$u=-\boldsymbol{K}\boldsymbol{x}+k_1\boldsymbol{\xi} \tag{6.42}$$

$$\dot{\boldsymbol{\xi}}=\boldsymbol{r}-\boldsymbol{y}=\boldsymbol{r}-\boldsymbol{C}\boldsymbol{x} \tag{6.43}$$

式中

$$\boldsymbol{A}=\begin{bmatrix}0&1&0&0\\20.601&0&0&0\\0&0&0&1\\-0.4905&0&0&0\end{bmatrix},\boldsymbol{B}=\begin{bmatrix}0\\-1\\0\\0.5\end{bmatrix},\boldsymbol{C}=[0\quad0\quad1\quad0]$$

对于 I 型闭环伺服系统，得到状态误差方程为

$$\dot{\boldsymbol{e}}=\hat{\boldsymbol{A}}e+\hat{\boldsymbol{B}}u_e \tag{6.44}$$

式中

$$\hat{\boldsymbol{A}}=\begin{bmatrix}\boldsymbol{A}&\boldsymbol{0}\\-\boldsymbol{C}&\boldsymbol{0}\end{bmatrix}=\begin{bmatrix}0&1&0&0&0\\20.601&0&0&0&0\\0&0&0&1&0\\-0.4905&0&0&0&0\\0&0&-1&0&0\end{bmatrix},\quad\hat{\boldsymbol{B}}=\begin{bmatrix}\boldsymbol{B}\\\boldsymbol{0}\end{bmatrix}=\begin{bmatrix}0\\-1\\0\\0.5\\0\end{bmatrix}$$

给出的控制输入为

$$u_e = -\hat{\boldsymbol{K}}e$$

这里

$$\hat{\boldsymbol{K}} = [\boldsymbol{K} \mid -k_1] = [k_1 \quad k_2 \quad k_3 \quad k_4 \mid -k_1]$$

现用极点配置方法确定所需的状态反馈增益矩阵$\hat{\boldsymbol{K}}$,即确定矩阵$\hat{\boldsymbol{K}}$。

下面首先介绍一种解析方法,然后再介绍 MATLAB 解法。

在进一步讨论前,必须检验矩阵$\hat{\boldsymbol{A}}$的秩:

$$\hat{\boldsymbol{A}} = \begin{bmatrix} \boldsymbol{A} & \boldsymbol{B} \\ -\boldsymbol{C} & \boldsymbol{0} \end{bmatrix}$$

即

$$\hat{\boldsymbol{A}} = \begin{bmatrix} \boldsymbol{A} & \boldsymbol{B} \\ -\boldsymbol{C} & \boldsymbol{0} \end{bmatrix} = \begin{bmatrix} 0 & 1 & 0 & 0 & 0 \\ 20.601 & 0 & 0 & 0 & -1 \\ 0 & 0 & 0 & 1 & 0 \\ -0.4905 & 0 & 0 & 0 & 0.5 \\ 0 & 0 & -1 & 0 & 0 \end{bmatrix} \tag{6.45}$$

易知,该矩阵的秩为5。因此,由式(6.40)和式(6.41)定义的系统是状态完全能控的,并可任意配置极点。相应地由式(6.45)给出的系统的特征方程为

$$|s\boldsymbol{I} - \hat{\boldsymbol{A}}| = \begin{vmatrix} s & -1 & 0 & 0 & 0 \\ -20.601 & s & 0 & 0 & 1 \\ 0 & 0 & s & -1 & 0 \\ 0.4905 & 0 & 0 & s & -0.5 \\ 0 & 0 & 1 & 0 & s \end{vmatrix}$$

$$= s^3(s^2 - 20.601)$$

$$= s^5 - 20.601s^3$$

$$= s^5 + a_1 s^4 + a_2 s^3 + a_3 s^2 + a_4 s + a_5 = 0$$

因此

$$a_1 = 0, a_2 = -20.601, a_3 = 0, a_4 = 0, a_5 = 0$$

为了使设计的系统获得适当的响应速度和阻尼(例如,在小车的阶跃响应中,约有 4 ~ 5 s 的调整时间和 15% ~ 16% 的最大超调量),选择期望的闭环极点为 $s = \mu_i (i = 1,2,3,4,5)$,其中

$$\mu_1 = -1 + \mathrm{j}\sqrt{3}, \mu_2 = -1 - \mathrm{j}\sqrt{3}, \mu_3 = -5, \mu_4 = -5, \mu_5 = -5$$

这是一组可能的期望闭环极点,也可选择其他的极点。因此,期望的特征方程为

$$(s - \mu_1)(s - \mu_2)(s - \mu_3)(s - \mu_4)(s - \mu_5)$$

$$= (s + 1 - \mathrm{j}\sqrt{3})(s + 1 + \mathrm{j}\sqrt{3})(s + 5)(s + 5)(s + 5)$$

$$= s^5 + 17s^4 + 109s^3 + 335s^2 + 550s + 500$$

$$= s^5 + a_1^* s^4 + a_2^* s^3 + a_3^* s^2 + a_4^* s + a_5^* = 0$$

于是

$$a_1^* = 17, a_2^* = 109, a_3^* = 335, a_4^* = 550, a_5^* = 500$$

下一步求由式(6.13)给出的变换矩阵 $\boldsymbol{P}$。

$$\boldsymbol{P} = \boldsymbol{QW}$$

这里 $\boldsymbol{Q}$ 和 $\boldsymbol{W}$ 分别由式(6.14)和(6.15)给出,即

$$\boldsymbol{Q} = [\hat{\boldsymbol{B}} \mid \hat{\boldsymbol{A}}\hat{\boldsymbol{B}} \mid \hat{\boldsymbol{A}}^2\hat{\boldsymbol{B}} \mid \hat{\boldsymbol{A}}^3\hat{\boldsymbol{B}} \mid \hat{\boldsymbol{A}}^4\hat{\boldsymbol{B}}] = \begin{bmatrix} 0 & -1 & 0 & -20.601 & 0 \\ -1 & 0 & -20.601 & 0 & -(20.601)^2 \\ 0 & 0.5 & 0 & 0.4905 & 0 \\ 0.5 & 0 & 0.4905 & 0 & 10.1048 \\ 0 & 0 & -0.5 & 0 & -0.4905 \end{bmatrix}$$

$$\boldsymbol{W} = \begin{bmatrix} a_4 & a_3 & a_2 & a_1 & 1 \\ a_3 & a_2 & a_1 & 1 & 0 \\ a_2 & a_1 & 1 & 0 & 0 \\ a_1 & 1 & 0 & 0 & 0 \\ 1 & 0 & 0 & 0 & 0 \end{bmatrix} = \begin{bmatrix} 0 & 0 & -20.601 & 0 & 1 \\ 0 & -20.601 & 0 & 1 & 0 \\ -20.601 & 0 & 1 & 0 & 0 \\ 0 & 1 & 0 & 0 & 0 \\ 1 & 0 & 0 & 0 & 0 \end{bmatrix}$$

于是

$$\boldsymbol{P} = \boldsymbol{QW} = \begin{bmatrix} 0 & 0 & 0 & -1 & 0 \\ 0 & 0 & 0 & 0 & -1 \\ 0 & -9.81 & 0 & 0.5 & 0 \\ 0 & 0 & -9.81 & 0 & 0.5 \\ 9.81 & 0 & -0.5 & 0 & 0 \end{bmatrix}$$

矩阵 $\boldsymbol{P}$ 的逆为

$$\boldsymbol{P}^{-1} = \begin{bmatrix} 0 & -\frac{0.25}{(9.81)^2} & 0 & -\frac{0.5}{(9.81)^2} & \frac{1}{9.81} \\ -\frac{0.5}{9.81} & 0 & -\frac{1}{9.81} & 0 & 0 \\ 0 & -\frac{0.5}{9.81} & 0 & -\frac{1}{9.81} & 0 \\ -1 & 0 & 0 & 0 & 0 \\ 0 & -1 & 0 & 0 & 0 \end{bmatrix}$$

矩阵 $\hat{\boldsymbol{K}}$ 计算为

$$\begin{aligned} \hat{\boldsymbol{K}} &= [a_5^* - a_5 \mid a_4^* - a_4 \mid a_3^* - a_3 \mid a_2^* - a_2 \mid a_1^* - a_1]\boldsymbol{P}^{-1} \\ &= [500 - 0 \mid 550 - 0 \mid 335 - 0 \mid 109 + 20.601 \mid 17 - 0]\boldsymbol{P}^{-1} \\ &= [500 \mid 550 \mid 335 \mid 129.601 \mid 17]\boldsymbol{P}^{-1} \\ &= [-157.6336 \mid -35.3733 \mid -56.0652 \mid -36.7466 \mid 50.9684] \\ &= [k_1 \mid k_2 \mid k_3 \mid k_4 \mid -k_1] \end{aligned}$$

因此

$$K = [k_1 \mid k_2 \mid k_3 \mid k_4] = [-157.6336 \quad -35.3733 \quad -56.0652 \quad -36.7466]$$

且

$$k_1 = -50.968\ 4$$

确定了状态反馈增益矩阵 $\boldsymbol{K}$ 和积分增益常数 k_1，小车位置的阶跃响应可通过下列状态方程求得：即

$$\begin{bmatrix} \dot{\boldsymbol{x}} \\ \dot{\boldsymbol{\xi}} \end{bmatrix} = \begin{bmatrix} \boldsymbol{A} & 0 \\ -\boldsymbol{C} & 0 \end{bmatrix} \begin{bmatrix} \boldsymbol{x} \\ \boldsymbol{\xi} \end{bmatrix} + \begin{bmatrix} \boldsymbol{B} \\ 0 \end{bmatrix} u + \begin{bmatrix} 0 \\ 1 \end{bmatrix} \boldsymbol{r}$$

由于

$$u = -\boldsymbol{Kx} + k_1 \boldsymbol{\xi}$$

则

$$\begin{bmatrix} \dot{\boldsymbol{x}} \\ \dot{\boldsymbol{\xi}} \end{bmatrix} = \begin{bmatrix} \boldsymbol{A}-\boldsymbol{BK} & \boldsymbol{B}k_1 \\ -\boldsymbol{C} & \boldsymbol{0} \end{bmatrix} \begin{bmatrix} \boldsymbol{x} \\ \boldsymbol{\xi} \end{bmatrix} + \begin{bmatrix} 0 \\ 1 \end{bmatrix} \boldsymbol{r}$$

或

$$\begin{bmatrix} \dot{x}_1 \\ \dot{x}_2 \\ \dot{x}_3 \\ \dot{x}_4 \\ \dot{\xi} \end{bmatrix} = \begin{bmatrix} 0 & 1 & 0 & 0 & 0 \\ -137.032\ 6 & -35.373\ 3 & -56.065\ 2 & -36.746\ 6 & 50.968\ 4 \\ 0 & 0 & 0 & 1 & 0 \\ 78.326\ 3 & 17.686\ 7 & 28.032\ 6 & 18.373\ 3 & -25.484\ 2 \\ 0 & 0 & -1 & 0 & 0 \end{bmatrix} \begin{bmatrix} x_1 \\ x_2 \\ x_3 \\ x_4 \\ \xi \end{bmatrix} + \begin{bmatrix} 0 \\ 0 \\ 0 \\ 0 \\ 1 \end{bmatrix} \boldsymbol{r}$$

图 6.9 给出了 $\boldsymbol{x}_1(t)$、$\boldsymbol{x}_2(t)$、$\boldsymbol{x}_3(t)$、$\boldsymbol{x}_4(t)$ 和 $\boldsymbol{\xi}(t)$（$=\boldsymbol{x}_5(t)$）对 t 的响应曲线。图中，作用在小车上的输入 $\boldsymbol{r}(t)$ 为单位阶跃函数，即 $r(t)=1$ m。注意，$x_1=\theta$、$x_2=\dot{\theta}$、$x_3=x$ 和 $x_4=\dot{x}$，所有的初始条件均等于 0。

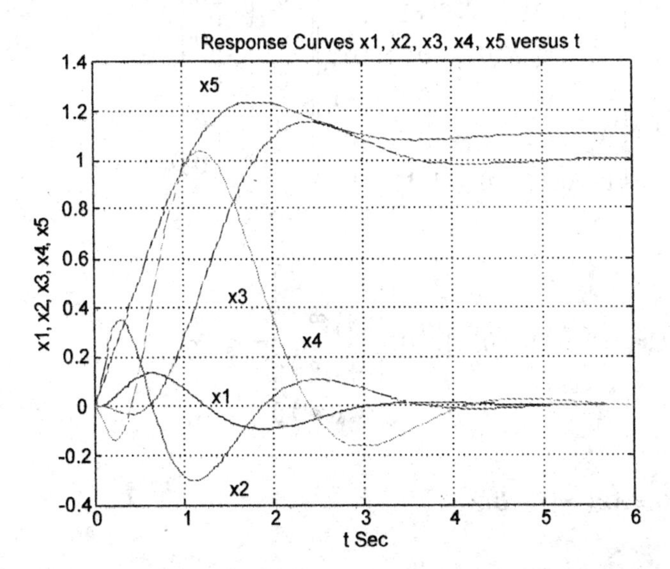

图 6.9　$x_1(t)$、$x_2(t)$、$x_3(t)$、$x_4(t)$ 和 $x_5(t)$ 对 t 的响应曲线

$x_3(t)$ 的阶跃响应正如所希望的那样，调整时间约为 6.5 s，最大超调量约为 11.8%。在位置曲线（$x_3(t)$ 对 t 的曲线）上，有一点很有趣，即最初的 0.6 s 左右，小车向后移动，使得摆

向前倾斜，然后，小车在正方向加速运动。

$x_3(t)$ 对 t 的响应曲线清晰地显示了 $x_3(\infty)$ 趋于 r。同样的，$x_1(\infty)=0$、$x_2(\infty)=0$、$x_4(\infty)=0$ 和 $\xi(\infty)=1.1$。这一结果可由以下分析方法予以证实。在稳态时，可得

$$\dot{\boldsymbol{x}}(\infty)=0=\boldsymbol{A}\boldsymbol{x}(\infty)+\boldsymbol{B}u(\infty)$$

$$\dot{\xi}(\infty)=0=r-\boldsymbol{C}\boldsymbol{x}(\infty)$$

将其合并：

$$\begin{bmatrix}0\\0\end{bmatrix}=\begin{bmatrix}\boldsymbol{A} & \boldsymbol{B}\\-\boldsymbol{C} & \boldsymbol{0}\end{bmatrix}\begin{bmatrix}\boldsymbol{x}(\infty)\\\boldsymbol{u}(\infty)\end{bmatrix}+\begin{bmatrix}0\\\boldsymbol{r}\end{bmatrix}$$

由于已求出矩阵$\begin{bmatrix}\boldsymbol{A} & \boldsymbol{B}\\-\boldsymbol{C} & \boldsymbol{0}\end{bmatrix}$的秩为 5，所以矩阵的逆存在。因此

$$\begin{bmatrix}\boldsymbol{x}(\infty)\\\boldsymbol{u}(\infty)\end{bmatrix}=\begin{bmatrix}\boldsymbol{A} & \boldsymbol{B}\\-\boldsymbol{C} & \boldsymbol{0}\end{bmatrix}^{-1}\begin{bmatrix}0\\-\boldsymbol{r}\end{bmatrix}$$

可得

$$\begin{bmatrix}\boldsymbol{A} & \boldsymbol{B}\\-\boldsymbol{C} & \boldsymbol{0}\end{bmatrix}^{-1}=\begin{bmatrix}0 & \frac{0.5}{9.81} & 0 & \frac{1}{9.81} & 0\\1 & 0 & 0 & 0 & 0\\0 & 0 & 0 & 0 & -1\\0 & 0 & 1 & 0 & 0\\0 & 0.05 & 0 & 2.1 & 0\end{bmatrix}$$

因此

$$\begin{bmatrix}x_1(\infty)\\x_2(\infty)\\x_3(\infty)\\x_4(\infty)\\u(\infty)\end{bmatrix}=\begin{bmatrix}0 & \frac{0.5}{9.81} & 0 & \frac{1}{9.81} & 0\\1 & 0 & 0 & 0 & 0\\0 & 0 & 0 & 0 & -1\\0 & 0 & 1 & 0 & 0\\0 & 0.05 & 0 & 2.1 & 0\end{bmatrix}\begin{bmatrix}0\\0\\0\\0\\-r\end{bmatrix}=\begin{bmatrix}0\\0\\r\\0\\0\end{bmatrix}$$

从而

$$y(\infty)=\boldsymbol{C}\boldsymbol{x}(\infty)=[0\quad 0\quad 1\quad 0]\begin{bmatrix}x_1(\infty)\\x_2(\infty)\\x_3(\infty)\\x_4(\infty)\end{bmatrix}=x_3(\infty)=r$$

由于

$$\dot{\boldsymbol{x}}(\infty)=0=\boldsymbol{A}\boldsymbol{x}(\infty)+\boldsymbol{B}u(\infty)$$

或

$$\begin{bmatrix}0\\0\\0\\0\end{bmatrix}=\begin{bmatrix}0 & 1 & 0 & 0\\20.601 & 0 & 0 & 0\\0 & 0 & 0 & 1\\-0.4905 & 0 & 0 & 0\end{bmatrix}\begin{bmatrix}0\\0\\r\\0\end{bmatrix}+\begin{bmatrix}0\\-1\\0\\0.5\end{bmatrix}u(\infty)$$

可得

$$u(\infty)=0$$

由于$u(\infty)=0$,故可得

$$u(\infty)=0=-\boldsymbol{Kx}(\infty)+k_I\xi(\infty)$$

从而

$$\xi(\infty)=\frac{1}{k_I}[\boldsymbol{Kx}(\infty)]=\frac{1}{k_I}k_3x_3(\infty)=\frac{-56.065\ 2}{-50.968\ 4}r=1.1r$$

因此,对$r=1$,可得$\xi(\infty)=1.1$,如图6.9所示。

应强调的是,在任意的设计问题中,如果响应速度和阻尼不十分满意,则必须修改期望的特征方程,并确定一个新的矩阵$\hat{\boldsymbol{K}}$。必须反复进行计算机仿真,直到获得满意的结果为止。

用于设计倒立摆控制系统的MATLAB程序代码如下。注意,在程序中,用符号$A1$、$B1$和KK分别表示$\hat{\boldsymbol{A}}$、$\hat{\boldsymbol{B}}$和$\hat{\boldsymbol{K}}$,即

$$A1=\hat{\boldsymbol{A}}=\begin{bmatrix}\boldsymbol{A} & \boldsymbol{0}\\ -\boldsymbol{C} & \boldsymbol{0}\end{bmatrix},B1=\hat{\boldsymbol{B}}=\begin{bmatrix}\boldsymbol{B}\\ \boldsymbol{0}\end{bmatrix},KK=\hat{\boldsymbol{K}}$$

```
% ------Design of an inverted pendulum control system------
% ***** In this program we use Ackermann's formula for pole placement *****
% ***** This program determines the state feedback gain
% matrix K=[k1  k2  k3  k4] and integral gain constant KI *****
% ***** Enter matrices A, B, C, and D *****
A=[      0      1  0  0;
     20.601     0  0  0;
         0      0  0  1;
    -0.4905     0  0  0];
B=[0;-1;0;0.5];
C=[0  0  1  0];
D=[0];
% ***** Enter matrices A1 and B1 *****
A1=[A  zeros(4,1);-C  0];
B1=[B;0];
% ***** Define the controllability matrix Q ****
Q=[B1  A1*B1  A1^2*B1  A1^3*B1  A1^4*B1];
% **** Check the rank of matrix Q *****
rank(Q)
ans =
    5
% **** Since the rank of Q is 5, the system is completely state controllable. Hence,
% arbitrary pole placement is % possible *****
% **** Enter the desired characteristic polynomial, which can be obtained by defining
```

```
% the following matrix J and entering statement poly(J) *****
J = [ -1 + sqrt(3) * i        0            0    0    0;
      0            -1 - sqrt(3) * i        0    0    0;
      0                       0           -5    0    0;
      0                       0            0   -5   -5;
      0                       0            0    0   -5]
JJ = poly(J)
JJ =
   1.0000   17.0000   109.0000   336.0000   550.0000   500.0000
% **** Enter characteristic polynomial Phi *****
Phi = polyvalm(poly(J),A1);
% ***** State feedback gain matrix K and integral gain constant KI can be determined
% from *****
KK = [0  0  0  0  1] * (inv(Q)) * Phi
KK =
   -157.6336   -35.3733   -56.0652   -36.7466   50.9684
     k1 = KK(1), k2 = KK(2), k3 = KK(3), k4 = KK(4), KI = -KK(5)
     k1 =
        -157.6336
     k2 =
        -35.3733
     k3 =
        -56.0652
     k4 =
        -36.7466
     KI =
        -50.9684
```

一旦确定了反馈增益矩阵 $\boldsymbol{K}$ 和积分增益常数 k_{I},小车的位置对阶跃的响应可求解式为

$$\begin{bmatrix} \dot{\boldsymbol{x}} \\ \dot{\boldsymbol{\xi}} \end{bmatrix} = \begin{bmatrix} \boldsymbol{A} - \boldsymbol{BK} & \boldsymbol{B}k_{\mathrm{I}} \\ -\boldsymbol{C} & \boldsymbol{0} \end{bmatrix} \begin{bmatrix} \boldsymbol{x} \\ \boldsymbol{\xi} \end{bmatrix} + \begin{bmatrix} 0 \\ 1 \end{bmatrix} \boldsymbol{r}$$

该系统的输出为 $x_3(t)$,即

$$\boldsymbol{y} = [0 \quad 0 \quad 1 \quad 0 \quad 0] \begin{bmatrix} \boldsymbol{x} \\ \boldsymbol{\xi} \end{bmatrix} + [0] r$$

将求出的系统矩阵(状态矩阵)、控制矩阵、输出矩阵及直接传输矩阵分别记为 AA、BB、CC 和 DD。

用于给出所设计系统的阶跃响应曲线的 MATLAB 程序代码如下。注意,为了求得对单位阶跃的响应,需输入命令:

```
[y,x,t] = step(AA,BB,CC,DD)
```

图6.10给出了x_1、x_2、x_3（等于输出y）、x_4以及x_5（等于ξ）对t的响应曲线（在图6.9中，这些响应曲线均表示在同一个图上）。

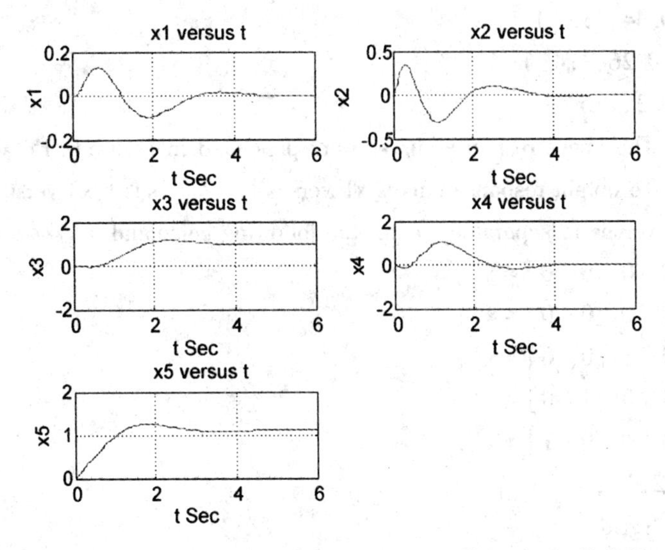

图6.10 x_1、x_2、x_3（等于输出y）、x_4和x_5（等于ξ）对t的曲线

```
% ------Step response of the designed system------
% **** The following program is to obtain step response of the inverted pendulum system
% just designed *****
% ***** Enter necessary matrices *****
A=[0 1 0 0;20.601 0 0 0;0 0 0 1;-0.4905 0 0 0];
B=[0;-1;0;0.5];
C=[0 0 1 0];
D=[0];
K=[-157.6336 -35.3733 -56.0652 -36.7466];
KI=-50.9684;
AA=[A-B*K B*KI;-C 0];
BB=[0;0;0;0;1];
CC=[C 0];
DD=[0];
% **** Next, enter the following command ****
t=0:0.02:6;
[y,x,t]=step(AA,BB,CC,DD,1,t);
plot(t,x)
grid
title('Response Curves x1, x2, x3, x4, x5 versus t')
xlabel('t Sec')
ylabel('x1, x2, x3, x4, x5')
```

```
text(1.3,0.04,'x1')
text(1.5,-0.34,'x2')
text(1.5,0.44,'x3')
text(2.33,0.26,'x4')
text(1.2,1.3,'x5')
% ***** The above response curves were presented in Figure 6.15 *****
% ***** To obtain response curves x1 versus t, x2 versus t,x3 versus t, x4 versus t,
% and x5 versus t, separately, enter the following command *****
x1=[1  0  0  0  0]*x';
x2=[0  1  0  0  0]*x';
x3=[0  0  1  0  0]*x';
x4=[0  0  0  1  0]*x';
x5=[0  0  0  0  1]*x';
subplot(3,2,1);
plot(t,x1) ;grid
title('x1 versus t')
xlabel('t Sec')
ylabel('x1')
subplot(3,2,2);
plot(t,x2);grid
title('x2 versus t')
xlabel('t Sec')
ylabel('x2')
subplot(3,2,3);
plot(t,x3);grid
title ('x3 versus t')
xlabel('t Sec')
ylabel('x3')
subplot(3,2,4);
plot(t,x4);grid
title('x4 versus t')
xlabel('t Sec')
ylabel('x4')
subplot(3,2,5);
plot(t,x5);grid
title('x5 versus t')
xlabel('t Sec')
ylabel('x5')
```

本 章 小 结

本章主要讨论了采用状态反馈的手段对系统进行设计的定理和方法。首先讨论状态反馈和输出反馈概念和原理;然后介绍控制系统设计的极点配置方法,基于状态反馈的单输入系统的极点配置可使闭环系统达到预期的动态特性,多输入系统的极点配置方法则是单输入系统极点配置的方法的拓展;最后给出问题提法、可配置条件及极点配置的算法。在介绍状态观测器的概念后,利用观测器和极点配置对偶的特性,讨论了全阶观测器和降阶观测器的设计方法,使观测器的设计方法既易理解又较为简化。同时强调系统存在极点配置的充要条件是系统的状态完全能控;若系统不能控,则通过状态反馈使闭环系统稳定的充要条件是不能控部分的极点具有负实部。系统存在观测器且观测器的极点可任意配置的充要条件是系统的状态完全能观;若系统不能观时,则存在观测器的充要条件是不能观部分的极点具有负实部。最后介绍用 MATLAB 设计控制系统的例子;并讨论用 MATLAB 设计倒立摆控制系统;通过使用 MATLAB,可得到所设计系统的单位阶跃响应曲线。

推荐阅读资料

[1]郑大钟.线性系统理论[M].北京:清华大学出版社,2005.

[2]多尔夫,毕晓普,谢红卫,等.现代控制系统[M].11 版.北京:电子工业出版社 ,2011.

[3]Katsuhiko Ogata.现代控制工程[M].5 版.卢伯英,佟明安,译.北京:电子工业出版社,2011.

[4]施颂椒,陈学中,杜秀华.现代控制理论基础[M].2 版.北京:高等教育出版社,2009.

习 题

6.1 给定线性定常系统

$$\dot{\boldsymbol{x}} = \boldsymbol{A}\boldsymbol{x} + \boldsymbol{B}\boldsymbol{u}$$

式中

$$\boldsymbol{A} = \begin{bmatrix} 0 & 1 & 0 \\ 0 & 0 & 1 \\ -1 & -5 & -6 \end{bmatrix}, \boldsymbol{B} = \begin{bmatrix} 0 \\ 0 \\ 1 \end{bmatrix}$$

采用状态反馈控制律 $\boldsymbol{u} = -\boldsymbol{K}\boldsymbol{x}$,要求该系统的闭环极点为 $s = -2 \pm j4$,$s = -10$。试确定状态反馈增益矩阵 $\boldsymbol{K}$。

6.2 试用 MATLAB 求解习题 6.1。

6.3 设系统传递函数 $G(s) = \dfrac{100}{s(s+5)}$,若状态不能直接测量到,试采用状态观测器实现状态反馈控制,使闭环系统的极点配置在 $s_{1,2} = -7.07 \pm j7.07$。

6.4 给定连续时间线性时不变系统

$$\dot{\boldsymbol{x}} = \begin{bmatrix} 1 & 3 \\ 2 & 1 \end{bmatrix}\boldsymbol{x} + \begin{bmatrix} 1 \\ 2 \end{bmatrix}\boldsymbol{u}$$

$$\boldsymbol{y} = \begin{bmatrix} 0 & 1 \end{bmatrix}x$$

假设输出 $\boldsymbol{y}$ 是可以准确测量的。试设计一个最小阶观测器,该观测器矩阵所期望的特征值为

$\lambda = -3$,即最小阶观测器所期望的特征方程为 $s+3=0$。

6.5 考虑6.6节讨论的倒立摆系统,参见图6.7所示的原理图。假设 $M=2$ kg,$m=0.1$ kg,$l=0.5$ m,定义状态变量为

$$x_1=\theta, x_2=\dot{\theta}, x_3=x, x_4=\dot{x}$$

输出变量为

$$y_1=\theta=x_1, y_2=x=x_3$$

(1)试推导该系统的状态空间表达式。

(2)试确定状态反馈增益矩阵 $\boldsymbol{K}$。

7

线性二次型最优控制

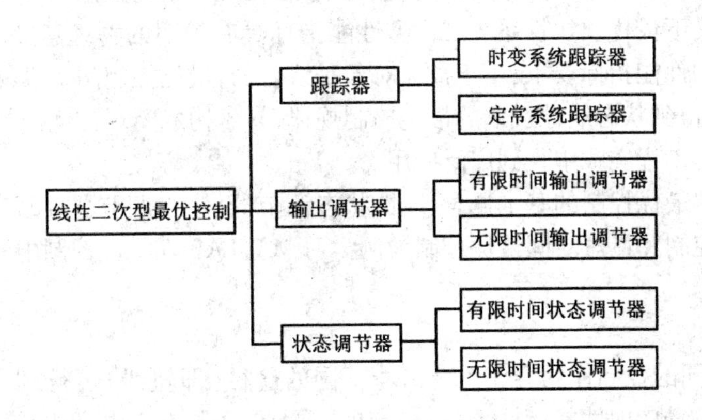

教学目的与要求

了解系统最优问题及其分类，理解线性二次型最优控制问题的叙述及其类型；掌握线性系统的有限时间和无限时间状态调节问题的控制规律；掌握线性系统的有限时间和无限时间输出调节器问题的控制规律；掌握线性时变和定常系统跟踪器问题的控制规律。

导入案例

案例一

随着机器人技术的发展，应用高速、高精度、高负载自重比的柔性结构受到工业和航空航天领域的关注。柔性机械臂是一种具有代表性的柔性结构，所以近年来柔性机械臂的应用研究引起了国内外许多研究者的兴趣。由于柔性机械臂是一个大范围刚性运动与小幅度弹性振动相互耦合的复杂结构系统，其定位精度受到很大影响。如何有效地控制柔性机械臂的弹性振动成为上述工程领域需要迫切解决的重要问题之一。

柔性机械臂的振动控制大致可以划分为被动控制和主动控制两大类。被动控制又称无源控制，通过选用各种耗能或储能材料优化设计柔性机械臂的结构，从而达到降低机械臂弹性振动的目的;主动控制又称有源控制,它是建立在控制对象的数学模型及控制算法的基础上,通过外部能量的输入,以达到对系统进行主动调节或镇定的目的,自动控制领域的各种控制方法皆可引入到柔性机械臂的主动控制研究中。

案例二

倒立摆系统是非线性、强耦合、多变量和自然不稳定的系统。在控制过程中,它能有效地反映控制理论中诸如系统稳定性、可控性、鲁棒性、系统收敛速度、随动性以及跟踪等问题,是检验各种控制理论的理想模型。

由于线性二次型(LQ)性能指标易于分析、处理和计算,而且通过线性二次型最优设计方法得到的控制系统具有较好的鲁棒性与动态特性等优点,线性二次型在控制界得到普遍重视。针对在水平面内转动的单杆柔性机械臂,可以采用假设模态法和 Lagrange 方程得出柔性臂的动力学模型;并在此基础上给出其面向控制器设计的数学模型;然后设计线性二次型最优调节器(LQR),以达到抑制柔性臂末端残余振动的目的。而倒立摆 LQR 最优控制系统设计与研究,从实时控制效果出发,找出系统的动态响应,用于指导实践。

最优控制是系统设计的一种方法。它研究的中心问题是如何控制信号才能保证控制系统的性能在某种意义下最优。线性系统二次型性能指标具有鲜明的物理意义,代表了大量工程实际问题中提出的性能指标要求;由于被控对象是线性的,最优控制问题容易求得统一的解析表示式;而且可以得到状态线性反馈的最优控制规律,易于构成闭环最优控制。线性二次型最优控制在国内外的工程实践中得到广泛应用。

本章主要介绍最优控制的基本概念,线性状态调节器、输出调节器、跟踪器以及以单级倒立摆系统的最优控制和最短时间最优控制为例学习 MATLAB 在最优控制中的应用。

7.1 引言

一般来说,不同的控制作用会使系统沿着不同的途径(即轨线)运行,但究竟哪一条途径为最佳,是由目标函数(即性能指标泛函)规定的。因此,不同的目标函数有不同的“最优”含义,而且对于不同的系统其要求也各不相同。例如在机床加工中可以要求加工成本最小为最优,在导弹飞行控制中可以燃料消耗最少为最优,在截击问题中可选时间最短为最优等。因此,最优是以使某一选定的性能指标泛函最小为依据的。

7.1.1 最优控制的基本概念

系统的最优控制问题,就是如何利用合适的控制作用使一个被控系统能够遵循某一种最优方式运行的问题。

在经典控制理论中的所谓最优问题(如电子最佳理论),是指在一定的简单控制函数作用下,如何选择系统参数或采取不同的反馈与校正手段,使系统运行在一个规定好了的最佳状态。例如,通常规定二阶系统运行在阻尼系数 $\xi=0.707$、最大超调 $\sigma\%=4\%$、振荡次数为 1 ~ 2 次时为最佳等,但在这里对控制作用并无其他要求。

在现代控制理论中,除上述情况外,还要研究如何利用控制作用使系统运行在最佳状态的问题。在这里的着眼点首先是一个控制问题,这也是本章所说最优控制的基本特点。应当指出,按照性能指标为最小所求得的对应于最优控制的系统结构并不是在实际上能完全实现的。在实际运用上宁可使最优性稍差一些,也要尽可能简化系统的结构设计,然后通过实践只要证明存在的系统比较接近计算所得的最优性就可以了。这也就是通常所讲的次最优的设计问题。

显然可见，根据上述要求实现对一个系统的最优控制时，首先系统本身必须是能控和能观的。因为，不能控的系统人们对它是无能为力的，而不满足能观性条件的系统事实上也是无法实现最优控制的。此外还应指出，所求得的最优控制规律必须是能稳定运行的。

1. 系统最优问题的描述

设系统由下述状态方程来描述：

$$\begin{cases} \dot{\boldsymbol{x}}(t) = \boldsymbol{A}(t)\boldsymbol{x}(t) + \boldsymbol{B}(t)\boldsymbol{u}(t) \\ \boldsymbol{y}(t) = \boldsymbol{C}(t)\boldsymbol{x}(t) \end{cases} \tag{7.1}$$

可以利用一个控制信号将系统的状态进行转移，使其达到某一预定的目标。由于所用控制信号的大小在实际上总是受到设备容量的大小和其他条件限制，因此这类控制信号通常被称为允许控制。而与允许控制相对应的状态转移轨线则称做允许轨线。

由上述可见，最优控制主要包括了对系统能控性和能观性的分析，在各种不同控制作用下系统状态变化轨线的描述以及如何选取性能指标和在设定目标下实现最优化的条件与手段等。

对于大多数系统来说，预定目标可以由许多不同的允许控制（输入）来达到，而对应于不同的输入信号，输出有各不相同的响应。因此，可以从中选择某一控制信号，就某一项性能指标来说（譬如时间最短等）是最好的。所以，必须事先规定好某一项性能指标作为衡量的标准，以便用它来衡量这一控制过程的代价。

目标函数是根据控制要求而设定的，或希望取极大值，或希望取极小值。一般有以下3种类型。

1）综合型（Bolza 型）

设变量 $\boldsymbol{x}$、$\boldsymbol{u}$、t 满足式(7.1)，其初始条件和终止条件分别为 $\boldsymbol{x}(t_0) = \boldsymbol{x}_0$ 和 $\boldsymbol{x}(t_f) = \boldsymbol{x}_f$，性能指标泛函为

$$J(\boldsymbol{x}) = \theta[\boldsymbol{x}(t_f), t_f] + \int_{t_0}^{t_f} L[\boldsymbol{x}(t), \boldsymbol{u}(t), t]\mathrm{d}t \tag{7.2}$$

式中，t_0、t_f 分别代表系统运动的初始时间和终止时间；$\boldsymbol{x}$ 为描述系统状态的 n 维向量，且 $\boldsymbol{x} \in \mathbf{R}^n$，即 $\boldsymbol{x}$ 在实数空间 $\mathbf{R}^n$ 内；函数 θ 表示只与系统最终状态和终止时间 t_f 有关；L 是一个连续可微且与系统状态、控制作用及作用时间有关的泛函。

要求在可供选择的控制函数 $\boldsymbol{u}(t)$ 中，确定出一个最优控制 $u^*(t)$，在满足式(7.1)和给定条件下，使泛函 J 取最小值。

2）积分型（Lagrange 型）

若系统的性能指标泛函可只用积分项来表示，即

$$J(\boldsymbol{x}) = \int_{t_0}^{t_f} \varphi[\boldsymbol{x}(t), u(\boldsymbol{t}), \boldsymbol{t}]\mathrm{d}t \tag{7.3}$$

则称 $J(\boldsymbol{x})$ 为积分型或 Lagrange 型性能指标。式中，φ 表示与式(7.2)中 L 不相同的另一泛函。当 $\boldsymbol{x}(t)$、$\boldsymbol{u}(t)$ 等满足式(7.1)条件和与综合型相同的初始及终止条件时，在可供选择的控制函数 $\boldsymbol{u}(t)$ 中，确定出一个最优控制 $u^*(t)$ 能使泛函 $J(\boldsymbol{x})$ 取最小值的问题，即为积分问题。

3）末值型（Mayer 型）

仍设变量 $\boldsymbol{x}$、$\boldsymbol{u}$、t 满足式(7.1)，且状态变量 $\boldsymbol{x}(t)$ 的初始和终止条件分别为 $\boldsymbol{x}(t_0) = x_0$ 和

$x(t_f)=x_f$，当性能指标泛函可写为

$$J(x)=\sigma[x(t_f),t_f] \tag{7.4}$$

的形式时，则称 $J(x)$ 为末值型或 Mayer 型性能指标。式中，σ 表示与式(7.2)中 θ 不相同的另一函数，有时也叫末终价值函数。

由上述 3 个不同类型的性能指标表达式可以看出，积分型和末值型皆是综合型的特殊情况。若上述性能指标泛函可表达成二次型函数，则称为二次型性能指标。

线性二次型最优控制问题是对线性系统，且其目标函数是二次型形式的最优控制问题。由于其目标函数有固定的模式，因而可以针对这种特征加以研究。其最优解可写成统一的解析表达式，最优控制 $u^*(t)$ 是 $x(t)$ 的线性关系，它的计算和实现都比较容易，可以通过状态反馈实现闭环最优控制，这在工程上具有重要意义。

2. 线性二次型问题

设线性时变系统的状态方程为式(7.1)，假设控制向量 $u(t)$ 不受约束，用 $y_r(t)$ 表示期望输出，则误差向量为

$$e(t)=y_r(t)-y(t) \tag{7.5}$$

求最优控制 $u^*(t)$，使下列二次型性能指标最小：

$$J(u)=\frac{1}{2}e^{\mathrm{T}}(t_f)Fe(t_f)+\frac{1}{2}\int_{t_0}^{t_f}[e^{\mathrm{T}}(t)Q(t)e(t)+u^{\mathrm{T}}(t)R(t)u(t)]\mathrm{d}t$$

式中，F 为半正定对称常数加权矩阵，$Q(t)$ 为半正定对称时变加权矩阵，$R(t)$ 为正定对称时变加权矩阵，t_0 及 t_f 固定。

在工程实际中，$Q(t)$ 和 $R(t)$ 是对称矩阵且常取对角矩阵。

性能指标中各项的物理含义如下。

(1) $\varphi(t_f)=\frac{1}{2}e^{\mathrm{T}}(t_f)Fe(t_f)$ 是为了考虑对终端误差的要求而引进的，其为终端误差的代价函数，表示对终端误差的惩罚。当对终端误差要求较严时，可将这项加到性能指标中。例如，在航天器的交会对接问题中，由于两个航天器终态的一致性要求特别严格，而对动态过程和控制能量消耗并没有过多要求，因此必须加上这一项，以保证终端状态误差最小。

(2) $L_e=\frac{1}{2}e^{\mathrm{T}}(t)Q(t)e(t)$ 表示工作过程中由误差向量 $e(t)$ 产生的分量。因为 $Q(t)$ 为半正定矩阵，则当 $e(t)\neq 0$ 时，就有 $e^{\mathrm{T}}(t)Q(t)e(t)\geqslant 0$，即只要出现误差，这一项总是非负，并且这一项随着误差的增大而增大。L_e 表示误差平方和的积分，是用来衡量系统误差 $e(t)$ 大小的代价函数。

(3) $L_u=\frac{1}{2}u^{\mathrm{T}}(t)R(t)u(t)$ 表示工作过程中由控制向量 $u(t)$ 产生的分量。因为 $R(t)$ 为正定矩阵，则当 $u(t)\neq 0$ 时，就有 $u^{\mathrm{T}}(t)R(t)u(t)>0$。如果把 $u(t)$ 看作电压或者电流的函数的话，那么 L_u 与功率成正比，而 $\frac{1}{2}\int_{t_0}^{t_f}u^{\mathrm{T}}(t)R(t)u(t)\mathrm{d}t$ 则表示在 $[t_0,t_f]$ 区间内消耗的能量。因为 L_u 是用来衡量控制功率大小的代价函数。

总之，性能指标 $J(u)$ 最小表示用不大的控制量来保持较小的误差，以达到能量消耗、动态误差和终端误差的综合最优。

本章将讨论如下几种形式的线性二次型最优控制问题。

设系统的状态方程为式(7.1),误差向量为式(7.5),则

(1)$y_r(t)=0, x(t)=-e(t)$,称为状态调节器;

(2)$y_r(t)=0, y(t)=-e(t)$,称为输出调节器;

(3)$y_r(t)\neq 0, e(t)=y_r(t)-y(t)$,称为跟踪问题。

7.2 有限时间状态调节器

7.2.1 状态调节器问题

状态调节器问题,又可根据要求的性能指标不同,分为以下两种情况。

1. 终端时间有限($t_f\neq\infty$)的最优控制

因为所给控制时间 $t_0\sim t_f$ 是有限的,这就限制了终端状态完全进入终端稳定状态,所以终端状态 $x(t_f)$ 可以是自由的,也可以是受限制的,往往不可能要求 $x(t_f)$ 完全固定。此外,该问题中性能指标应该有末值项,因为积分项上限 t_f 是有限的。

2. 终端时间无限($t_f\to\infty$)的最优控制

当终端时间 $t_f\to\infty$ 时,终端状态 $x(t_f)$ 进入到给定的终端稳定状态 x_f,所以性能指标中不应有末值项,此时积分上限 t_f 为∞。

7.2.2 有限时间状态调节器问题

设线性时变系统的状态方程为式(7.1),误差向量为式(7.5),初始状态 $x(t_0)=x_0$,终端时间 $t_f\neq\infty$,假设控制向量 $u(t)$ 不受约束,求最优控制 $u^*(t)$,使系统的二次型性能指标取极小值。

$$J(u)=\frac{1}{2}e^T(t_f)Fe(t_f)+\frac{1}{2}\int_{t_0}^{t_f}[e^T(t)Q(t)e(t)+u^T(t)R(t)u(t)]dt$$

其物理意义为以较小的控制能量为代价,使状态保持在零值附近。

1. 应用最小值原理求解 $u(t)$ 关系式,构造哈密尔顿函数

$$H=L+f^T\lambda=\frac{1}{2}x^TQx+\frac{1}{2}u^TRu+x^TA^T\lambda+u^TB^T\lambda$$

因控制向量 $u(t)$ 不受约束,故沿最优轨线有:

$$\frac{\partial H}{\partial u}=Ru+B^T\lambda=0$$

由于 $R(t)$ 正定,从而其逆矩阵存在,可得

$$u(t)=-R^{-1}B^T\lambda \tag{7.6}$$

又因为 $\frac{\partial^2 H}{\partial u^2}=R(t)$ 正定,所以式(7.6)所确定的为最优控制。

从而可得规范方程组

$$\begin{cases}\dot{x}=Ax-BR^{-1}B^T\lambda=Ax-S\lambda\\ \dot{\lambda}=-\frac{\partial H}{\partial x}=-Qx-A^T\lambda\end{cases}$$

写成矩阵形式为

$$\begin{bmatrix}\dot{x}\\ \dot{\lambda}\end{bmatrix}=\begin{bmatrix}A & -S\\ -Q & -A^T\end{bmatrix}\begin{bmatrix}x\\ \lambda\end{bmatrix}$$

其解为

$$\begin{bmatrix} \boldsymbol{x}(t) \\ \boldsymbol{\lambda}(t) \end{bmatrix} = \varphi(t,t_0)\begin{bmatrix} \boldsymbol{x}(t_0) \\ \boldsymbol{\lambda}(t_0) \end{bmatrix}$$

由式(7.6)可知,$\boldsymbol{x}(t)$是$\boldsymbol{\lambda}(t)$的线性函数,为了使$\boldsymbol{u}(t)$形成状态反馈,需要确定$\boldsymbol{x}(t)$与$\boldsymbol{\lambda}(t)$的变换矩阵$\boldsymbol{P}(t)$。设$\boldsymbol{\lambda}(t)=\boldsymbol{P}(t)\boldsymbol{x}(t)$,其中$\boldsymbol{P}(t)$为实对称正定矩阵,将其代入式(7.6)可得

$$\boldsymbol{u}(t) = -\boldsymbol{R}^{-1}\boldsymbol{B}^{\mathrm{T}}\boldsymbol{\lambda} = -\boldsymbol{R}^{-1}\boldsymbol{B}^{\mathrm{T}}\boldsymbol{P}(t)\boldsymbol{x}(t) = -\boldsymbol{K}(t)\boldsymbol{x}(t) \tag{7.7}$$

式中,$\boldsymbol{K}(t)=\boldsymbol{R}^{-1}\boldsymbol{B}^{\mathrm{T}}\boldsymbol{P}(t)$称为最优反馈增益矩阵。

2. 应用哈密尔顿函数性质求解$\boldsymbol{P}(t)$

由哈密尔顿函数可得

$$\boldsymbol{\lambda}(t) = \boldsymbol{P}(t)\boldsymbol{x}(t)$$

$$\begin{cases} \dot{\boldsymbol{x}} = \boldsymbol{A}\boldsymbol{x} - \boldsymbol{B}\boldsymbol{R}^{-1}\boldsymbol{B}^{\mathrm{T}}\boldsymbol{\lambda} = \boldsymbol{A}\boldsymbol{x} - \boldsymbol{S}\boldsymbol{\lambda} \\ \dot{\boldsymbol{\lambda}} = -\dfrac{\partial \boldsymbol{H}}{\partial \boldsymbol{x}} = -\boldsymbol{Q}\boldsymbol{x} - \boldsymbol{A}^{\mathrm{T}}\boldsymbol{\lambda} = -\boldsymbol{Q}\boldsymbol{x} - \boldsymbol{A}^{\mathrm{T}}\boldsymbol{P}(t)\boldsymbol{x}(t) \end{cases}$$

对时间求导得

$$\begin{aligned} \dot{\boldsymbol{\lambda}} &= \dot{\boldsymbol{P}}(t)\boldsymbol{x} + \boldsymbol{P}(t)\dot{\boldsymbol{x}} = \dot{\boldsymbol{P}}(t)\boldsymbol{x} + \boldsymbol{P}(t)[\boldsymbol{A}\boldsymbol{x} - \boldsymbol{B}\boldsymbol{R}^{-1}\boldsymbol{B}^{\mathrm{T}}\boldsymbol{P}(t)\boldsymbol{x}] \\ &= [\dot{\boldsymbol{P}}(t) + \boldsymbol{P}(t)\boldsymbol{A} - \boldsymbol{P}(t)\boldsymbol{B}\boldsymbol{R}^{-1}\boldsymbol{B}^{\mathrm{T}}\boldsymbol{P}(t)]\boldsymbol{x} \end{aligned}$$

可得

$$\dot{\boldsymbol{P}}(t) = -\boldsymbol{P}(t)\boldsymbol{A} - \boldsymbol{A}^{\mathrm{T}}\boldsymbol{P}(t) + \boldsymbol{P}(t)\boldsymbol{B}\boldsymbol{R}^{-1}\boldsymbol{B}^{\mathrm{T}}\boldsymbol{P}(t) - \boldsymbol{Q} \tag{7.8}$$

式(7.8)称为黎卡提(Riccati)矩阵微分方程。这是一个非线性矩阵微分方程,由于$\boldsymbol{P}(t)$是一个对称矩阵,所以只需求解$\dfrac{n(n+1)}{2}$个一阶微分方程组,便可确定$\boldsymbol{P}(t)$的所有元素。需要指出的是,对于黎卡提(Riccati)矩阵微分方程,在大多数情况下可以通过计算机求出其数值解。

边界条件:

$$\boldsymbol{\lambda}(t_{\mathrm{f}}) = \boldsymbol{F}\boldsymbol{x}(t_{\mathrm{f}})$$

$$\boldsymbol{\lambda}(t) = \boldsymbol{P}(t)\boldsymbol{x}(t)$$

$$\boldsymbol{P}(t_{\mathrm{f}}) = \boldsymbol{F}$$

还可进一步证明,最优性能指标为

$$J^*[\boldsymbol{x}(t),t] = \frac{1}{2}\boldsymbol{x}^{\mathrm{T}}(t)P(t)\boldsymbol{x}(t)$$

3. 状态调节器的设计步骤

(1)根据系统要求和工程实际经验,选取加权矩阵$\boldsymbol{F}(t)$,$\boldsymbol{Q}(t)$,$\boldsymbol{R}(t)$。

(2)求解黎卡提微分方程,求得矩阵$\boldsymbol{P}(t)$。

$$\dot{\boldsymbol{P}}(t) = -\boldsymbol{P}(t)\boldsymbol{A} - \boldsymbol{A}^{\mathrm{T}}\boldsymbol{P}(t) + \boldsymbol{P}(t)\boldsymbol{B}\boldsymbol{R}^{-1}\boldsymbol{B}^{\mathrm{T}}\boldsymbol{P}(t) - \boldsymbol{Q} \tag{7.9}$$

$$\boldsymbol{P}(t_{\mathrm{f}}) = \boldsymbol{F}$$

(3)求反馈增益矩阵$\boldsymbol{K}(t)$及最优控制$\boldsymbol{u}^*(t)$。

$$\boldsymbol{u}^*(t) = -\boldsymbol{K}(t)\boldsymbol{x}(t) = -\boldsymbol{R}^{-1}\boldsymbol{B}^{\mathrm{T}}\boldsymbol{P}(t)\boldsymbol{x}(t)$$

(4)求解最优轨线$\boldsymbol{x}^*(t)$。

$$\dot{\boldsymbol{x}}^*(t) = \boldsymbol{A}(t)\boldsymbol{x}(t) + \boldsymbol{B}(t)\boldsymbol{u}^*(t)$$

(5)计算性能指标最优值

$$J^*[\boldsymbol{x}(t),t]=\frac{1}{2}\boldsymbol{x}^{\mathrm{T}}(t)\boldsymbol{P}(t)\boldsymbol{x}(t)$$

【例 7.1】 已知一阶系统的微分方程为

$$\dot{\boldsymbol{x}}(t)=\boldsymbol{a}\boldsymbol{x}(t)+\boldsymbol{u}(t),\boldsymbol{x}(0)=\boldsymbol{x}_0$$

二次型性能指标为

$$J=\frac{1}{2}\boldsymbol{f}\,\boldsymbol{x}^2(t_{\mathrm{f}})+\frac{1}{2}\int_0^{t_{\mathrm{f}}}[q\boldsymbol{x}^2(t)+r\boldsymbol{u}^2(t)]\mathrm{d}t$$

式中，$f\geqslant 0,q>0,r>0$。求使性能指标为极小值时的最优控制。

解 由式(7.7)知

$$\boldsymbol{u}^*(t)=-\boldsymbol{R}^{-1}\boldsymbol{B}^{\mathrm{T}}\boldsymbol{P}(t)\boldsymbol{x}(t)=-\frac{1}{r}\boldsymbol{p}(t)\boldsymbol{x}(t)$$

式中，$\boldsymbol{p}(t)$为黎卡提方程的解：

$$\dot{\boldsymbol{P}}(t)=-\boldsymbol{P}(t)\boldsymbol{A}-\boldsymbol{A}^{\mathrm{T}}\boldsymbol{P}(t)+\boldsymbol{P}(t)\boldsymbol{B}\boldsymbol{R}^{-1}\boldsymbol{B}^{\mathrm{T}}\boldsymbol{P}(t)-\boldsymbol{Q}\Rightarrow\dot{\boldsymbol{p}}(t)=-2\boldsymbol{a}\boldsymbol{P}(t)+\frac{1}{r}\boldsymbol{P}^2(t)-\boldsymbol{q}$$

$$\boldsymbol{P}(t_{\mathrm{f}})=\boldsymbol{F}\Leftrightarrow\boldsymbol{P}(t_{\mathrm{f}})=\boldsymbol{f}$$

由积分方程

$$\int_{p(t)}^{f}\frac{\mathrm{d}P(t)}{\frac{1}{r}P^2(t)-2aP(t)-q}=\int_t^{t_{\mathrm{f}}}\mathrm{d}t$$

得

$$P(t)=r\frac{\beta+a+(\beta-a)\dfrac{\frac{f}{r}-a-\beta}{\frac{f}{r}-a+\beta}e^{2\beta(t-t_{\mathrm{f}})}}{1-\dfrac{\frac{f}{r}-a-\beta}{\frac{f}{r}-a+\beta}e^{2\beta(t-t_{\mathrm{f}})}}$$

其中，$\beta=\sqrt{\frac{q}{r}+a^2}$。

最优轨线为时变一阶微分方程

$$\dot{x}(t)=ax(t)+\boldsymbol{u}(t)=[a-\frac{1}{r}\boldsymbol{P}(t)]x(t)$$

的解，且 $x(0)=x_0$。其结果为

$$x^*(t)=x_0\mathrm{e}^{\int_0^t[a-\frac{1}{r}P(t)]\mathrm{d}t}$$

利用 MATLAB 求解黎卡提方程的数值解步骤如下。

(1)建立描述黎卡提微分方程的函数。

$$\dot{\boldsymbol{P}}(t)=-2\boldsymbol{a}\boldsymbol{P}(t)+\frac{1}{r}\boldsymbol{P}^2(t)-\boldsymbol{q}$$

文件名 dfun1. mat：

```
function dy = dfun1(t,y)
```

```
dy = zeros(1,1);                                  % a column vector
a = -1;
q = 1;
r = 1;
dy(1) = -2 * a * y(1) + y(1)^2 - q;
```

(2)求解微分方程

$$P(t_f) = f$$

令 $t_f = 1, f = 0$。

文件名 cal_p. mat(主程序):

```
options = odeset('RelTol',1e-4,'AbsTol',1e-4);
f = 0;                                            % initial value
sol = ode45(@dfun1,[1 0],f,options);              % tf = 1
x = linspace(1,0,100);
y = deval(sol,x);                                 % derive 100 points from sol
plot(x,y);
disp(y(100));                                     % p(t0) = y(100)
```

利用 MATLAB 进行最优控制系统仿真

$$\dot{x}(t) = -x(t) + u(t)$$

$$x(0) = 1$$

$$\dot{P}(t) = 2P(t) + P^2(t) - 1$$

$$P(t_0) = 0.385\ 8$$

Simulink 仿真图形如图 7.1 所示。

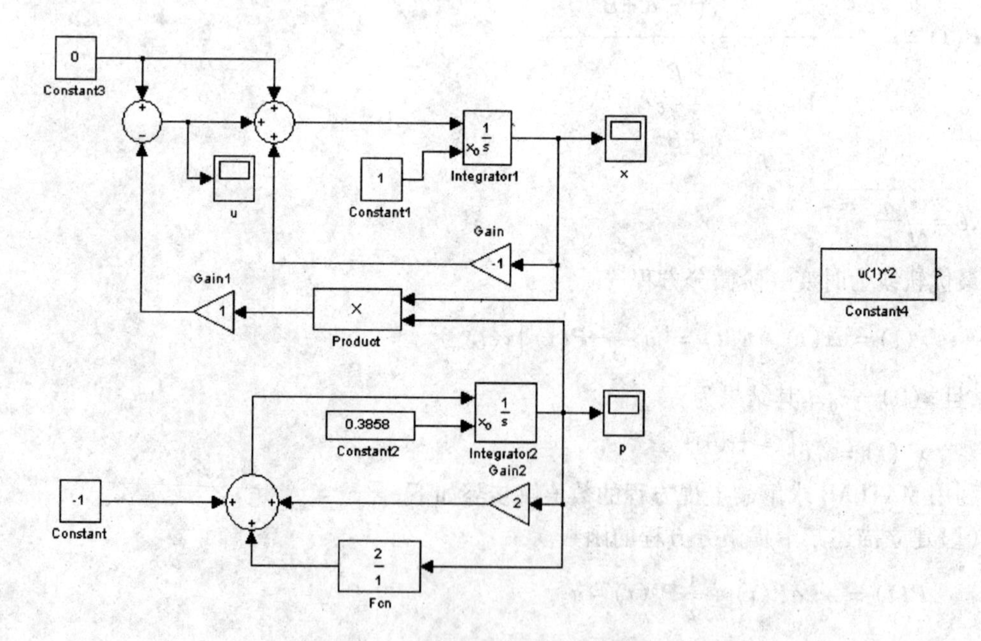

图 7.1　求解黎卡提方程仿真图

取 $a=-1,f=0,x(0)=1,q=1,t_f=1,r=1$，计算得 $\boldsymbol{P}(t_0)=0.3858$。

双击仿真图形中的示波器得到 $\boldsymbol{x}(t)$、$\boldsymbol{u}(t)$、$\boldsymbol{P}(t)$ 图形如图 7.2 所示。

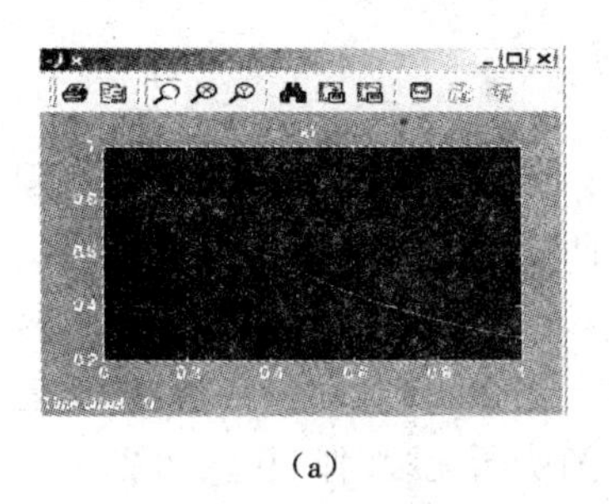

(a)

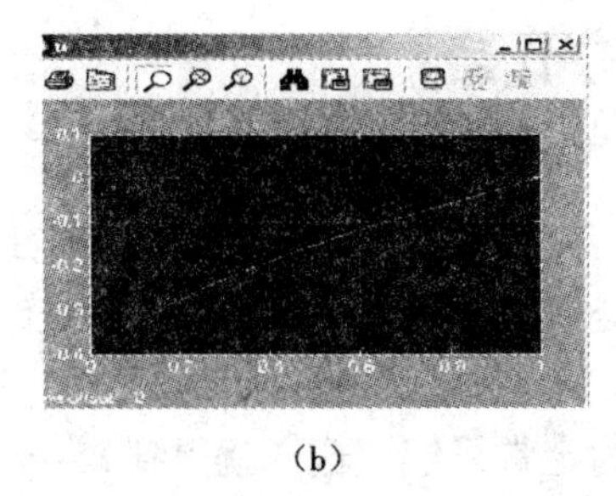

(b)

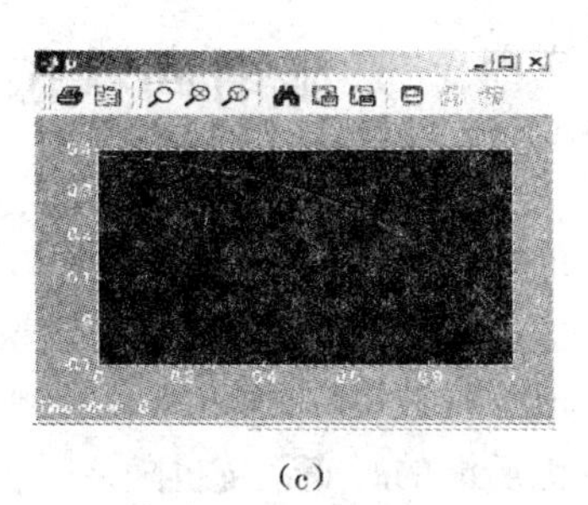

(c)

图 7.2 $\boldsymbol{x}(t)$、$\boldsymbol{u}(t)$、$\boldsymbol{P}(t)$ 仿真波形

(a)$\boldsymbol{x}(t)$波形 (b)$\boldsymbol{u}(t)$波形 (c)$\boldsymbol{P}(t)$波形

设 $a=-1,f=0,x(0)=1,q=1,t_f=1$，$r$ 越小，$\boldsymbol{P}(t)$越平稳，$\boldsymbol{x}(t)$衰减越快，$\boldsymbol{u}(t)$幅值越大，如图 7.3 所示。t_f 变化时，$\boldsymbol{P}(t)$函数曲线如图 7.4 所示。这组曲线是在 $a=-1,r=1,q=1$，f 取 0 和 1 的条件下得到的。这组曲线表明，从 t_f 时刻起，曲线 $\boldsymbol{P}(t)$ 随着 t 的减小而趋近于一个“稳态值”，该值与终端条件无关。事实上

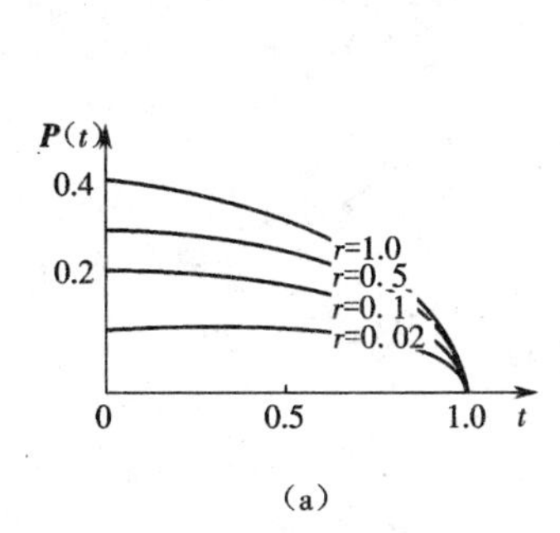

(a)

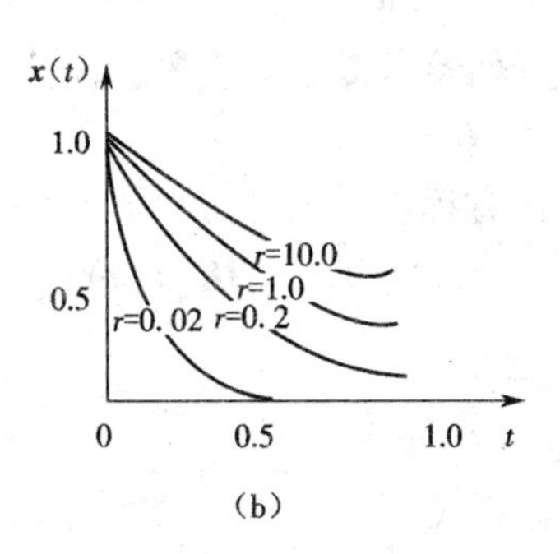

(b)

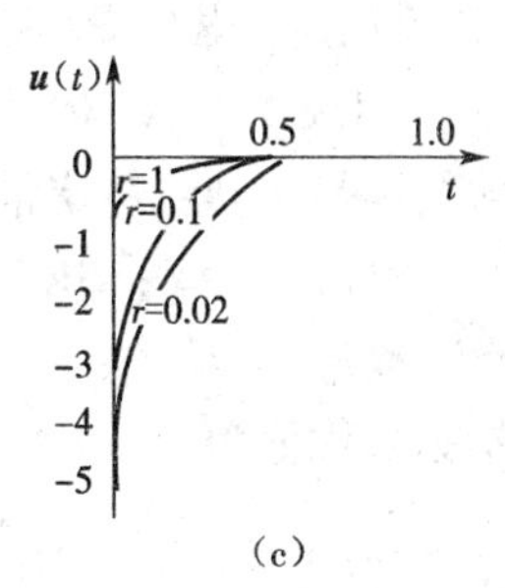

(c)

图 7.3 $\boldsymbol{P}(t)$、$\boldsymbol{x}(t)$、$\boldsymbol{u}(t)$ 函数图

(a)$\boldsymbol{P}(t)$图形 (b)$\boldsymbol{x}(t)$图形 (c)$\boldsymbol{u}(t)$图形

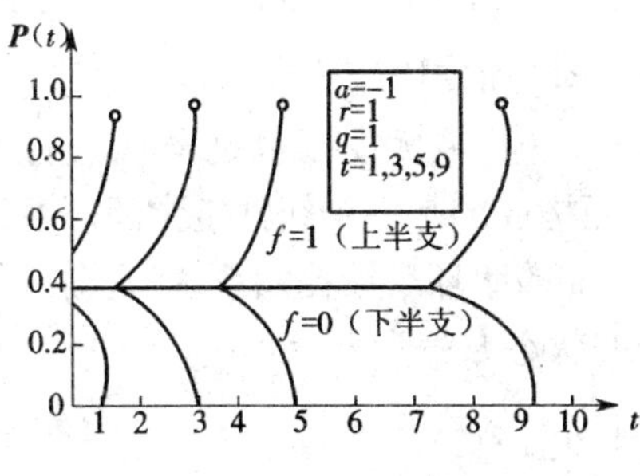

图 7.4 $\boldsymbol{P}(t)$ 函数图

$$\lim_{t_f\to\infty}\boldsymbol{P}(t)=r(\beta+a)=ar+r\sqrt{\frac{q}{r}+a^2}$$

如把 $a=-1,q=r=1$ 代入，可得

$$\lim_{t_f\to\infty} p(t) = -1+\sqrt{2} = 0.414$$

说明当 $t_f\to\infty$ 时,$\boldsymbol{P}(t)$ 是一个常数。

7.3 无限时间状态调节器

上节讨论的状态调节器,虽然最优反馈是线性的,然而由于控制时间区间$[t_0,t_f]$是有限的,因而这种系统总是时变的。甚至在状态方程和性能指标都是定常的,即矩阵 $\boldsymbol{A}(t)$,$\boldsymbol{B}(t)$,$\boldsymbol{Q}(t)$,$\boldsymbol{R}(t)$都是常系数矩阵也是如此。这就大大增加了系统结构的复杂性。为了探索使$\boldsymbol{P}(t)$成为常数矩阵的条件,可从例 7.1 受到启发,随着终端时刻 $t_f\to\infty$,$\boldsymbol{P}(t)$将趋向于常数,可见最优反馈的时变系统也随之转化为定常系统。这样就得到 $t_f\to\infty$ 的所谓无限时间状态调节器。

设线性时变系统的状态方程为式(7.1),误差向量为式(7.5),初始状态 $\boldsymbol{x}(t_0)=\boldsymbol{x}_0$,终端时间 $t_f\to\infty$, 控制向量 $\boldsymbol{u}(t)$不受约束,求最优控制 $\boldsymbol{u}^*(t)$,使系统的二次型性能指标取极小值。

$$J(\boldsymbol{u}) = \frac{1}{2}\boldsymbol{e}^{\mathrm{T}}(t_f)\boldsymbol{F}\boldsymbol{e}(t_f) + \frac{1}{2}\int_{t_0}^{t_f}[\boldsymbol{e}^{\mathrm{T}}(t)\boldsymbol{Q}(t)\boldsymbol{e}(t) + \boldsymbol{u}^{\mathrm{T}}(t)\boldsymbol{R}(t)\boldsymbol{u}(t)]\mathrm{d}t$$

可以证明

$$\boldsymbol{u}^*(t) = -\boldsymbol{K}\boldsymbol{x}(t) = -\boldsymbol{R}^{-1}\boldsymbol{B}^{\mathrm{T}}\boldsymbol{P}\boldsymbol{x}(t)$$

其中,$\boldsymbol{P}$ 为正定常数矩阵,满足下列黎卡提矩阵代数方程:

$$\boldsymbol{P}\boldsymbol{A} + \boldsymbol{A}^{\mathrm{T}}\boldsymbol{P} - \boldsymbol{P}\boldsymbol{B}\boldsymbol{R}^{-1}\boldsymbol{B}^{\mathrm{T}}\boldsymbol{P} + \boldsymbol{Q} = 0$$

最优轨线满足下列线性定常齐次方程:

$$\dot{\boldsymbol{x}}(t) = [\boldsymbol{A}\boldsymbol{x} - \boldsymbol{B}\boldsymbol{R}^{-1}\boldsymbol{B}^{\mathrm{T}}\boldsymbol{P}]\boldsymbol{x}(t) = [\boldsymbol{A} - \boldsymbol{B}\boldsymbol{K}]\boldsymbol{x}(t)$$

$$\boldsymbol{x}(t_0) = \boldsymbol{x}_0$$

性能指标最优值为

$$J^*[\boldsymbol{x}(t_0)] = \frac{1}{2}\boldsymbol{x}^{*\mathrm{T}}(t_0)\boldsymbol{P}\boldsymbol{x}^{\mathrm{T}}(t_0)$$

对于无限时间状态调节器,需要强调以下几点:

(1)适用于线性定常系统,且要求系统完全能控,而在有限时间状态调节器中则不强调这一点;

(2)在性能指标中,由于 $t_f\to\infty$,而使终端代价函数失去了意义,即 $\boldsymbol{Q}(t)=0$;

(3)与有限时间状态调节器一样,最优控制也是全状态的线性反馈,结构图与前面的相同,同时由于 $\boldsymbol{P}$ 为常数矩阵,因而构成的是一个线性定常闭环系统。

(4)线性定常最优调节器组成的闭环反馈控制系统,是渐近稳定的。

【例 7.2】 已知二阶系统的状态方程为

$$\dot{\boldsymbol{x}}(t) = \begin{bmatrix}0 & 1\\0 & 0\end{bmatrix}\boldsymbol{x}(t) + \begin{bmatrix}0\\1\end{bmatrix}\boldsymbol{u}(t)$$

二次型性能指标为

$$J = \frac{1}{2}\int_0^{\infty}[x_1^2(t) + 2bx_1(t)x_2(t) + ax_2^2(t) + \boldsymbol{u}(t)]\mathrm{d}t$$

式中,$a-b^2>0$($\boldsymbol{Q}$ 正定)。求使性能指标为极小值时的最优控制。

解 状态方程化为标准矩阵形式为

$$\boldsymbol{A}=\begin{bmatrix}0&1\\0&0\end{bmatrix},\quad \boldsymbol{B}=\begin{bmatrix}0\\1\end{bmatrix},\quad \boldsymbol{Q}=\begin{bmatrix}1&b\\b&a\end{bmatrix},\quad \boldsymbol{R}=1$$

验证系统能控性

$$\operatorname{rank}[\boldsymbol{B}\ \vdots\ \boldsymbol{AB}]=\operatorname{rank}\begin{bmatrix}0&1\\1&0\end{bmatrix}=2$$

系统完全能控，且 $\boldsymbol{Q}(t)$，$\boldsymbol{R}(t)$ 为正定对称矩阵，故最优控制存在且唯一。

$$\boldsymbol{u}^*(t)=-\boldsymbol{R}^{-1}\boldsymbol{B}^{\mathrm{T}}\boldsymbol{P}\boldsymbol{x}(t)=-1[0,1]\begin{bmatrix}p_{11}&p_{12}\\p_{21}&p_{22}\end{bmatrix}\begin{bmatrix}x_1(t)\\x_2(t)\end{bmatrix}=-p_{21}x_1(t)-p_{22}x_2(t)$$

$\boldsymbol{P}$ 满足下列黎卡提矩阵代数方程：

$$\boldsymbol{PA}+\boldsymbol{A}^{\mathrm{T}}\boldsymbol{P}-\boldsymbol{PBR}^{-1}\boldsymbol{B}^{\mathrm{T}}\boldsymbol{P}+\boldsymbol{Q}=0$$

展开整理得到 3 个代数方程

$$p_{12}^2=1$$

$$p_{11}-p_{12}p_{22}+b=0$$

$$2p_{12}-p_{22}^2+a=0$$

解出

$$p_{12}=\pm 1$$

$$p_{22}=\pm\sqrt{a+2p_{12}}$$

$$p_{11}=p_{12}p_{22}-b$$

在保证 $\boldsymbol{Q}$ 和 $\boldsymbol{P}$ 为正定条件下，可得

$$p_{12}=1$$

$$p_{22}=\sqrt{a+2}$$

$$p_{11}=\sqrt{a+2}-b$$

故最优控制为

$$\boldsymbol{u}^*(t)=-\boldsymbol{R}^{-1}\boldsymbol{B}^{\mathrm{T}}\boldsymbol{P}\boldsymbol{x}(t)=-x_1(t)-\sqrt{a+2}\,x_2(t)$$

最优状态调节器闭环系统结构图如图 7.5 所示。

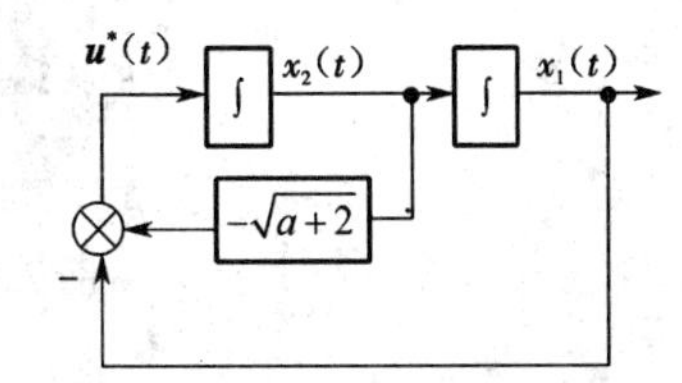

图 7.5 最优状态调节器闭环系统结构图

闭环系统传递函数为

$$W(s)=\frac{1/s^2}{1+(1+s\sqrt{a+2})/s^2}=\frac{1}{s^2+s\sqrt{a+2}+1}$$

闭环极点

$$s_{1,2}=-\frac{\sqrt{a+2}}{2}\pm\frac{\sqrt{a-2}}{2}$$

若 $a>2$，$s_{1,2}$为实根，系统过阻尼；若 $a<2$，$s_{1,2}$为共轭复根，系统欠阻尼衰减振荡。

MATLAB 程序代码如下：

```
A=[0 1; 0 0];
B=[0; 1];
a=2;
b=1;
Q=[1 b; b a];
R=1;
K=lqr(A,B,Q,R,0)
```

MATLAB 的 Simulink 仿真如图 7.6 所示。设 $a=2$，$b=0$，$x_{10}=10$，计算得 $\boldsymbol{K}=[1\quad 2]$，仿真结果如图 7.7 所示。设 $a=0.2$，$b=0$，$x_{10}=10$，计算得 $\boldsymbol{K}=[1\quad 1.483\ 2]$，仿真结果如图 7.8 所示。

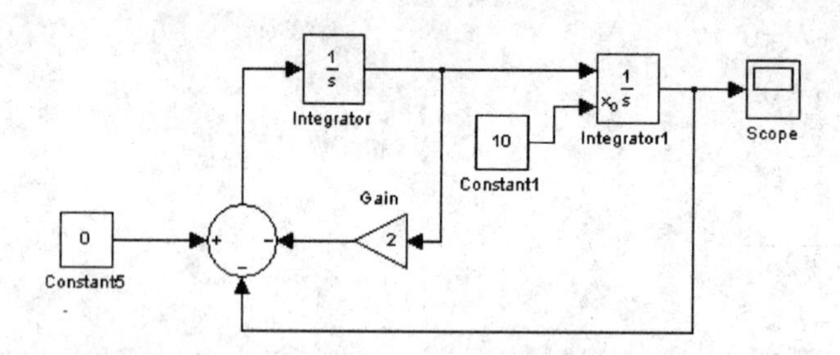

图 7.6　Simulink 仿真图

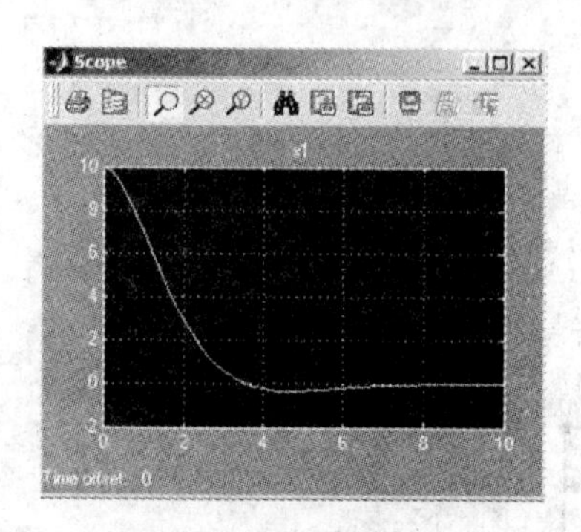

图 7.7　Simulink 仿真结果图 1

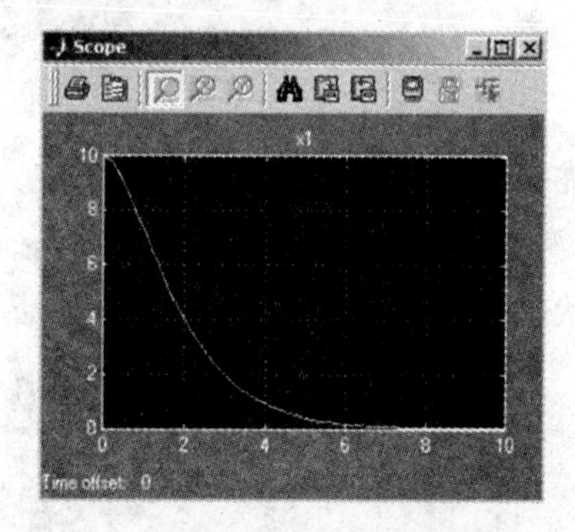

图 7.8　Simulink 仿真结果图 2

7.4　输出调节器

输出调节器的任务是当系统受到外扰时，在不消耗过多能量的前提下，维持系统的输出矢量接近平衡状态。

7.4.1　有限时间输出调节器问题

设线性时变系统的状态方程为式(7.1)，误差向量为式(7.5)，初始状态 $\boldsymbol{x}(t_0)=\boldsymbol{x}_0$，终端

时间 $t_f \neq \infty$，假设控制向量 $\boldsymbol{u}(t)$ 不受约束，求最优控制 $\boldsymbol{u}^*(t)$，使系统的二次型性能指标取极小值。对于有限时间输出调节器，二次型性能指标为

$$J = \frac{1}{2}\boldsymbol{y}^{\mathrm{T}}(t_f)\boldsymbol{F}\boldsymbol{y}(t_f) + \frac{1}{2}\int_{t_0}^{t_f}[\boldsymbol{y}^{\mathrm{T}}(t)\boldsymbol{Q}(t)\boldsymbol{y}(t) + \boldsymbol{u}^{\mathrm{T}}(t)\boldsymbol{R}(t)\boldsymbol{u}(t)]\mathrm{d}t$$

终端时间 t_0 及 t_f 固定，系统完全能观。其中 $\boldsymbol{u}(t)$ 任意取值，$\boldsymbol{R}(t)$ 为正定矩阵，$\boldsymbol{Q}(t)$、$\boldsymbol{F}(t)$ 为半正定矩阵。其要求为在有限时间内以较小的控制能量为代价，使输出保持在零值附近。

根据系统能观条件，输出调节器问题可转化为状态调节器问题。为此，用 $\boldsymbol{y}(t) = \boldsymbol{C}(t)\boldsymbol{x}(t)$ 代入性能指标，可得

$$J = \frac{1}{2}\boldsymbol{x}^{\mathrm{T}}\boldsymbol{C}^{\mathrm{T}}\boldsymbol{F}\boldsymbol{C}\boldsymbol{x}\bigg|_{t=t_f} + \frac{1}{2}\int_{t_0}^{t_f}\left\{\boldsymbol{x}^{\mathrm{T}}[\boldsymbol{C}^{\mathrm{T}}\boldsymbol{Q}\boldsymbol{C}]\boldsymbol{x} + \boldsymbol{u}^{\mathrm{T}}\boldsymbol{R}\boldsymbol{u}\right\}\mathrm{d}t$$

令 $\boldsymbol{F}' = \boldsymbol{C}^{\mathrm{T}}\boldsymbol{F}\boldsymbol{C}$，$\boldsymbol{Q}' = \boldsymbol{C}^{\mathrm{T}}\boldsymbol{Q}\boldsymbol{C}$，则在系统完全能观前提下，当 $\boldsymbol{F}$、$\boldsymbol{Q}$ 是半正定矩阵时，则转换为状态调节器后的 $\boldsymbol{F}'$、$\boldsymbol{Q}'$ 也是半正定矩阵。

于是可以用状态调节器确定最优控制为

$$\boldsymbol{u}^*(t) = -\boldsymbol{R}^{-1}\boldsymbol{B}^{\mathrm{T}}\boldsymbol{P}(t)\boldsymbol{x}(t) = -\boldsymbol{K}(t)\boldsymbol{x}(t)$$

其中，$\boldsymbol{P}(t)$ 为下列黎卡提矩阵微分方程的解：

$$\dot{\boldsymbol{P}}(t) = -\boldsymbol{P}(t)\boldsymbol{A} - \boldsymbol{A}^{\mathrm{T}}\boldsymbol{P}(t) + \boldsymbol{P}(t)\boldsymbol{B}\boldsymbol{R}^{-1}\boldsymbol{B}^{\mathrm{T}}\boldsymbol{P}(t) - \boldsymbol{C}^{\mathrm{T}}\boldsymbol{Q}\boldsymbol{C}$$

边界条件为 $\boldsymbol{P}(t_f) = \boldsymbol{C}^{\mathrm{T}}(t_f)\boldsymbol{F}(t_f)\boldsymbol{C}(t_f)$。

有限时间最优输出调节器系统结构图如图 7.9 所示。

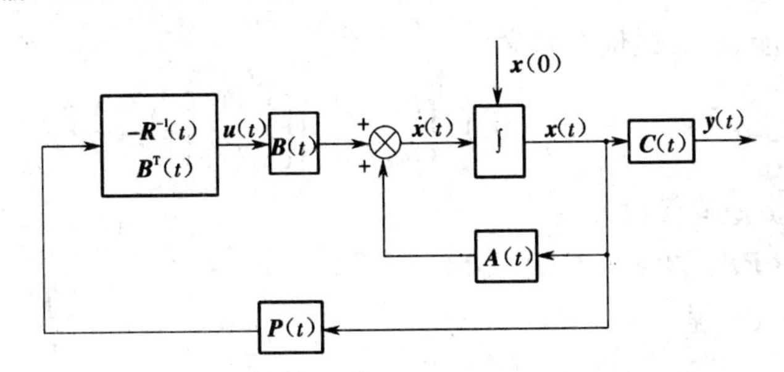

图 7.9　有限时间最优输出调节器系统结构图

说明

(1)最优输出调节器仍然是状态反馈，而不是输出反馈，说明构成最优控制系统需要全部信息。

(2)从工程上讲，$\boldsymbol{x}(t)$ 是通过 $\boldsymbol{y}(t)$ 观测出来的，所以控制的先决条件是，受控系统应是能观的。

7.4.2 无限时间输出调节器问题

设线性时变系统的状态方程为式(7.1)，误差向量为式(7.5)，假设控制向量 $\boldsymbol{u}(t)$ 不受约束，求最优控制 $\boldsymbol{u}^*(t)$，使系统的二次型性能指标取极小值。

对于无限时间输出调节器，二次型性能指标为

$$J = \frac{1}{2}\int_{t_0}^{\infty}[\boldsymbol{y}^{\mathrm{T}}(t)\boldsymbol{Q}\boldsymbol{y}(t) + \boldsymbol{u}^{\mathrm{T}}(t)\boldsymbol{R}\boldsymbol{u}(t)]\mathrm{d}t$$

终端时间 $t_f \to \infty$，系统完全能控且完全能观。

与无限时间状态调节器问题类似,最优控制为

$$u^*(t) = -Kx(t) = -R^{-1}B^TPx(t)$$

$$PA + A^TP - PBR^{-1}B^TP + C^TQC = 0$$

【例 7.3】 已知二阶系统的状态方程为

$$\dot{x}(t) = \begin{bmatrix} 0 & 1 \\ 0 & 0 \end{bmatrix} x(t) + \begin{bmatrix} 0 \\ 1 \end{bmatrix} u(t)$$

$$y(t) = [1 \quad 0] x(t)$$

二次型性能指标为

$$J = \frac{1}{2}\int_0^\infty [y^2(t) + ru^2(t)]\,dt$$

求使性能指标为极小值时的最优控制。

解 状态方程化为标准矩阵形式为

$$A = \begin{bmatrix} 0 & 1 \\ 0 & 0 \end{bmatrix}, B = \begin{bmatrix} 0 \\ 1 \end{bmatrix}, C = [1 \quad 0], Q = 1, R = r$$

验证系统能控性

$$\mathrm{rank}[B \,\vdots\, AB] = 2$$

验证系统能观性

$$\mathrm{rank}[C^T \,\vdots\, A^TC^T] = 2$$

系统完全能控且完全能观,故最优控制为

$$u^*(t) = -R^{-1}B^TPx(t) = -\frac{1}{r}[0,1]\begin{bmatrix} p_{11} & p_{12} \\ p_{21} & p_{22} \end{bmatrix}\begin{bmatrix} x_1(t) \\ x_2(t) \end{bmatrix} = -\frac{1}{r}[p_{21}x_1(t) + p_{22}x_2(t)]$$

P 满足以下黎卡提矩阵代数方程:

$$PA + A^TP - PBR^{-1}B^TP + C^TQC = 0$$

展开整理得到 3 个代数方程

$$\frac{1}{r}p_{12}^2 = 1$$

$$p_{11} - \frac{1}{r}p_{12}p_{12} = 0$$

$$2p_{12} - \frac{1}{r}p_{22}^2 = 0$$

解得

$$p_{12} = \pm r^{\frac{1}{2}}$$

$$p_{22} = \pm\sqrt{2rp_{12}}$$

$$p_{11} = \frac{1}{r}p_{12}p_{22}$$

因为矩阵 P 正定,可得 $p_{11} > 0, p_{11}p_{22} - p_{12}^2 > 0$,从而得出 $p_{22} > 0, p_{12} > 0$。

系统的最优控制为

$$u^*(t) = -\frac{1}{r}[p_{21}x_1(t) + p_{22}x_2(t)] = -r^{-\frac{1}{2}}x_1(t) - \sqrt{2}r^{-\frac{1}{4}}x_2(t)$$

最优控制系统的结构如图 7.10 所示。

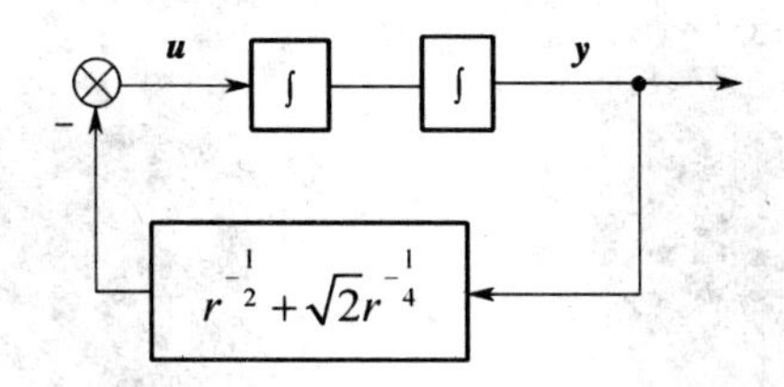

图 7.10 最优控制系统结构图

闭环传递函数为

$$W(s)=\frac{1}{s^2+\sqrt{2}r^{-\frac{1}{4}}s+r^{-\frac{1}{2}}}=\frac{1}{s^2+2\xi\omega s+\omega^2}$$

其中，$\omega=r^{-\frac{1}{4}}$，$\xi=\frac{\sqrt{2}}{2}$。

说明　加权系数 r 的取值，只影响闭环系统的增益，阻尼系数不变。

MATLAB 程序代码如下：

```
A = [0 1; 0 0];
B = [0; 1];
C = [1 0];
D = 0;
sys = ss(A,B,C,D);
Q = 1;
R = 1;
K = lqry(sys,Q,R,0)
```

系统为

$$\dot{\boldsymbol{x}}=\boldsymbol{Ax}+\boldsymbol{Bu}$$

$$\boldsymbol{y}=\boldsymbol{Cx}+\boldsymbol{Du}$$

$$\boldsymbol{u}^*(t)=-\boldsymbol{Kx}$$

Simulink 仿真如图 7.11 所示。

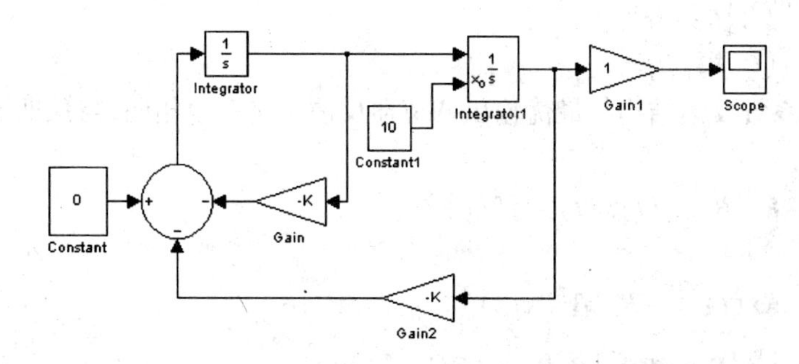

图 7.11 Simulink 仿真图

$r=1$ 时，计算得 $\boldsymbol{K}=[1\quad 1.4142]$，仿真结果如图 7.12 所示。

$r=10$ 时，计算得 $\boldsymbol{K}=[0.3162\quad 0.7953]$，仿真结果如图 7.13 所示。

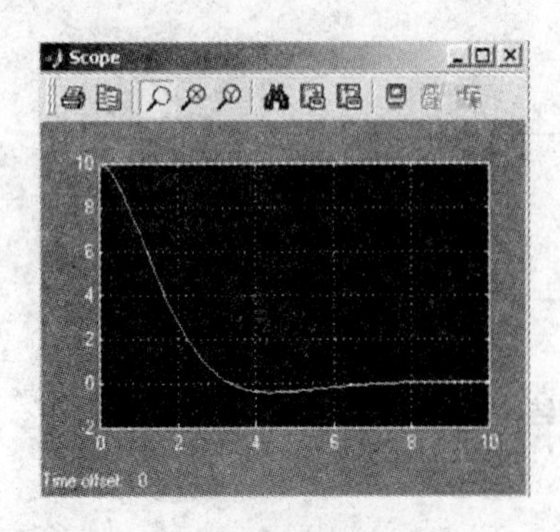

图7.12 仿真结果图1

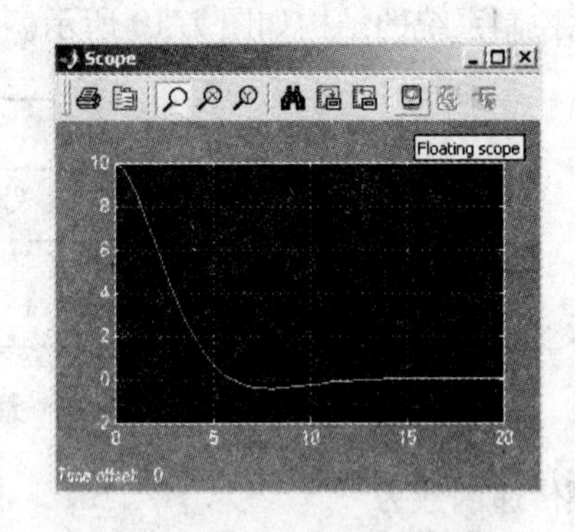

图7.13 仿真结果图2

7.5 跟踪器

跟踪器的控制目的是使输出 $\boldsymbol{y}(t)$ 紧紧跟随某希望的输出 $\boldsymbol{y}_r(t)$，而不消耗过多的控制能量。

7.5.1 线性时变系统的跟踪问题

设线性时变系统的状态方程为式(7.1)，用 $\boldsymbol{y}_r(t)$ 表示期望输出，则误差向量为 $\boldsymbol{e}(t)=\boldsymbol{y}_r(t)-\boldsymbol{y}(t)$，假设控制向量 $\boldsymbol{u}(t)$ 不受约束，求最优控制 $\boldsymbol{u}^*(t)$，使系统的二次型性能指标取极小值。

对于跟踪器，性能泛函为

$$J(\boldsymbol{u})=\frac{1}{2}\boldsymbol{e}^{\mathrm{T}}(t_{\mathrm{f}})\boldsymbol{F}\boldsymbol{e}(t_{\mathrm{f}})+\frac{1}{2}\int_{t_0}^{t_{\mathrm{f}}}[\boldsymbol{e}^{\mathrm{T}}(t)\boldsymbol{Q}(t)\boldsymbol{e}(t)+\boldsymbol{u}^{\mathrm{T}}(t)\boldsymbol{R}(t)\boldsymbol{u}(t)]\mathrm{d}t$$

其物理意义为以较小的控制能量为代价，使误差保持在零值附近。

跟踪问题的最优控制规律如下：

(1) $\boldsymbol{P}(t)$ 与 $\boldsymbol{y}_r(t)$ 无关。

$\boldsymbol{P}(t)$ 与 $\boldsymbol{g}(t)$ 必须满足下列方程：

$$\dot{\boldsymbol{P}}(t)=-\boldsymbol{P}(t)\boldsymbol{A}-\boldsymbol{A}^{\mathrm{T}}\boldsymbol{P}(t)+\boldsymbol{P}(t)\boldsymbol{B}\boldsymbol{R}^{-1}\boldsymbol{B}^{\mathrm{T}}\boldsymbol{P}(t)-\boldsymbol{C}^{\mathrm{T}}\boldsymbol{Q}\boldsymbol{C}$$

$$\dot{\boldsymbol{g}}(t)=-[\boldsymbol{A}-\boldsymbol{B}\boldsymbol{R}^{-1}\boldsymbol{B}^{\mathrm{T}}\boldsymbol{P}]^{\mathrm{T}}\boldsymbol{g}(t)-\boldsymbol{C}^{\mathrm{T}}\boldsymbol{Q}\boldsymbol{y}_r(t)$$

$$\boldsymbol{P}(t_{\mathrm{f}})=\boldsymbol{C}^{\mathrm{T}}(t_{\mathrm{f}})\boldsymbol{F}\boldsymbol{C}(t_{\mathrm{f}})$$

$$\boldsymbol{g}(t_{\mathrm{f}})=\boldsymbol{C}^{\mathrm{T}}(t_{\mathrm{f}})\boldsymbol{F}\boldsymbol{y}_r(t_{\mathrm{f}})$$

(2)最优跟踪系统反馈结构与最优输出调节器反馈结构完全相同，与预期输出无关。对于跟踪系统，有

$$\boldsymbol{u}^*(t)=-\boldsymbol{R}^{-1}\boldsymbol{B}^{\mathrm{T}}[\boldsymbol{P}(t)\boldsymbol{x}(t)-\boldsymbol{g}(t)]$$

而输出系统中

$$\boldsymbol{u}^*(t)=-\boldsymbol{K}\boldsymbol{x}(t)=-\boldsymbol{R}^{-1}\boldsymbol{B}^{\mathrm{T}}\boldsymbol{P}\boldsymbol{x}(t)$$

其中，

$$\dot{\boldsymbol{P}}=-\boldsymbol{P}\boldsymbol{A}-\boldsymbol{A}^{\mathrm{T}}\boldsymbol{P}+\boldsymbol{P}\boldsymbol{B}\boldsymbol{R}^{-1}\boldsymbol{B}^{\mathrm{T}}\boldsymbol{P}-\boldsymbol{C}^{\mathrm{T}}\boldsymbol{Q}\boldsymbol{C}$$

$$\boldsymbol{P}(t_{\mathrm{f}})=\boldsymbol{C}^{\mathrm{T}}(t_{\mathrm{f}})\boldsymbol{F}(t_{\mathrm{f}})\boldsymbol{C}(t_{\mathrm{f}})$$

(3)最优跟踪系统与最优输出调节器系统的本质差异反映在 $\boldsymbol{g}(t)$ 上。

由于增加了一个与 $\boldsymbol{g}(t)$ 有关的强迫控制项，从而使调节器变成了跟踪器。

$$\dot{\boldsymbol{x}} = \boldsymbol{A}\boldsymbol{x} - \boldsymbol{B}\boldsymbol{R}^{-1}\boldsymbol{B}^{\mathrm{T}}\boldsymbol{\lambda} = [\boldsymbol{A} - \boldsymbol{B}\boldsymbol{R}^{-1}\boldsymbol{B}^{\mathrm{T}}\boldsymbol{P}(t)]\boldsymbol{x} + \boldsymbol{B}\boldsymbol{R}^{-1}\boldsymbol{B}^{\mathrm{T}}\boldsymbol{g}(t)$$

$$\dot{\boldsymbol{g}}(t) = -[\boldsymbol{A} - \boldsymbol{B}\boldsymbol{R}^{-1}\boldsymbol{B}^{\mathrm{T}}\boldsymbol{P}(t)]^{\mathrm{T}}\boldsymbol{g}(t) - \boldsymbol{C}^{\mathrm{T}}\boldsymbol{Q}\boldsymbol{y}_{\mathrm{r}}(t)$$

如果设 $\boldsymbol{\Phi}(t,t_0)$ 为闭环系统的基本解矩阵，$\boldsymbol{\psi}(t,t_0)$ 为伴随系统的基本解矩阵，则有

$$\boldsymbol{\psi}^{\mathrm{T}}(t,t_0)\boldsymbol{\Phi}(t,t_0) = \boldsymbol{I}$$

$\boldsymbol{g}(t_{\mathrm{f}})$ 可用基本解矩阵 $\boldsymbol{\psi}(t,t_0)$ 表示为

$$\boldsymbol{g}(t_{\mathrm{f}}) = \boldsymbol{\psi}(t_{\mathrm{f}},t)\left[\boldsymbol{g}(t) - \int_{t_0}^{t_{\mathrm{f}}} \boldsymbol{\psi}^{-1}(\tau,t)\boldsymbol{C}^{\mathrm{T}}(\tau)\boldsymbol{Q}(\tau)\boldsymbol{y}_{\mathrm{r}}(\tau)\mathrm{d}\tau\right]$$

于是对所有 $t \in [t_0, t_{\mathrm{f}}]$，$\boldsymbol{g}(t)$ 可写作

$$\boldsymbol{g}(t) = \boldsymbol{\psi}^{-1}(t_{\mathrm{f}},t)\boldsymbol{g}(t_{\mathrm{f}}) + \int_{t_0}^{t_{\mathrm{f}}} \boldsymbol{\psi}^{-1}(\tau,t)\boldsymbol{C}^{\mathrm{T}}(\tau)\boldsymbol{Q}(\tau)\boldsymbol{y}_{\mathrm{r}}(\tau)\mathrm{d}\tau$$

由上式可知，为了求得 $\boldsymbol{g}(t)$，必须在控制过程开始之前知道全部 $\boldsymbol{y}_r(t)$ 的信息。$\boldsymbol{u}^*(t)$ 与 $\boldsymbol{y}_r(t)$ 有关，则最优控制的现时值也要依赖于预期输出 $\boldsymbol{y}_r(t)$ 的全部未来值。

7.5.2 线性定常系统的跟踪问题

给定一个完全能观的线性定常系统的状态方程为

$$\dot{\boldsymbol{x}}(t) = \boldsymbol{A}(t)\boldsymbol{x}(t) + \boldsymbol{B}(t)\boldsymbol{u}(t)$$

$$\boldsymbol{y}(t) = \boldsymbol{C}(t)\boldsymbol{x}(t)$$

控制向量 $\boldsymbol{u}(t)$ 不受约束，用 $\boldsymbol{y}_r$(常数)表示期望输出，则误差向量 $\boldsymbol{e}(t) = \boldsymbol{y}_r - \boldsymbol{y}(t)$，求最优控制 $\boldsymbol{u}^*(t)$，使下列二次型性能指标最小：

$$J(\boldsymbol{u}) = \frac{1}{2}\int_{t_0}^{t_{\mathrm{f}}} [\boldsymbol{e}^{\mathrm{T}}(t)\boldsymbol{Q}(t)\boldsymbol{e}(t) + \boldsymbol{u}^{\mathrm{T}}(t)\boldsymbol{R}(t)\boldsymbol{u}(t)]\mathrm{d}t$$

当 t_{f} 足够大且为有限值时，可得出如下近似结果：

$$\boldsymbol{u}^*(t) = -\boldsymbol{R}^{-1}\boldsymbol{B}^{\mathrm{T}}[\boldsymbol{P}\boldsymbol{x}(t) - \boldsymbol{g}]$$

$$-\boldsymbol{P}\boldsymbol{A} - \boldsymbol{A}^{\mathrm{T}}\boldsymbol{P} + \boldsymbol{P}\boldsymbol{B}\boldsymbol{R}^{-1}\boldsymbol{B}^{\mathrm{T}}\boldsymbol{P} - \boldsymbol{C}^{\mathrm{T}}\boldsymbol{Q}\boldsymbol{C} = 0$$

$$\boldsymbol{g} \approx [\boldsymbol{P}\boldsymbol{B}\boldsymbol{R}^{-1}\boldsymbol{B}^{\mathrm{T}} - \boldsymbol{A}^{\mathrm{T}}]^{-1}\boldsymbol{C}^{\mathrm{T}}\boldsymbol{Q}\boldsymbol{y}_r$$

$$\dot{\boldsymbol{x}}(t) = [\boldsymbol{A} - \boldsymbol{B}\boldsymbol{R}^{-1}\boldsymbol{B}^{\mathrm{T}}\boldsymbol{P}]\boldsymbol{x}(t) + \boldsymbol{B}\boldsymbol{R}^{-1}\boldsymbol{B}^{\mathrm{T}}\boldsymbol{g}$$

线性定常最优跟踪系统结构如图 7.14 所示。

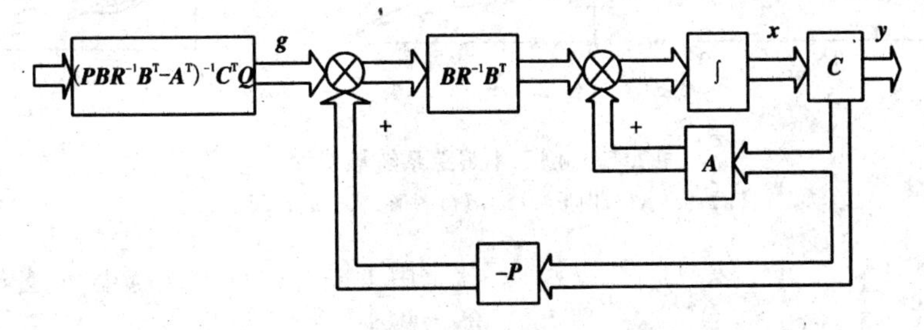

图 7.14 线性定常最优跟踪系统结构图

【例 7.4】 已知一阶系统的状态方程为

$$\dot{x}(t) = ax(t) + u(t)$$

$$y(t) = x(t)$$

$$e(t) = y_r(t) - y(t) = y_r(t) - x(t)$$

二次型性能指标为

$$J=\frac{1}{2}fe^2(t_f)+\frac{1}{2}\int_0^{t_f}[qe^2(t)+ru^2(t)]\mathrm{d}t$$

式中，$f\geqslant 0, q>0, r>0$。求使性能指标为极小值时的最优控制。

解 因为

$$\boldsymbol{u}^*(t)=-\boldsymbol{R}^{-1}\boldsymbol{B}^{\mathrm{T}}[\boldsymbol{P}(t)\boldsymbol{x}(t)-\boldsymbol{g}(t)]=\frac{1}{r}[\boldsymbol{g}(t)-\boldsymbol{P}(t)\boldsymbol{x}(t)]$$

式中，$\boldsymbol{P}(t), \boldsymbol{g}(t)$ 为下列方程的解：

因为 $\dot{\boldsymbol{P}}(t)=-\boldsymbol{P}(t)\boldsymbol{A}-\boldsymbol{A}^{\mathrm{T}}\boldsymbol{P}(t)+\boldsymbol{P}(t)\boldsymbol{B}\boldsymbol{R}^{-1}\boldsymbol{B}^{\mathrm{T}}\boldsymbol{P}(t)-\boldsymbol{Q}$

所以 $\dot{\boldsymbol{P}}(t)=-2a\boldsymbol{P}(t)+\frac{1}{r}\boldsymbol{P}^2(t)-q$

因为 $\boldsymbol{P}(t_f)=\boldsymbol{C}^{\mathrm{T}}(t_f)\boldsymbol{F}\boldsymbol{C}(t_f)$

所以 $P(t_f)=f$

因为 $\dot{\boldsymbol{g}}(t)=-[\boldsymbol{A}-\boldsymbol{B}\boldsymbol{R}^{-1}\boldsymbol{B}^{\mathrm{T}}\boldsymbol{P}(t)]^{\mathrm{T}}\boldsymbol{g}(t)-\boldsymbol{C}^{\mathrm{T}}\boldsymbol{Q}\boldsymbol{y}_r$

所以 $\dot{\boldsymbol{g}}(t)=-[a-\frac{1}{r}\boldsymbol{P}(t)]g(t)-q\boldsymbol{y}_r(t)$

因为 $\boldsymbol{g}(t_f)=\boldsymbol{C}^{\mathrm{T}}(t_f)\boldsymbol{F}\boldsymbol{y}_r(t_f)$

所以 $\boldsymbol{g}(t_f)=f\boldsymbol{y}_r(t_f)$

最优轨线 $x(t)$ 是一阶线性微分方程的解

$$\dot{x}(t)=[a-\frac{1}{r}p(t)]x(t)+\frac{1}{r}g(t)$$

设 $a=-1, f=0, x(0)=0, q=1, t_f=1, r$ 变化，$y_r(t)=1$，图 7.15 表示跟踪系统在上述情况下的一组响应曲线。

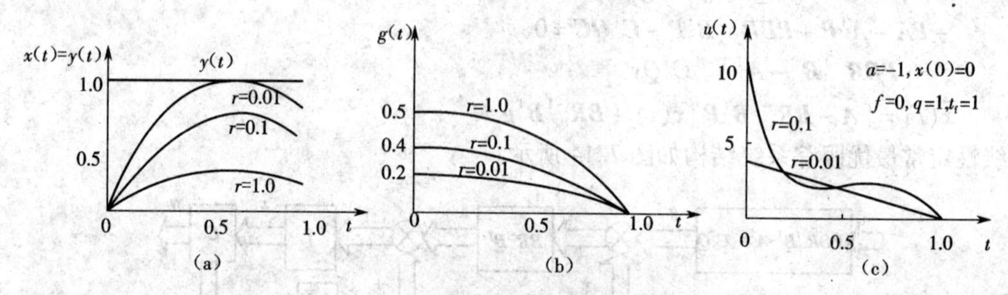

图 7.15 例 7.4 跟踪系统最优解

(a) $x(t)$、$y(t)$ 图形 (b) $g(t)$ 图形 (c) $u(t)$ 图形

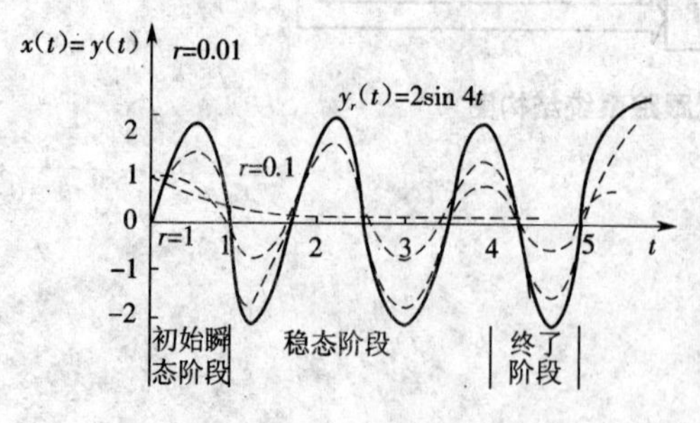

图 7.16 $y(t)$ 图形

由上图可以看出，r 越小，u 越大，系统跟踪能力越强。

t_f 附近，误差又回升，$g(t_f)=0, P(t_f)=0$，从而导致 $u(t_f)=0$。

设 $a=0, f=0, x(0)=1, q=1, t_f=5, r$ 变化，$y_r(t)=2\sin 4t$，如图 7.16 所示。当 r 较小时，系统跟踪能力较强，无明显相移；r 较大时，系统跟踪能力较差，有明显相移。

7.6 MATLAB 在最优控制中的应用

线性二次型最优控制问题,就是寻找一个控制 $u^*(t)$,使得系统沿着由指定初态 x_0 出发的相应轨线 $x^*(t)$,其性能指标 J 取得极小值。以下分别给出状态调节器问题、输出调节器问题和跟踪问题的 MATLAB 求解函数,并举例说明它们的应用。

7.6.1 无限时间状态调节器问题

对于控制系统:

$$\dot{\boldsymbol{x}}(t)=\boldsymbol{A}(t)\boldsymbol{x}(t)+\boldsymbol{B}(t)\boldsymbol{u}(t)$$

$$\boldsymbol{y}(t)=\boldsymbol{C}(t)\boldsymbol{x}(t)+\boldsymbol{D}(t)\boldsymbol{u}(t)$$

其无限时间状态调节器问题中的性能指标为

$$J(\boldsymbol{u})=\frac{1}{2}\int_{t_0}^{+\infty}[\boldsymbol{e}^{\mathrm{T}}(t)\boldsymbol{Q}(t)\boldsymbol{e}(t)+\boldsymbol{u}^{\mathrm{T}}(t)\boldsymbol{R}(t)\boldsymbol{u}(t)]\mathrm{d}t$$

其最优控制为

$$\boldsymbol{u}^*(t)=-\boldsymbol{K}\boldsymbol{x}(t)=-\boldsymbol{R}^{-1}\boldsymbol{B}^{\mathrm{T}}\boldsymbol{P}\boldsymbol{x}(t)$$

式中,$\boldsymbol{P}$ 为正定常数矩阵,满足下列黎卡提矩阵代数方程:

$$\boldsymbol{PA}+\boldsymbol{A}^{\mathrm{T}}\boldsymbol{P}-\boldsymbol{PBR}^{-1}\boldsymbol{B}^{\mathrm{T}}\boldsymbol{P}+\boldsymbol{Q}=0$$

最优轨线 $\boldsymbol{x}^*(t)$ 满足下列线性定常齐次方程:

$$\dot{\boldsymbol{x}}(t)=[\boldsymbol{A}x-\boldsymbol{BR}^{-1}\boldsymbol{B}^{\mathrm{T}}\boldsymbol{P}]\boldsymbol{x}(t)=[\boldsymbol{A}-\boldsymbol{BK}]\boldsymbol{x}(t)$$

$$\boldsymbol{x}(t_0)=\boldsymbol{x}_0$$

最优性能指标为

$$J^*[\boldsymbol{x}(t_0)]=\frac{1}{2}\boldsymbol{x}^*(t_0)^{\mathrm{T}}\boldsymbol{P}\boldsymbol{x}^*(t_0)$$

在 MATLAB 控制系统工具箱中,函数 lqr(A,B,Q,R) 主要解决连续时间的线性二次型调节器问题,并可解与其有关的黎卡提矩阵代数方程。该命令可计算最优反馈增益矩阵 $\boldsymbol{K}$,并且产生使性能指标

$$J(\boldsymbol{u})=\frac{1}{2}\int_{t_0}^{+\infty}[\boldsymbol{e}^{\mathrm{T}}(t)\boldsymbol{Q}(t)\boldsymbol{e}(t)+\boldsymbol{u}^{\mathrm{T}}(t)\boldsymbol{R}(t)\boldsymbol{u}(t)]\mathrm{d}t$$

在约束方程 $\dot{\boldsymbol{x}}=\boldsymbol{A}+\boldsymbol{Bu}$ 条件下,达到极小的反馈控制规律 $\boldsymbol{u}=-\boldsymbol{Kx}$。

控制系统工具箱中另一个函数[K,P,E] = lqr(A,B,Q,R) 可用来计算相关的黎卡提矩阵代数方程 $\boldsymbol{PA}+\boldsymbol{A}^{\mathrm{T}}\boldsymbol{P}-\boldsymbol{PBR}^{-1}\boldsymbol{B}^{\mathrm{T}}\boldsymbol{P}+\boldsymbol{Q}=0$ 的唯一正定解 $\boldsymbol{P}$。如果 $\boldsymbol{A}-\boldsymbol{BK}$ 为稳定矩阵,则总存在这样的正定矩阵。利用这个命令能求闭环极点或 $\boldsymbol{A}-\boldsymbol{BK}$ 的特征值。

对于某些系统,无论选择什么样的 $\boldsymbol{K}$,都不能使 $\boldsymbol{A}-\boldsymbol{BK}$ 为稳定矩阵。在此情况下,黎卡提矩阵代数方程不存在正定矩阵。对此情况,上述两个命令均不能求解。

【例 7.5】 考虑系统 $\dot{\boldsymbol{x}}=\boldsymbol{A}+\boldsymbol{Bu}$,式中 $\boldsymbol{A}=\begin{bmatrix}0 & 1\\ -5 & -2\end{bmatrix}$,$B=\begin{bmatrix}0\\ 1\end{bmatrix}$,性能指标 $J=\int_0^{+\infty}[\boldsymbol{e}^{\mathrm{T}}\boldsymbol{Qe}+\boldsymbol{u}^{\mathrm{T}}\boldsymbol{Ru}]\mathrm{d}t$,其中 $\boldsymbol{Q}=\begin{bmatrix}1 & 0\\ 0 & 1\end{bmatrix}$,$\boldsymbol{R}=[1]$,假设采用下列控制 $\boldsymbol{u}=-\boldsymbol{Kx}$,确定最优反馈增益矩阵 $\boldsymbol{K}$。

解 最优反馈增益矩阵 $\boldsymbol{K}$ 可通过求解下列关于正定矩阵 $\boldsymbol{P}$ 的黎卡提矩阵代数方程得

到：

$$PA + A^{T}P - PBR^{-1}B^{T}P + Q = 0$$

其结果为

$$P = \begin{bmatrix} 2 & 1 \\ 1 & 1 \end{bmatrix}$$

将 P 代入下列方程，即可求得最优矩阵

$$K = R^{-1}B^{T}P = [1][0 \quad 1]\begin{bmatrix} 2 & 1 \\ 1 & 1 \end{bmatrix} = [1 \quad 1]$$

因此，最优控制信号为

$$u = -Kx = -x_1 - x_2$$

MATLAB 程序代码如下：

```
A=[0 1; -5 2];
B=[0; 1];
Q=[1 0;1 0];
R=[1];
K=lqr(A,B,Q,R)
```

程序运行结果为

```
K=
    0.099  0.2799
```

【例 7.6】 考虑系统 $\dot{x} = A + Bu$，式中 $A = \begin{bmatrix} 0 & 1 & 0 \\ 0 & 0 & 1 \\ -5 & -7 & -9 \end{bmatrix}$，$B = \begin{bmatrix} 0 \\ 0 \\ 1 \end{bmatrix}$，性能指标 $J = \int_0^{+\infty} [e^{T}Qe + u^{T}Ru]\mathrm{d}t$，其中 $Q = \begin{bmatrix} 1 & 0 & 0 \\ 0 & 1 & 0 \\ 0 & 0 & 1 \end{bmatrix}$，$R = [1]$，求黎卡提矩阵代数方程的正定矩阵 P、最优反馈增益矩阵 K 和矩阵 $A - BK$ 的特征值。

解 MATLAB 程序代码如下：

```
A=[0 1 0;0 0 1; -5 -7 -9];
B=[0;0;1];
Q=[1 0 0;0 1 0;0 0 1];
R=[1];
[K,P,E]=lqr(A,B,Q,R)
```

程序运行结果如下

```
K=
    0.2549  0.0835
P=
    1.3169  0.0990
    2.8010  0.2549
    0.2549  0.0835
```

```
E =
     -8.2818
     -0.4008 +0.6746i
     -0.4008 -0.6746i
```

【例7.7】 系统的状态空间表达式为

$$\dot{\boldsymbol{x}} = \boldsymbol{Ax} + \boldsymbol{Bu}$$

$$\boldsymbol{y} = \boldsymbol{Cx} + \boldsymbol{Du}$$

式中，$\boldsymbol{A} = \begin{bmatrix} 0 & 1 & 0 \\ 0 & 0 & 1 \\ 0 & -3 & -5 \end{bmatrix}$，$\boldsymbol{B} = \begin{bmatrix} 0 \\ 0 \\ 1 \end{bmatrix}$，$\boldsymbol{C} = [1 \quad 0 \quad 0]$，$\boldsymbol{D} = [0]$。假设控制信号 $\boldsymbol{u} = k_1 r - (k_1 x_1 + k_2 x_2 + k_3 x_3)$，在确定最优控制规律时，假设输入为0，即 $r = 0$。确定最优反馈增益矩阵 $\boldsymbol{K} = [k_1 \quad k_2 \quad k_3]$，使得性能指标 $J = \int_0^{+\infty} [\boldsymbol{e}^{\mathrm{T}} \boldsymbol{Q} \boldsymbol{e} + \boldsymbol{u}^{\mathrm{T}} \boldsymbol{R} \boldsymbol{u}] \mathrm{d}t$ 达到极小。其中，$\boldsymbol{Q} = \begin{bmatrix} q_{11} & 0 & 0 \\ 0 & q_{22} & 0 \\ 0 & 0 & q_{33} \end{bmatrix}$，$\boldsymbol{R} = [1]$，

$\boldsymbol{x} = \begin{bmatrix} x_1 \\ x_2 \\ x_3 \end{bmatrix} = \begin{bmatrix} y \\ \dot{y} \\ \ddot{y} \end{bmatrix}$。

解 为了得到快速响应，q_{11} 与 q_{22}，q_{33} 和 R 相比必须充分大。选取 $q_{11} = 100$，$q_{22} = q_{33} = 1$，重选 $R = 0.01$，为了利用 MATLAB 求解，可使用命令 Kl = qr(A,B,Q,R)得到该例题的解。

MATLAB 程序代码如下：

```
A = [0 1 0;0 0 1;0 -3 -5];
B = [0;0;1];
Q = [100 0 0;0 1 0;0 0 1];
R = [0.01];
K = lqr(A,B,Q,R)
```

程序运行结果如下：

```
K =
     100.0000   53.1287   10.2071
K1 =
     100.0000
K2 =
     53.1287
K3 =
     10.2071
```

7.6.2 无限时间输出调节器问题

对于受控系统

$$\dot{\boldsymbol{x}} = \boldsymbol{Ax} + \boldsymbol{Bu}$$

$$\boldsymbol{y} = \boldsymbol{Cx} + \boldsymbol{Du}$$

其无限时间输出调节器中的性能指标为

$$J(\boldsymbol{u})=\frac{1}{2}\int_{t_0}^{+\infty}[\boldsymbol{e}^{\mathrm{T}}(t)\boldsymbol{Q}(t)\boldsymbol{e}(t)+\boldsymbol{u}^{\mathrm{T}}(t)\boldsymbol{R}(t)\boldsymbol{u}(t)]\mathrm{d}t$$

对于无限时间输出调节器问题，最优控制为

$$\boldsymbol{u}^{*}(t)=-\boldsymbol{K}\boldsymbol{x}(t)=-\boldsymbol{R}^{-1}\boldsymbol{B}^{\mathrm{T}}\boldsymbol{P}\boldsymbol{x}(t)$$

式中，$\boldsymbol{P}$ 是下列黎卡提矩阵代数方程的正定对称解：

$$\boldsymbol{PA}+\boldsymbol{A}^{\mathrm{T}}\boldsymbol{P}-\boldsymbol{PBR}^{-1}\boldsymbol{B}^{\mathrm{T}}\boldsymbol{P}+\boldsymbol{Q}=0$$

最优性能指标为

$$J^{*}=\frac{1}{2}\boldsymbol{x}_0^{*\mathrm{T}}\boldsymbol{P}\boldsymbol{x}_0^{*}$$

且任意 $\boldsymbol{x}_0\neq 0$。

控制系统工具箱函数 lqry 的调用格式为

[K,P,e] = lqry(sys,Q,R)

或

[K,P,e] = lqry(sys,Q,R,N)

其中，后者设计线性定常、连续时间系统的最优反馈增益矩阵 $\boldsymbol{K}$，使性能指标最优。返回黎卡提方程

$$\boldsymbol{PA}+\boldsymbol{A}^{\mathrm{T}}\boldsymbol{P}-\boldsymbol{PBR}^{-1}\boldsymbol{B}^{\mathrm{T}}\boldsymbol{P}+\boldsymbol{Q}=0$$

的解 $\boldsymbol{p}$ 及闭环系统的特征值 e。

$$\boldsymbol{K}=\boldsymbol{R}^{-1}(\boldsymbol{B}^{\mathrm{T}}\boldsymbol{P}+\boldsymbol{N}^{\mathrm{T}})$$

当 $\boldsymbol{N}$ 缺省时，默认 $\boldsymbol{N}=\boldsymbol{0}$。

7.6.3 线性二次型最优控制在倒立摆系统中的应用

1. 倒立摆系统分析

研究对象是由深圳固高公司研制开发的单机直线倒立摆 GIP—100—L，它是一个单输入多输出的四阶控制系统，结构组成如图 7.17 所示。

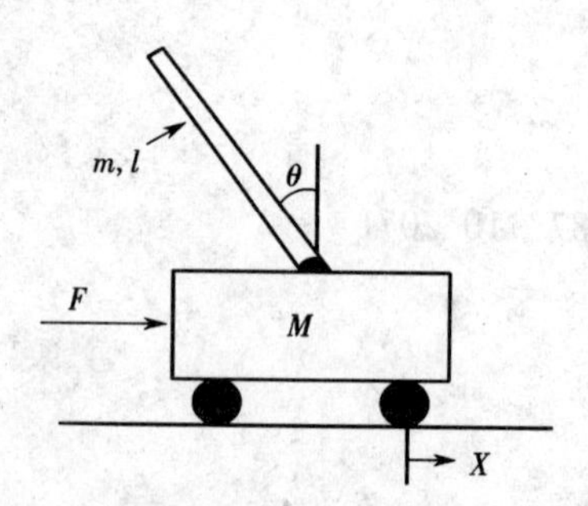

图 7.17 倒立摆系统构成

1）倒立摆系统模型的建立

对倒立摆系统进行受力分析，可以得到系统的状态空间表达式为

$$\left.\begin{aligned}\begin{bmatrix}\dot{x}\\ \ddot{x}\\ \dot{\varphi}\\ \ddot{\varphi}\end{bmatrix}&=\begin{bmatrix}0&1&0&0\\0&0&0&0\\0&0&0&1\\0&0&29.4&0\end{bmatrix}\begin{bmatrix}x\\ \dot{x}\\ \varphi\\ \dot{\varphi}\end{bmatrix}+\begin{bmatrix}0\\1\\0\\3\end{bmatrix}\boldsymbol{u}\\ \boldsymbol{y}=\begin{bmatrix}x\\ \varphi\end{bmatrix}&=\begin{bmatrix}1&0&0&0\\0&0&1&0\end{bmatrix}\begin{bmatrix}x\\ \dot{x}\\ \varphi\\ \dot{\varphi}\end{bmatrix}+\begin{bmatrix}0\\0\end{bmatrix}\boldsymbol{u}\end{aligned}\right\}\tag{7.10}$$

2)倒立摆系统稳定性分析

对式(7.10)所述的倒立摆系统进行阶跃响应分析,小车位移和摆杆角度阶跃响应曲线如图7.18和图7.19所示。

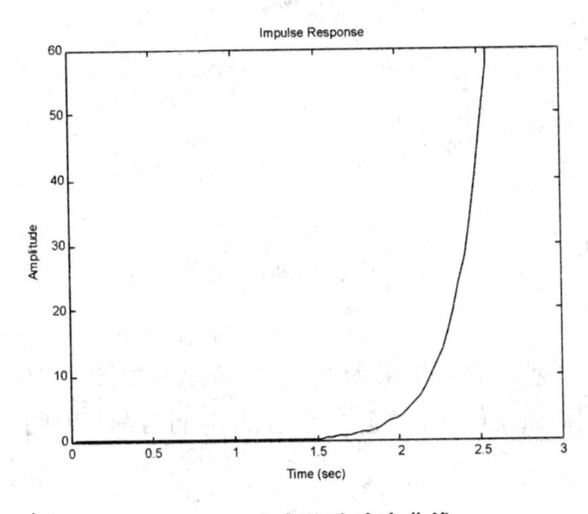

图7.18 小车位移响应曲线

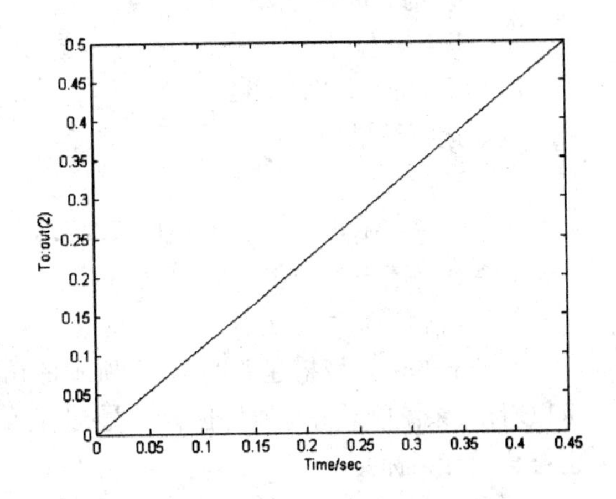

图7.19 小车角度阶跃响应曲线

3)倒立摆能控性分析

系统的能控性是控制器设计的前提。由能控性矩阵 $\boldsymbol{M}=[\boldsymbol{B}\quad \boldsymbol{AB}\quad \cdots\quad \boldsymbol{A}^{n-1}\boldsymbol{B}]$,在MATLAB中利用可控性矩阵的ctrb命令来计算,可以得出 $\text{rank}(\boldsymbol{M})=4$,可知系统可控,因此可以进行控制器的设计。

2. 线性二次型控制器设计

1)二次型最优控制原理

设给定线性定常系统的状态方程为

$$\begin{cases}\dot{\boldsymbol{x}}=\boldsymbol{Ax}+\boldsymbol{Bu}\\ \boldsymbol{y}=\boldsymbol{Cx}+\boldsymbol{Du}\end{cases}$$

二次型性能指标为

$$J=\frac{1}{2}\int_{t}^{t_f}[\boldsymbol{x}^{\mathrm{T}}\boldsymbol{Qx}+\boldsymbol{u}^{\mathrm{T}}\boldsymbol{Ru}]\mathrm{d}t$$

式中,加权矩阵 $\boldsymbol{Q}$ 和 $\boldsymbol{R}$ 是用来平衡状态向量和输入向量的权重,$\boldsymbol{Q}$ 是半正定矩阵,$\boldsymbol{R}$ 是正定矩阵。

最优控制规律为

$$u^* = -R^{-1}B^{\mathrm{T}}Px = -Kx$$

式中，K 为最优反馈增益矩阵，P 为黎卡提矩阵方程的解。

黎卡提矩阵方程为

$$-PA - A^{\mathrm{T}}P + PBR^{-1}B^{\mathrm{T}}P - R = 0$$

则最优反馈增益矩阵

$$K = -R^{-1}B^{T}P$$

2）参数的确定

最优反馈增益矩阵的求解可使用 MATLAB 命令 K = lqr(A,B,Q,R)得到。相应的 MATLAB 程序代码如下：

```
A=[0 1 0 0;0 0 0 0;0 0 0 1;0 0 29.4 0];
B=[0; 1;0;3];
Q=[1000;0;70;0];
R=[1];
K=lqr(A,B,Q,R)
```

程序运行结果如下：

```
K =
    -31.623   -20.151   72.718   13.155
```

3. 系统仿真与实控模型

(1)系统仿真

在 Simulink 环境搭建如图 7.20 所示的仿真模型。仿真结果如图 7.21 所示。由图 7.21 可以看出，系统能较好地跟踪阶跃信号，摆杆的超调量足够小，稳态误差、上升时间与调整时间也符合设计指标要求。

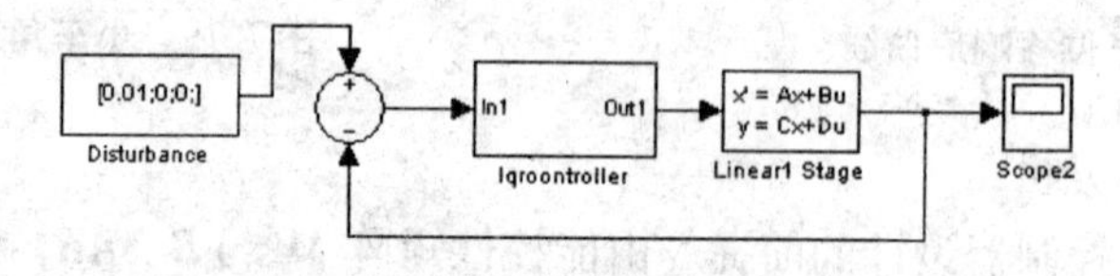

图 7.20 仿真模型

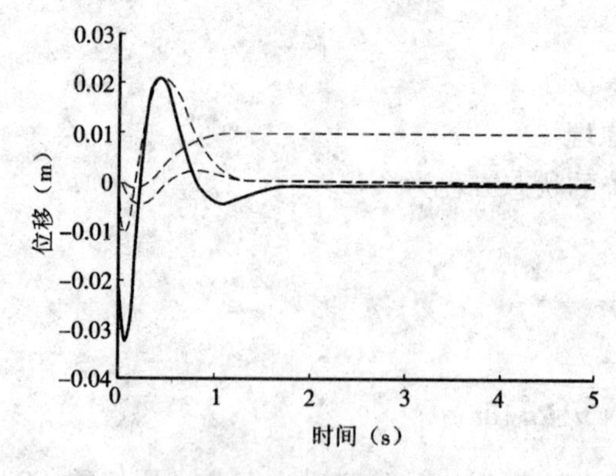

图 7.21 仿真结果

2)系统实控

利用固高倒立摆系统 MATLAB 实时控制平台，建立的系统实控模型如图 7.22 所示。

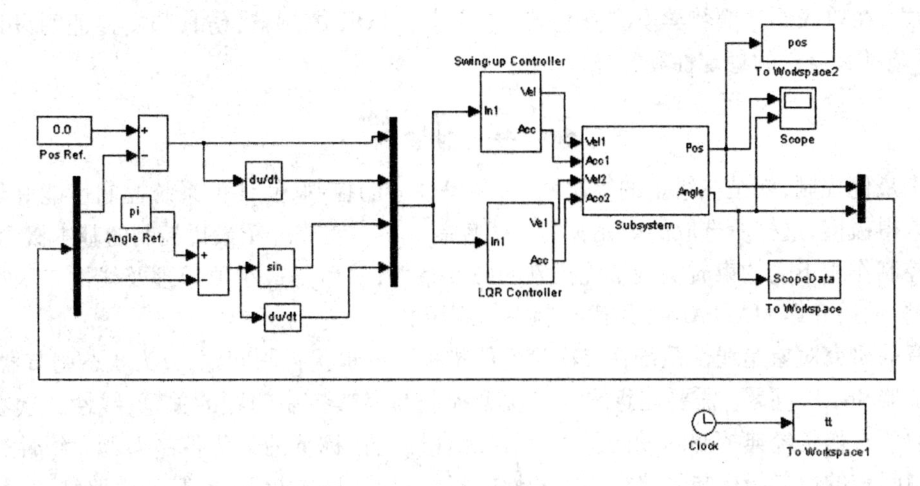

图 7.22 实控模型

利用 LQR 设计的控制器对倒立摆进行实时控制,可以使倒立摆达到稳定,起摆时小车位置和摆杆角度相应曲线如图 7.23 和图 7.24 所示。

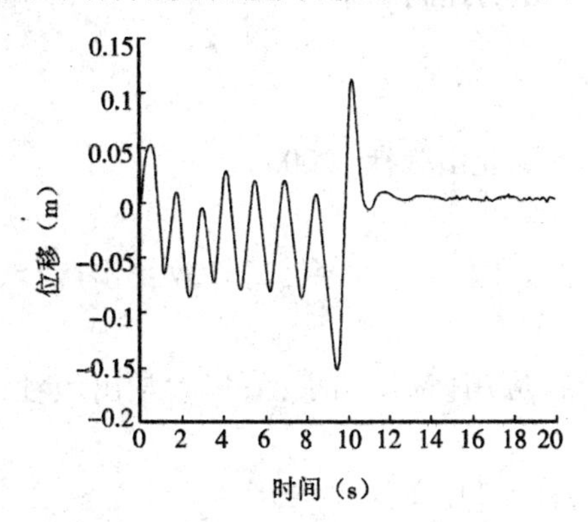

图 7.23 起摆过程小车位移实时控制曲线

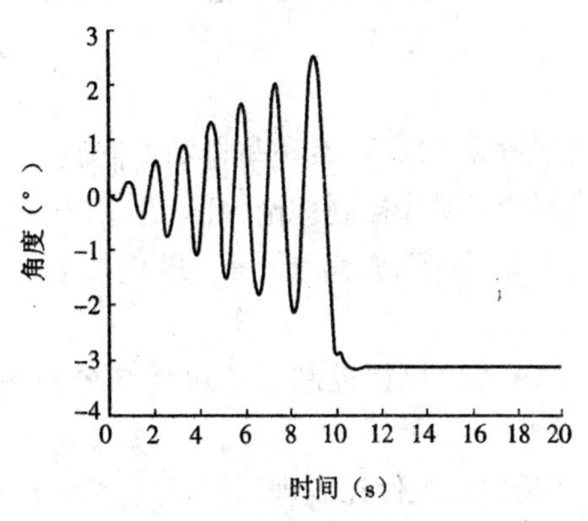

图 7.24 起摆过程摆杆角度实时控制曲线

在倒立摆系统稳定的情况下,对系统施加干扰,小车位置和摆杆角度响应曲线如图 7.25 和图 7.26 所示。小车能迅速调整,使这个系统在很短的时间内恢复平衡。

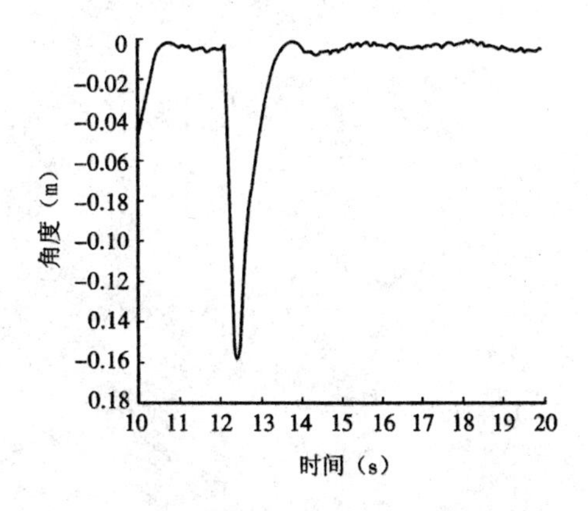

图 7.25 小车位移受扰动实时控制曲线

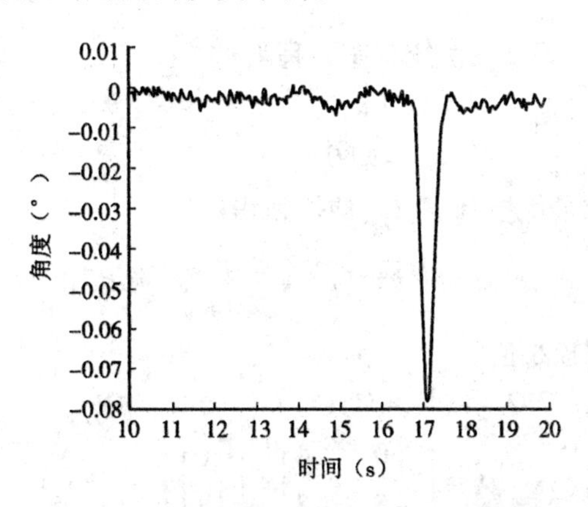

图 7.26 摆杆角度受扰动实时控制曲线

总之,在单级倒立摆数学模型的基础上,设计了 LQR 控制器,仿真和实控证明设计的有效性,系统具有良好的稳定性和鲁棒性。

本章小结

所谓最优控制,就是在给定的控制域中,寻找合适的控制,使评价系统控制性能好坏的性能指标取得极值,这样所选取的控制称为最优控制。本章首先介绍最优控制的基本概念,其次讨论在控制作用不受约束时实现最优控制的必要条件,然后是最小值原理及线性二次型最优控制问题,最后介绍 MATLAB 在最优控制中的应用。

本章的研究对象是线性系统在二次型性能指标下的最优控制问题,分为状态调节器问题、输出调节器和跟踪问题。需要注意线性二次型控制与经典控制问题的关系,线性二次型最优控制问题可看作是经典控制问题的延伸,是在综合性能指标下的最优控制问题。线性二次型最优控制问题的性能指标与经典控制中的性能指标,如适度的超调量、高的环路增益、平坦的频率响应等是一致的。同时,需要指出的是在实际工程中,如对控制分量加以限制,则最优解将不是线性的。

本章的重点内容为状态调节器、输出调节器和跟踪问题的控制规律。

推荐阅读资料

[1]罗抟翼. 信号、系统与自动控制原理 [M]. 北京:机械工业出版社, 2000.

[2]刘豹. 现代控制理论[M].北京:机械工业出版社, 2009.

[3]王青,陈宇,张莹昕,等. 最优控制——理论、方法与应用[M]. 北京:高等教育出版社, 2011.

[4]薛定宇. 反馈控制系统设计与分析——MATLAB 语言应用[M].北京:清华大学出版社, 2000.

[5]钟秋海.现代控制理论[M].武汉:华中科技大学出版社,2007.

[6]谢丽蓉,李伟.线性二次型最优控制在倒立摆系统中的应用 [J].重庆工学院学报(自然科学),2008,22(8):124-128.

习题

7.1 系统状态方程为

$$\dot{\boldsymbol{x}} = a\boldsymbol{x} + \boldsymbol{u}$$

$$\boldsymbol{x}(t_0) = \boldsymbol{x}(0)$$

求最优控制 $\boldsymbol{u}^*(t)$,使性能指标

$$J = \frac{1}{2}\boldsymbol{F}\boldsymbol{x}^2(t_f) + \frac{1}{2}\int_0^{t_f}[\boldsymbol{x}^2 + \boldsymbol{u}^2]\mathrm{d}t$$

取极小值。

7.2 线性系统

$$\dot{\boldsymbol{x}} = \begin{bmatrix} 0 & 1 \\ -5 & -3 \end{bmatrix}\boldsymbol{x} + \begin{bmatrix} 0 \\ 1 \end{bmatrix}\boldsymbol{u}$$

其目标函数是

$$J=\frac{1}{2}\int_0^{+\infty}\left\{x^{\mathrm T}\begin{bmatrix}500 & 200\\200 & 100\end{bmatrix}x+u^{\mathrm T}[1.666\quad 7]u\right\}\mathrm dt$$

确定其无限时间的状态调节器 $u^*(t)$。

7.3 线性定常系统状态方程为

$$\dot{x}=\begin{bmatrix}0 & 1\\0 & -1\end{bmatrix}x+\begin{bmatrix}0\\1\end{bmatrix}u$$

$$x(0)=\begin{bmatrix}1\\0\end{bmatrix}$$

$$J=\int_0^{+\infty}\{x^{\mathrm T}\begin{bmatrix}1 & 0\\0 & \mu\end{bmatrix}x+u^2\}\mathrm dt$$

式中,$\mu\geqslant 0$。求最优控制 $u^*(t)$,使 J 取极小值。

7.4 已知系统的状态方程为

$$\dot{x}=\begin{bmatrix}-0.2 & 0.5 & 0 & 0 & 0\\0 & -0.5 & 1.6 & 0 & 0\\0 & 0 & -\frac{1}{7} & \frac{6}{7} & 0\\0 & 0 & 0 & -0.25 & 7.5\\0 & 0 & 0 & 0 & -0.1\end{bmatrix}x+\begin{bmatrix}0\\0\\0\\0\\0.3\end{bmatrix}u$$

其性能指标为

$$J=\int_0^{+\infty}[x^{\mathrm T}Qx+u^{\mathrm T}Ru]\mathrm dt$$

式中

$$Q=\begin{bmatrix}1 & 0 & 0 & 0 & 0\\0 & 0 & 0 & 0 & 0\\0 & 0 & 0 & 0 & 0\\0 & 0 & 0 & 0 & 0\\0 & 0 & 0 & 0 & 0\end{bmatrix}$$

$$R=[1\quad 0\quad 0\quad 0\quad 0]$$

求使 J 为极小时的最优控制。

8 模糊控制

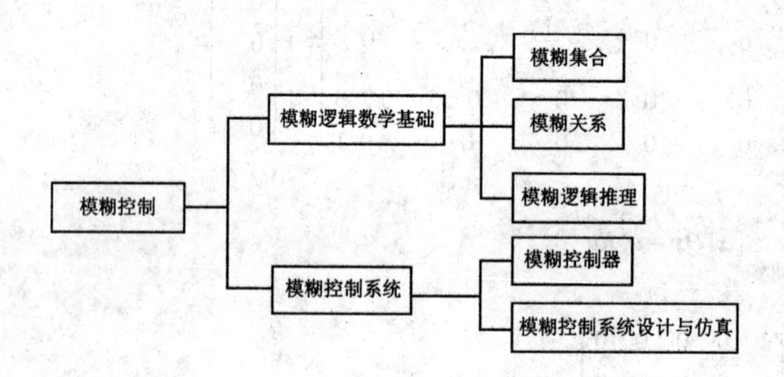

教学目的与要求

理解模糊集合、模糊关系的定义,掌握模糊逻辑推理方法,掌握模糊控制系统的设计与仿真。

导入案例

模糊数学的创始人、控制理论的专家扎德(L. A. Zadeh)教授提出的停车问题,即把汽车停在拥挤的停车场上两辆车之间的空隙处,对于一个研究控制理论的人来说,是给一定的约束条件,设若干变量,列一些微分方程,然后寻找一个解,即寻找一个控制量的解,目的是司机在遵循这个解的情况下,将车较好地停在两辆车中间。

在现实生活中,对司机来说,在两辆车中间停放一辆车是非常容易的一件事情,他可以通过观察停车场中两辆车的放置情况,采用或向左、向右、向前、向后等步骤,这样反复几次,即可把车停好。从停车问题可以看出,表面上并不复杂的问题,用传统的方法求解时,会变得非常复杂。

模糊控制是近代控制理论中建立在模糊集合理论基础上的一种基于语言规则与模糊推理的控制理论,是智能控制的一个重要分支。

模糊控制理论和方法的提出，归功于美国加利福尼亚大学 L. A. Zadeh 教授于 1965 年首次提出的“模糊集合”的概念。模糊控制经历了 40 多年的研究和发展已经逐步完善，尤其在其应用领域更是成果辉煌。1973 年，L. A. Zadeh 教授又进一步研究了模糊语言处理，给出模糊推理的理论基础。

1974 年，英国 E. H. Mamdani 制造出用于锅炉和蒸汽机的第一台模糊控制器。

1975 年，丹麦首先建立了模糊控制水泥窑，实现了模糊控制在工业上的应用。

在日本，Seiji Yasunobu 和 Soji Miyamoto 对模糊系统有着极大的兴趣。1985 年，他们应用仿真证明在仙台地铁采用模糊控制的优越性，以致他们的建议被采用。1987 年，可以说是日本模糊控制技术推广应用的里程碑。寺野寿郎将 1987 年称为“日本模糊元年”，因为这一年日立公司将模糊控制技术成功地应用于仙台市地铁，使地铁启动和制动均极为平衡，再无冲撞感，而且停车能精确到 10 cm 以内。因此，模糊控制技术的知名度和声誉大增。此后，模糊控制应用于各种家电产品，如洗衣机、照相机、摄像机、复印机、吸尘器、电冰箱、微波炉、电饭锅、空调器、电视机、淋浴器等，大家所能想到的家电产品几乎都有模糊控制的踪迹，这些家电产品在节约能源、方便使用及使用效果方面更加人性化。

1987 年，在东京的一个模糊研究成员的国际会议期间，Takeshi Yamakawa 通过一个简单的专用模糊逻辑芯片在倒立摆实验中的应用，证明了模糊控制的应用。倒立摆是个经典的控制问题，通过车辆来回移动使得铰链上面的摆杆保持垂直位置。此后，日本人沉迷于模糊系统，在工业和民用方面开发模糊系统。1988 年，他们建立了国际模糊工程实验室，协调 48 家模糊研究机构。从此，模糊理论的浪潮迅速蔓延到各个领域。到 20 世纪 90 年代初，模糊产品大量出现，可以说实践是模糊系统和控制理论发展的动力。

模糊控制的特点归纳如下。

(1)不需建立精确的数学模型。对于很多复杂的、多因素影响的生产过程，即使不知道该过程的数学模型，也可以根据经验有效控制。

(2)包含人类思维控制方案，反映人类经验的控制。

(3)可把经验总结归纳为若干条规则，设计装置，执行规则，便可进行有效控制。不同人具有不同经验，因此控制规则带有主观性，必须进行实验验证，再修正。

(4)重要特征是反映人们的经验以及人们的常识推理规则。

(5)规则用语言表达，综合考虑众多的控制策略，是一种常识推理。

模糊控制与传统 PID 相比有明显优势。PID 是模型控制，而模糊控制是模仿人的控制。模糊控制有较强的适应性、稳定性好、鲁棒性好。

目前，模糊控制正向着复杂大系统、智能系统、人与社会系统以及生态系统等纵深方向拓展。

8.1 模糊逻辑的数学基础

美国加利福尼亚大学 L. A. Zadeh 教授于 1965 年创立了模糊集合理论。模糊理论是在模糊集合理论的基础上发展起来的，主要包括模糊集合理论、模糊逻辑、模糊推理和模糊控制等方面的研究。

8.1.1 模糊集合及其表示方法

1. 经典集合

1)经典集合的概念

用集合论的观点,内涵是集合的定义,外延就是组成集合的所有元素。一个概念的外延就是一个集合。经典集合中任意一个元素或个体与任何一个集合之间的关系只有“属于”和“不属于”两种情况,两者必居其一,而且只居其一,绝对不允许模棱两可。例如“不大于100的自然数”就是一个清晰的概念,该概念的内涵和外延都是明确的。经典集合用特征函数“1”、“0”来表示“属于”、“不属于”的分类。

集合是具有本质属性的全体事物的总和。例“山东科技大学的学生”可以作为一个集合,用大写字母 $A,B,\cdots,X,Y,Z$ 等表示,集合包含多个个体元素。

元素是集合中的个体,用小写字母 u,v 表示。

论域是集合的全体,即所研究全部对象的全体,用大写字母 U、V 表示。

集合可分为有限集合、无限集合、连续集合、离散集合。

普通集合是两个元素之间只能有“属于”、“不属于”,非此即彼,不能模棱两可,外延、内涵均清晰,有局限性。例“不大于100的自然数”,即0,1,2,3,…,100。

2)经典集合表示方法

(1)列举法(适用于有限元素的集合)。

例:不大于100的自然数的集合 $A=\{0,1,2,\cdots,100\}$。

(2)定义法(适用于具有很多元素而不能一一列举的集合),用集合中元素的性质来描述。

例:所有奇数的集合 $A=\{x \mid x \text{为奇数}\}$。

(3)特征函数法,利用经典集合非此即彼的明晰性来表示。

例:$X_A(x)=\begin{cases}1, x\in A,\\0, x\notin A。\end{cases}$

(4)Zadeh 表示法。

例:小于10的数构成的偶数集合为

$$A=\frac{0}{1}+\frac{1}{2}+\frac{0}{3}+\frac{1}{4}+\frac{0}{5}+\frac{1}{6}+\frac{0}{7}+\frac{1}{8}+\frac{0}{9}+\frac{1}{10}$$

等号右边不表示分数之和,各分数的分母表示集合中的元素,分子表示该元素对于集合 A 的特征函数。

2. 模糊集合

1)模糊集合的概念

在现实世界中,有很多事物的分类边界是不分明的,或者说是难以明确划分的。比如,将一群人划分为“高”和“不高”两类,就不好硬性规定一个划分的标准。如果硬性规定1.80 m以上的人算“高”,否则不算,则有可能会出现两个本来身高“基本一样”的人却被认为一个“高”,一个“不高”,这就有悖于常理,因为这两个人在任何人看来都是“差不多高”。这种概念外延的不确定性称为模糊性。

注:模糊集合用大写英文字母下加波浪线表示,如 $\underset{\sim}{A}$、$\underset{\sim}{B}$;以后为简化可省略下划线,如 A、B。

图 8.1 和图 8.2 分别表示两种集合对温度定义的区别。

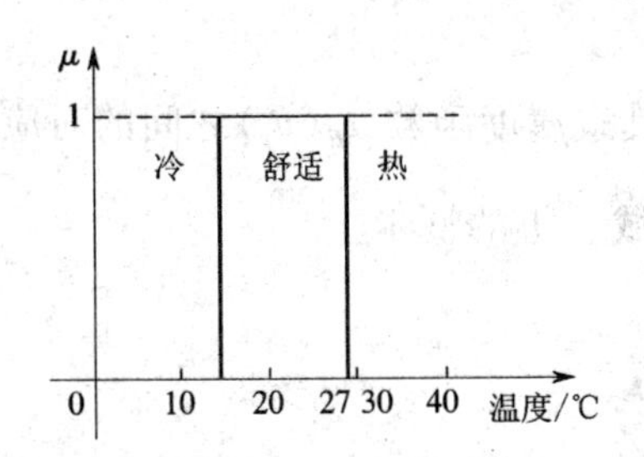

图 8.1 普通集合对温度的定义

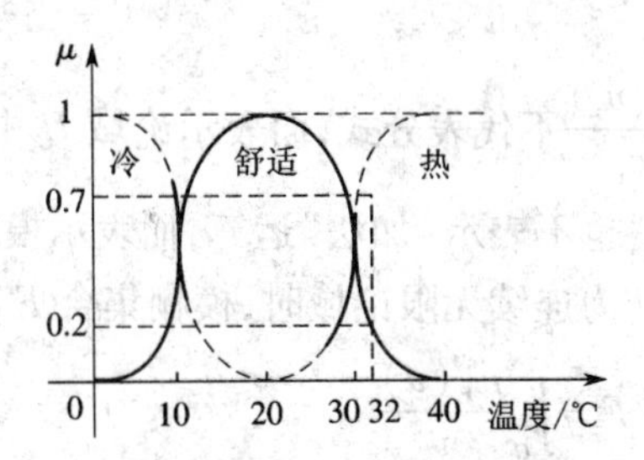

图 8.2 模糊集合对温度的定义

L. A. Zadeh 提出了模糊集合理论,并定义如下。

模糊集合(Fuzzy Sets):论域 U 上的模糊集合 F 是指,对于论域(Universe of Discuss) U 中的任意元素 $u\in U$,都指定了$[0,1]$闭区间中的某个数 $\mu_F(u)\in[0,1]$与之对应,并称为 u 对 F 的隶属度(Degree of Membership)。即

$$\mu_F: U\to[0,1]$$

$$u\to\mu_F(u)$$

$\mu_F(u)=1$,表示 u 完全属于 F。

$\mu_F(u)=0$,表示 u 完全不属于 F。

$0<\mu_F(u)<1$,表示 u 属于 F 的程度。

【例 8.1】 年龄论域 $U=[0,100]$,L. A. Zadeh 给出了模糊集合"青年人"的隶属度函数

$$\mu_{青年人}(u)=\begin{cases}1 & 0\leqslant u\leqslant 25\\ \left[1+\left(\dfrac{u-25}{5}\right)^2\right]^{-1} & 25<u\leqslant 100\end{cases}$$

式中,u 代表年龄。

$u=26$ 时,$\mu_{青年人}(26)=0.96$。

$u=35$ 时,$\mu_{青年人}(35)=0.2$。

$u=55$ 时,$\mu_{青年人}(55)=0.03$。

说明:随着 u 的增大,隶属于青年人的程度越来越低。

上述定义表明:

(1)论域 U 中的元素是分明的,即 U 本身是普通集合,只是 U 的子集 F 是模糊集合,故称 F 为 U 的模糊子集,简称模糊集;

(2)隶属度函数$\mu_F(u)$是用来说明 u 隶属于 F 的程度的,$\mu_F(u)$的值越接近于1,表示 u 隶属于 F 的程度越高,当 $\mu_F(u)$的值域变为$\{0,1\}$时,隶属度函数 $\mu_F(u)$蜕化为普通集合的特征函数,模糊集合也就蜕化为普通集合;

(3)模糊集合完全由其隶属度函数来刻画,隶属度函数是模糊数学的最基本概念,借助于它才能对模糊集合进行量化。

2)模糊集合的表示方法

Ⅰ. Zadeh 表示方法(列举表示法)

当 U 为离散有限论域时,即 $U=\{u_1,u_2,\cdots,u_n\}$,模糊集合 F 可表示为

$$F=\frac{\mu_F(u_1)}{u_1}+\frac{\mu_F(u_2)}{u_2}+\cdots+\frac{\mu_F(u_n)}{u_n}$$

式中，$\frac{\mu_F(u_i)}{u_i}$不代表分式，而表示论域 U 中元素 u_i 及其隶属度函数 $\mu_F(u_i)$之间的对应关系。符号“+”也不表示“加法”运算，而表示模糊集合在论域 U 上的整体。

当 U 为连续无限论域时，模糊集合 F 可表示为

$$F=\int_U \frac{\mu_F(u)}{u}$$

式中，$\int$不代表普通积分，而表示无限多个元素与其隶属度对应关系的一个总括。

Ⅱ. 向量表示法

当模糊集合 F 的论域由有限个元素构成时，模糊集合 F 表示成向量形式为

$$F=[\mu_F(u_1)\quad \mu_F(u_2)\quad \cdots\quad \mu_F(u_n)]$$

注意：应用向量表示时，隶属度等于 0 的项不能舍弃，必须依次列入。

【例 8.2】 设备运行速度论域 $U=\{200,400,600,800,1\ 000,1\ 200,1\ 400\}$，单位为 r/min。“速度高”是一个模糊概念，表示一个模糊集合。

Zadeh 表示法：

$$速度高=\frac{0}{200}+\frac{0.2}{400}+\frac{0.4}{600}+\frac{0.6}{800}+\frac{0.8}{1\ 000}+\frac{1.0}{1\ 200}+\frac{1.0}{1\ 400}$$

向量表示法：

$$速度高=[0\quad 0.2\quad 0.4\quad 0.6\quad 0.8\quad 1.0\quad 1.0]$$

Ⅲ. 序偶表示法

许多事物中，成对地出现，而且具有一定的顺序，例如师，生；中央，地方；父，子；x,y 等；通常把这样两个具有固定次序的客体称为一个“序偶”，表达两个客体间的关系，表示为（师，生），（中央，地方），（父，子）和(x,y)等。

序偶可以作为具有两个元素的集合，但元素的顺序是不允许改变的，即$(x,y)\neq(y,x)$，而在一般集合中$\{a,b\}=\{b,a\}$，因此它与通常的集合不同。序偶可以是二元组的，也可以是三元组的、四元组的、……、n 元组的。

若将论域 U 中的元素 u_i 与其对应的隶属度 $\mu_F(u_i)$ 组成序偶$(u_i,\mu_F(u_i))$，$\boldsymbol{F}$ 可表示为

$$\boldsymbol{F}=\{(u_1,\mu_F(u_1)),(u_2,\mu_F(u_2)),\cdots,(u_n,\mu_F(u_n))\}$$

例 8.2 可表示为

$$速度高=\{(200,0),(400,0.2),(600,0.4),(800,0.6),(1\ 000,0.8),(1\ 200,1.0),(1\ 400,1.0)\}$$

Ⅳ. 隶属度函数法

用隶属度函数的解析表达式表示出相应的模糊集合。

【例 8.3】 年龄论域 $U=[0,100]$，Zadeh 给出了模糊集合“老年人”的隶属度函数为

$$\mu_{老年人}=\begin{cases}0 & 0\leqslant u\leqslant 50\\ \left[1+\left(\frac{u-50}{5}\right)^{-2}\right]^{-1} & 50<u\leqslant 100\end{cases}$$

8.1.2 模糊集合的运算

(1)模糊集合的相等:若有两个模糊集合 A 和 B,对所有的 $u \in U$,均有 $\mu_A(u) = \mu_B(u)$,则称模糊集合 A 与模糊集合 B 相等,记作 $A = B$。

(2)模糊集合的包含:若有两个模糊集合 A 和 B,对所有的 $u \in U$,均有 $\mu_A(u) \leqslant \mu_B(u)$,则称模糊集合 A 包含于模糊集合 B(或称 B 包含 A),或称 A 是 B 的子集,记作 $A \subseteq B$。

(3)模糊空集:对所有的 $u \in U$,均有 $\mu_A(u) = 0$,则称 A 为模糊空集。

(4)模糊全集:对所有的 $u \in U$,均有 $\mu_A(u) = 1$,则称 A 为模糊全集。

(5)模糊集合的并集:并集($C = A \cup B$)的隶属度函数 μ_C 对所有 $u \in U$ 被逐点定义为取大运算,即

$$\mu_C(u) = \max\{\mu_A, \mu_B\}$$

还可以表示为

$$\mu_{A \cup B}(u) = \mu_A(u) \vee \mu_B(u)$$

(6)模糊集合的交集:交集($C = A \cap B$)的隶属度函数 μ_C 对所有 $u \in U$ 被逐点定义为取小运算,即

$$\mu_C(u) = \min\{\mu_A, \mu_B\}$$

还可以表示为

$$\mu_{A \cap B}(u) = \mu_A(u) \wedge \mu_B(u)$$

(7)模糊集合的补运算:模糊集合补集的隶属度函数 $\mu_{A^C}(u)$ 对所有 $u \in U$ 被逐点定义为

$$\mu_{A^C}(u) = 1 - \mu_A(u)$$

这里的符号"∨"、"∧"称为 Zadeh 算子,为模糊逻辑中的运算符号,在无限集合中,它们分别表示 sup 和 inf;在有限集合元素之间,则表示 max 和 min,即取最大值和最小值。

【例 8.4】 在水的温度论域 $U = \{0,10,20,30,40,50,60,70,80,90,100\}$ 中,有两个模糊集合,水温中等 M 及水温高 H:

$$M = \frac{0.0}{0} + \frac{0.25}{10} + \frac{0.5}{20} + \frac{0.75}{30} + \frac{1.0}{40} + \frac{0.75}{50} + \frac{0.5}{60} + \frac{0.25}{70} + \frac{0.0}{80} + \frac{0.0}{90} + \frac{0.0}{100}$$

$$H = \frac{0.0}{0} + \frac{0.0}{10} + \frac{0.0}{20} + \frac{0.0}{30} + \frac{0.0}{40} + \frac{0.25}{50} + \frac{0.5}{60} + \frac{0.75}{70} + \frac{1.0}{80} + \frac{1.0}{90} + \frac{1.0}{100}$$

计算 $M \cup H$、$M \cap H$ 及 M^C。

解 模糊集合的运算即为模糊集合逐点隶属度的运算,根据模糊集合并、交及补的运算规则,计算如下:

$$M \cup H = \frac{0.0 \vee 0.0}{0} + \frac{0.25 \vee 0.0}{10} + \frac{0.5 \vee 0.0}{20} + \frac{0.75 \vee 0.0}{30} + \frac{1.0 \vee 0.0}{40} + \frac{0.75 \vee 0.25}{50}$$
$$+ \frac{0.5 \vee 0.5}{60} + \frac{0.25 \vee 0.75}{70} + \frac{0.0 \vee 1.0}{80} + \frac{0.0 \vee 1.0}{90} + \frac{0.0 \vee 1.0}{100}$$
$$= \frac{0.0}{0} + \frac{0.25}{10} + \frac{0.5}{20} + \frac{0.75}{30} + \frac{1.0}{40} + \frac{0.75}{50} + \frac{0.5}{60} + \frac{0.75}{70} + \frac{1.0}{80} + \frac{1.0}{90} + \frac{1.0}{100}$$

$$M \cap H = \frac{0.0 \wedge 0.0}{0} + \frac{0.25 \wedge 0.0}{10} + \frac{0.5 \wedge 0.0}{20} + \frac{0.75 \wedge 0.0}{30} + \frac{1.0 \wedge 0.0}{40} + \frac{0.75 \wedge 0.25}{50}$$
$$+ \frac{0.5 \wedge 0.5}{60} + \frac{0.25 \wedge 0.75}{70} + \frac{0.0 \wedge 1.0}{80} + \frac{0.0 \wedge 1.0}{90} + \frac{0.0 \wedge 1.0}{100}$$

$$=\frac{0.0}{0}+\frac{0.0}{10}+\frac{0.0}{20}+\frac{0.0}{30}+\frac{0.0}{40}+\frac{0.25}{50}+\frac{0.5}{60}+\frac{0.25}{70}+\frac{0.0}{80}+\frac{0.0}{90}+\frac{0.0}{100}$$

$$M^C=\frac{1.0-0.0}{0}+\frac{1.0-0.25}{10}+\frac{1.0-0.5}{20}+\frac{1.0-0.75}{30}+\frac{1.0-1.0}{40}+\frac{1.0-0.75}{50}$$

$$+\frac{1.0-0.5}{60}+\frac{1.0-0.25}{70}+\frac{1.0-0.0}{80}+\frac{1.0-0.0}{90}+\frac{1.0-0.0}{100}$$

$$=\frac{1.0}{0}+\frac{0.75}{10}+\frac{0.5}{20}+\frac{0.25}{30}+\frac{0.0}{40}+\frac{0.25}{50}+\frac{0.5}{60}+\frac{0.75}{70}+\frac{1.0}{80}+\frac{1.0}{90}+\frac{1.0}{100}$$

8.1.3 模糊集合的隶属度函数

1. 确定隶属度函数的原则

在实际工作中,隶属度函数选择得好坏的标准只能看是否符合客观实际。在选择隶属度函数时带有很大的主观性,但仍有一些基本的原则。

【例 8.5】 速度高 $=\frac{0}{200}+\frac{0.4}{400}+\frac{0.2}{600}+\frac{0.6}{800}+\frac{0.8}{1\,000}+\frac{1.0}{1\,200}+\frac{1.0}{1\,400}$

这显然不符合逻辑。

每个人对同一模糊概念的认识和理解存在差异,因此确定隶属度函数又含有一定的主观因素。但主观的反映和客观的存在是有一定联系的,是受到客观制约的。

隶属度函数的确定应遵守一些基本原则。

(1)表示隶属度函数的模糊集合必须是凸模糊集合。

设实数论域中模糊子集 A,在任意区间$[x_1,x_2]$上,对于所有的实数 $x\in[x_1,x_2]$都满足

$$\mu_A(x)\geqslant\mu_A(x_1)\wedge\mu_A(x_2)$$

则称 A 为凸模糊集,否则为非凸模糊集,如图 8.3 所示。

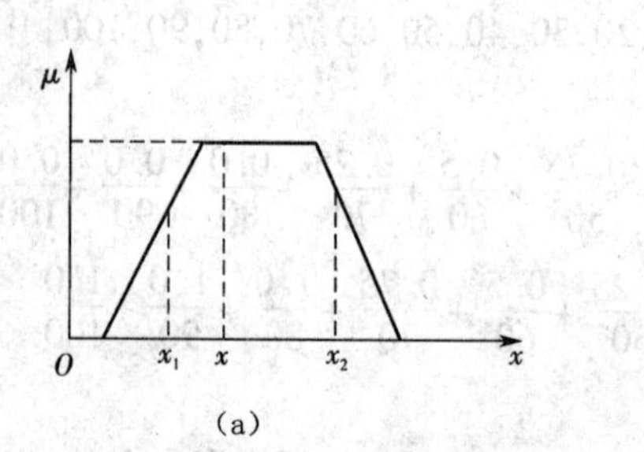

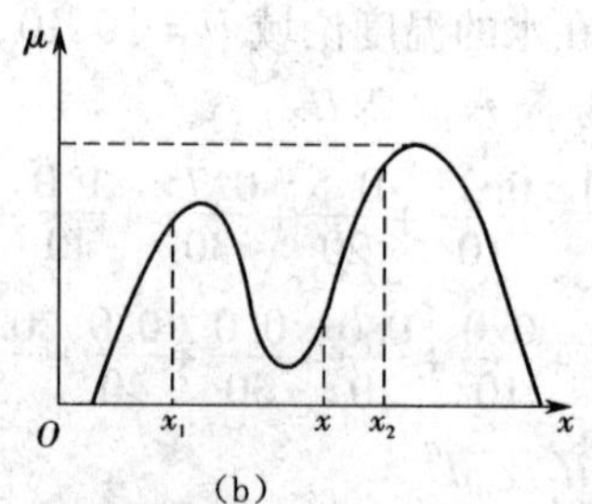

图 8.3 凸模糊集合与非凸模糊集合

(a)凸模糊集合 (b)非凸模糊集合

(2)变量所取隶属度函数通常是对称和平衡的,且一般取奇数 3~9 个。规则太多,计算时间会增加,设计困难会加大;规则太少,响应灵敏会下降。

(3)隶属度函数要符合人们的语义顺序,避免不恰当的重叠。图 8.4 中"凉"和"暖"由"适中"所间隔,但"凉"和"暖"存在严重的重叠现象。

模糊控制系统隶属度函数的选择通常应遵循:

①论域中的每个点应该至少属于一个隶属度函数的区域,同时它一般应该属于至多不超过两个隶属度函数的区域;

②同一个点没有两个隶属度函数会同时有最大隶属度;

③两个隶属度函数重叠时,重叠部分的任何点的隶属度函数的和应该小于等于1。为了定性研究隶属函数之间的重叠,提出了重叠率和重叠率鲁棒性的概念,如图8.5所示,定义如下。

$$重叠率=\frac{重叠范围}{附近模糊隶属度函数的范围}$$

$$重叠鲁棒性=\frac{总的重叠面积}{总的重叠最大面积}=\frac{\int_L^U(\mu_{A_1}+\mu_{A_2})\mathrm{d}x}{2(U-L)}$$

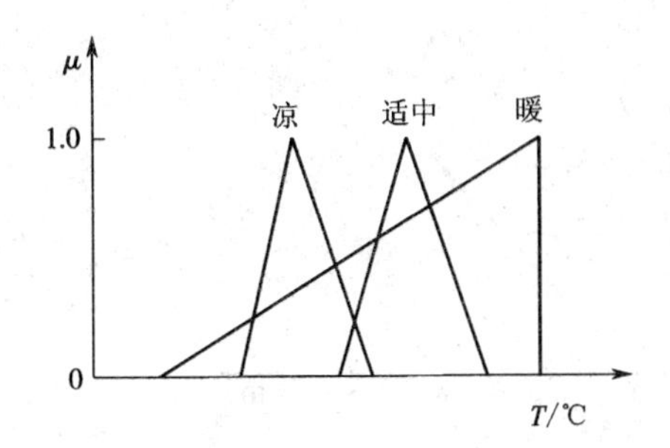

图8.4 交叉越界的隶属度函数示意图

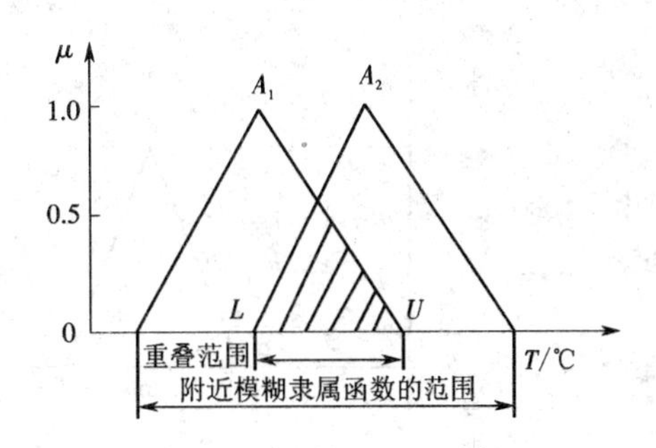

图8.5 重叠指数定义

为了使模糊控制模块更平滑地操作,应该选择成熟的重叠率和重叠鲁棒性,例如重叠率可取0.33,重叠鲁棒性可取0.5。

2. 确定隶属度函数的方法

1)模糊统计法

以调查统计所得结果,绘制出经验曲线作为隶属度函数,利用数学中曲线回归的方法,找出隶属度函数的解析表达式。

$$\mu_A(u_0)=\lim_{n\to\infty}\frac{u_0\in A^*的次数}{n}$$

2)专家经验法

由专家的实际经验给出模糊信息的处理计算式或相应权系数来确定隶属度函数的方法。

3)二元排序法

这是一种比较实用的方法。通过对多个事物之间两两对比来确定某种特征下的顺序,由此来决定这些事物对该特征的隶属度函数的大致形状。

4)典型函数法

根据问题的性质,应用一定的分析与推理,选用某些典型函数作为隶属度函数,如三角形函数、梯形函数。

3. 常用隶属度函数的图形

基本的隶属度函数图形可分成三类:左大右小的偏小型下降函数(称作Z函数)、对称型凸函数(称作Π函数)和右大左小的偏大型上升函数(称作S函数),如图8.6所示。还有一些常用的直线型隶属度函数,如图8.7所示。

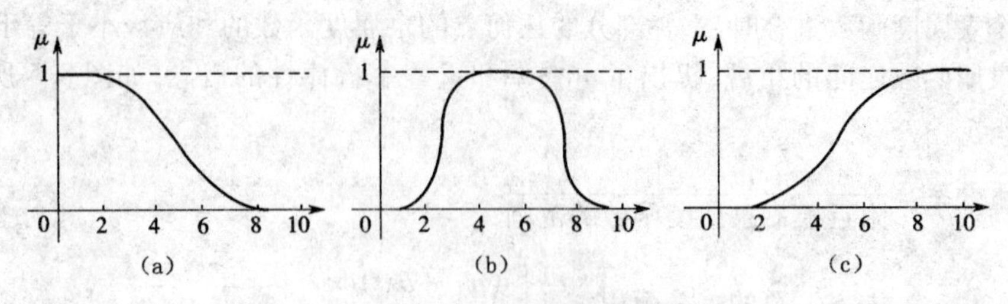

图8.6 基本隶属度函数图形

(a)Z 函数 (b)Π 函数 (c)S 函数

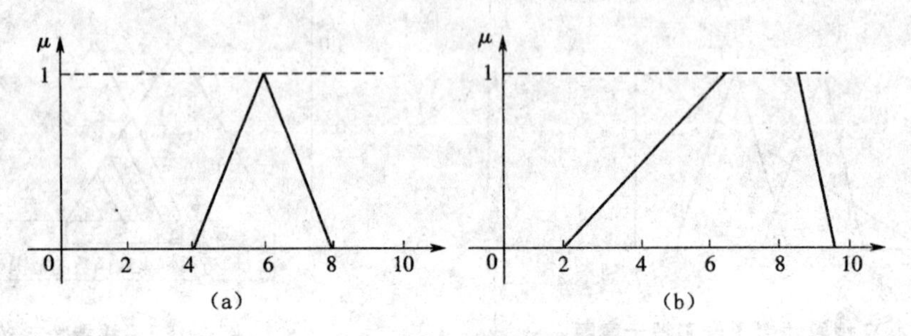

图8.7 直线型隶属度函数图形

(a)三角形函数 (b)梯形函数

8.1.4 模糊关系

譬如说,人与人之间关系的亲密与否、儿子与父亲之间长相的相像与否、家庭和睦与否等关系就无法简单地用“是”或“否”来描述,而只能描述为“在多大程度上是”或“在多大程度上否”。这些关系就是模糊关系。

A 与 B 很相似、X 比 Y 大很多、他比较能干等,表达一种客观事物之间另一种不确定的、不明确的关系,是普通关系的拓展,指的是模糊集合的元素间所具有关系的程度,含义更丰富、更符合客观实际的多数情况。

1. 模糊关系定义

1)直积

模糊集合 X 和 Y 的直积

$$X \times Y = \{(x,y) \mid x \in X, y \in Y\}$$

定义模糊子集 R 为 X 到 Y 的模糊关系,又称为二元模糊关系,其特性用隶属度函数描述,即 $\mu_R: X \times Y \to [0,1]$。

当论域 X 和 Y 相同时,R 称为 X 上的模糊关系。当论域为 n 个集合 $X_i(i=1,2,\cdots,n)$ 的子集 $X_1 \times X_2 \times \cdots \times X_n$ 时,它们所对应的模糊关系 R 称为 n 元模糊关系。

序偶(x,y)的隶属度为 $\mu_R(x,y)$,取值区间为$[0,1]$,它的大小反映了(x,y)具有模糊关系 R 的程度,即对于$(x,y) \in X \times Y$,$\mu_R(x,y)$表达 x 对 y 有关系 R 的程度或 x 对 y 的关系 R 的相关程度。

2)模糊矩阵 $\boldsymbol{R}$

如果对任意的 $i \leqslant n$ 和 $j \leqslant m$,都有 $r_{ij} \in [0,1]$,则矩阵 $\boldsymbol{R} = (r_{ij})_{n \times m}$ 称作模糊矩阵。

若集合 X、Y 分别是由 m、n 个元素组成的有限论域,则模糊关系 R 可用矩阵即模糊关系矩

阵(简称模糊矩阵)来表示:

$$\boldsymbol{R}=(r_{ij})_{n\times m}=\begin{bmatrix} r_{11} & r_{12} & \cdots & r_{1m} \\ r_{21} & r_{22} & \cdots & r_{2m} \\ \vdots & \vdots & & \vdots \\ r_{n1} & r_{n2} & \cdots & r_{nm} \end{bmatrix}$$

其中,$r_{ij}=\mu_R(u_i,v_j)\in[0,1]$ $(i=1,2,\cdots,n;j=1,2,\cdots,m)$。

2. 模糊关系的合成

根据第1个集合和第2个集合之间的模糊关系与第2个集合和第3个集合之间的模糊关系,进而得到第1个集合和第3个集合之间的模糊关系的一种运算形式,称为模糊关系的合成。这里给出最常用的max-min合成的定义。

设U、V、W是论域,R是U到V的一个模糊关系,S是V到W的一个模糊关系,则R对S的合成$R\circ S$指的是U到W的一个模糊关系T。它具有隶属度函数:

$$\mu_{R\circ S}(u,w)=\bigvee_{v\in V}(\mu_R(u,v)\wedge\mu_S(v,w))$$

当U、V、W为有限时,模糊关系的合成可用模糊矩阵的合成来表示。

设$\boldsymbol{R}=(r_{ij})_{n\times m}$,$\boldsymbol{S}=(s_{jk})_{m\times l}$,$\boldsymbol{T}=(t_{ik})_{n\times l}$,则

$$t_{ik}=\bigvee_{j=1}^{m}(r_{ij}\wedge s_{jk})$$

【例8.6】 设

$$\boldsymbol{R}=\begin{bmatrix} 1 & 0.8 \\ 0.7 & 0 \\ 0.5 & 0.5 \\ 0.4 & 0.2 \end{bmatrix},\boldsymbol{S}=\begin{bmatrix} 1 & 0.6 & 0 \\ 0.4 & 0.7 & 1 \end{bmatrix}$$

求$Q=R\circ S$。

解

$$\boldsymbol{Q}=\boldsymbol{R}\circ\boldsymbol{S}=\begin{bmatrix} 1 & 0.8 \\ 0.7 & 0 \\ 0.5 & 0.5 \\ 0.4 & 0.2 \end{bmatrix}\circ\begin{bmatrix} 1 & 0.6 & 0 \\ 0.4 & 0.7 & 1 \end{bmatrix}$$

$$=\begin{bmatrix} (1\wedge1)\vee(0.8\wedge0.4) & (1\wedge0.6)\vee(0.8\wedge0.7) & (1\wedge0)\vee(0.8\wedge1) \\ (0.7\wedge1)\vee(0\wedge0.4) & (0.7\wedge0.6)\vee(0\wedge0.7) & (0.7\wedge0)\vee(0\wedge1) \\ (0.5\wedge1)\vee(0.5\wedge0.4) & (0.5\wedge0.6)\vee(0.5\wedge0.7) & (0.5\wedge0)\vee(0.5\wedge1) \\ (0.4\wedge1)\vee(0.2\wedge0.4) & (0.4\wedge0.6)\vee(0.2\wedge0.7) & (0.4\wedge0)\vee(0.2\wedge1) \end{bmatrix}$$

$$=\begin{bmatrix} 1 & 0.7 & 0.8 \\ 0.7 & 0.6 & 0 \\ 0.5 & 0.5 & 0.5 \\ 0.4 & 0.4 & 0.2 \end{bmatrix}$$

8.1.5 模糊逻辑与模糊推理

1. 模糊语言逻辑

1)语言变量

语言变量是以自然语言中的字、词或句作为名称,并且以自然语言中的单词或词组作为值的变量,它不同于一般数学中以数为值的数值变量。

L. A. Zadeh 于 1975 年给出的语言变量的定义如下。

语言变量用一个有 5 个元素的集合$\{N,T(N),U,G,M\}$来表征,其中:

(1)N 是语言变量的名称,如年龄、颜色、速度、体积等;

(2)U 是 N 的论域;

(3)$T(N)$是语言变量值 X 的集合,每个语言值 X 都是定义在论域 U 上的一个模糊集合,例如

$$T(N)=T(\text{年龄})=\text{很年轻}+\text{年轻}+\text{中年}+\text{较老}+\text{很老}$$
$$=X_1+X_2+X_3+X_4+X_5$$

(4)G 是语法规则,用以产生语言变量 N 的语言值 X 的名称;

(5)M 是语义规则,是与语言变量相联系的算法规则,用以产生模糊子集 X 的隶属度函数。

以语言变量名称 N=“年龄”为例,则 T(年龄)可以选取为 T(年龄)=(很年轻,年轻,中年,较老,很老),设论域 $u=[0,120]$。语言变量的五元体之间的关系可以用图 8.8 来表示。

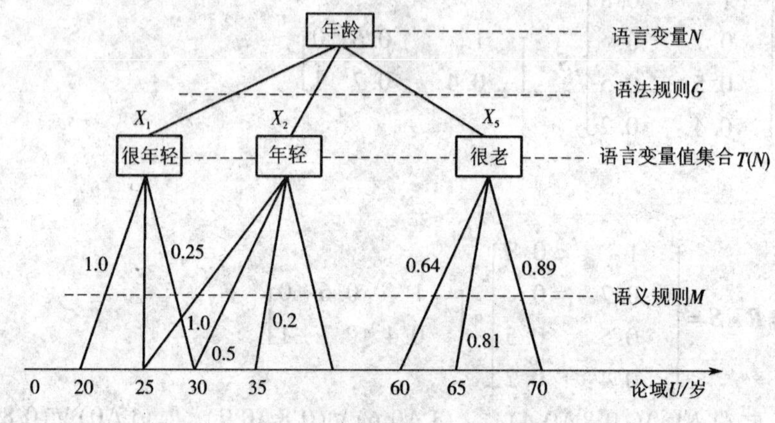

图 8.8 语言变量体系结构

2)语言算子

语言算子是指语言系统中的一类修饰字词的前缀词或模糊量词,通常加在单词或词组的前面,用来调整单词或词组的含义,诸如“较”、“很”、“相当”、“极”等。

根据语言算子的功能不同,通常又分为语气算子、模糊化算子、判定化算子三种。

Ⅰ. 语气算子

语气算子的作用是表达语言中对某一个单词或词组的确定性程度。

每个模糊语言相当于一个模糊集合,通常在模糊语言前面加上这些修饰词,其结果改变了该模糊语言的含义,相应地隶属度函数也要改变。语气算子用于表达模糊值的肯定程度,可分成如下相反的两类。

(1)强化算子亦称集中化算子,起加强语气的作用,例如“很”、“极”、“非常”等,可以使模糊值的隶属度减小,其分布向中央集中,在图形上有使模糊值尖锐化的倾向。

(2)弱化算子亦称淡化算子或松散化算子,起减弱语气的作用,例如“比较”、“稍许”等,可使隶属度增大,其分布由中央向两边离散,在图形上有使模糊值平坦化的倾向。

为了规范语气算子的意义,L. A. Zadeh 曾对此作了如下约定,设原来的模糊语言为 A,其隶属度函数为 μ_A,则通常有:

①$\mu_{极A}=\mu_A^4$ 代表“极”或者“非常非常”,其意义是对描述的模糊值求 4 次方;

②$\mu_{很A}=\mu_A^2$,$\mu_{非常A}=\mu_A^2$ 代表“很”或者“非常”,其意义是对描述的模糊值求 2 次方;

③$\mu_{相当A}=\mu_A^{1.25}$ 代表“相当”,其意义是对描述的模糊值求 1.25 次方;

④$\mu_{比较A}=\mu_A^{0.75}$ 代表“比较”,其意义是对描述的模糊值求 0.75 次方;

⑤$\mu_{略微A}=\mu_A^{0.5}$ 代表“略微”,其意义是对描述的模糊值求 0.5 次方;

⑥$\mu_{稍微A}=\mu_A^{0.25}$ 代表“稍微”,其意义是对描述的模糊值求 0.25 次方;

⑦$\mu_{有点A}=\mu_A^{0.2}$ 代表“有点”,其意义是对描述的模糊值求 0.2 次方。

由于隶属度函数的取值范围在闭区间[0,1],由于集中化算子的幂乘运算的幂次大于 1,故乘方运算后变小,即隶属度函数曲线趋于尖锐化,而且幂次越高越尖锐;相反,弱化算子的幂次小于 1,乘方运算后变大,隶属度函数曲线趋于平坦化,幂次越高越平坦。

Ⅱ. 模糊化算子

模糊化算子的作用是把肯定转化为模糊或使模糊更模糊。

如果对数字进行作用,就把精确数转化为模糊数,诸如“大约”、“近似”等这样的修饰词都属于模糊化算子,例如数字 65 是精确数,而大约 65 就是模糊数。

如果对模糊值进行作用就使模糊值更模糊,例如“年轻”是个模糊值,而“大约年轻”就更模糊了。

在模糊控制中,采样的输入量总是精确量,要利用模糊逻辑推理方法,就必须首先把输入的精确量模糊化。模糊化实际上就是使用模糊化算子来实现的。

Ⅲ. 判定化算子

判定化算子是与模糊化算子有相反作用的另一类算子。

判定化算子的作用是把模糊值进行肯定化处理,对模糊值作出倾向性判断,其处理方法类似于“四舍五入”,常把隶属度为 0.5 作为分界来判断。例如“倾向于”、“偏向于”等,被称为判定化算子。

【例 8.7】 设年龄论域 $U=[0,100]$,$O(u)$表示“年老”。

$$\mu_O(x)=\begin{cases}1 & 0<x\leqslant 50\\ \left[1+\left(\dfrac{x-50}{5}\right)^{-2}\right]^{-1} & 50<x\leqslant 100\end{cases}$$

当隶属度取 0.5 时,$\left[1+\left(\dfrac{x-50}{5}\right)^{-2}\right]^{-1}=0.5$,得 $x=55$。

得到“偏老”的明确界限[偏老]$(x)=(P_{0.5}O(u))=\begin{cases}0, & x<55,\\ 1, & x\geqslant 55。\end{cases}$

2. 模糊逻辑推理

模糊逻辑推理就是从一个或多个已知的判断(或前提)出发,推出另一个新的判断(称为结论)的思维方式。模糊逻辑推理是不确定性推理方法的一种,是一种以模糊判断为前提,运用模糊语言规则推出一个新的近似的模糊判断结论的方法。这种推理是近似的、非确定性的,其前提和结论都具有模糊性。

二值逻辑三段论如下。

大前提:若 A 则 B

小前提:如今 A

结论:B

例如:

大前提:A 健康则长寿

小前提:A 健康

结论:A 长寿

"健康"、"长寿"是模糊概念,但推理过程无模糊性,仍然是精确推理。

例如:

大前提:A 健康则长寿

小前提:A 很健康

结论:A 近乎会很长寿

这里小前提中的模糊判断(A 很健康)和大前提中的前件(A 健康)不是严格相同,而是相近,有程度上的差异,其结论(A 近乎会很长寿)也应该是与大前提中的后件(长寿)相近的模糊判断。

结论:决定是不是模糊逻辑推理,并不是看前提和结论中是否使用模糊概念,而是看推理过程是否具有模糊性,具体表现在推理规则是不是模糊的。

3. 模糊逻辑推理方式和方法

在模糊控制中,模糊控制规则实质上是模糊蕴涵关系。模糊逻辑推理方法有多种,尚在发展中。这里介绍 L. A. Zadeh 方法,即模糊推理合成规则。

1)近似推理或语言推理

大前提:如果 X 是 A,那么 Y 是 B

小前提:X 是 A'

结论:那么 Y 是 B'

$B' = A' \circ R$

在模糊推理合成规则中,有两个很重要的步骤:一个是求模糊蕴涵关系 R,另一个是模糊关系的合成运算。这里介绍比较常用的 Zadeh 和 Mamdani 模糊关系定义方法。

Ⅰ. 模糊蕴涵关系 R

(1)Zadeh 定义方法。

模糊蕴涵关系 R 可用模糊向量的笛卡儿积表示:

$$R = (A \times B) \cup (\bar{A} \times \boldsymbol{E})$$

式中,$\boldsymbol{E}$ 为全称矩阵。

隶属度函数

$$\mu_R(u,v)=\mu_A(u)\wedge\mu_B(v)\vee[1-\mu_A(u)]$$

(2)Mamdani 定义方法。

模糊蕴涵关系:

$$R=A\times B$$

隶属度函数

$$\mu_R(u,v)=[\mu_A(u))\wedge(\mu_B(v)]$$

模糊蕴涵关系运算方法不同,其模糊推理有差异,但判断结论大体一致。

Ⅱ.合成运算

根据模糊控制中用得最多的 Mamdani 方法可得

$$B'=A'\circ R$$

即

$$\begin{aligned}\mu_{B'}&=\sup_{x\in X}\{\mu_{A'}(x)\wedge[\mu_A(x)\wedge\mu_B(y)]\}\\&=\bigvee_{x\in X}\{\mu_{A'}(x)\wedge\mu_A(x)\}\wedge\mu_B(y)\\&=\alpha\wedge\mu_B(y)\end{aligned}$$

式中,sup 表示对后面算式结果当 x 在 X 中变化时,取其上确界。若 X 为有限论域时,sup 就是取大运算 $\vee$。$\alpha=\bigvee_{x\in X}\{\mu_{A'}(x)\wedge\mu_A(x)\}$ 是指模糊集合 A' 与 A 交集的高度,可以表示为

$$\alpha=H(A'\cap A)$$

可以看成是 A' 对 A 的适配程度,即隶属度。

根据 Mamdani 方法,结论 B' 可以用适配度 α 与模糊集合 B 进行模糊与,即取小运算而得到。在图形上就是用 α 作为基准去切割,便可得到推论的结果。Mamdani 推理方法经常又称为削顶法。

模糊向量的笛卡儿积:设两个模糊行向量 $\boldsymbol{A}$、$\boldsymbol{B}$,它们的笛卡儿积定义为

$$\boldsymbol{A}\times\boldsymbol{B}=\boldsymbol{A}^{\mathrm{T}}\circ\boldsymbol{B}$$

【例 8.8】 设论域 T(温度) $=\{0,20,40,60,80,100\}$ 和 P(压力) $=\{1,2,3,4,5,6,7\}$ 上定义模糊子集隶属度函数:

$$\mu_A(\text{温度高})=\frac{0}{0}+\frac{0.1}{20}+\frac{0.3}{40}+\frac{0.6}{60}+\frac{0.85}{80}+\frac{1}{100}$$

$$\mu_B(\text{压力大})=\frac{0}{1}+\frac{0.1}{2}+\frac{0.3}{3}+\frac{0.5}{4}+\frac{0.7}{5}+\frac{0.85}{6}+\frac{1}{7}$$

现在的条件是"if 温度高,then 压力就大",如何通过 Mamdani 模糊推理方法在"温度较高"的情况下得到推理结论呢?若根据经验可把"温度较高"的隶属度函数定义为

$$\mu_{A'}(\text{温度较高})=\frac{0.1}{0}+\frac{0.15}{20}+\frac{0.4}{40}+\frac{0.75}{60}+\frac{1}{80}+\frac{0.85}{100}$$

解 方法一:先求蕴涵关系矩阵 $\boldsymbol{R}$,如果温度高,那么压力就大。

$$
\boldsymbol{R}=\boldsymbol{A}\times\boldsymbol{B}=\boldsymbol{A}^{\mathrm{T}}\circ\boldsymbol{B}=\begin{bmatrix}0\\0.1\\0.3\\0.6\\0.85\\1\end{bmatrix}\circ\begin{bmatrix}0 & 0.1 & 0.3 & 0.5 & 0.7 & 0.85 & 1\end{bmatrix}
$$

$$
=\begin{bmatrix}
0\wedge0 & 0\wedge0.1 & 0\wedge0.3 & 0\wedge0.5 & 0\wedge0.7 & 0\wedge0.85 & 0\wedge1\\
0.1\wedge0 & 0.1\wedge0.1 & 0.1\wedge0.3 & 0.1\wedge0.5 & 0.1\wedge0.7 & 0.1\wedge0.85 & 0.1\wedge1\\
0.3\wedge0 & 0.3\wedge0.1 & 0.3\wedge0.3 & 0.3\wedge0.5 & 0.3\wedge0.7 & 0.3\wedge0.85 & 0.3\wedge1\\
0.6\wedge0 & 0.6\wedge0.1 & 0.6\wedge0.3 & 0.6\wedge0.5 & 0.6\wedge0.7 & 0.6\wedge0.85 & 0.6\wedge1\\
0.85\wedge0 & 0.85\wedge0.1 & 0.85\wedge0.3 & 0.85\wedge0.5 & 0.85\wedge0.7 & 0.85\wedge0.85 & 0.85\wedge1\\
1\wedge0 & 1\wedge0.1 & 1\wedge0.3 & 1\wedge0.5 & 1\wedge0.7 & 1\wedge0.85 & 1\wedge1
\end{bmatrix}
$$

$$
=\begin{bmatrix}
0 & 0 & 0 & 0 & 0 & 0 & 0\\
0 & 0.1 & 0.1 & 0.1 & 0.1 & 0.1 & 0.1\\
0 & 0.1 & 0.3 & 0.3 & 0.3 & 0.3 & 0.3\\
0 & 0.1 & 0.3 & 0.5 & 0.6 & 0.6 & 0.6\\
0 & 0.1 & 0.3 & 0.5 & 0.7 & 0.85 & 0.85\\
0 & 0.1 & 0.1 & 0.5 & 0.7 & 0.85 & 0.1
\end{bmatrix}
$$

$$
\boldsymbol{B}'=\boldsymbol{A}'\circ\boldsymbol{R}=\begin{bmatrix}0.1 & 0.15 & 0.4 & 0.75 & 1.0 & 0.85\end{bmatrix}
$$

$$
\circ\begin{bmatrix}
0 & 0 & 0 & 0 & 0 & 0 & 0\\
0 & 0.1 & 0.1 & 0.1 & 0.1 & 0.1 & 0.1\\
0 & 0.1 & 0.3 & 0.3 & 0.3 & 0.3 & 0.3\\
0 & 0.1 & 0.3 & 0.5 & 0.6 & 0.6 & 0.6\\
0 & 0.1 & 0.3 & 0.5 & 0.7 & 0.85 & 0.85\\
0 & 0.1 & 0.1 & 0.5 & 0.7 & 0.85 & 1
\end{bmatrix}
$$

$$
=\begin{bmatrix}0 & 0.1 & 0.3 & 0.5 & 0.7 & 0.85 & 0.85\end{bmatrix}
$$

$$
\boldsymbol{B}'=\frac{0}{1}+\frac{0.1}{2}+\frac{0.3}{3}+\frac{0.5}{4}+\frac{0.7}{5}+\frac{0.85}{6}+\frac{0.85}{7}
$$

方法二:削顶法。

(1)先求出 $\boldsymbol{A}'$ 对 $\boldsymbol{A}$ 的隶属度 α:

$$
\alpha=H(\boldsymbol{A}'\cap\boldsymbol{A})
$$

$$
=H\left(\frac{0.1\wedge0}{0}+\frac{0.15\wedge0.1}{20}+\frac{0.4\wedge0.3}{40}+\frac{0.75\wedge0.6}{60}+\frac{1\wedge0.85}{80}+\frac{0.8\wedge1}{100}\right)
$$

$$
=H\left(\frac{0}{0}+\frac{0.1}{20}+\frac{0.3}{40}+\frac{0.6}{60}+\frac{0.85}{80}+\frac{0.8}{100}\right)=0.85
$$

(2)再用此 α 去切割 B 隶属度函数:

$$
\mu_{B'}(\text{压力})=\alpha\wedge\mu_B(\text{压力大})
$$

$$
=0.85\wedge\left(\frac{0}{1}+\frac{0.1}{2}+\frac{0.3}{3}+\frac{0.5}{4}+\frac{0.7}{5}+\frac{0.85}{6}+\frac{1}{7}\right)
$$

$$=\frac{0}{1}+\frac{0.1}{2}+\frac{0.3}{3}+\frac{0.5}{4}+\frac{0.7}{5}+\frac{0.85}{6}+\frac{0.85}{7}$$

与方法一推理结果一致。

2)模糊条件推理(简单模糊条件推理)

设 A 是论域 X 上的模糊集合,B 及 C 是论域 Y 上的模糊集合,则"If A Then B Else C"在论域 $X\times Y$ 上的模糊关系

$$R=(A\times B)\cup(\bar{A}\times C)$$

根据推理合成规则,可求得与已知模糊集合 A_1 对应的模糊集合

$$B_1=A_1\circ R$$

3)多输入模糊条件推理(双输入模糊条件推理)

控制规则为

If A and B then C

蕴涵关系为

$$\boldsymbol{R}=((\boldsymbol{A}\text{ and }\boldsymbol{B})\rightarrow\boldsymbol{C})$$

可用模糊向量的笛卡儿积表示模糊关系为

$$\boldsymbol{R}=(\boldsymbol{A}\times\boldsymbol{B})^{T_1}\times\boldsymbol{C}$$

根据已知的输入及模糊关系求得对应的

$$\boldsymbol{C}_1=(\boldsymbol{A}_1\times\boldsymbol{B}_1)^{T_2}\circ\boldsymbol{R}$$

说明:$(\boldsymbol{A}\times\boldsymbol{B})^{T_1}$ 为由模糊关系矩阵 $(\boldsymbol{A}\times\boldsymbol{B})_{n\times m}$ 构成的 $n\times m$ 维向量;$(\boldsymbol{A}_1\times\boldsymbol{B}_1)^{T_2}$ 为由模糊关系矩阵 $(\boldsymbol{A}_1\times\boldsymbol{B}_1)_{n\times m}$ 构成的 $n\times m$ 维向量。

用削顶法解释如下:

$$\begin{aligned}\mu_{C'}(z)&=\bigvee_x\{\mu_{A'}(x)\wedge[\mu_A(x)\wedge\mu_C(z)]\}\cap\bigvee_y\{\mu_{B'}(y)\wedge[\mu_B(y)\wedge\mu_C(z)]\}\\&=\bigvee_x\{[\mu_A(x)\wedge\mu_A(x)]\wedge\mu_C(z)\}\cap\bigwedge_y\{[\mu_{B'}(y)\wedge\mu_B(y)]\wedge\mu_C(z)\}\\&=[\alpha_A\wedge\mu_C(z)]\cap[\alpha_B\wedge\mu_C(z)]\\&=[\alpha_A\wedge\alpha_B]\wedge\mu_C(z)\end{aligned}$$

分别像单输入情况一样求出 A' 对 A、B' 对 B 的隶属度 α_A,α_B,并且取这两个值中小的值作为总的模糊推理前件的隶属度,再以此为基准去切割后件的隶属度函数,便得到结论 C'。整个推理过程可用图 8.9 来表示。

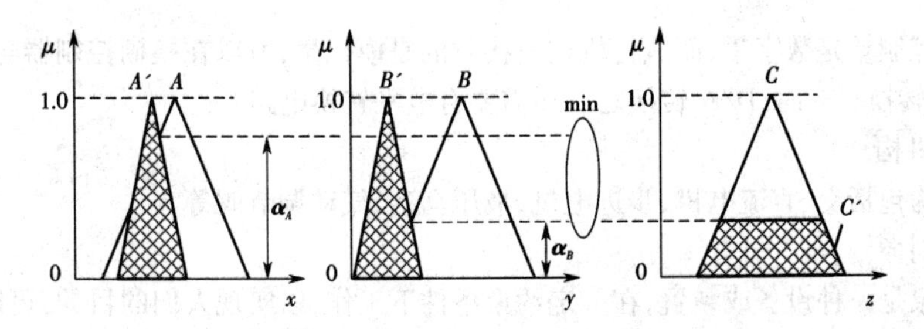

图 8.9 双输入 Mamdani 推理方法

4)多输入多输出规则模糊推理

例,若有 n 条规则,其一般形式为

如果A_1且B_1,那么C_1
否则,如果A_2且B_2,那么C_2
否则,如果A_3且B_3,那么C_3
⋮
否则,如果A_n且B_n,那么C_n
现在:A'且B'
结论:那么C'

将n条控制规则看做是“或”的关系,按照双输入单输出的推理方法,求得各条规则对应的模糊关系R_i,然后求取总的控制规则对应的模糊关系R,即n条规则对应模糊关系R_i的“并”。

8.2 模糊控制系统的设计

8.2.1 模糊控制系统的组成及原理

1.模糊控制系统的组成

模糊控制系统框图如图8.10所示。

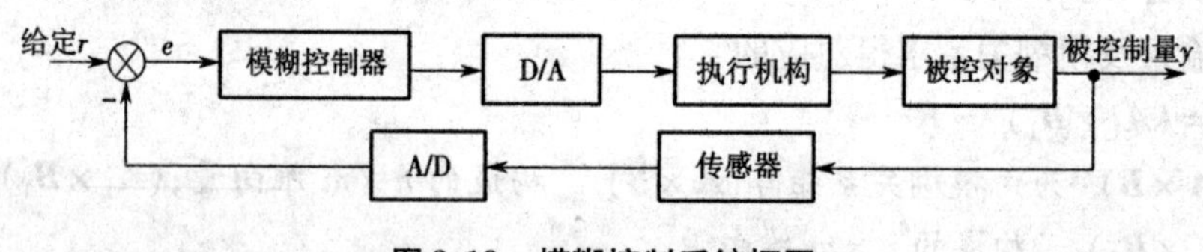

图8.10 模糊控制系统框图

1)模糊控制器

模糊控制器(Fuzzy Controller,FC)是模糊控制系统的核心,是采用基于模糊控制知识表示和规则推理的“语言型”模糊控制器,也是模糊控制系统区别于其他控制系统的主要标志。存放的是由规则导出的模糊控制算法,一般由计算机程序或硬件实现。

实际上,模糊控制器的作用与其他控制器的作用相同。

2)D/A

FC将根据给定值r与被控制量的反馈值f的差作为输入,经模糊控制算法合成后,得到相应的控制量。

由于该控制量是数字量,而执行机构所接收的是模拟量,所以在模糊控制器与执行机构之间需要D/A转换。有时,D/A转换之后还需要有电平转换电路。

3)执行机构

执行机构包括交、直流电机,步进电机,液压马达,气动调节阀等。

4)被控对象

被控对象是一种设备或装置,在一定约束条件下工作,以实现人们的目的,可以是确定的、模糊的、单变量或多变量的、有滞后或无滞后的、线性的或非线性的、定常的或时变的。

5)传感器

传感器将被控对象或各种过程的被控制量转换为电信号(模拟信号或数字信号)。被控制量是非电量,如位置、速度、加速度、压力、温度、流量、浓度等。选择传感器时,应注意传感器的精度。

6) A/D

传感器将被控制量的信息转换为电信号，若是模拟信号，如4～20 mA、0～10 V等，则需将模拟信号经过A/D转换成数字信号，再反馈到计算机。若是数字信号，则可通过计算机接口直接连接到计算机，此处不需要A/D模块。

2. 模糊控制过程及原理

模糊控制系统原理框图如图8.11所示。图中，r为系统设定值(精确量)；e，$\dot{e}$分别为系统误差与误差变化率(精确量)；E、EC分别为反映系统误差与误差变化的语言变量的模糊集合(模糊量)；u为模糊控制器输出的控制作用(精确量)；y为系统输出(精确量)。

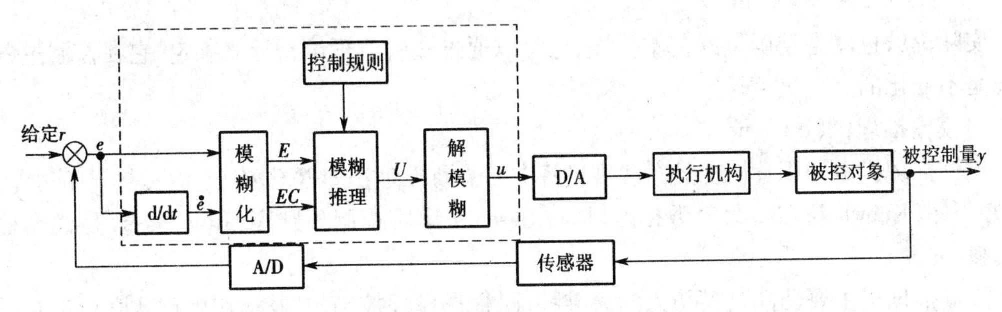

图8.11 模糊控制系统原理框图

(1)求系统给定值与反馈值的误差e。

(2)计算误差变化率$\dot{e}$(即d/dt)。对误差求微分，指的是在一个A/D采样周期内求误差的变化Δe。

(3)输入量的模糊化。误差e和误差变化率$\dot{e}$都是精确值，必须将其模糊化成模糊量E、EC。同时，把语言变量E、EC的语言值化为某适当论域上模糊子集(如大、小、快、慢等)。

(4)控制规则。模糊控制器的核心是专家的知识或现场操作人员的经验和一种体现，即控制中所需要的策略。控制规则可能有很多条，需求出总的规则R，作为模糊推理的依据。

(5)模糊推理。由E、EC和总的控制规则R，根据推理合成规则进行模糊推理得到模糊控制量

$$U = (E \times EC)^{\mathrm{T}} \circ R$$

(6)解模糊。为了对被控对象施加精确的控制，必须将模糊控制量转化为精确量u。

(7)下一次采样，进行循环控制。

8.2.2 模糊控制器

1. 模糊控制器结构

模糊控制器由规则库、模糊推理机、模糊化接口、解模糊接口四部分组成，如图8.12所示。

1)模糊化接口(Fuzzification)

主要功能是，将输入变量的精确值转化为其对应论域上自然语言描述的模糊集合，以便进行模糊推理和决策。

具体包括：

(1)测量输入变量和传感器的输出；

(2)论域变换，即实际论域变为内部论域。

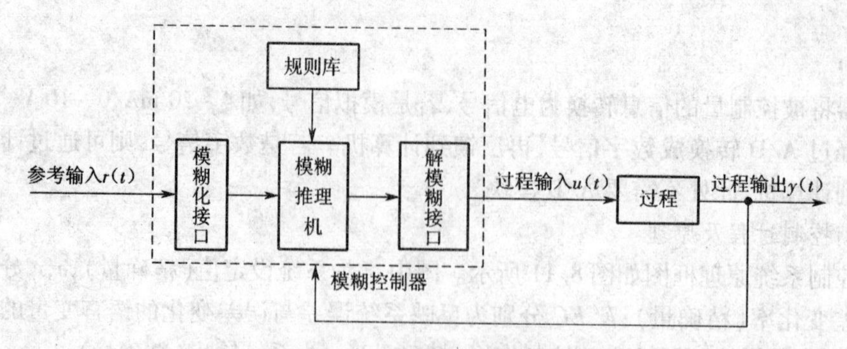

图 8.12 模糊控制器结构图

实际论域也就是精确量的基本论域,它可以通过实验或理论指导来确定,它在控制过程中往往是不变化的。

2)模糊推理机(Inference Engine)

模糊推理机由知识库(数据库和规则库)与模糊推理决策逻辑构成,这是基本部分。其中,知识库(Knowledge Base) = 数据库(Date Base) + 语言控制规则库(Rule Base)是模糊控制器的核心。

模糊推理机主要功能是模仿人的思维特征,根据模糊控制规则,运用模糊数学理论对模糊控制规则进行计算推理。

3)解模糊接口(Defuzzification)

模糊推理得出的模糊输出量不能直接去控制执行机构,必须确定一个最具有代表性的值作为真正的输出控制量,即解模糊判决。

主要功能:

(1)比例映射,即内部论域变为实际论域;

(2)解模糊,模糊控制量变为精确的控制作用,模糊化的反过程。

2. 常用的几种模糊控制器

1)简单模糊控制器(二维模糊控制器)

方法:

(1)根据被控对象,确定 e、Δe、u 的隶属度函数及模糊控制规则表变为查询表;

(2)实际应用时,输入变量变为内部论域,查表,得出 u 变为执行机构。

优点:

(1)二维模糊控制器比一维模糊控制器控制效果好;

(2)设计简单,性能好,适应能力强。

缺点:不同被控对象,控制规则不变,控制效果不好。

2)规则自调整模糊控制器

二维模糊控制器中加入修正因子 α 构成规则自调整模糊控制器。

低阶控制系统:$\alpha > 0.5$。

高阶控制系统:$\alpha < 0.5$。

当误差较大时,控制系统的主要任务是消除误差、加快响应速度,这时对误差的加权应该大些。

当误差较小时,系统接近稳态,控制系统的主要任务是使系统尽快稳定,减小系统超调,这就要求在控制规则中误差变化起的作用大些,即对误差变化率的加权大些。

因此,在不同的误差范围内,可通过调整 α 来实现控制规则的自调整。

3)变结构模糊控制器

变结构模糊控制器是多个模糊控制器的组合在不同状态、不同要求下,多个软件(具有不同参数、规则)根据情况选择不同的控制器,如温度、压力、流量,同时控制。

4)模糊 PID 控制器

模糊 PID 控制器是参数自调整模糊控制器。

8.2.3 模糊控制器的设计

1. 模糊化

1)模糊化基本思想

定义一个模糊语言映射作为从数值域到语言域(符号域)的模糊关系,从而在数值测量的基础上,将数值域中的数值信号映射到语言域上,为实现模糊推理奠定基础。

模糊化与自然语言的含糊和不精确相联系,这是一种主观评价。把测量值(数值量)转换为主观量值(模糊量)的过程称为模糊化,即把物理量的精确值转换成语言变量值。由此,它可以定义为在确定的输入论域中将所观测的输入空间转换为模糊集的映射,以便实现模糊控制算法。

2)语言变量值的选取

根据 L. A. Zadeh 模糊语言变量的定义,它由语法规则、语言值、语义规则、隶属度函数和论域等 5 个元素组成,因此模糊语言变量的确定,包含了根据语法规则生成适当的模糊语言值,根据语义规则确定语言值的隶属度函数以及确定语言变量的论域等。

在确定模糊变量时,首先要确定其基本语言值,例如在确定液位高度时,先要给出 3 个基本语言变量值:"高"、"中"、"低";然后根据需要,生成若干个语言子值,如"很高"、"较高"或"较低"、"很低"等。又如在描述误差大小时,要先确定语言变量的 3 个元值——"正"、"零"、"负";如果需要的话,还可以生成"正大"、"正中"、"正小"、"正零"、"负零"、"负小"、"负中"和"负大"等。一般来说,一个语言变量的语言值越多,对事物的描述就越准确,可能得到的控制效果就越好。当然,过细的划分反而有可能使控制规则变得复杂,因此应根据具体情况而定。通常情况下,像误差和误差变化率等语言变量的语言值一般取为{负大,负小,零,正小,正大}或{负大,负中,负小,零,正小,正中,正大}或{负大,负中,负小,负零,正零,正小,正中,正大}这 3 种。不管模糊语言值如何取,有一点是肯定的,即所有的语言值形成的模糊子集应构成该模糊变量的一个模糊划分。

3)确定语言值的隶属度函数

模糊概念从本质上来说就是语言变量的语言值,而语言值多用模糊集合描述,模糊集合一般由论域和隶属度函数构成。因此,模糊化的实质就是求取相应概念对应数值域的模糊集合隶属度函数。

模糊语言值实际上是一个模糊子集,而语言值最终是通过隶属度函数来描述的。语言值的隶属度函数又称为语言值的语义规则,它有时以连续函数的形式出现,有时以离散的量化等级形式出现。连续的隶属度函数和离散的量化等级有各自的特点,例如连续的隶属度函数描述比较准确,而离散的量化等级简洁直观。

Ⅰ. 连续的隶属度函数

输入量的隶属度函数有吊钟形、梯形和三角形,其中吊钟形最为理想但计算复杂,三角形常用,其次是梯形。

(1)三角形隶属度函数如图 8.13 所示。这种隶属度函数的形状和分布可描述为

$$\mu(x)=\begin{cases}\dfrac{x-a}{b-a} & a<x<b\\[2mm] \dfrac{x-c}{b-c} & b<x<c\end{cases}$$

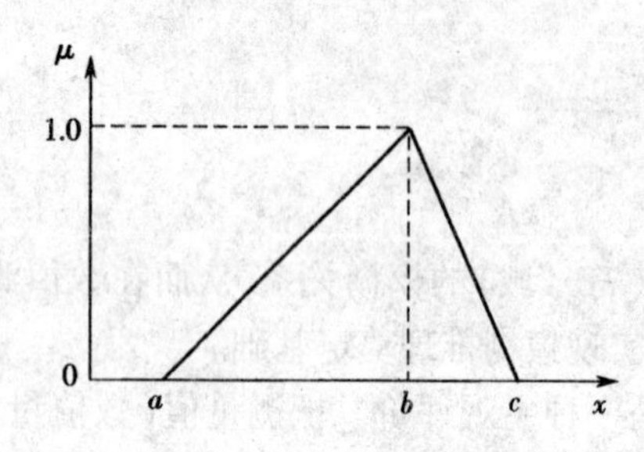

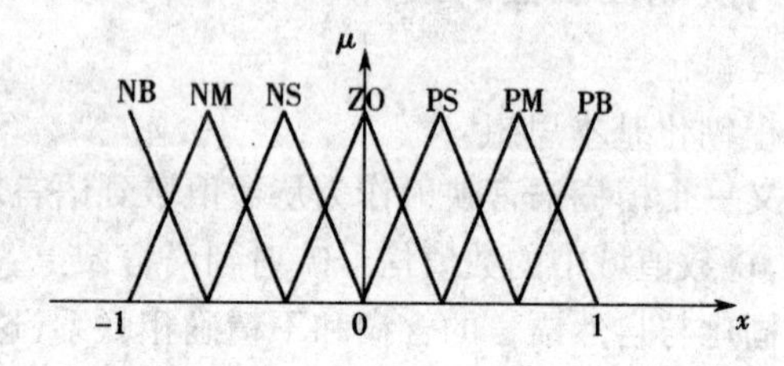

图 8.13　三角形隶属度函数

(2)吊钟形隶属度函数可描述为

$$\mu(x)=\exp[-(x-c)^2/\sigma^2]$$

式中,c 为中心,σ 为宽度。

注:隶属度函数在大多数情况下是根据经验给出的,因此具有较大的随意性。

Ⅱ. 量化的隶属度函数

在控制系统中,误差 e 及其变化率 $\dot{e}$ 的实际变化范围,称为基本论域,设误差的基本论域为$[-e,e]$,它所取的模糊集合论域为 $X=\{-n,-n+1,\cdots,0,\cdots,n+1,n\}$,$n$ 为误差在 $0\sim e$ 范围内连续变化的误差离散化后分成的挡数,它构成论域 X 的元素,一般常取 $n=6$ 或 7。

假设误差 e 的论域为 X,其模糊语言值取为{NB,NS,ZO,PS,PB}。若将这些语言值分别用 −3, −2, −1,0, +1, +2, +3 这 7 个整数(亦称为等级)来表示,则有 $X=\{-3,-2,-1,0,+1,+2,+3\}$,语言变量赋值见表 8.1。

表 8.1　语言变量赋值表

隶属度 \ 等级 变量	−3	−2	−1	0	+1	+2	+3
PB	0	0	0	0	0.2	0.5	1
PS	0	0	0	0	1	0.5	0.1
ZO	0	0	0.3	1	0.3	0	0
NS	0.1	0.5	1	0	0	0	0
NB	1	0.5	0.2	0	0	0	0

在论域上,离散化的精确量与语言变量的取值之间建立了一种模糊关系。这样,在论域

[-3, +3]上的精确量可以用模糊子集来表示,如 $e=-3$,则可用 NB 表示,且其隶属度为1;又如 $e=2$,则可用 PB 和 PS 这两个模糊子集表示,其隶属度分别为 PB(2) =0.5,PS(2) =0.5。

(1)模糊化处理 Mamdani 方法。

偏差 e 的变化范围设定为[-6, +6],离散化为{ -6, -5, -4, -3, -2, -1,0,1,2,3,4,5,6}。如果是非对称型的,也可用1 ~13 取代 -6 ~ +6。

如果精确量 x 实际变化范围为[a, b],转换到区间[$-n$, $+n$]上的变量 y 的转换公式为

$$y=\frac{2n}{b-a}\left[x-\frac{a+b}{2}\right]$$

由上式计算的 y 值如果不是整数,可归于最接近于 y 的整数。如 x 的变化范围为[-6, +6],现有 $x=5.4$,则得 $y=2.73$。

(2)隶属度值的确定。

语言变量论域上的模糊子集由隶属度函数 $\mu(x)$ 来描述。隶属度函数 $\mu(x)$ 可以通过总结操作者的操作经验或采用模糊统计法来确定。

(3)分别为 E、EC、U 建立赋值表。

在选定模糊控制器的语言变量(如误差 E、误差变化 EC 和控制量变化 U)及其所取的语言值(如 PB,…,ZO,…,NB),并确定了语言变量(如 E、EC 和 U)在各自论域上的模糊子集(如 PB,…,ZO,…,NB)之后,可为语言变量(如 E、EC 和 U)分别建立用以说明各语言值从属于各自论域程度的表格。

4)模糊化方法

Ⅰ. 线性划分法

选定相应的自然语言描述符号后,将研究对象的论域均匀划分。

Ⅱ. 非线性划分法

这种方法主要应用于非线性敏感元件(如热敏电阻等)的模糊控制系统的模糊化。

由于许多敏感元件(如热敏电阻等)具有较大的非线性,因而在模糊化的同时,通过采用非线性隶属度函数的划分,可以同时进行测量的非线性校正。

Ⅲ. 语义关系生成法

基本思想是首先定义一基础概念及其相应的隶属度函数,然后通过语义算子的作用,产生具有相关语义的新概念及其隶属度函数。

Ⅳ. 训练法

基本思想是对于训练样本(包括论域内若干个测量点上的状态数据以及相应隶属于人类经验的被测量,用自然语言符号描述的状态符号),在当前概念模式下,根据最大隶属度准则判定,若数据状态与概念状态相符,则训练结束;若不相符,则将相应概念隶属度函数曲线的修正率加以改变,以实现符合专家经验的被测量数据状态与符号状态的一致。

最后一种方法思想比较粗略,且受主观因素影响。

2. 模糊逻辑推理

模糊控制是建立在一系列模糊控制规则的基础上的,这些控制规则是人们对被控对象进行控制时的经验总结。因此,这些控制规则是一些逻辑推理规则,其形式表现为模糊条件语句。在实际控制中,把有关控制规则加以处理,产生相应的控制算法,模糊控制器就以相应的算法去控制被控对象工作。

3. 解模糊判决方法

模糊推理输出的是一个模糊量,但实际控制信号必须是精确量,用一个确定值去控制执行机构精确化处理。

求取一个相对最能代表这个模糊集合的单值的过程称为解模糊。解模糊的目的是根据模糊推理的结果,求得最能反映控制量的真实分布。

1)重心法(力矩法)

重心法取推理结论模糊集合隶属度函数曲线与横坐标轴所围成面积的重心作为代表点,即

$$u=\frac{\int x\mu_N(x)\mathrm{d}x}{\int \mu_N(x)\mathrm{d}x}$$

式中,$\int$表示输出模糊子集所有元素的隶属度值在连续论域 E 上的代数积分。

当输出变量的隶属度函数为离散单点集时,有

$$u=\frac{\sum x_i\cdot\mu_N(x_i)}{\sum \mu_N(x_i)}$$

其实质为加权平均值法。权值为推理结论模糊集合中各元素的隶属度。

重心法是所有解模糊化方法中最为合理、最流行和引人关注的方法。

2)最大隶属度法

最大隶属度法指在推理结论的模糊集合中选取隶属度最大的元素作为精确控制量的方法。

设存在模糊集 C,所选择的隶属度最大的元素 u^* 应满足

$$\mu_C(u^*)\geqslant\mu_C(u),u\in U$$

注:(1)如果论域上多个元素同时出现最大隶属度值,则取它们的平均值作为解模糊判决结果;

(2)若隶属度函数曲线是梯形平顶的,则最大隶属度的元素就有多个,这时就要对所有取最大隶属度的元素求取平均值。

例如,模糊控制器的输出模糊子集是以离散的矢量形式给出,即

$$C=\frac{0.5}{-3}+\frac{0.5}{-2}+\frac{1}{-1}+\frac{0.5}{0}+\frac{0.5}{+1}+\frac{0}{+2}+\frac{0}{+3}$$

显然,$u^*=-1$ 作为控制量输出。

如果有多个相邻元素的隶属度值为最大,则可取平均值,如

$$C=\frac{0.5}{-3}+\frac{0.5}{-2}+\frac{0.5}{-1}+\frac{0}{0}+\frac{0}{+1}+\frac{0}{+2}+\frac{0}{+3}$$

则隶属度最大值的元素可以取

$$u^*=\frac{(-3)+(-2)+(-1)}{3}=-2$$

注:如果有多个元素的隶属度值为最大,但并不相邻,则不宜再采用取平均值的方法,这样做不合理。例如

$$C=\frac{0.5}{-3}+\frac{0.5}{-2}+\frac{1}{-1}+\frac{0.5}{0}+\frac{1}{+1}+\frac{0}{+2}+\frac{0}{+3}$$

按最大隶属度法取得的判决结果为

$$u^*=\frac{(-1+1)}{2}=0$$

显然,结果不合理。

最大隶属度法的优点是简单易行,缺点是它概括的信息量较少。原因是它没考虑其他隶属度较小的论域元素对输出的影响和作用。

3)系数加权平均法

系数加权平均法指以输出量模糊集合中各元素进行加权平均后的输出值作为输出执行机构量,其值为

$$u=\frac{\int xk(x)}{\int k(x)}$$

当输出变量为离散单点集时,则为

$$u=\frac{\sum k_i\cdot x_i}{\sum k_i}$$

式中,$\sum$ 表示代数和,k_i 表示各对称隶属度函数的质心。

这里权系数 $k(x)$、k_i 的选择要根据实际情况确定,不同的权系数决定不同的响应特性。当选择 $k(x)=\mu_N(x)$ 或 $k_i=\mu_N(x_i)$(取其隶属度时),就是前面所说的重心法。

【例 8.9】 模糊控制器的输出模糊子集是

$$C=\frac{0.5}{-3}+\frac{0.5}{-2}+\frac{1}{-1}+\frac{0.5}{0}+\frac{0.5}{+1}+\frac{0}{+2}+\frac{0}{+3}$$

则

$$u=\frac{0.5\times(-3)+0.5\times(-2)+1\times(-1)+0.5\times0+0.5\times(+1)+0\times(+2)+0\times(+3)}{0.5+0.5+1+0.5+0.5+0+0}$$

$$=-1$$

4)隶属度限幅元素平均法

用所确定的隶属度值 $\alpha,\alpha\in[0,1]$,对推理结论模糊集合隶属度函数曲线进行切割,再对切割后等于该隶属度的所有元素进行平均,用这个平均值作为输出执行量,称为隶属度限幅元素平均法。

5)中位数法

中位数法是全面考虑推理结论模糊集合各部分信息作用的一种方法,即把隶属度函数曲线与横坐标所围成的面积分成两部分,在两部分面积相等的条件下,将两部分分界点所对应的论域元素作为判决结果,如图 8.14 所示。这种方法可以充分利用输出模糊集合所包含的信息。

设模糊推理的输出为模糊量 C,如果存在 u^*,并且使

$$\sum_{u_{\min}}^{u^*}\mu_{\underset{\sim}{C}}(u)=\sum_{u^*}^{u_{\max}}\mu_{\underset{\sim}{C}}(u)$$

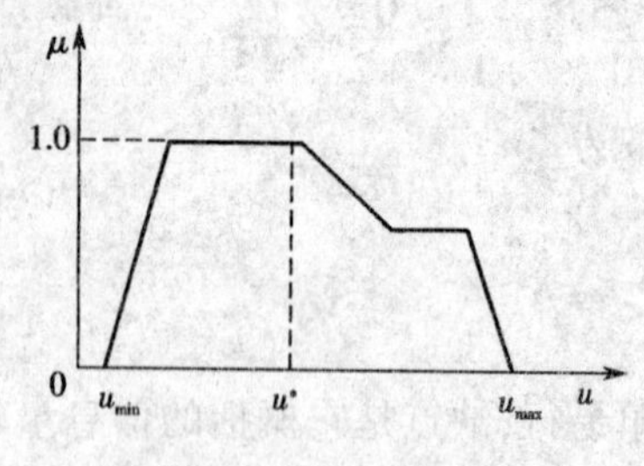

图 8.14 中位数法

则取 u^* 为解模糊后所得的精确值。

【例 8.10】 设模糊控制器的输出模糊子集是

$$C=\frac{0.5}{-3}+\frac{0.5}{-2}+\frac{1}{-1}+\frac{0.5}{0}+\frac{0.5}{+1}+\frac{0}{+2}+\frac{0}{+3}$$

由于 $u_{\min}=-3, u_{\max}=+3$，当 $u^*=-1$ 时，有

$$\sum_{u_{\min}}^{u^*}\mu_{\underset{\sim}{C}}(u)=\sum_{u^*}^{u_{\max}}\mu_{\underset{\sim}{C}}(u)=2$$

所以最终输出

$$u^*=u_3=-1$$

4. 流量控制的模糊控制器的设计

流量模糊控制系统是一个单输入单输出的控制对象，液体的流出量变化无常，无法建立起数学模型，只能通过控制进液阀门开度调节液位，使容器中的液位保持恒定。下面以流量控制为例，来说明模糊控制器的设计过程。

1）模糊化过程

设模糊控制器的输入量分别为误差 e 和误差变化 ec，控制器的输出为阀门流量的校正量 u，这是一个典型的二维模糊控制器。把误差 e 划分成负大（NB）、负小（NS）、零（ZO）、正小（PS）、正大（PB）5 个等级，同样误差变化 ec 也可以划分为 5 个等级。这里采用专家知识来确定误差、误差变化各模糊子集的隶属度函数。输出量即阀门开关的状态划分为关（CLOSE）、半开（OPEN-M）、中等（M）、开（OPEN）4 个等级。

误差和误差变化的隶属度函数如图 8.15 所示，阀门测量的隶属度函数如图 8.16 所示。

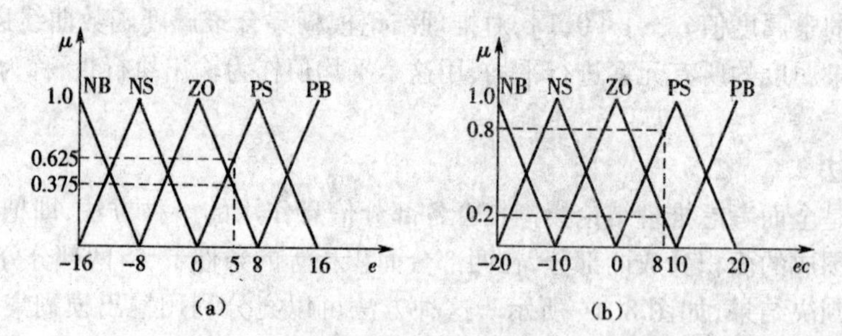

图 8.15 误差和误差变化的隶属度函数

(a) 误差 (b) 误差变化

2）模糊控制规则的建立

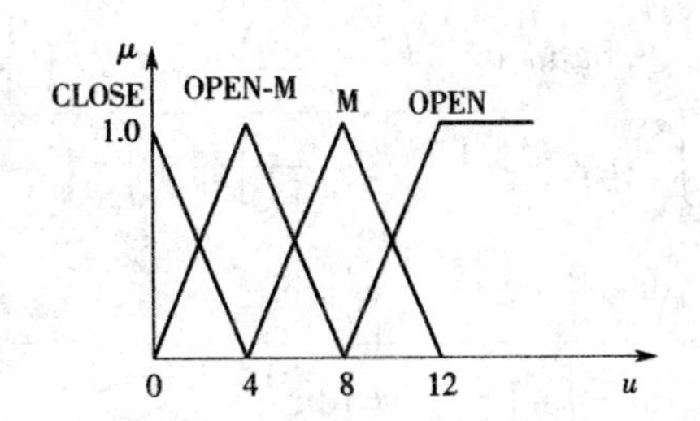

图 8.16 阀门流量的隶属度函数

控制规则是根据操作者或专家的经验知识来确定的,它们也可以在实验过程中不断进行修正和完善。控制规则条数的多少视输入和输出物理量数目及所需的控制精度而定。本例每维输入量分成五级,那么相应就有 5×5=25 条规则。这里为了简单仅选用 2 条规则作为模糊控制规则库。

规则 1:If e is ZO or ec is PS then u is OPEN-M

规则 2:If e is PS and ec is PS then u is M

3)解模糊计算

解模糊方法有很多,其中最简单的一种是最大隶属度法,然而在控制系统设计中常用重心法。

为了更好地理解,这里假定输入的误差 $e=5$,误差变化 $ec=8$。可采用削顶法分析如下。

对于 e:$\mu_{ZO}(e)=\mu_{ZO}(5)=0.375$,$\mu_{PS}(e)=\mu_{PS}(5)=0.625$,其他值为 0。

对于 ec:$\mu_{ZO}(ec)=\mu_{ZO}(8)=0.2$,$\mu_{PS}(ec)=\mu_{PS}(8)=0.8$,其他值为 0。

规则 1 的前件确信度为:$\mu_{1,pre}=\mu_{ZO}(5)\vee\mu_{PS}(8)=0.375\vee 0.8=0.8$,用 0.8 对 OPEN-M 削顶。

规则 2 的前件确信度为:$\mu_{2,pre}=\mu_{PS}(5)\vee\mu_{PS}(8)=0.625\wedge 0.8=0.625$,用 0.625 对 M 削顶。

推得阀门流量的模糊集如图 8.17 所示。

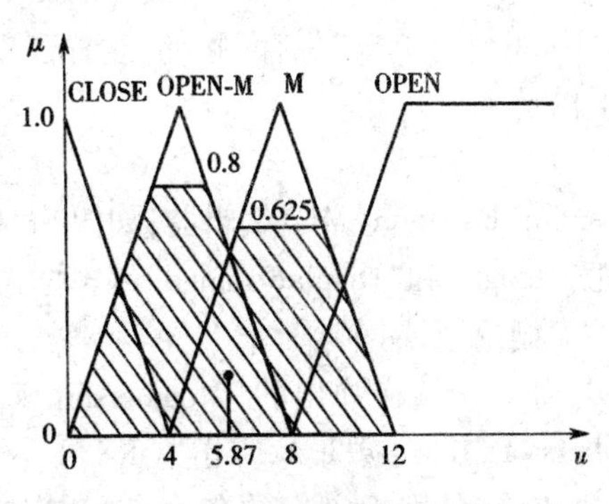

图 8.17 阀门流量的模糊集

选用重心法进行计算,得

$$u^*=\frac{\int_u \mu_U(u)u\mathrm{d}u}{\int_u \mu_U(u)\mathrm{d}u}$$

$$=\frac{\int_0^{3.5}\frac{1}{4}u^2\mathrm{d}u+\int_{3.5}^{4.8}0.8u\mathrm{d}u+\int_{4.8}^{6}\left(2-\frac{1}{4}u\right)u\mathrm{d}u+\int_{6}^{6.5}\left(\frac{1}{4}u-1\right)u\mathrm{d}u+}{\int_0^{3.5}\frac{1}{4}u\mathrm{d}u+\int_{3.5}^{4.8}0.8\mathrm{d}u+\int_{4.8}^{6}\left(2-\frac{1}{4}u\right)\mathrm{d}u+\int_{6}^{6.5}\left(\frac{1}{4}u-1\right)\mathrm{d}u+}\rightarrow$$

$$\leftarrow\frac{+\int_{6.5}^{9.5}0.625u\mathrm{d}u+\int_{9.5}^{12}\left(3-\frac{1}{4}u\right)u\mathrm{d}u}{+\int_{6.5}^{9.5}0.625\mathrm{d}u+\int_{9.5}^{12}\left(3-\frac{1}{4}u\right)\mathrm{d}u}$$

$$=\frac{36.8823}{6.288}=5.87$$

从而得到阀门的确切开度为5.87。

5.模糊推理系统(FIS)仿真

1)方法一:用GUI设计Mamdani型FIS

在MATLAB中,模糊推理系统的GUI是进行模糊系统仿真的重要工具,尤其是设计、建立、仿真和分析模糊控制器,用它显得特别简捷、直观和经济,这里就用GUI来设计此液位控制器。

Ⅰ.确定模糊控制器的结构

流量控制系统有两个输入变量:误差 e 和误差变化 ec,输出变量是阀门的开启大小 u。

在MATLAB主窗口中键入fuzzy,回车;在弹出界面上顺序单击菜单"Edit"→"Add Variable..."→"Input",得到二维Mamdani型FIS编辑器界面。在FIS编辑器界面上,单击输入量input1模框,使其边框变红变粗,再在"Current Variable"区中"Name"编辑框里填入"e"覆盖掉"input1",回车。同样方法得到输入变量 ec 和输出变量 u。

在编辑界面左下部模糊逻辑区中,设有"And method"(与算法)、"Or method"(或算法)、"Implication"(蕴涵)、"Aggregation"(综合)和"Defuzzification"(解模糊)5项模糊逻辑运算。前3项都是构成复合模糊命题的连接词,第4项是多余模糊规则结论被"合并综合"时用的算法,第5项是解模糊方法。

顺序单击菜单"File"→"Export"→"To Disk...",弹出"Save FIS"界面,如图8.18所示,填入FIS的新名称flow覆盖掉"Untitled",单击"保存"按钮,这样建立的flow.fis被保存在"work"子目录中,也可以存入其他子目录。

Ⅱ.模糊化

双击 e 模框,弹出Membership Function(MF)编辑器,如图8.19所示,在"Current Variable"(当前变量区)中,通过键盘把"Range"和"Display Range"编辑框中的[0 1]改为当前系统误差 e 的范围[-16 16],即变量的模糊论域,回车。

然后,单击"Edit"→"Add MFs...",在弹出的"Membership Functions"对话框中选择添加的"MF type"(类型)和"Numbers of MFs"(数量),点击"OK"。

逐一单击各条隶属度函数曲线,分别把它们的名称自左向右改为NB、NS、ZO、PS、PB,隶属度函数为"trimf"(三角形)。

按照前面给出的误差 e 的隶属度函数图编辑方法,对输入变量 ec、输出变量 u 进行编辑,如图8.20和图8.21所示。

Ⅲ.模糊规则

在任何一个编辑器界面上,顺序单击菜单"Edit"→"Rules...",或在FIS编辑器界面上,

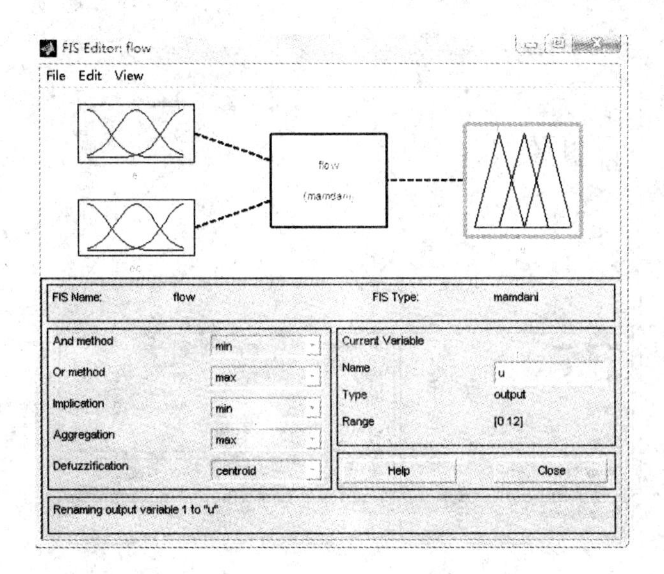

图 8.18 流量 FIS 编辑器界面

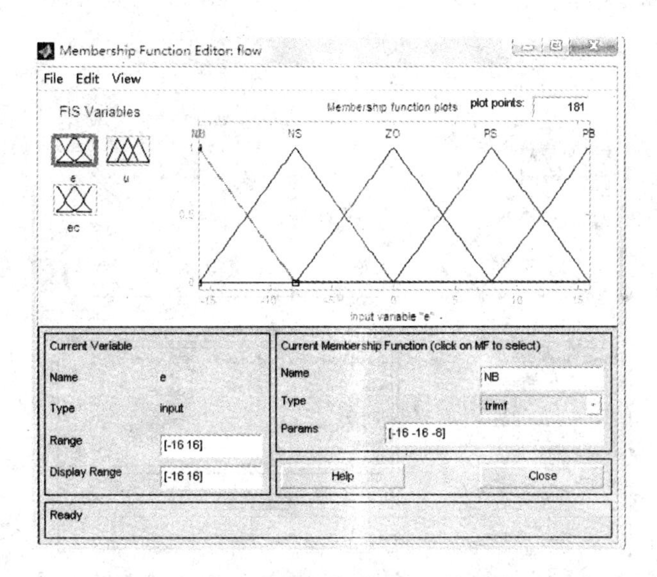

图 8.19 MF 编辑器界面中 e 的设置

双击模糊规则模框，都可以弹出模糊控制规则编辑器界面。

在“Rule Editor”（规则编辑器）界面上，编辑区内的“输入变量区”、“输出变量区”已列出输入变量、输出变量模糊子集的名称。按照前面给出的模糊规则，逐次单击相应的模糊子集名称，再单击编辑功能按钮，就可以编辑出模糊规则。

例如，第 1 条模糊规则为：“If e is ZO or ec is PS then u is OPEN-M”，单击输入变量 e 里的模糊子集 ZO、输入变量 ec 里的模糊子集 PS 和输出变量 u 里的模糊子集 OPEN-M，再单击功能按钮“Add rule”，界面上部的显示区就显示出“1. If (e is ZO) or (ec is PS) then (u is OPEN-M)(1)”；按照同样的方法编辑其他规则，如图 8.22 所示。这是“语言型”模糊规则，可以转换成其他格式，即在图 8.22 所示的 Rule 编辑器界面上，顺序单击菜单“Options”→“Format”→

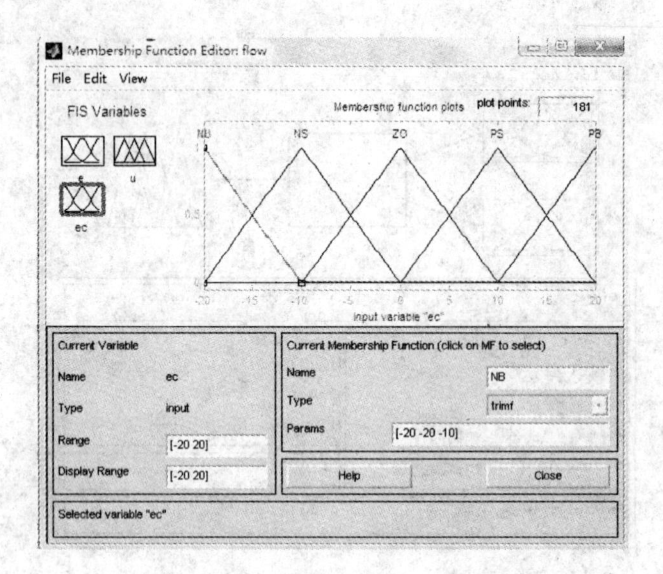

图 8.20 MF 编辑器界面中 *ec* 的设置

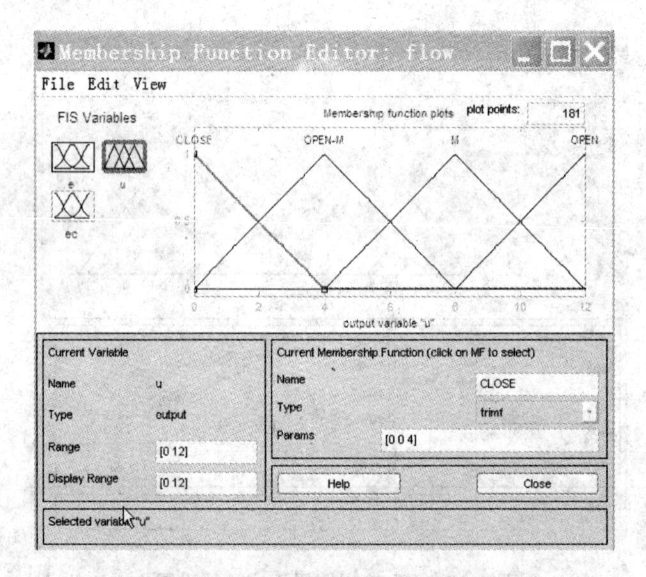

图 8.21 MF 编辑器界面中 *u* 的设置

"Symbolic",就变成符号型模糊规则,如图 8.23 所示,在 Rule 编辑器界面上,顺序单击菜单"Options"→"Format"→"Indexed",就变成索引型模糊规则,如图 8.24 所示。

Ⅳ. 解模糊

这里通过模糊规则观测窗来解模糊。在 FIS 编辑器界面上,顺序单击菜单"View"→"Rules",弹出图 8.25 所示的观测窗并将"Input"设置为[5 8]。

界面上部设有 4 个菜单,界面"变量图框区"最多可显示 90 个小图框。小图框显示包括输入变量、输出变量的模糊子集,并显示有模糊子集的隶属度函数图线。就本例而言,界面上有 7 个小图框,界面最下一行为"状态行"。

每行小图框代表一条模糊规则,每行图框左侧的数字表示该规则的序号。单击某个序号,

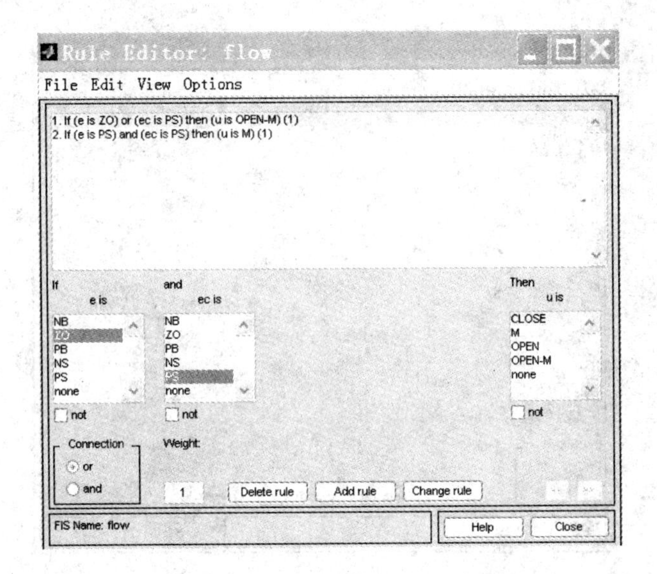

图 8.22 Rule 编辑器界面(语言型)

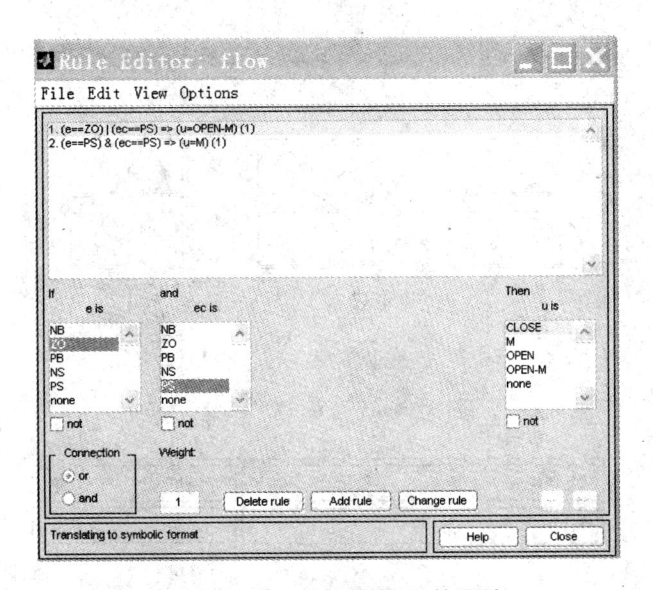

图 8.23 Rule 编辑器界面(符号型)

使它变粗、变红,则界面下边的“状态栏”就显示该条规则的内容。

“变量图框区”最后一行仅右下角有一个输出量小图框,代表各条规则所得结论综合后的总输出,梯形是每条规则最终输出的模糊子集隶属度函数,中间粗线是解模糊后的输出结果。

每列小图框上边显示变量名称和它的即时取值,图 8.25 为 $e=5$,$ec=8$,最右边一列小图框上边 $u=5.87$ 是解模糊后的最终结果。

2)方法二:用 MATLAB 命令行建立 FIS

Ⅰ.建立新的模糊推理系统

设 FIS 结构名为 flow:

```
flow = newfis('flow');
```

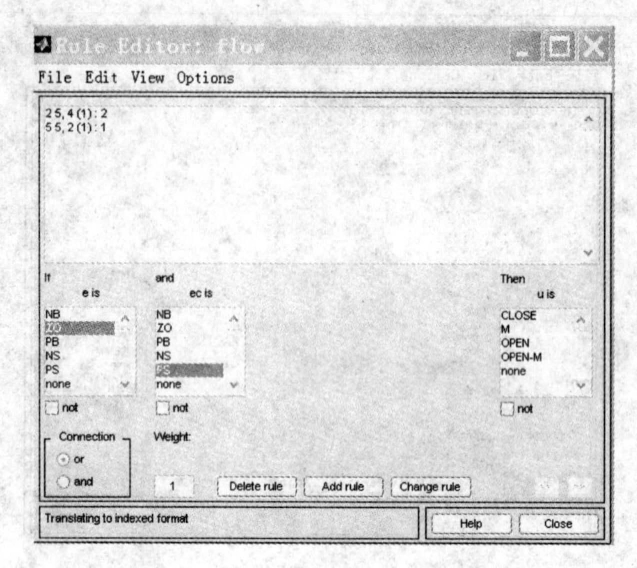

图 8.24　Rule 编辑器界面(索引型)

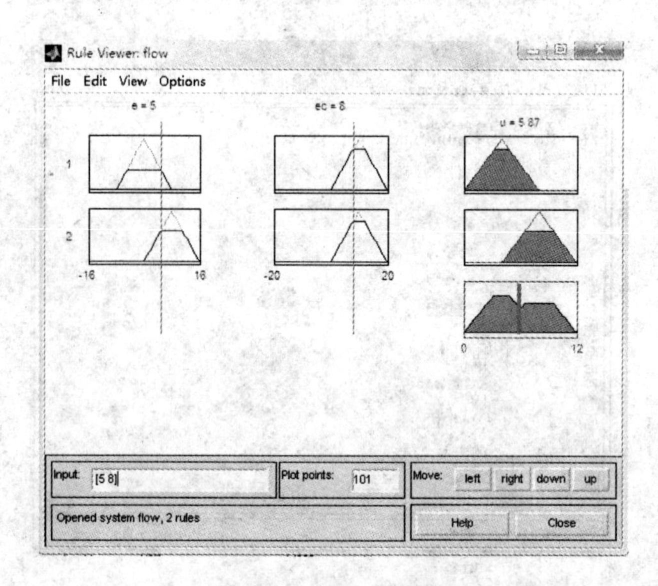

图 8.25　Rule 观测窗

Ⅱ.添加输入、输出变量

```
flow = addvar(flow,'input','e',[-16 16]);
flow = addvar(flow,'input','ec',[-20 20]);
flow = addvar(flow,'output','u',[0 12]);
```

Ⅲ.给变量指定模糊变量,并设计隶属度函数

```
flow = addmf(flow,'input',1,'NB','trimf',[-16 -16 -8]);
flow = addmf(flow,'input',1,'NS','trimf',[-16 -8 0]);
flow = addmf(flow,'input',1,'ZO','trimf',[-8 0 8]);
flow = addmf(flow,'input',1,'PS','trimf',[0 8 16]);
```

```
flow = addmf(flow,'input',1,'PB','trimf',[8 16 16]);
flow = addmf(flow,'input',2,'NB','trimf',[-20 -20 -10]);
flow = addmf(flow,'input',2,'NS','trimf',[-20 -10 0]);
flow = addmf(flow,'input',2,'ZO','trimf',[-10 0 10]);
flow = addmf(flow,'input',2,'PS','trimf',[0 10 20]);
flow = addmf(flow,'input',2,'PB','trimf',[10 20 20]);
flow = addmf(flow,'output',1,'CLOSE','trimf',[0 0 4]);
flow = addmf(flow,'output',1,'OPEN-M','trimf',[0 4 8]);
flow = addmf(flow,'output',1,'M','trimf',[4 8 12]);
flow = addmf(flow,'output',1,'OPEN','trapmf',[8 12 12 12]);
```

MATLAB 提供了显示隶属度函数曲线的绘图函数 plotmf。

```
figure;
subplot(3,1,1);
plotmf(flow,'input',1);
subplot(3,1,2);
plotmf(flow,'input',2);
subplot(3,1,3);
plotmf(flow,'output',1);
```

执行后可得到隶属度函数曲线。

Ⅳ. 设计模糊推理规则

给变量 e 的 5 个模糊子集依次编号 1,2,3,4,5;给变量 ec 的 5 个模糊子集依次编号 1,2,3,4,5;给变量 u 的 4 个模糊子集依次编号 1,2,3,4。根据两条规则产生规则表

```
rulelist = [3 4 2 1 2; 4 4 3 1 1];
```

这里第 5 列的 2 表示前件之间采用 or 连接,1 表示前件之间采用 and 连接,第 4 列的 1 表示每条规则的权值为 1。然后添加到系统 flow 中:

```
flow = addrule(flow,rulelist);
```

至此就建立了流量的模糊推理系统 flow。

利用 surfview 命令绘制系统输出曲面

```
surfview(flow);
```

利用 plotfis 命令可绘制出所建立的 FIS 系统

```
plotfis(flow);
```

最后,利用 writefis 命令保存所建立的 FIS 系统

```
writefis(flow)
```

保存文件名为 flow. fis。

8.3 模糊控制系统设计举例

倒立摆系统是一个典型的多变量、非线性、强耦合和快速运动的自然不稳定系统。因此倒立摆在研究双足机器人直立行走、火箭发射过程的姿态调整和直升机飞行控制领域中有重要的现实意义,相关的科研成果已经应用到航天科技和机器人学等诸多领域。

8.3.1 一级倒立摆的数学模型

一级倒立摆模型可参考本书第2章例2.3。

8.3.2 倒立摆的稳定模糊控制器的设计

要控制倒立摆的稳定不仅要考虑摆杆的倒立平衡,同时要控制小车,使它稳定在期望的位置。考虑到同时控制倒立摆的4个状态变量x、$\dot{x}$、φ、$\dot{\varphi}$,必然会使模糊控制规则复杂并且数目庞大,这里采用两个模糊控制器进行串联控制。其中一个是以小车的位置和速度作为输入量组成位置模糊控制器,对小车的位置进行控制,并且把该控制的输出作为一个虚拟角度乘以一个系数与摆杆的实际角度叠加形成一个广义角,以这个广义角和摆杆的角速度作为输入量组成一个角度模糊控制器对摆杆的角度进行控制,两个控制器串联在一起相互影响,达到既控制摆杆使摆杆保持平衡同时又控制小车使小车能停留在期望的位置。

1. 位置控制器的设计

采用二维模糊控制器,以小车的位移误差e和速度误差ec作为该模糊控制器的输入,u作为输出量。位移误差e和速度误差ec以及控制输出u的论域均采用{-6,-4,-2,0,2,4,6},语言变量表示为NB、NM、NS、ZO、PS、PM、PB。在输入输出量的模糊化方面,位移误差e和速度误差ec以及控制输出u均使用三角形隶属度函数,其模糊化曲线如图8.26所示。

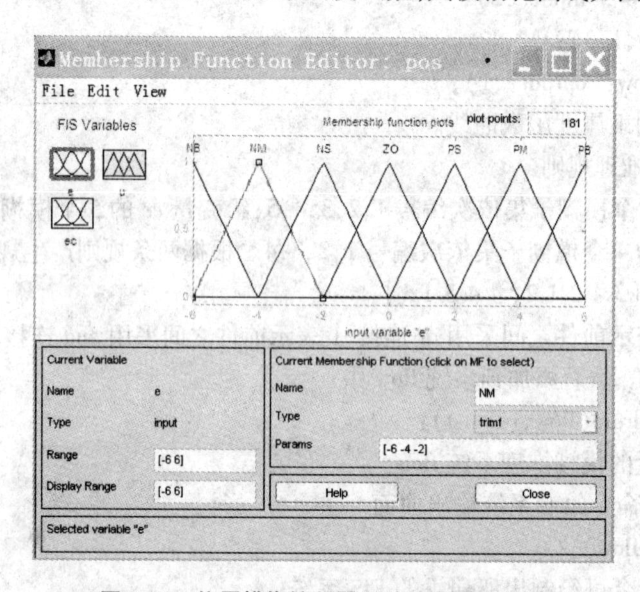

图8.26 位置模糊控制器误差的隶属度函数

模糊规则的推理采用Mamdani的max-min合成算法,输出量的解模糊运算采用重心法。通过该模糊控制规则实现了小车的位移和速度的输入到虚拟角的输出。它和角度控制器串联运行,很好地解决了实时性的问题。模糊控制规则见表8.2。

表8.2 模糊控制规则表

u \ ec / e	NB	NM	NS	ZO	PS	PM	PB
NB	NB	NB	NB	NM	NM	NS	NS

续表

e \ ec u	NB	NM	NS	ZO	PS	PM	PB
NM	NB	NB	NM	NM	NS	NS	ZO
NS	NM	NM	NS	NS	ZO	PS	PS
ZO	NM	NS	NS	ZO	PS	PS	PM
PS	NS	NS	ZO	PS	PS	PM	PM
PM	ZO	ZO	PS	PS	PM	PM	PB
PB	PS	PS	PM	PM	PB	PB	PB

假设位移误差 e 的实际范围为$[-0.6,0.6]$，则 $K_{e1}=6/0.6=10$；速度误差 ec 的实际范围为$[-1,1]$，则 $K_{ec1}=6$。这里只讨论平衡点附近的倒立摆的稳定，设输出量(虚拟角)的实际范围为$[-0.52,0.52]$，则 $K_{u1}=0.52/6=0.09$。位置模糊控制器模块如图 8.27 所示。

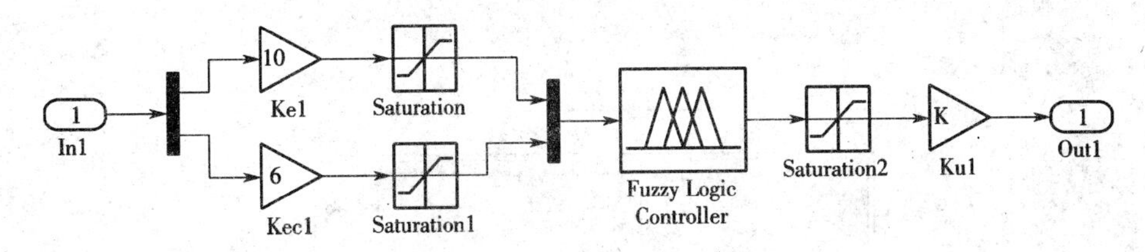

图 8.27　位置模糊控制器模块

2. 角度模糊控制器的设计

角度模糊控制器也采用二维模糊控制器，以摆杆的摆角偏差 e 和角速度误差 ec 作为该模糊控制器的输入，u 为输出量。摆角偏差 e 和角速度误差 ec 以及控制输出 u 的论域均采用$\{-6,-4,-2,0,2,4,6\}$，用语言值表示为 NB、NM、NS、ZO、PS、PM、PB。在输入、输出量的模糊化方面，摆角偏差 e 和角速度误差 ec 以及控制输出 u 均使用三角形隶属度函数，但考虑到倒立摆系统的控制以摆杆控制为主，要求摆杆在角度为零时能够平衡倒立，故在零点附近分档较细，其模糊化曲线如图 8.28 所示。

模糊规则的推理采用 Mamdani 的 max-min 合成算法，输出量解模糊运算采用重心法。通过该模糊控制规则实现对摆杆的控制，其输出量 u 作为倒立摆系统的控制力。模糊控制规则见表 8.3。

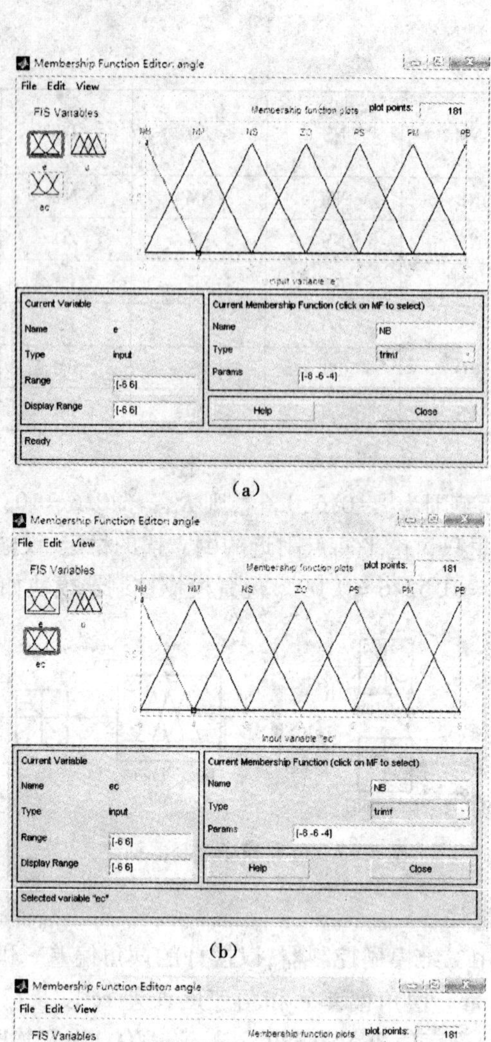

(a)

(b)

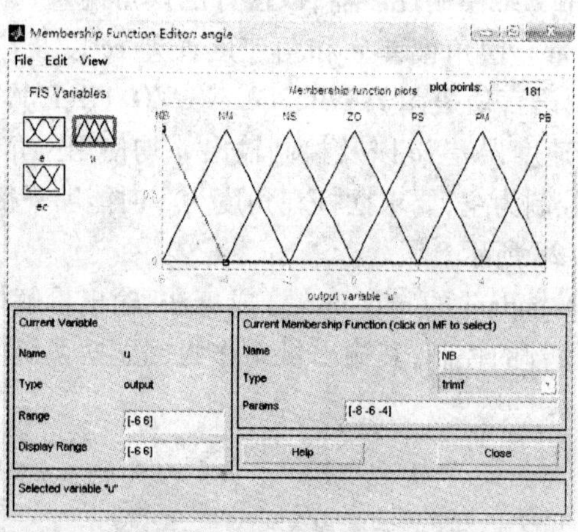

(c)

图 8.28　角度模糊控制器隶属度函数图

(a)摆角误差 e 隶属度函数　(b)角速度误差 ec 隶属度函数　(c)输出控制量 u 隶属度函数

表 8.3 模糊控制规则表

u \ ec / e	NB	NM	NS	ZO	PS	PM	PB
NB	NB	NB	NB	NB	NM	ZO	ZO
NM	NB	NB	NB	NM	NM	ZO	ZO
NS	NM	NM	NM	NS	ZO	PS	PS
ZO	NM	NM	NS	ZO	PS	PM	PM
PS	NM	NS	ZO	PS	PM	PM	PM
PM	ZO	ZO	PM	PM	PB	PB	PB
PB	ZO	ZO	PM	PM	PB	PB	PB

假设摆角误差 e 的实际范围为[$-0.52,0.52$],则 $K_{e2}=11.5$;角速度误差 ec 的实际范围为[$-1.2\ 1.2$],则 $K_{ec2}=5$;输出量 u 的实际范围为[$-120,120$],则 $K_{u2}=20$。在 Simulink 下建立模糊控制器如图 8.29 所示。

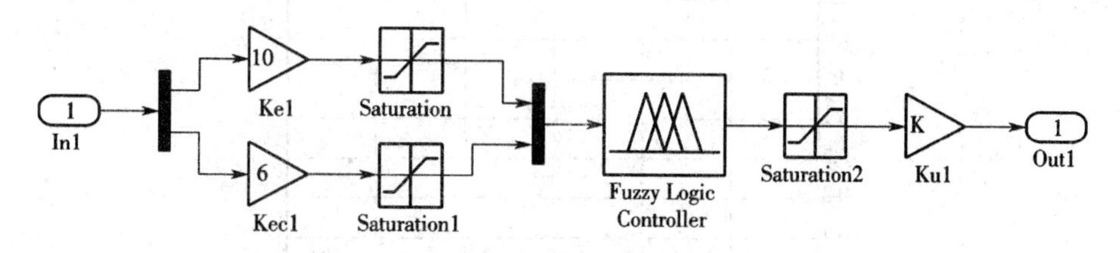

图 8.29 角度模糊控制器

3. 一级倒立摆的仿真实验

设倒立摆系统的初始状态为

$$\boldsymbol{x}_0=\begin{bmatrix} x \\ \dot{x} \\ \varphi \\ \dot{\varphi} \end{bmatrix}=\begin{bmatrix} 0 \\ 0 \\ 0.1 \\ 0 \end{bmatrix}$$

相当于摆杆的初始倾斜角为 0.1 rad,车和摆杆的速度为 0,小车的位置在 $x=0$ 处。

通过在 Simulink 中建立一级倒立摆仿真模型,如图 8.30 所示,仿真得到小车位置曲线、角度曲线如图 8.31 和图 8.32 所示。

倒立摆的控制应该以摆杆稳定为主、小车控制为辅,所以在 $K_{e1}=10,K_{ec1}=6,K_{u1}=0.09$ 情形下进行控制,通过系统仿真分析发现,当 $K_{e2}=50,K_{ec2}=5,K_{u2}=20$ 时控制效果比较好。虚拟系数 K 的大小实际上表示了位置控制的输出量在最终控制中的比例,因而必定影响到小车的位置,当 K 过大会发生振荡,K 较小时小车不能很快稳定下来,综合分析取 $K=0.3$ 较为合适,在 $t=4$ s 时角度和小车的位置稳定下来,且超调都不过大,也都不会发生振荡,此时仿真速度也较快。

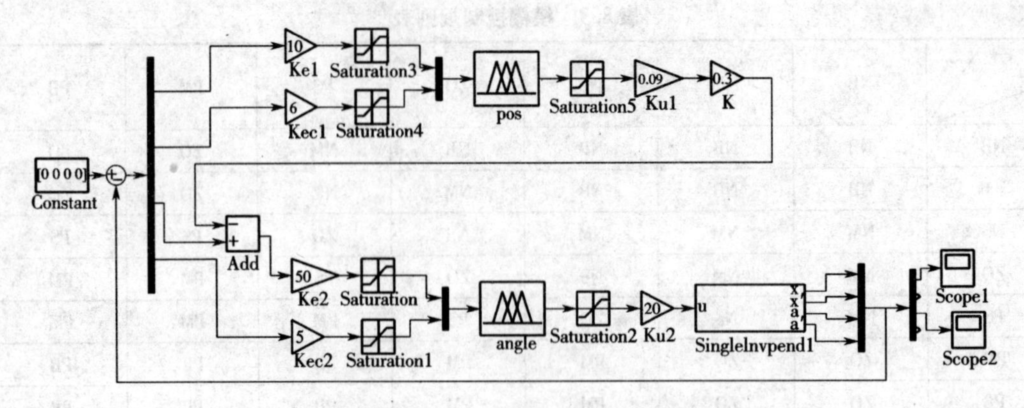

图 8.30　一级倒立摆仿真图

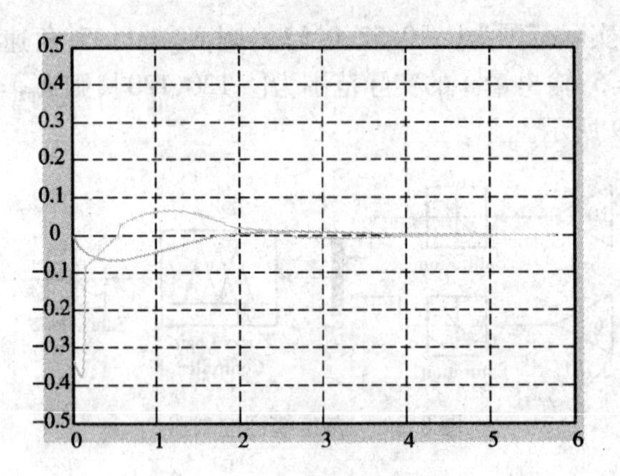

图 8.31　小车位置仿真曲线

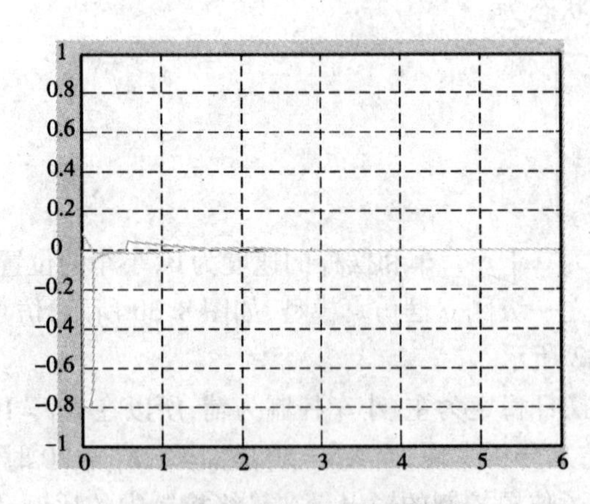

图 8.32　小车角度仿真曲线

本 章 小 结

模糊控制是近代控制理论中建立在模糊集合理论基础上的一种基于语言规则与模糊推理的控制理论。

本章讨论了模糊控制的数学基础及模糊控制系统设计原理。8.1 节给出了模糊集合、模糊关系以及模糊推理的概念，结合具体实例，简单易懂。8.2 节重点论述了模糊控制器的结构以及模糊控制系统的工作原理，结合工程应用论述模糊控制器的设计步骤。在此基础上，8.3 节又论述了建立模糊控制系统仿真模型的方法。

推荐阅读资料

[1]廉小亲.模糊控制技术[M].北京:中国电力出版社,2003.
[2]诸静.模糊控制原理与应用[M].北京:机械工业出版社,2005.
[3]韩俊峰.模糊控制技术[M].重庆:重庆大学出版社,2002.
[4]楼顺天,胡昌华,张伟.基于 MATLAB 的系统分析与设计——模糊系统[M].西安:西安电子科技大学出版社,2001.
[5]石辛民,郝整清.模糊控制及其 MATLAB 仿真[M].北京:清华大学出版社,2008.

习　题

8.1　模糊控制与经典控制的根本区别是什么？

8.2　普通集合与模糊集合有何异同？

8.3　模糊推理与精确推理的根本区别是什么？

8.4　设论域 $X=\{x_1,x_2,x_3,x_4\}$ 以及模糊集合 $A=\frac{1}{x_1}+\frac{0.6}{x_2}+\frac{0.2}{x_3}+\frac{0.5}{x_4}$，$B=\frac{0.8}{x_1}+\frac{0.4}{x_2}+\frac{0.6}{x_4}$，求 $A\cup B$、$A\cap B$、$\bar{A}$ 和 $\bar{B}$。

8.5　设 $\boldsymbol{A}$、$\boldsymbol{B}$ 均为模糊关系，其中 $\boldsymbol{A}=\begin{bmatrix}0.7 & 0.1\\0.3 & 0.9\end{bmatrix}$，$\boldsymbol{B}=\begin{bmatrix}0.4 & 0.9\\0.2 & 0.1\end{bmatrix}$。求 $\boldsymbol{A}\cup\boldsymbol{B}$、$\boldsymbol{A}\cap\boldsymbol{B}$ 和 $\boldsymbol{A}^C$。

8.6　设论域 $X=\{a_1,a_2,a_3\}$，$Y=\{b_1,b_2,b_3\}$，$Z=\{c_1,c_2,c_3\}$，已知 $A(a)=\frac{0.5}{a_1}+\frac{1}{a_2}+\frac{0.1}{a_3}$，$B(b)=\frac{0.1}{b_1}+\frac{1}{b_2}+\frac{0.6}{b_3}$，$C(c)=\frac{0.4}{c_1}+\frac{0.6}{c_2}+\frac{1}{c_3}$，它们满足模糊条件命题“$(A\wedge B)\rightarrow C$”，试确定它们间的模糊蕴涵关系 R。

9

神经网络及专家系统

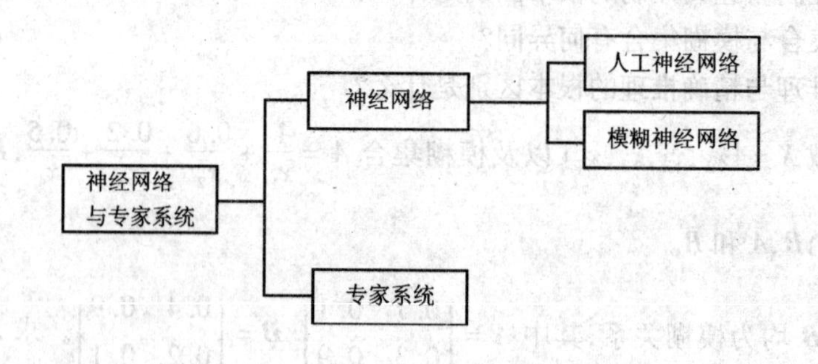

教学目的与要求

掌握人工神经元数学模型以及几种神经网络的结构及特点，掌握反向传播算法（BP 算法）的工作原理，掌握模糊神经网络的结构以及工作原理，理解专家系统的结构特点及工作原理。

9.1 神经网络

9.1.1 神经元

神经元：以生物神经系统的神经细胞为基础的生物模型，在人们对生物神经系统进行研究和探讨人工智能的机制时，把神经元数学化，从而产生了神经元数学模型。

神经网络模型：一个高度非线性动力学系统，具有并行分布处理、存储及学习能力、高度鲁棒性和容错能力，能充分逼近复杂的非线性关系。因此，用神经网络可以表达物理世界的各种复杂现象。

1. 生物神经元模型

生物神经元由细胞体（细胞膜、细胞质、细胞核）、树突、轴突三部分组成，如图 9.1 所示。

细胞体是神经元的中心；细胞体的伸延部分产生的分枝称为树突，作为接收从其他神经元传入信息的入口；轴突的作用是传导信息，它将信息从轴突起点传到轴突末梢；轴突末梢与另

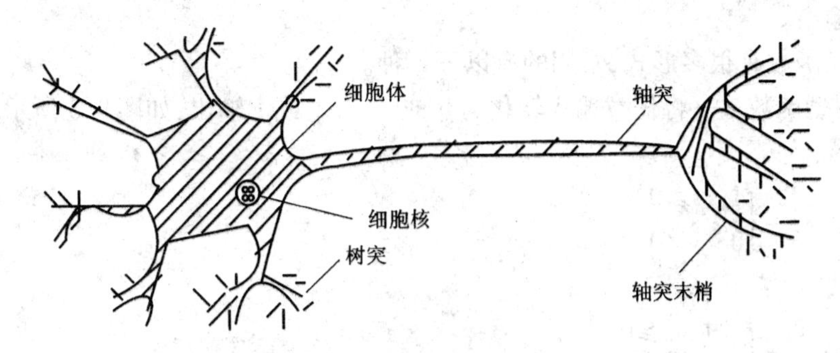

图 9.1 生物神经元模型

一个神经元的树突或细胞体构成一个突触机构,通过突触实现神经元之间的信息传递。

突触是一个神经元与另一个神经元之间相联系并进行信息传送的结构。突触的存在说明两个神经元的细胞质并不是直接连通的,两者彼此联系是通过突触这种结构接口的。有时,也把突触看做是神经元之间的连接。

一个轴突的输出可能会传递给成百上千个下一级神经元,因此单个神经元可以看做是一个多输入单输出信息处理单元。

2. 神经元的数学模型——人工神经元模型

一个神经元有多个输入、一个输出路径,输入端模拟脑神经的树突功能,起信息传递作用,输出端模拟脑神经的轴突功能,将处理后的信息传给下一个神经元,人工神经元模型如图 9.2 所示。

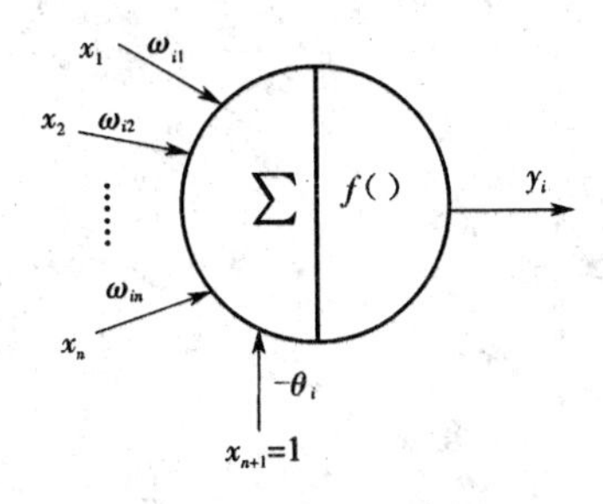

图 9.2 人工神经元模型

神经元输入

$$u_i = \sum_{j=1}^{n} (\omega_{ij}x_j - \theta_i) = \sum_{j=1}^{n+1} \omega_{ij}x_j \quad (x_{n+1} = -1, \omega_{in+1} = \theta_i)$$

输出

$$y_i = f(u_i)$$

其输入输出关系可以描述为

$$y_i = f(\sum_{j=1}^{n} \omega_{ij}x_j - \theta_i) = f(\sum_{j=1}^{n+1} \omega_{ij}x_j) \quad (x_{n+1} = \theta_i, \omega_{in+1} = -1)$$

式中,$x_1, x_2, \cdots, x_n$为神经元的输入,即来自前级 n 个神经元的轴突的信息; θ_i为 i 神经元的阈值;$\omega_{i1}, \omega_{i2}, \cdots, \omega_{in}$分别是神经元 i 对输入 $x_1, x_2, \cdots, x_n$的权系数,也即突触的传递效率;y_i为神经元 i 的输出;$f()$为激发函数,它决定 i 神经元受到输入 $x_1, x_2, \cdots, x_n$的共同刺激达到阈值时

以何种方式输出。

对于激发函数有很多形式,常用的有以下 3 种。

(1)限制型函数——将任意输入转化为 0 或 1 ,-1 或 1 输出,如图 9.3 所示。

阶跃函数:

$$y=f(s)=\begin{cases}1 & s\geqslant 0\\0 & s<0\end{cases}$$

符号函数:

$$y=f(s)=\begin{cases}1 & s\geqslant 0\\-1 & s<0\end{cases}$$

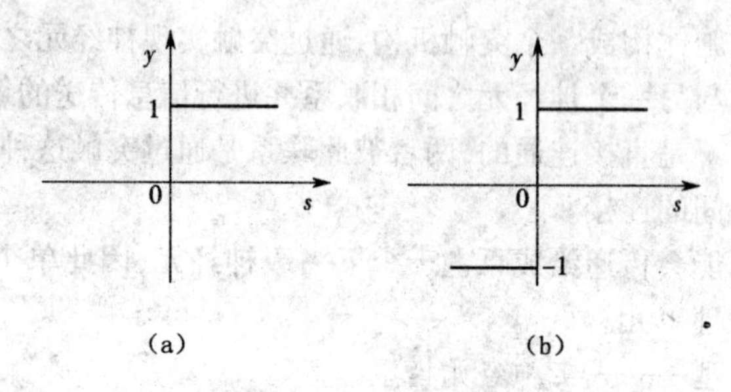

图 9.3 限制型函数

(a)阶跃函数 (b)符号函数

(2)线性型函数,如图 9.4 所示。

比例函数:

$$y=f(s)=s$$

饱和函数:

$$y=f(s)=\begin{cases}1 & s\geqslant \frac{1}{k}\\ks & -\frac{1}{k}\leqslant s<\frac{1}{k}\\-1 & s<-\frac{1}{k}\end{cases}$$

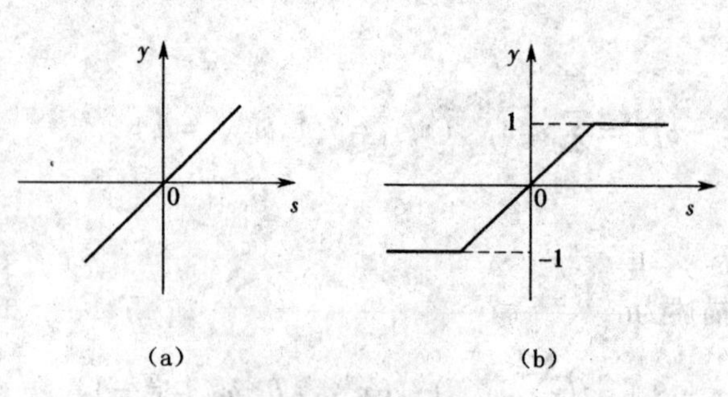

图 9.4 线性型函数

(a)比例函数 (b)饱和函数

(3)S 型函数——将任意输入压缩到一个区间(如[0,1]、[-1,1])内进行输出,如图 9.5

所示。

S 形函数：

$$y = f(s) = \frac{1}{1 + e^{-\mu s}}$$

双曲函数：

$$y = f(s) = \frac{1 - e^{-\mu s}}{1 + e^{-\mu s}}$$

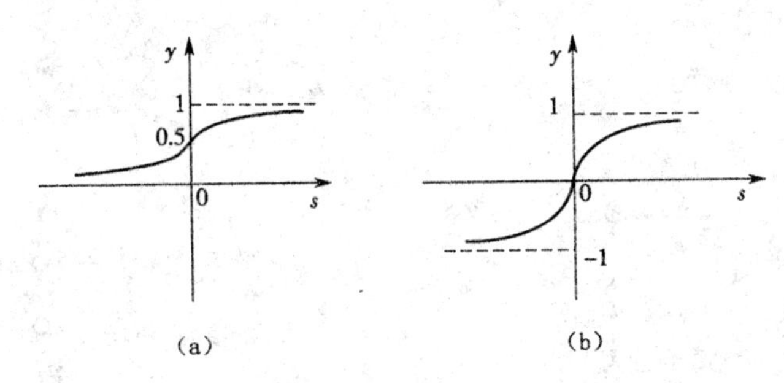

图 9.5 S 型函数

(a) S 形函数 (b) 双曲函数

需要指出的是，在设计多层前向神经网络时，隐含层激活函数的选取应采用非线性函数，否则网络的计算能力并不比单层网络强。

9.1.2 人工神经网络

人工神经网络主要应用于控制领域，尤其是非线性系统领域，如神经网络建模、神经网络控制。

人工神经网络(Artificial Neural Network, ANN)是由许多处理单元(神经元)，按照一定的拓扑结构相互连接而成的一种具有并行计算能力的网络系统，简称神经网络。

人工神经网络是生物神经网络(Biological Neural Network, BNN)的一种模拟近似，主要从两方面进行模拟：一方面是结构和构成机理上模拟；另一方面是功能上模拟，即尽量使得人工神经网络具有 BNN 的某些功能特性，如学习、识别、控制等，用于工程或其他领域等。本书着重对功能上模拟的介绍。

1. 神经网络的分类

按照结构神经网络可以分为 4 种形式。

1) 前向网络(Feed-Forward Networks)

前向网络由输入层、隐含层(也称中间层)、输出层组成。隐含层与外界没有直接联系，隐含层可以有若干层，每一层的神经元只接收前一层神经元的输出，信号的流向为从输入通向输出。后边将要探讨的 BP 网络，就属于前向网络，如图 9.6(a)所示。

2) 反馈网络

在反馈网络中，输出信号通过与输入连接而返回到输入端，形成一个回路，存在输出层到输入层之间的反馈。输入信号决定反馈系统的初始状态，然后系统经过一系列的状态转移过程，逐渐收敛于平衡状态。这样的平衡状态就是反馈网络经计算后的输出结果。反馈网络用于存储某种模式序列、动态时间序列过程的神经网络建模，如图 9.6(b)所示。

3)相互结合型网络

相互结合型网络是网状结构,如图 9.6(c)所示。

4)混合型网络

混合型网络是层次型网络和网状型网络的一种结合,如图 9.6(d)所示。

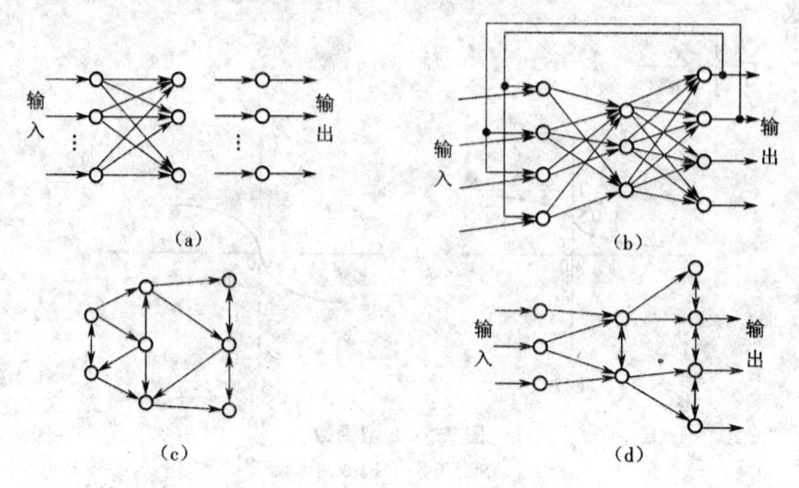

图 9.6 神经网络结构示意图

(a)前向网络 (b)反馈网络 (c)相互综合型网络 (d)混合型网络

2. 神经网络学习算法

学习的过程实质上是针对一组给定输入,使网络产生相应的期望输出的过程。

有教师学习(Supervised Learning):训练过程中,始终存在一个期望的网络输出,期望输出与实际输出之间的距离作为误差度量并用于调整网络连接权系数。

无教师学习(Unsupervised Learning):训练过程中,不存在一个期望的输出值,因而没有直接的误差信息,需建立一个间接的评价函数,以便对系统的输出作出评价。

评级学习:将网络的输出进行评分,标定为好或坏,然后根据评分结果来调整连接权的值。有时评级学习也归类到有教师学习。

3. 人工神经网络的学习算法

反向传播算法,即 BP(Back Propagation)算法。由于这种算法在本质上是一种神经网络学习的数学模型,所以有时也称为 BP 模型。1985 年,Rumehart 和 McClelland 等提出了反向传播学习方法。它可以对网络中各层的连接权系数进行修正,故适用于多层前向网络的学习。应用最广泛,是在自动控制中常用的学习算法。

1)BP 算法的原理

BP 算法是用于前馈多层网络的学习算法。前馈多层网络的结构一般如图 9.7 所示。

前馈多层含有输入层、输出层以及处于输入与输出层之间的中间层。中间层有单层或多层,由于它们和外界没有直接的联系,故也称为隐含层。在隐含层中的神经元也称隐单元。隐含层虽然和外界不连接,但是,它们的状态却影响输入输出之间的关系。这也是说,改变隐含层的权系数,可以改变整个多层神经网络的性能。

设有一个 m 层的神经网络,并在输入层加有样本 X;设第 k 层的 i 神经元的输入总和表示为 u_i^k,输出为 x_i^k;从第 $k-1$ 层的第 j 个神经元到第 k 层的第 i 个神经元的权系数为 ω_{ij};各个神

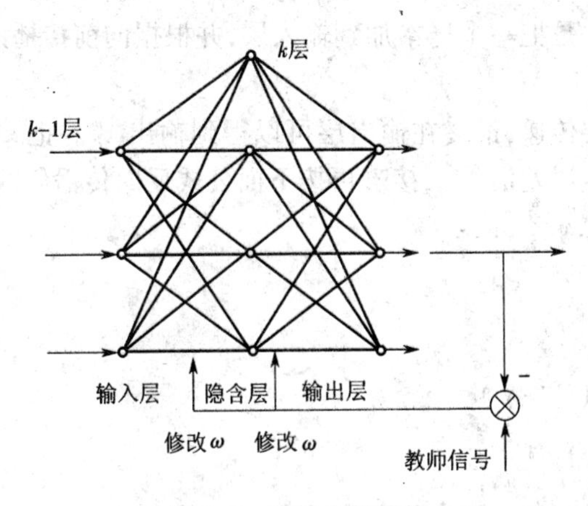

图 9.7 前馈多层网络

经元的激发函数为 f,则各个变量的关系可用下面有关数学式表示:

$$x_i^k = f(u_i^k)$$

$$u_i^k = \sum_j \omega_{ij} x_j^{k-1}$$

反向传播算法分两步进行,即正向传播和反向传播。这两个过程的工作简述如下。

(1)正向传播。输入的样本从输入层经过隐含层一层一层进行处理,通过所有的隐含层之后,则传向输出层;在逐层处理的过程中,每一层神经元的状态只对下一层神经元的状态产生影响。在输出层把现行输出和期望输出进行比较,如果现行输出不等于期望输出,则进入反向传播过程。

(2)反向传播。反向传播时,把误差信号按原来正向传播的通路反向传回,并对每个隐含层的各个神经元的权系数进行修改,以望误差信号趋向最小。

设有一个 m 层的神经网络,X 是输入样本数据,如图 9.8 所示。

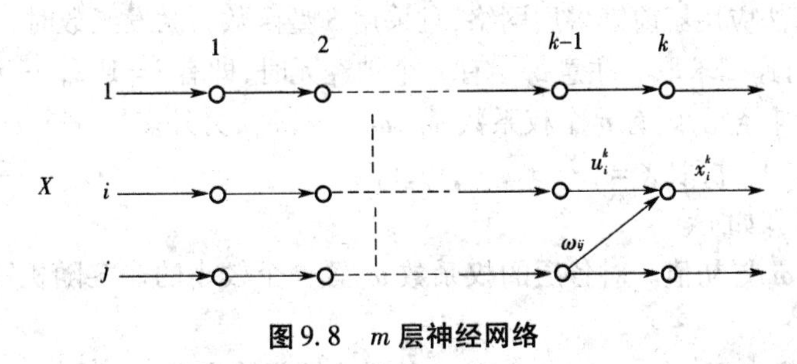

图 9.8 m 层神经网络

BP 算法实质是求取误差函数的最小值问题。这种算法采用非线性规划中的最速下降方法,按误差函数的负梯度方向修改权系数。寻优的关键是计算优化目标函数 e 对寻优参数的一阶导数。

为了说明 BP 算法,首先定义误差函数 e。取期望输出和实际输出之差的平方和为误差函数,则有

$$e = \frac{1}{2} \sum_i (x_i^m - y_i)^2$$

式中,y_i 为输出单元的期望值,在这里也用作教师信号;x_i^m 为第 m 层的实际输出。

多层网络的训练方法是把一个样本加到输入层,并根据向前传播的规则

$$x_i^k = f(u_i^k)$$

不断地一层一层向输出层传递,最终在输出层可以得到输出 x_i^m。把 x_i^m 和期望输出 y_i 进行比较,如果两者不等,则产生误差信号 e,接着再按下面公式反向传播修改权系数:

$$\Delta\omega_{ij} = -\eta \cdot d_i^k \cdot x_j^{k-1}$$

$$u_i^k = \sum_j \omega_{ij} x_j^{k-1}$$

其中:$k = m$ 时

$$d_i^m = x_i^m(1 - x_i^m)(x_i^m - y_i)$$

$k < m$ 时

$$d_i^k = x_i^k(1 - x_i^k)\sum_l \omega_{li} d_l^{k+1}$$

上面公式中,求取本层 d_i^k 时,要用到高一层的 d_i^{k+1},可见误差函数的求取是从输出层开始到输入层的反向传播过程。在这个过程中不断进行递归求误差。

通过多个样本的反复训练,同时向误差渐渐减小的方向对权系数进行修正,以最终消除误差。从上面公式也可以知道,网络的层数较多时,计算量相当可观,故而收敛速度不快。

为了加快收敛速度,一般考虑上一次的权系数,并以它作为本次修正的依据之一,故而有修正公式

$$\Delta\omega_{ij}(t+1) = -\eta \cdot d_i^k \cdot x_j^{k-1} + \alpha\Delta\omega_{ij}(t)$$

式中,η 为学习速率,即步长,$\eta = 0.1 \sim 0.4$;α 为权系数修正常数,取为 $0.7 \sim 0.9$。

注:对于没有隐含层的神经网络,可取

$$\Delta\omega_{ij} = \eta(y_j - x_j) \cdot x_i$$

式中,y_j 为期望输出,x_j 为输出层的实际输出,x_i 为输入层的输入。

2)*BP* 算法的执行步骤

在反向传播算法应用于前馈多层网络,且采用 S 型函数为激发函数时,可用下列步骤对网络的权系数 ω_{ij} 进行递归求取。注意每层有 n 个神经元时,即有 $i = 1,2,\cdots,n$;$j = 1,2,\cdots,n$,对于第 k 层的第 i 个神经元,则有 n 个权系数 $\omega_{i1},\omega_{i2},\cdots,\omega_{in}$,另外多取一个 $\omega_{i,n+1}$ 用于表示阈值 θ_i;并且在输入样本 X 时,取 $X = \{x_1, x_2, \cdots, x_n, 1\}$。

算法的执行步骤如下。

(1)对权系数 ω_{ij} 置初值。对各层的权系数 ω_{ij} 置一个较小的非零随机数,但其中 $\omega_{i,n+1} = -\theta$。

(2)输入一个样本 $X = \{x_1, x_2, \cdots, x_n, 1\}$,其对应期望输出 $Y = \{y_1, y_2, \cdots, y_n\}$。

(3)计算各层的输出。对于第 k 层第 i 个神经元的输出 x_i^k,有

$$u_j^k = \sum_{j=1}^{n+1} \omega_{ij} x_j^{k-1} \quad (x_{n+1}^{k-1} = 1, \omega_{i,n+1} = -\theta)$$

$$x_i^k = f(u_i^k)$$

(4)求各层的学习误差 d_i^k。

对于输出层有 $k = m$,则

$$d_i^m = x_i^m(1 - x_i^m)(x_i^m - y_i)$$

对于其他各层,有

$$d_i^k = x_i^k(1 - x_i^k) \sum_l \omega_{li} d_l^{k-1}$$

(5)修正权系数 ω_{ij} 和阈值 θ。

对于输出层有 $k = m$,则

$$\omega_{ij}(t+1) = \omega_{ij}(t) - \eta \cdot d_i^k \cdot x_j^{k-1}$$

对于其他各层,有

$$\omega_{ij}(t+1) = \omega_{ij}(t) - \eta \cdot d_i^k \cdot x_j^{k-1} + \alpha \Delta\omega_{ij}(t)$$

式中

$$\Delta\omega_{ij}(t) = -\eta \cdot d_i^k \cdot x_j^{k-1} + \alpha \Delta\omega_{ij}(t-1) = \omega_{ij}(t) - \omega_{ij}(t-1)$$

(6)当求出了各层各个权系数之后,可按给定品质指标判别是否满足要求。如果满足要求,则算法结束;如果不满足要求,则返回(3)执行。

这个学习过程,对于任一给定的样本 $X_p = (x_{p1}, x_{p2}, \cdots x_{pn}, 1)$ 和期望输出 $Y_p = (y_{p1}, y_{p2}, \cdots, y_{pn})$ 都要执行,直到满足所有输入输出要求为止。

9.2 模糊神经网络

用神经网络去实现模糊控制称为神经模糊控制(Neural Fuzzy Control)。神经模糊控制是神经网络应用的一个重要方向。这种控制最吸引人的是能够对神经网络进行学习,从而可对模糊控制系统实现优化。

模糊控制是利用专家经验建立模糊集、隶属度函数和模糊控制规则等实现非线性复杂控制。

神经网络是利用其学习和自适应能力实现非线性的控制和优化。

由于专家知识的局限性以及环境的可变性,任何一个专家都无法得到一个最佳的规则或最优的隶属度函数;而神经网络擅长于在海量数据中找到特定的模式,通过在输入和输出数据中找出模式而生成模糊逻辑规则。利用神经网络的学习能力来优化模糊控制规则和相应的隶属度函数,将一些知识预先分布到神经网络中去。这是提出神经模糊控制的基本出发点。

模糊神经网络模型如图 9.9 所示,为用多层前向传播神经网络逼近的模糊神经网络系统。

第 1 层为输入层,节点用来表示输入语言变量,每个节点代表一个语言变量。

第 2 层和第 4 层节点称为项节点,用来表示输入和输出语言变量语言值的隶属度函数,功能为计算各输入分量属于各语言变量值模糊集合的隶属度函数值。

第 3 层节点称为规则节点,用来实现模糊逻辑推理。每个节点代表一条模糊规则。功能为模糊规则前件的匹配。

最后一层是输出层,每个输出变量有两个节点:一个用于训练神经网络需要的期望输出信号的馈入,另一个表示模糊神经网络实际推理决策的输出信号。

网络的功能如下。

第 1 层节点把输入值直接传送到下一层。

第 2 层节点输出的是一个隶属度函数值。

第 3 层实现模糊逻辑规则的前件匹配,规则节点完成模糊与运算。

第 4 层的节点有两种运算模式:前向模式和反传模式。在前向模式中,第 4 层的连接实现模糊或运算,把具有相同结果的激发规则予以集成,连接权 $\omega = 1$;在反传模式中,本层的节点

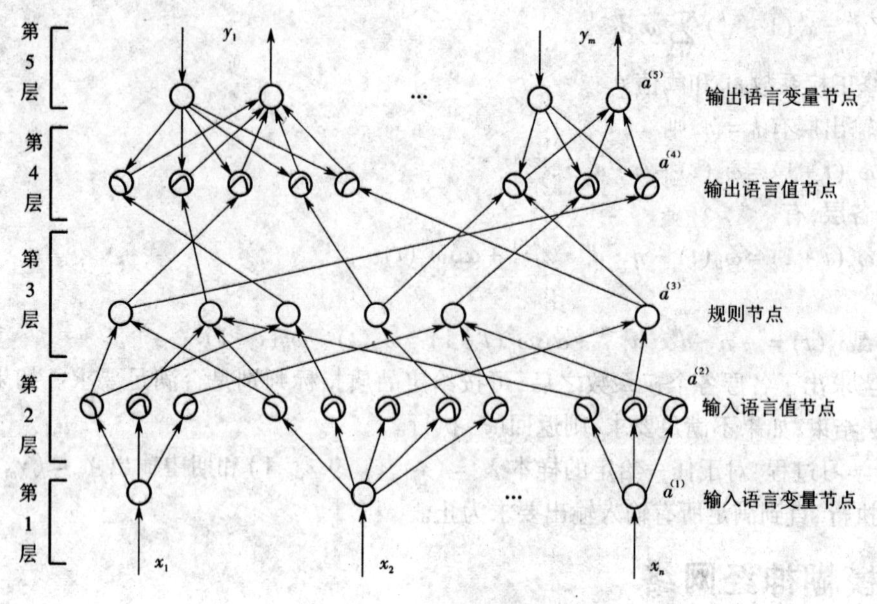

图 9.9　模糊神经网络模型

与前向过程的第 2 层节点作用函数相同。

第 5 层节点也有两种功能:在前向模式中,实现将模糊值转换为精确值的解模糊过程;在反传模式中,其作用与第 1 层节点相同。

二维模糊控制器规则见表 9.1,神经网络如图 9.10 所示。

表 9.1　二维模糊控制器规则表

u		e 大	e 中	e 小
ec	大	中		大
ec	中			
ec	小	小		中

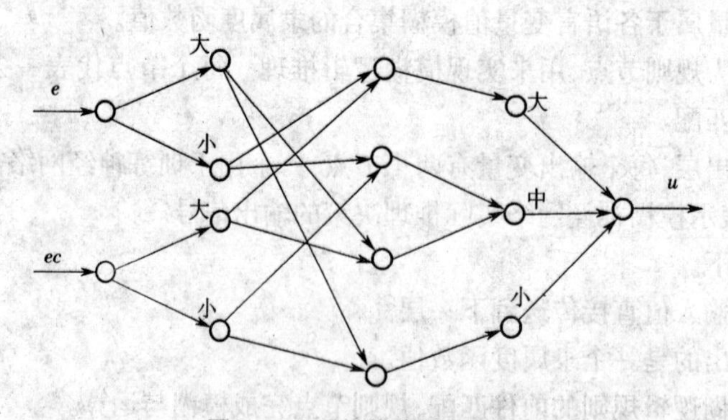

图 9.10　二维模糊神经网络

表9.1的控制规则可表述为

If e is 大 and ec is 大 then u is 中

If e is 小 and ec is 小 then u is 中

第1层为输入层,输入参量为标准化后的量,在[0,1]之间。

第2层为模糊化层,对输入值分别模糊化为大、中、小3种语言变量。

第3层是规则层,其神经元个数由专家知识确定的规则个数决定,该层与第2层的连接完成模糊规则前提条件的匹配,实现模糊与的运算。

第4层为结论节点层,将具有相同结论又被激活的规则节点的输出放在一起实现模糊或运算,得到输出隶属度函数值。

第5层为输出层完成解模糊。

9.3 专家系统

9.3.1 专家系统的定义

粗略地说,专家系统是基于知识的系统,用于在某种特定的领域中运用领域专家多年积累的经验和专业知识,求解需要专家才能解决的困难问题。专家系统作为一种计算机系统,继承了计算机快速、准确的特点,在某些方面比人类专家更可靠、更灵活,可以不受时间、地域及人为因素的影响。所以,专家系统的专业水平能够达到甚至超过人类专家的水平。

9.3.2 专家系统的特点

1.具有专家水平的专业知识

专家系统中的知识按其在问题求解中的作用可分为3个层次,即数据级、知识库级和控制级。

数据级知识是指具体问题所提供的初始事实及在问题求解过程中所产生的中间结论、最终结论。数据级知识通常存放于数据库中。

知识库知识是指专家的知识,是构成专家系统的基础。

控制级知识也称为元知识,是关于如何运用前两种知识,如在问题求解中的搜索策略、推理方法等。

具有专家专业水平是专家系统的最大特点。专家系统具有的知识越丰富、质量越高,解决问题的能力就越强。

2.能进行有效的推理

专家系统能根据用户提供的已知事实,通过运用知识库中的知识,进行有效的推理,以实现问题的求解。专家系统的核心是知识库和推理机。专家系统不仅能根据确定性知识进行推理,而且也能根据不确定的知识进行推理。专家系统的特点就是能综合利用这些模糊的信息和知识进行推理,得出结论。

3.有启发性

专家系统除能利用大量专业知识以外,还必须利用经验的判断知识来对求解的问题作出多个假设,依据某些条件选定一个假设,使推理继续进行。

4.具有灵活性

专家系统的知识库与推理机制既相互联系,又相互独立。相互联系保证了推理机利用知识库中的知识进行推理以实现对问题的求解;相互独立保证了当知识库作适当修改和更新时,只要推理方式没变,推理机部分可以不变,使系统易于扩充,具有较大的灵活性。

5. 具有透明性

专家系统一般都有解释机构,具有较好的透明性。

6. 具有交互性

专家系统一般都是交互式系统,具有较好的人机界面。

另外,专家系统本身是一个程序,但它与传统程序又不同,传统程序是数据结构与算法的结合,而专家系统则是利用专家知识与推理的系统。

9.3.3 专家系统的一般结构

专家系统的主要组成部分是知识库和推理机。完整的专家系统一般应包括人机接口、解释机构、知识获取机构、数据库、推理机和知识库六部分,如图 9.11 所示。

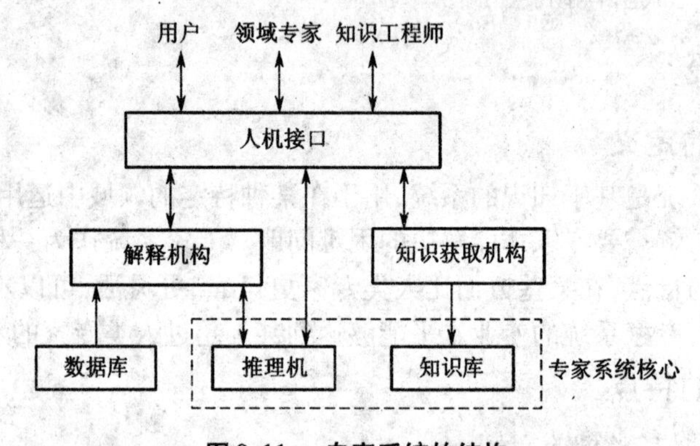

图 9.11 专家系统的结构

专家系统的核心是知识库和推理机,其工作过程是根据知识库中的知识和用户提供的事实进行推理,不断地由已知的事实推出未知的结论即中间结果,并将中间结果放到数据库中,作为已知的新事实进行推理,从而把求解的问题由未知状态转换为已知状态。在专家系统运行过程中,会不断地通过人机接口与用户进行交互,向用户提问,并向用户作出解释。

1)知识库

知识库主要用来存放领域专家提供的专门知识。知识库中的知识来源于知识获取机构,同时它又为推理机提供求解问题所需的知识。

2)推理机

推理机的功能是模拟领域专家的思维过程,控制并执行对问题的求解。它能根据当前已知的事实,利用知识库中的知识,按一定的推理方法和控制策略进行推理,直到得出相应的结论为止。

3)数据库

数据库主要用于存放初始事实、问题描述及系统运行过程中得出的中间结果、最终结果等信息。数据库中还必须具有相应的数据库管理系统,负责对数据库中的知识进行检索、维护等。

4)知识获取机构

知识获取是建造和设计专家系统的关键,也是目前建造专家系统的“瓶颈”。知识获取的基本任务是为专家系统获取知识,建立起健全、完善、有效的知识库,以满足求解领域问题的需要。

不同的专家系统知识获取的功能与实现方法差别较大,有的系统采用自动获取知识的方法,有的系统则采用非自动或半自动的方法。

5)人机接口

人机接口是专家系统与领域专家、知识工程师、一般用户之间进行交互的界面,由一组程序及相应的硬件组成,用于完成输入、输出工作。

知识获取机构通过人机接口与领域专家及知识工程师进行交互,更新、完善、扩充知识库;推理机通过人机接口与用户交互,在推理过程中,专家系统根据需要不断向用户提问,以得到相应的事实数据,在推理过程结束时会通过人机接口向用户显示结果;解释机构通过人机接口与用户交互,向用户解释推理过程,回答用户问题。

6)解释机构

解释机构回答用户提出的问题,解释系统的推理过程。解释机构由一组程序组成。它跟踪并记录推理过程,当用户提出的询问需要给出解释时,它将根据问题的要求分别作相应的处理,最后把解答用约定的形式通过人机接口输出给用户。

9.3.4 专家系统的原理

专家系统是智能控制的一个重要分支,其实质是使系统的构造和运行都基于控制对象和控制规律的各种专家知识,而且要以智能的方式来利用这些知识,使得被控对象尽可能地优化和实用化。

专家控制的功能目标是模拟、延伸、扩展“控制专家”的思想、策略和方法。所谓“控制专家”是指一般自动控制技术的专门研究者、设计师、工程师,也指具有熟悉操作技能的控制系统操作人员。他们的控制思想、策略和方法包括成熟的理论方法、直觉经验和手动控制技能。专家控制并不是对传统控制理论和技术的排斥、替代,而是对它的包容和发展。专家控制不仅可以提高常规控制系统的控制品质、拓展系统的作用范围、增加系统功能,而且可以对传统控制方法难以奏效的复杂过程实现控制。

本 章 小 结

本章由生物神经元引出人工神经元,介绍了人工神经网络的结构及特点。结合模糊控制提出了模糊神经网络,论述了其工作原理。

专家系统是基于知识的系统,用于在某种特定的领域中运用领域专家多年积累的经验和专业知识,求解需要专家才能解决的困难问题。最后简单论述了专家系统的基本结构及工作原理。

推荐阅读资料

[1]韩俊峰,李玉慧.模糊控制技术[M].重庆:重庆大学出版社,2008.
[2]王万良.人工智能及其应用[M].北京:高等教育出版社,2008.
[3]王耀南,孙炜.智能控制理论及应用[M].北京:机械工业出版社,2008.
[4]李少远,王景成.智能控制[M].北京:机械工业出版社,2009.

习 题

9.1 人工神经网络有哪些结构,并简述其特点。

9.2 人工神经网络的学习算法有哪些?并简述其工作原理。

9.3 模糊神经网络提出的依据是什么?

9.4 什么是专家系统,有哪些基本特征?

参考文献

[1] 张晓华.控制系统数字仿真与CAD[M].北京:机械工业出版社, 2005.

[2] 王万良.现代控制工程[M].北京:高等教育出版社, 2011.

[3] 黄辉先.现代控制理论基础[M].长沙:湖南大学出版社,2006.

[4] 薛定宇.反馈控制系统设计与分析——MATLAB 语言应用[M].北京:清华大学出版社,2000.

[5] 郑阿奇.MATLAB 实用教程[M].北京:电子工业出版社,2004

[6] 谢克明.现代控制理论基础[M].北京:北京工业大学出版社, 2005.

[7] 罗抟翼.信号、系统与自动控制原理[M].北京:机械工业出版社, 2000.

[8] 钟秋海.现代控制理论[M].武汉:华中科技大学出版社,2007.

[9] 邱德润,陈日新,黄辉先,等.信号、系统与控制理论[M].北京:北京大学出版社,2010.

[10] 刘豹,唐万生.现代控制理论[M].3 版.北京:机械工业出版社,2008.

[11] 于长官.现代控制理论及应用[M].哈尔滨:哈尔滨工业大学出版社,2005.

[12] 郑大钟.线性系统理论[M].2 版.北京:清华大学出版社,2002.

[13] 王正林,王胜开,陈国顺,等.MATLAB/Simulink 与控制系统仿真[M].北京:电子工业出版社,2005.

[14] 张嗣瀛,高立群.现代控制理论[M].北京:清华大学出版社,2006.

[15] 高立群,郑艳,井元伟.现代控制理论习题集[M].北京:清华大学出版社,2007.

[16] 王宏华.现代控制理论[M].北京:电子工业出版社,2006.

[17] 张彬,郭晓玉.基于 MATLAB 的倒立摆系统定性分析[J].信息技术与信息化.2009,(1):79-80.

[18] 多尔夫,毕晓普,谢红卫,等.现代控制系统[M].11 版.北京:电子工业出版社,2011.

[19] Katsuhiko Ogata.现代控制工程[M].5 版.卢伯英,佟明安,译.北京:电子工业出版社, 2011.

[20] 施颂椒,陈学中,杜秀华.现代控制理论基础[M].2 版.北京:高等教育出版社,2009.

[21] 王青,陈宇,张莹昕,等.最优控制——理论、方法与应用[M].北京:高等教育出版社,2011.

[22] 谢丽蓉,李伟.线性二次型最优控制在倒立摆系统中的应用[J].重庆工学院学报(自然科学),2008,22(8):124-128.

[23] 廉小亲.模糊控制技术[M].北京:中国电力出版社,2003.

[24] 诸静. 模糊控制原理与应用[M]. 北京:机械工业出版社,2005.
[25] 韩俊峰. 模糊控制技术[M]. 重庆:重庆大学出版社,2002.
[26] 楼顺天,胡昌华,张伟. 基于 MATLAB 的系统分析与设计——模糊系统[M]. 西安:西安电子科技大学出版社,2001.
[27] 石辛民,郝整清. 模糊控制及其 MATLAB 仿真[M]. 北京:清华大学出版社. 2008.
[28] 王万良. 人工智能及其应用[M]. 北京:高等教育出版社,2008.
[29] 王耀南,孙炜. 智能控制理论及应用[M]. 北京:机械工业出版社,2008.
[30] 李少远,王景成. 智能控制[M]. 北京:机械工业出版社,2009.